王春杰 编著

轻松学Python编程

中国铁道出版社有限公司
CHINA RAILWAY PUBLISHING HOUSE CO., LTD.

内 容 简 介

本书采用简单直白的语言、生动的比喻，循循善诱、深入浅出地介绍了Python的基本知识和有关应用方式。第1~第8章介绍了Python的基础知识，内容包括Python简介、Python的下载与安装、Python自带开发工具IDLE的使用、编程有关专业词汇和概念、Python中的基本数据类型、Python中的流程控制、Python的函数与模块；第9~第16章介绍了编程的进阶知识，内容包括面向对象编程、文件操作、数据库操作、错误与异常处理、测试与调试、GUI图形界面编程、并发编程、网络编程等；第17~第20章通过4个综合案例讲解Python的实战应用；第21章介绍了专业开发环境Pycharm的使用。

本书在编写时力求简单明了、通俗易懂，在讲解基础知识之后，都有或大或小的应用案例供读者实践练手，非常适合编程零基础的读者阅读学习，可帮助他们快速入门并进阶。

图书在版编目（CIP）数据

轻松学Python编程/王春杰编著. —北京：中国铁道出版社有限公司，2020.5

ISBN 978-7-113-26568-7

Ⅰ.①轻… Ⅱ.①王… Ⅲ. ①软件工具－程序设计 Ⅳ.①TP311.561

中国版本图书馆CIP数据核字（2020）第024415号

书　　名：轻松学Python编程
QINGSONG XUE Python BIANCHENG
作　　者：王春杰

责任编辑：于先军　　**读者热线电话：**010-63560056
责任印制：赵星辰　　**封面设计：**MXK DESIGN STUDIO

出版发行：中国铁道出版社有限公司（100054，北京市西城区右安门西街8号）
印　　刷：中国铁道出版社印刷厂
版　　次：2020年5月第1版　2020年5月第1次印刷
开　　本：787 mm×1 092 mm　1/16　**印张：**23.75　**字数：**558千
书　　号：ISBN 978-7-113-26568-7
定　　价：79.80元

配套资源下载地址：

http://www.m.crphdm.com/2020/0326/14234.shtml

前 言

年轻人是幸运的，一出生就有很多先进的技术和产品可以使用。然而笔者年龄稍大，所以几乎完整经历了国内互联网技术的发展变革，当然这也是一种财富，比如笔者在中学时代还要靠调制解调器拨号上网，而如今都是百兆、千兆光纤宽带上网。上大学时第一部手机还是只能打电话发短信的黑白小屏手机，而如今我们用的都是4G、5G智能上网手机，除了打电话发短信，还可以用手机上网、看电影、订票、订餐、直播等。社会日新月异，科技飞速发展，终于，人工智能的时代来临了。近几年，谷歌的人工智能围棋程序AlphaGo接连战胜了世界级围棋冠军李世石，又战胜了当今世界围棋排名第一的柯洁，开启了人工智能全面进军日常生活的大幕。

科技产品的更新迭代，本质是技术的更新迭代。笔者还记得在中学时面对一个黑白屏电脑的DOS界面打字的情景，那时候我们学习的是BASIC语言，后来大学时用的是Windows98系统，学习的是C语言。而如今，我们使用的都是功能多样化、智能化的操作系统，编程语言也经历了飞速的发展，比如Python已经出现近20年了，主版本也已经更新到3.7版本，功能越来越强大，应用越来越广泛，特别是在人工智能领域，Python更是如鱼得水。比如我们前面提到的AlphaGo，也用到了Python的有关技术。当然，Python的用途还不止于人工智能，在大数据、云计算等方面也有广泛应用。而人工智能、区块链，这些名词在如今的媒体上经常见到，即使你学习的不是理工专业，做的不是技术类工作，想必对这些词汇也耳熟能详。

如今我们国家非常重视人工智能等技术的发展，在国家级的会议上也多次提到要大力发展人工智能技术、区块链技术，希望在世界互联网竞争新赛道上占据有利位置。而Python正是人工智能时代主流的语言，甚至在中小学，已经将Python列入计算机课程的范围。如果你稍加留意也会发现，如今在各类编程语言排行榜上，Python也常常出现在第一名的位置上，市场份额也逐年提升。或许也正因为如此，你选择要学习Python编程。毕竟，就连五十多岁的某房地产大佬也在微博上宣称：“今天开始我学习一门新的语言Python，我在寻找。这也是今天给自己人生的礼物。”足见Python的魅力。

当然，学习编程并不是一蹴而就的，尤其是对于零基础的人来说。不过好在Python本身就是一门门槛较低的编程语言，非常适合零基础的朋友作为入门语言，而且Python的功能也非常强大。不过即便如此，学习这门技术也需要有一个科学、系统的指引。本书是一本非常适合初学者学习参考的书籍。笔者将近年来对于Python的学习和研究进行了总结，并回顾多年来自己对于各种新技术和其他几种编程语言的学习过程，结合自身的编程工作经验，编写了本书，并配套制作了教学视频（大家可以通过关注笔者的微信公众号“春天杰作”并回复关键字“Python”获取下载地址）。本书内容不但有编程知识，而且有学习方法，再加上通俗易懂的表述，相信一定能够为你的 Python 之路助一臂之力。

限于水平和篇幅，本书仍有不足之处，敬请谅解。在这个即时互动的时代，笔者也愿意通过网络为读者解答各类问题。读者朋友可以关注笔者运营的 Python 自媒体微博（@Python）获取更多学习资料，或者通过笔者个人微博（@春天杰作）个人微信公众号（“春天杰作”）与笔者联系。愿我们成为朋友。

最后，赶紧开始吧！

作者

2020 年 4 月

目　录

第 1 章 人生苦短，我用 Python！——Python 简介

"来了？老弟！"——某网红大姐

欢迎进入 Python 的世界。你可能早就听说过"人生苦短，我用 Python！"这句话，因为它在编程界大概相当于广告界的"今年过节不收礼，收礼只收 ×××！"一样知名。可是为什么是 Python 呢？为什么不是其他编程语言？学完本章内容，你将知道答案。

本章我们将介绍 Python 的有关信息、发展状况和安装使用等基础知识，让你对 Python 有一个大体了解。我们还将介绍如何在电脑上轻松地安装 Python 环境，并体验一下使用 Python 的美妙！

1.1 英明的决定

既然已经读到了这里，那说明你可能早已决定要学习 Python 了，但无论如何，还是应该让你见识见识 Python 的厉害。你可能都没意识到，选择 Python 是一个非常英明的决定。

Python 是荷兰人 Guido Van Rossum 在 1989 年开发的一门编程语言。因为 Guido 非常喜欢一个名为 Monty Python 的喜剧团体，所以就给这门编程语言命名为 Python。因为在英语中"Python"这个单词还有"蟒蛇"的意思，所以 Python 这门编程语言的 logo 也是两条卡通蛇缠绕在一起的样子，如图 1-1 所示。

图 1-1

Python 在 1994 年发布了 1.0 版本，在 2000 年发布了 2.0 版本，在 2008 年发布了 3.0 版本。比较特殊的是，为了抛弃历史包袱，更好地适应未来的发展，Python 3.0 版本作出了重大修改，并没有向前兼容。Python 2.x 系列的最后一个版本是 Python 2.7，但 Python 2.7 也已经被 Python 团队宣布在 2020 年 1 月 1 日全面停止技术支持。目前主流的 Python 版本是 Python 3.x 系列，本书也将基于 Python 3.7 进行讲解。实际上，因为同属 3.X 大版本系列下，本书中几乎所有的知识点和代码也将适用于 Python 3.5、Python 3.6 以及 Python 官方后续会推出的 Python 3.8、Python 3.9 等版本。

从编程语言的分类来说，Python 是一门解释型的高级通用编程语言。对于计算机基础比较薄弱的读者来说可能不太理解这句话，其实你目前可以暂时不需要弄明白怎么才算解释型、高级、通用，这并不影响你学习 Python 编程。我们继续看下面的解释。

Python 是一门解释型的高级通用编程语言。这句话从三个角度给 Python 进行了分类（解释型、高级、通用），所谓的解释型语言是相对于编译型语言而言的，高级语言是相对于低级语言而言的，而通用语言是相对于专用语言而言的。新手和非计算机专业人员可以这样简单地来理解这几个概念：

解释型语言（例如 Python、PHP 等）是被计算机一边“阅读”一边执行的编程语言，类似同声传译。而编译型语言（例如 C、Java 等）是把你写的代码先进行预处理，再整体执行，相当于普通翻译。

高级语言（例如 Python、Java 等）比较接近人类语言，更利于实际使用，编程时用到的很多词汇跟人类语言（如英语等）中的一样。而低级语言（如汇编语言）是更接近计算机硬件的，不太容易被一般人看懂，但更利于计算机高效率地运行。

通用语言（例如 Python、Java 等）是指适用范围非常广泛的语言，可以用来做各种领域的编程工作。专用语言（如数据库语言 SQL）是专门用于处理某种特定事务的语言，作用局限于某个专业范围内。

理解了上面三个给编程语言分类的角度，你应该就能明白所谓“Python 是一门解释型的高级通用编程语言”这句话的含义了吧？

好了，上面只是给大家做一些简介，下面才是重点：选择 Python 的理由！

我们为什么会选择学某类技能中的具体某一种？就拿选择一门外语来说吧，你一定学了英语。显然我们的教育体制选择了英语，让小孩子从义务教育阶段甚至幼儿园就开始学英语。为什么不是俄语、日语、西班牙语？显然主要是考虑了两个角度：第一，这门语言是否足够流行强大；第二，这门语言是否简单易学。当我们以这两个角度来评价各类编程语言的时候就会发现，Python 拥有以下特点。

1. 热门流行，日益增长

编程语言有许多种，完全不亚于人类语言的数量，但是其使用范围、流行程度完全不同，就如同人类使用的语言一样，中文、英文的使用量就远远大于阿亚帕涅科语。

但不可否认的是，不同的语言有不同的特点，因此擅长的领域有所不同。而 Python 正是一门优点非常多的语言，也是适用领域非常多的一门语言。凭借出色的特性和越来越高的使用率，尤其是借助近年来人工智能迅速发展的东风，Python 发展日益迅速。在本书的写作的过程中，Python 登上各种编程排行榜前列的新闻频频出现。比如下面这些新闻报道你可能也看过。

在 TIOBE 编程语言排行榜上（TIOBE 排行榜是根据互联网上有经验的程序员、课程和第三方厂商的数量，并使用谷歌、必应、雅虎等搜索引擎以及 Wikipedia、Amazon、YouTube 统计出的排名数据，反映各种编程语言的热门程度），Python 于 2007 年、2010 年、2018 年三次把“年度编程语言”收入囊中，如图 1-2 所示。TIOBE 如此评价 Python：“Python 是当今高校中最常被教授的首选语言，它在统计领域排名第一、在 AI 编程中排名第一、在编写脚本时排名第一、在编写系统测试时排名第一。除此之外，Python 还在 Web 编程和科学计算领域处于领先地位。总之，Python 无处不在。”

Year	Winner
2018	Python △
2017	C
2016	Go
2015	Java
2014	JavaScript
2013	Transact-SQL
2012	Objective-C
2011	Objective-C
2010	Python △
2009	Go
2008	C
2007	Python △
2006	Ruby
2005	Java
2004	PHP
2003	C++

图 1-2

由数据科学网站 KDnuggets 发布的“2018 最受欢迎的分析、数据科学、机器学习软件”调查显示：Python 使用占有率第一。而且在 2016 年和 2017 年 Python 已经拥有超过 50% 的份额，在 2018 年已经增加至 65.6%，如图 1-3 所示。

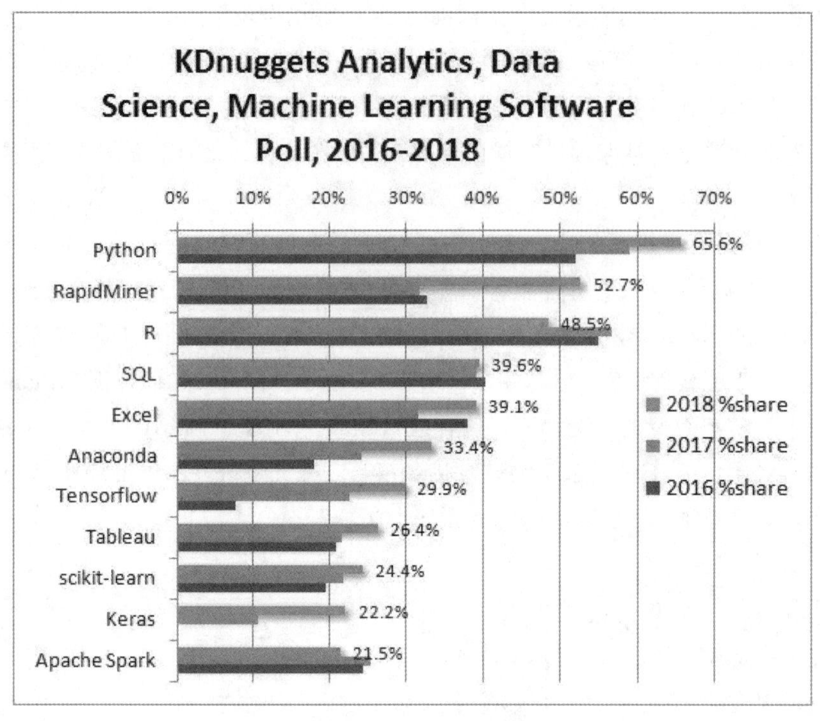

图 1-3

由 IEEE Spectrum 杂志发布的“2017 年编程语言排行榜”（图 1-4） 和“2018 年编程语言排行榜”（图 1-5）中，Python 连续两年强势排名第一。（IEEE Spectrum 的排序是综合多个精选线上数据源，例如 Stack Overflow、Twitter、Reddit 等，选取十余种指标对数十种编程语言进行排行）

如果你比较关心编程方面的新闻，或许早已看到这些消息。种种迹象表明：Python 的时代来了！选择 Python 是正确的！

Language Rank	Types	Spectrum Ranking
1. Python		100.0
2. C		99.7
3. Java		99.5
4. C++		97.1
5. C#		87.7
6. R		87.7
7. JavaScript		85.6
8. PHP		81.2
9. Go		75.1
10. Swift		73.7

图 1-4

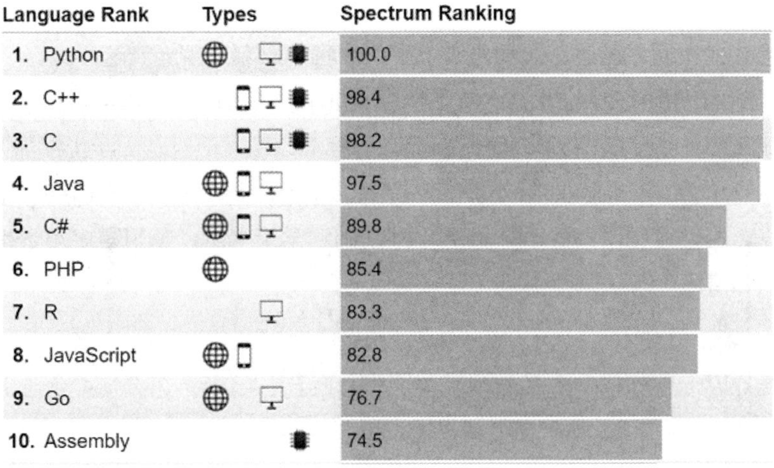

Language Rank	Types	Spectrum Ranking
1. Python		100.0
2. C++		98.4
3. C		98.2
4. Java		97.5
5. C#		89.8
6. PHP		85.4
7. R		83.3
8. JavaScript		82.8
9. Go		76.7
10. Assembly		74.5

图 1-5

2．简洁优雅、易于学习

简单是 Python 的设计哲学之一，相比于目前热门流行的一些编程语言来说，Python 的语法非常简单，也非常接近人类语言，哪怕你只认识一些基本的单词，也能看懂一些 Python 的代码。

比如同样输出一个“Hello world”，我们看一下最常用最热门的几种语言的差别：

C 语言：

```
#include <stdio.h>
int main()
{
  printf("Hello World");
  return 1;
}
```

C++：

```
#include <iostream>
int main()
{
  using namespace std;
  cout << "Hello World\n";
  return 0;
}
```

Java：

```
public class HelloWorld
{
  public static void main(String[] args)
  {
    System.out.println("Hello World");
  }
}
```

JavaScript：

```
var sys = require("sys");
sys.puts("Hello World");
```

Python：

```
print("Hello World")
```

显然，无论从代码量还是从结构来看，在这些编程语言当中 Python 是最简洁的。这种差别还体现在很多方面，在今后的学习和使用中你将更深刻地体会到这一点。

还有两条新闻也说明 Python 的简单易学以及 Python 的流行：2018 年，在我国计算机等级考试（National Computer Rank Examination，简称 NCRE，一般是大学生参加）中，Python 也已经列为编程语言之一。而且在一些省份的中小学计算机教材中，也已经开始使用 Python 作为教学语言。由此可见，Python 非常适合零基础的学生来学，哪怕是中小学生都可以把它当作编程入门语言。

3．开源免费，又博又专

Python 实在是太优秀了，它不仅仅足够流行、热门、易学，还有很多优点，下面不妨再给大家介绍一些。

首先，Python 是开源的、免费的，而且是跨平台的。你可以在 Windows、Linux、iOS 等各种主流系统上进行开发，而且开发出的程序也同样可以在各种平台上运行。而且由于 Python 是开源的，有许多功能强大的标准库和第三方库，你可以方便地拿来就用，不必自己重复"造轮子"。很多时候，我们只需要用 import 语句导入一个库，就可以利用库里已经封装好的函数来实现非常复杂的功能。

其次，Python 已经内置了很多标准库，可以提供丰富的功能，例如文本处理、文件处理、数学计算、图像处理、数据库、网络通信等等，在后面的章节中我们也会逐步给大家介绍有关标准库的使用。目前在 Python 官方的第三方库平台 PyPI（Python Package Index）上已经有十几万个第三方库，大家在后面的学习和使用过程中可以到 PyPI 的官方网站去借鉴这些第三方库，网址是：https://pypi.org/，如图 1-6 所示。

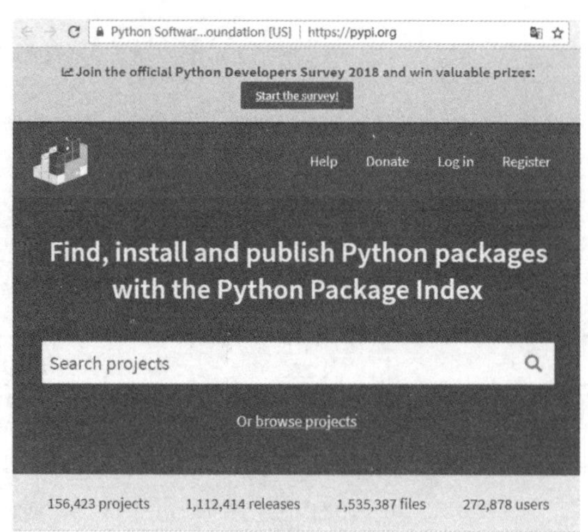

图 1-6

另外，目前在软件开发的各个领域，Python 可以说是无所不在，被公认是一种全栈开发语言。常见的开发应用领域有：Web 开发、GUI 开发、网络爬虫、自动化运维、大数据、数据分析、科学计算、量化交易、游戏开发、深度学习、人工智能等。在国内外各大企业中也都有 Python 的身影，我们耳熟能详的有中国的豆瓣、知乎等，美国的 NASA、Google 等。

事实上，不但在软件开发领域，在艺术、商业、教育、政府、科学、工程等各个领域已经有众多公司和机构都在或多或少地使用 Python 完成他们的部分甚至全部工作。如果你想更多地了解目前世界上都有哪些公司或者哪些领域在使用 Python，可以参考 Python 官方网站中“成功案例”一栏，网址是：https://www.python.org/about/success/，如图 1-7 所示。

图 1-7

1.2　做一点准备

如果你想要练习书法，那么你一定得准备一张平整的桌子，还需要笔和纸之类的东西，因为这些是练习书法所需要的环境和工具。同样，用 Python 编程（其实用其他语言也一样）也需要一个编程的环境。而打造这么一个环境非常简单，几乎可以像在电脑上安装一个普通软件一样把这个环境很快地打造好。你只要跟着下面的指引一步一步去做就可以了。

1.2.1　安装 Python 就这么简单

安装 Python 实在太简单了，就像安装一个普通软件（如 QQ）没有太大区别，甚至都不需要专门介绍了……但是，既然“来了，老弟”，那就讲一下吧。

本书将以目前使用率最高的操作系统 Windows 7 为平台来安装 Python 的最新版本 Python 3.7.2，并以此为环境来进行讲解。不过即使你的平台和选择的 Python 版本跟本书略有差别也无所谓，如果你用的是 Windows 10 或 Linux 的某个发行版，你一定知道怎么在电脑上安装一个普通软件，那么安装 Python 也不会有太多差别。Python 涉及的编程的代码和方法等，在各种系统中都是通用的。就像你无论在哪台电脑和哪个操作系统中使用拼音输入法，那归根结底你使用的都是拼音，“da”所拼出来的一定是“大”，而不会变成“xiao：小”。

好了，下面我们就开始安装 Python 吧，你可以按照下面的步骤来做。

（1）访问 Python 官网 https://www.python.org/ ，鼠标放在“Downloads”按钮上，然后单击“Windows”，如图 1-8 所示。

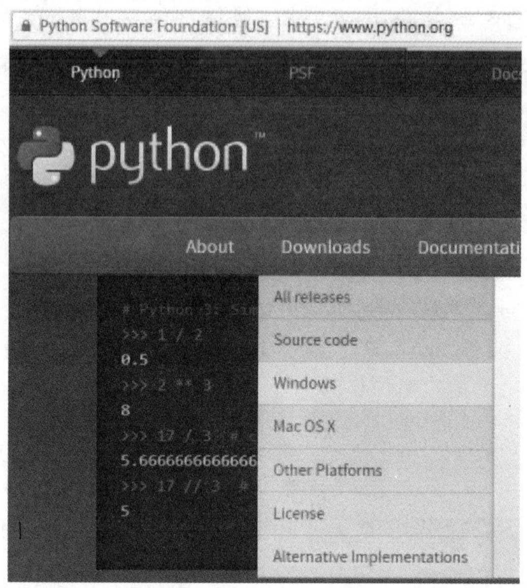

图 1-8

（2）在新打开的页面上方，依次单击“Latest Python 3 Release”→“Python 3.7.2”。如果你学习本书的时候，版本号已经变成了 3.7.3，甚至 3.8.1，都没有关系，直接单击即可，如图 1-9 所示。

图 1-9

（3）在新打开的页面中，最下方有一个“Files”列表（图 1-10），单击其中的“Windows x86-64 executable installer”，或右击该链接，然后选择“链接另存为”，即可下载。

Files

Version	Operating System
Gzipped source tarball	Source release
XZ compressed source tarball	Source release
macOS 64-bit/32-bit installer	Mac OS X
macOS 64-bit installer	Mac OS X
Windows help file	Windows
Windows x86-64 embeddable zip file	Windows
Windows x86-64 executable installer	Windows
Windows x86-64 web-based installer	Windows
Windows x86 embeddable zip file	Windows
Windows x86 executable installer	Windows
Windows x86 web-based installer	Windows

图 1-10

（4）双击已下载的“python-3.7.2-amd64.exe”，弹出安装界面（图 1-11）。注意，要先把界面最下方两个选项前面都进行勾选。这里的第二个选项“Add Python 3.7 to PATH”作用是把 Python 添加到环境变量里，让你在系统的任何目录下都能执行 Python 命令。然后单击“Customize installation”进行自定义安装。

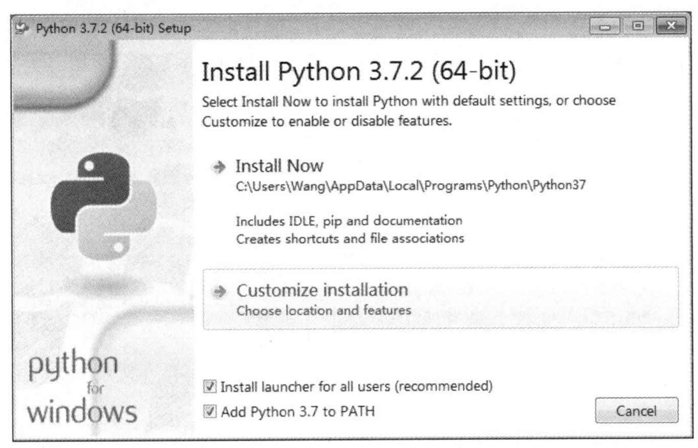

图 1-11

（5）进入自定义安装界面（图 1-12），默认所有选项已打勾，直接单击“Next”即可。

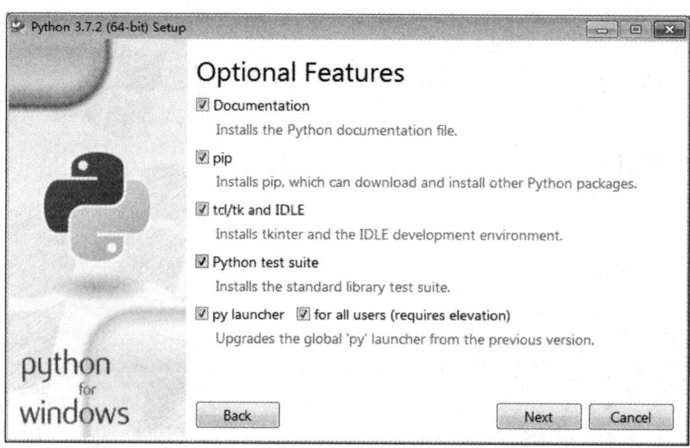

图 1-12

（6）这一步可以自定义安装目录（图 1-13），你可以单击“Browse”按钮来选择已有文件夹，也在前面输入框中手动输入。我们这里用的是“D:\Program Files\Python\Python37”文件夹，你可以根据自己的习惯来选择，然后单击“Install”按钮进行安装。

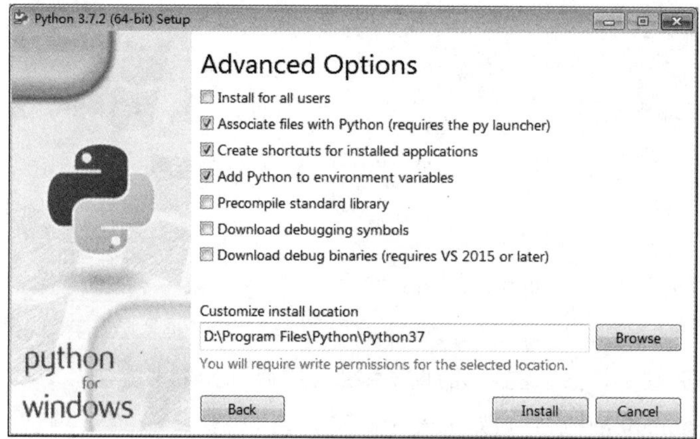

图 1-13

（7）安装过程需要几分钟，请耐心等待，如图 1-14 所示。

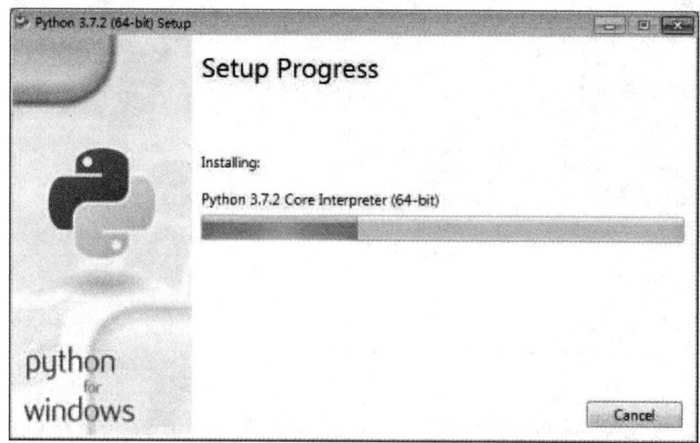

图 1-14

（8）安装完成后会提示“Setup was successful”，单击“Close”按钮关闭即可，如图 1-15 所示。

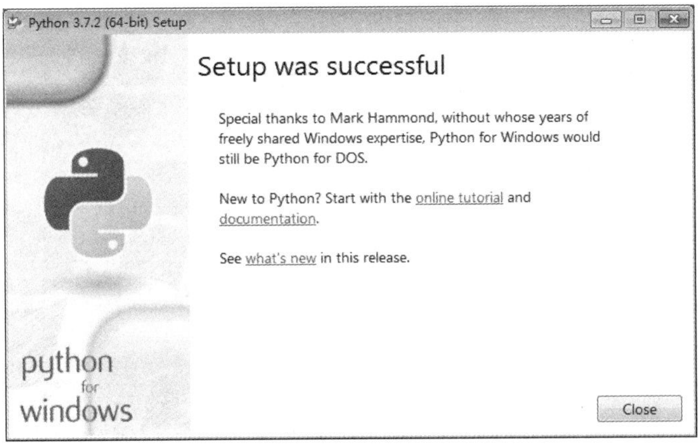

图 1-15

至此，Python 3.7.2 安装完毕。你可以单击 Windows 7 系统电脑屏幕左下角的“开始”按钮，在“所有程序”列表中找到名为“Python 3.7”的文件夹（图 1-16），单击“IDLE (Python 3.7 64-bit)”即可进入 Python 自带的集成开发学习环境“IDLE”（图 1-17）。下一节我们将详细介绍 IDLE 的使用。

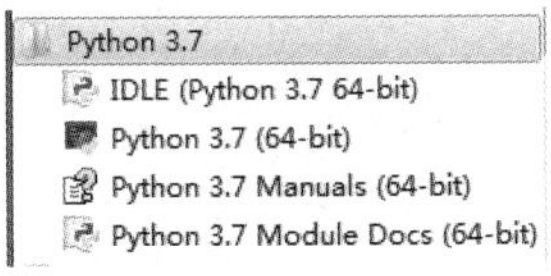

图 1-16

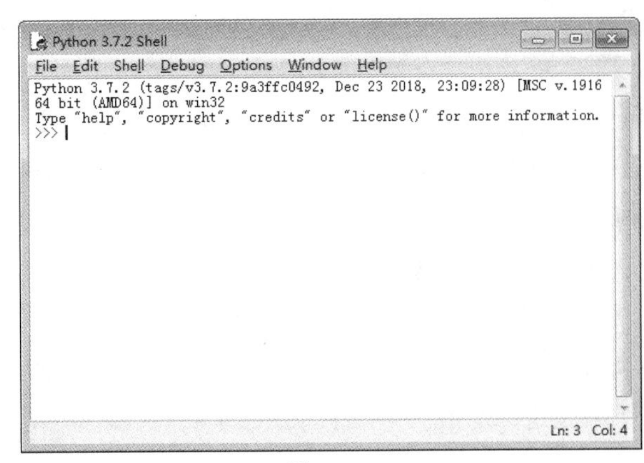

图 1-17

1.2.2　工欲善其事，IDLE

如果你会做饭的话，不，哪怕你不会做饭，只会吃饭，你也应该知道，做饭是需要环境和工具的，比如需要厨房、菜板、锅碗瓢盆、刀、铲等。那么编程这事，恐怕不会比做饭简单，因此也需要专门的环境。好在你知道的，Python 的特点就是简单，Python 官方已经提供了一个 IDLE（Integrated Development & Learning Environment，集成开发学习环境），你可能已经注意到，这个 IDLE 在前面已经安装好了。从 IDLE 这个缩写词的完整含义就可以知道，它不仅可以用来开发 Python 程序，而且可以用来学习 Python，因此，我们建议初学者先用这个开发环境来进行学习。

安装好 Python 之后，如何打开 IDLE 呢？以 Windows 7 系统为例，依次单击：“开始”

→“所有程序”→“Python3.7”→“IDLE”，这样就可以打开 IDLE 了，如图 1-18 所示。

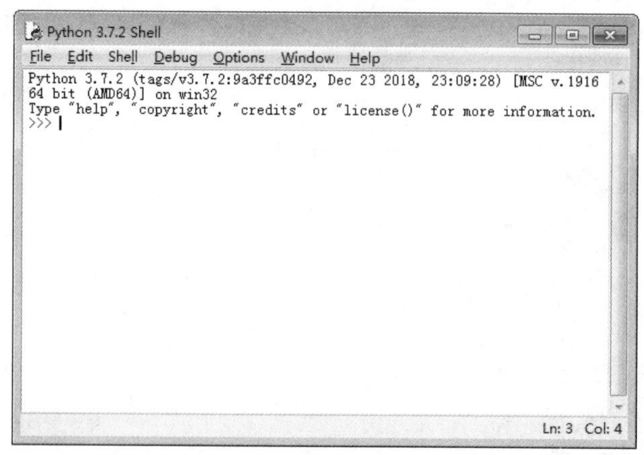

图 1-18

首先我们看到标题栏写的是“Python 3.7.2 Shell”，“Shell”这个单词的本意是“壳”，壳是我们观察一些物体时最先看到的东西，也是我们与之接触的媒介。比如我们看一台电脑，并不能看到它内部的结构，也不能跟它内部的 CPU、内存直接打交道，我们能看到的屏幕、键盘就属于电脑的壳的一部分，我们可以通过这个壳来操作电脑。所以我们也可以这么理解，这个“Python 3.7.2 Shell”就是我们 Python 的一个外壳，我们通过这个 Shell 与 Python 进行交互。你以前可能还用过在 Windows 系统中运行 cmd 命令打开的那一个控制台，其实那也是一个 Shell，是用于和 Windows 系统交互的命令行交互模式（CLI，Command Line Interface），只不过我们如今更常用的是图形界面交互方式（GUI，Graphical User Interface）。

在标题栏下面，还有一行菜单栏，写着“File”“Edit”等，非常类似于我们用的浏览器或其他软件的菜单栏。这些菜单和子菜单的功能在我们今后用到的时候会进行介绍。

在菜单栏下面，窗口中显示的内容第一行，可以看到我们安装的 Python 版本是 3.7.2，后面还列出了子版本、安装时间等信息，后面这些信息并不重要，我们可以忽略。

接下来就是一个由三个大于号组成的符号“>>>”，这是一个提示符，提示在当前状态下我们可以输入代码。

我们使用 IDLE 写代码可以用两种模式，一种是交互模式，在这种模式下，我们只要在提示符“>>>”后输入 Python 代码并按下回车键，代码就立刻会执行，并返回结果。这种模式可以用来编写一些简单的代码，比如只有一行的代码。另一种运行 Python 代码的模式是文件模式，可以单独建立一个 Python 代码文件来写行数比较多的代码。

或许你已经跃跃欲试了，不要着急，下一节我们会通过一个例子来告诉大家如何使用 IDLE 的这两种模式来写代码。

1.3 终于要开始写代码了，好嗨哟！

在编程界，有一句口诀，当你学会输出这句口诀的时候，就算成功迈出了第一步，而且未来的学习道路也会平坦很多，这句口诀就是：Hello world！

1.3.1　第一个 Python 程序：Hello　world！

前面我们讲过，在 IDLE 中写代码有两种模式：交互模式和文件模式。下面我们先演示一下用交互模式来输出“Hello world”。

首先，我们打开 IDLE，并在提示符“>>>”后面输入下面的代码：

```
>>> print("Hello world!")
```

这里请注意，我们要在英文状态下输入，代码中的括号、引号都要使用英文格式的。你或许知道“print”这个单词的意思是打印、输出，但是即使你不知道也没关系，本书后面的内容我们会详细介绍我们用到的每一个单词，这里你只需要先照葫芦画瓢体验一下效果。

当你按下回车键以后，就会看到下面出现一行蓝色的字符，如图 1-19 所示。

```
Hello world!
```

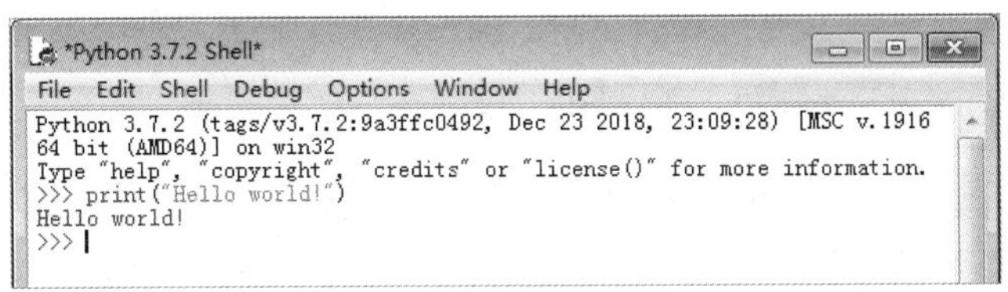

图 1-19

如果你得到的结果和图 1-19 中一样，那么恭喜你，你已经成功完成了第一个 Python 程序，你成功地把口诀输出到了屏幕上。尽管这看起来好像太简单了，但这确实也算是一个完整的程序，因为它实现了在屏幕上输出“Hello world！”的功能。

如果你觉得程序这东西至少得是一个文件，那也没错，因为在交互模式下，我们写的代码并不会长久地存储在电脑上。如果我们下次想直接再用我们写过的程序，那么就需要用第二种模式：文件模式。下面我们把这行代码放在文件中，让它看起来更像一个程序。

我们在 IDLE 的菜单栏依次单击：“File”→“New File”（或按快捷键 Ctrl + N）就可以新建一个文件，如图 1-20 所示。

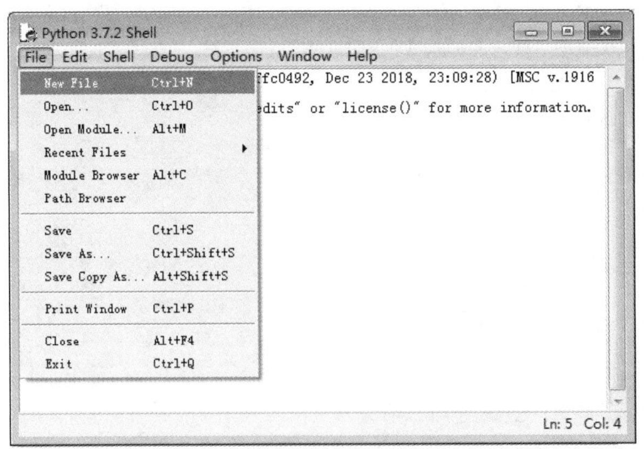

图 1-20

在新建的文件窗口中，除了标题栏写着文件名“Untitled”（未命名的意思），下面也有一行菜单栏，下面的空白部分就是我们可以写代码的地方，如图 1-21 所示。

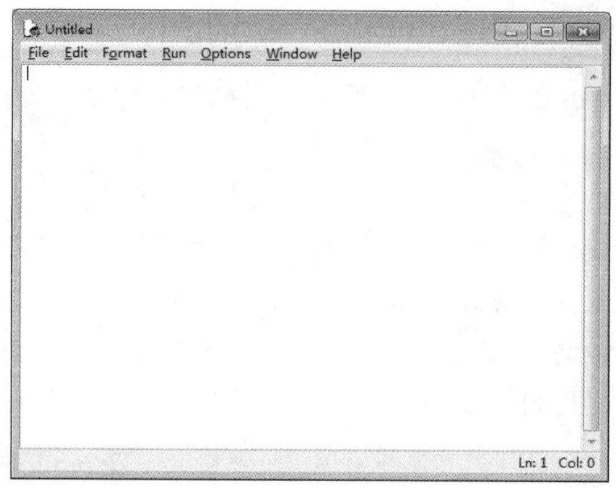

图 1-21

这里，我们再次输入之前在交互模式中的那行代码（如果你很懒，想用复制粘贴也不是不可以，但是最好还是自己再输入一遍代码，毕竟这种感觉不错，如图 1-22 所示。

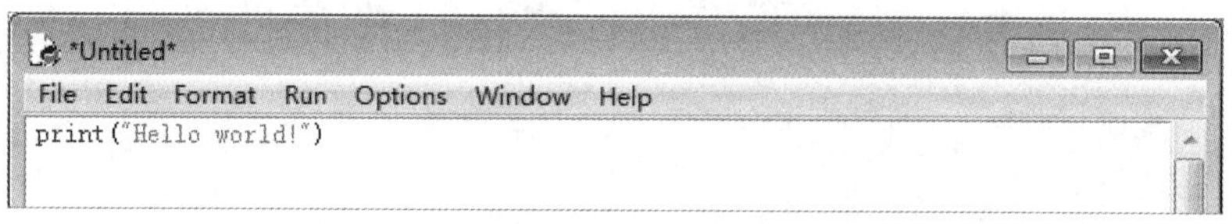

图 1-22

输入完之后，我们把它保存成一个文件，以便运行和日后使用。我们依次单击菜单栏上的“File”→“Save As”，就会弹出一个保存窗口，可以自定义文件名和存储位置。默认的存储位置是我们安装 Python 的文件夹（这里是 D:\Program Files\Python\Python37，当然你也可以换其他文件夹），我们给这个文件命名为“helloworld.py”，然后单击“保存”按钮，这样文件就保存好了，如图 1-23 所示。

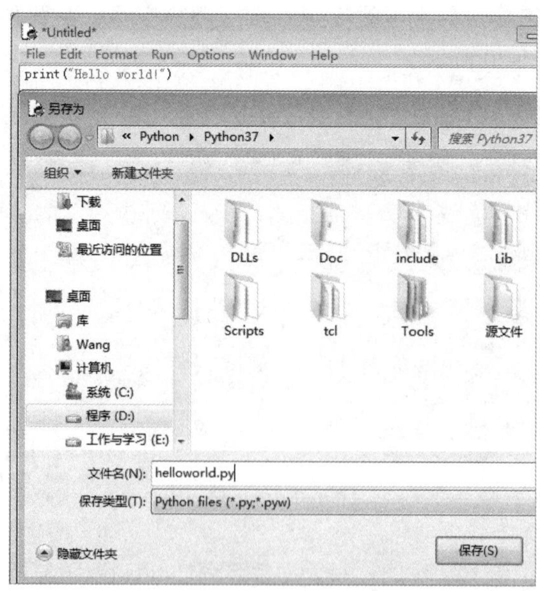

图 1-23

而且此时你可以看到，文件窗口的标题栏已经变了，上面已经显示出文件名和路径，如图 1-24 所示。

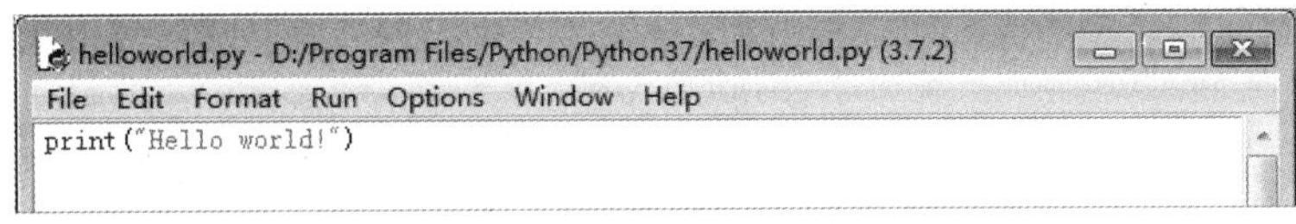

图 1-24

到此，我们已经成功地用文件模式创建并保存了一个 Python 程序（虽然里面只有一行代码）。接下来我们来运行一下这个程序。我们依次单击文件窗口标题栏中的“Run”→“Run Module”，或按快捷键 F5，就可以运行这个文件，如图 1-25 所示。

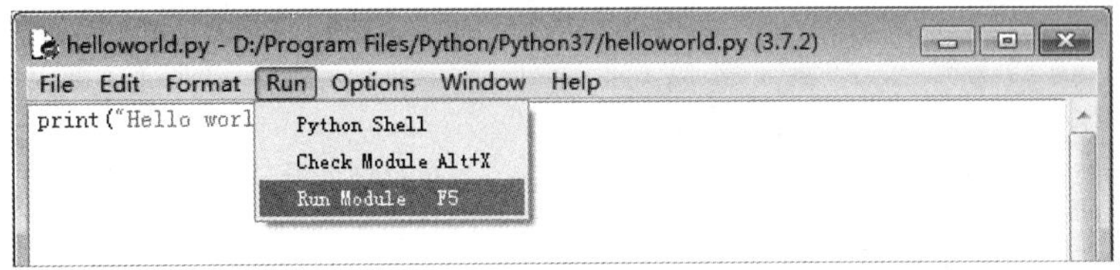

图 1-25

运行之后，在 IDLE 的主界面（也就是 Shell 界面）看到的运行结果跟之前在交互模式下的效果是一样的，如图 1-26 所示。

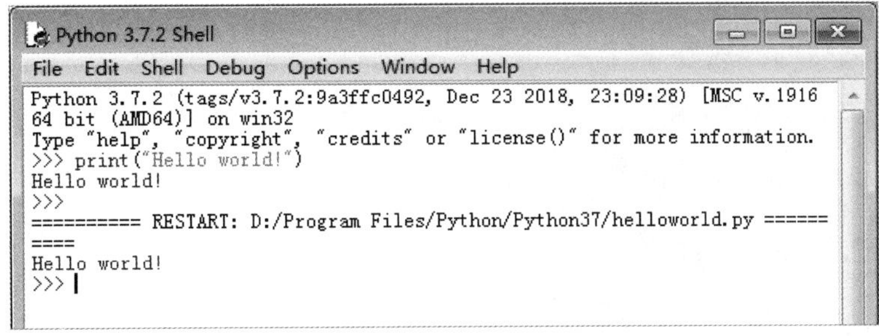

图 1-26

1.3.2　举一反三：随便 Hello 点啥

好了，刚才你已经学会了如何用 IDLE 的交互模式和文件模式来输出“Hello world！”，那么，如果我要你输出“来了？老弟！”，你知道该怎么做吗？我相信你一定知道只要把刚才代码中的“Hello world！”替换成“来了？老弟！”即可。下面是在交互模式下的结果，如图 1-27 所示。

在文件模式下该怎么做相信你肯定知道。其实，这里举这个例子主要是想告诉大家一个学习编程的学习方法，你一定要学会举一反三。当你学会输出“Hello world！”的时候，你就应该知道你也可以 Hello 点别的，甚至可以随意输出点什么，而且你也应该去尝试一下输出点别的。在本书中，我们对同一个知识点一般只会举一个例子，大家一定要自己学会举一反三地做一些练习。

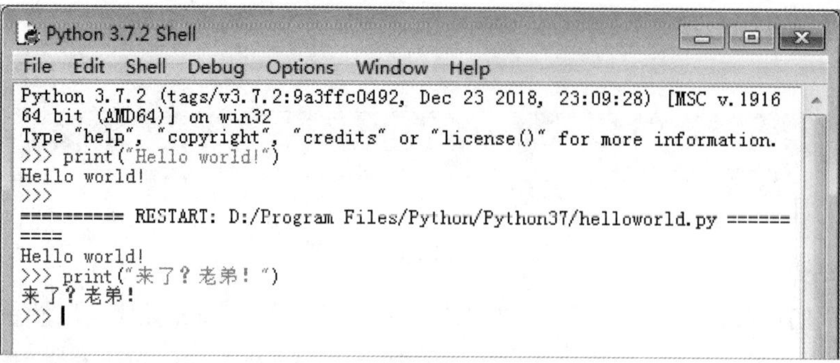
Python 3.7.2 Shell
File Edit Shell Debug Options Window Help
Python 3.7.2 (tags/v3.7.2:9a3ffc0492, Dec 23 2018, 23:09:28) [MSC v.1916 64 bit (AMD64)] on win32
Type "help", "copyright", "credits" or "license()" for more information.
>>> print("Hello world!")
Hello world!
>>>
========== RESTART: D:/Program Files/Python/Python37/helloworld.py ==========
Hello world!
>>> print("来了？老弟！")
来了？老弟！
>>>

图 1-27

第 2 章

热身运动——了解一些基本概念

如果一个程序只能处理固定不变的数据，那么它就太"死板"了，如果一个程序不能跟用户交互，那么它就太"孤僻"了。如何使我们写的程序更加灵活、更有互动性呢？这时候我们就需要用到变量以及输入、输出的相关知识。本章中我们将给大家介绍这些内容。

2.1 来点儿变化：变量

变量，顾名思义，是可以变化的量。就像在生活中，你的体重、年龄、银行卡的余额，这些都会发生变化。同样，在编写程序的时候，我们用到的很多数据是会发生变化的，因此就要用变量来代表这些可能发生变化的数据。

在 Python 中，变量由变量名和变量值组成。一个变量名可以关联一个变量值（也就是一个数据），但同一个数据也可以有多个变量值与其相关联。其实你可以把变量名理解成一个标签，把变量值理解成一个存储数据的小格子，一个变量名可以贴到某一个变量值上，一个变量值也可以贴上多个变量名。

举例来说，这里有一小一大两个变量，如图 2-1 所示。

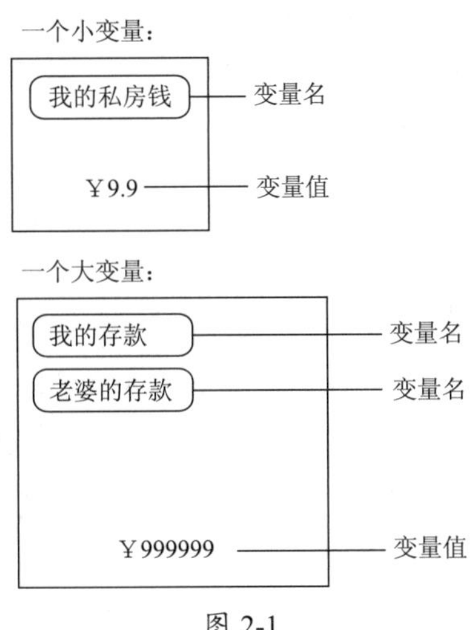

图 2-1

小变量这个格子上面贴了一个标签（变量名）是“我的私房钱”，里面存储的数值（变量值）是 9.9 元。而大变量这个格子上面贴了两个标签（两个变量名），分别是“我的存款”和“老婆的存款”，里面存储的数值（变量值）是 999999 元，虽然这笔存款有两个名字，但实际上是同一笔钱（同一个变量值）。

当然，万一老婆发现了我的私房钱，那么以她的作风，会让这一小一大两个变量都发生变化（变量显然是为了应对变化而生的），“我的私房钱”的值会变成 0，而“老婆的存款”的值会变成 999999+9.9=1000008.9。

2.1.1 变量的赋值与使用

根据变量在使用前是否需要事先声明，编程语言可以分为强类型语言和弱类型语言。Python 是一种弱类型语言，意思是在使用一个变量时并不需要事先进行声明（也就是说我们不需要先告诉计算机我们要有一个变量，以及它是什么类型，这一点与 C 语言等强类型语言不同）。但是，我们在使用一个变量前必须先给它赋值，即把变量名和数据进行关联。赋值的时候使用等于号（=）即可。比如我们想计算圆的周长，可以把半径的值（比如 1）赋给 r 这个变量，把圆周率的值（这里我们取近似值 3.14）赋给 pi 这个变量：

```
>>> r = 1
>>> pi = 3.14
```

上面这个赋值过程（即把变量名和变量值相关联的过程）我们可以通过下面的图来理解，如图 2-2 所示。

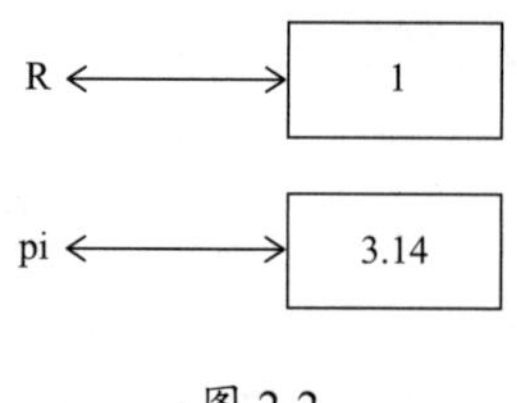

图 2-2

当我们要调用这两个变量时，直接把变量名写出来即可，比如我们要计算这个半径是 1 的圆的周长（在编程语言中，乘号一般用键盘上的星号 * 表示）：

```
>>> 2 * pi * r
6.28
```

既然是变量，那就可以变化。当我们想计算半径是 2 的圆的周长时，只需要把新的变量值赋给代表半径的变量 r 即可：

```
>>> r = 2
>>> 2 * pi * r
12.56
```

我们可以看到，当变量 r 的值改变后，计算出的便是它关联的新值的结果。由于 pi 这个变量的值并没有改变，所以并不需要再重新给 pi 赋值，它关联的仍是原来的“3.14”。这一过程我们可以通过下图来理解，如图 2-3 所示。

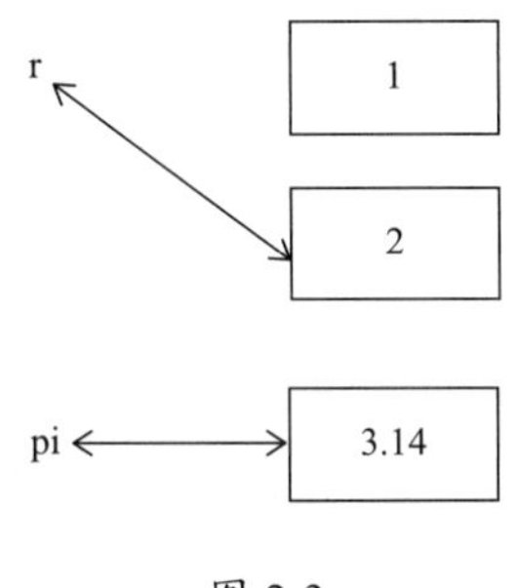

图 2-3

变量不仅可以用来存储数字，还可以用来存储字符串或其他类型的数据，比如我们在上一章曾经输出过“Hello world！”，它就是一个字符串（我们后面的章节中会详细讲解字符串的有关知识）。如果我们把变量名与某个字符串（即变量值）关联起来，然后用于输出这个字符串，那么不管以后我们如何变化这个变量的值（即改为关联其他字符串），输出时只需要写出原变量名即可。实际上，变量使用的背后反映出一种很重要的编程思想——重用，我们在后面将要学到的函数、类等都要用到这一思想。

我们来看一个示例：

```
>>> s = "Hello world!"
>>> s
'Hello world!'
>>> s = "Too young! "
>>> s
'Too young! '
```

可以看到，当变量的值改变了（变量值由“Hello world!”变成了“Too young!”，但变量名没变，还是 s），我们再次调用 s，使用到的就是新的值。

再比如：

```
>>> salary = 5000
>>> print("我的月薪是",salary)
我的月薪是 5000
>>> salary = 10000
>>> print("我的月薪是",salary)
我的月薪是 10000
```

当我们把 salary 这个变量的数值改变以后，调用到的就是新的数值。

这里我们还用到了 print() 函数，目前你只需要先照葫芦画瓢，看一下上面这两个例子的效果即可，重点是要理解变量的概念和使用方法。有关 print() 函数的详细使用方法我们将在后面讲解。

当我们需要一次性给多个变量赋值的时候，还可以采用一种简单的多重赋值的写法：

```
变量名 1, 变量名 2, 变量名 3, … = 值 1, 值 2, 值 3, …
```

上面的写法就相当于写三行代码：

```
变量名 1 = 值 1
变量名 2 = 值 2
变量名 3 = 值 3
```

例如：

```
>>> a, b, c = '火锅', '米饭', '大盘鸡'
>>> a
'火锅'
>>> b
'米饭'
>>> c
'大盘鸡'
```

可以看到，等号（=）后面的三个值按顺序赋给了前面的三个变量。

2.1.2 变量命名规则

生活中，父母在给孩子起名时并不能随心所欲，比如一般不能和家人重名、不能用汉字以外的特殊字符起名等。当我们给变量命名时，也不能随心所欲，这里列举一些必须遵守的规则（一、二、三）和建议性规则（四、五），希望大家注意。

第一，变量名只能由大小写字母、数字、下划线组成，不能包含空格，也不能以数字作为开头。例如，your_name、FIFA2018、_hello_world，这些都是合法（即符合规则）的变量名，而 001abc、123XYZ、see you tomorrow，这些都是不合法的变量名。另外，虽然在 Python 3 中已经支持以中文字符作为变量名，但是为了稳妥起见，我们并不建议这么做。

第二，Python 对于大小写是敏感的。也就是说，即使变量名中的字母都相同，唯一的区别只是大小写不同，那也算是不同的变量。比如 world 和 World、ABC 和 abc、A6 和 a6，分别都是不同的变量。

第三，变量名不能和 Python 的保留关键字、内置变量名、内置函数名等重名。在 Python 中，有一些词已经被系统用作关键字、内置变量名、内置函数名等，它们有固定的作用，所以我们在定义变量时也不能用这些词作为变量命，否则会与系统产生冲突。

我们可以通过下列两行代码来查看 Python 3 中的保留关键字：

```
>>> import keyword
>>> keyword.kwlist
```

返回的内容是：

```
['False', 'None', 'True', 'and', 'as', 'assert', 'async', 'await', 'break',
'class', 'continue', 'def', 'del', 'elif', 'else', 'except', 'finally', 'for',
'from', 'global', 'if', 'import', 'in', 'is', 'lambda', 'nonlocal', 'not', 'or',
'pass', 'raise', 'return', 'try', 'while', 'with', 'yield']
```

我们可以通过下列两行代码来查看 Python 3 中的内置变量和内置函数：

```
>>> import builtins
>>> dir(builtins)
```

返回的内容是：

```
['ArithmeticError', 'AssertionError', 'AttributeError', 'BaseException',
'BlockingIOError', 'BrokenPipeError', 'BufferError', 'BytesWarning',
'ChildProcessError', 'ConnectionAbortedError', 'ConnectionError',
'ConnectionRefusedError', 'ConnectionResetError', 'DeprecationWarning', 'EOFError',
'Ellipsis', 'EnvironmentError', 'Exception', 'False', 'FileExistsError',
'FileNotFoundError', 'FloatingPointError', 'FutureWarning', 'GeneratorExit',
'IOError', 'ImportError', 'ImportWarning', 'IndentationError', 'IndexError',
'InterruptedError', 'IsADirectoryError', 'KeyError', 'KeyboardInterrupt',
```

```
'LookupError', 'MemoryError', 'ModuleNotFoundError', 'NameError',
'None', 'NotADirectoryError', 'NotImplemented', 'NotImplementedError',
'OSError', 'OverflowError', 'PendingDeprecationWarning', 'PermissionError',
'ProcessLookupError', 'RecursionError', 'ReferenceError', 'ResourceWarning',
'RuntimeError', 'RuntimeWarning', 'StopAsyncIteration', 'StopIteration',
'SyntaxError', 'SyntaxWarning', 'SystemError', 'SystemExit', 'TabError',
'TimeoutError', 'True', 'TypeError', 'UnboundLocalError', 'UnicodeDecodeError',
'UnicodeEncodeError', 'UnicodeError', 'UnicodeTranslateError', 'UnicodeWarning',
'UserWarning', 'ValueError', 'Warning', 'WindowsError', 'ZeroDivisionError',
'_', '__build_class__', '__debug__', '__doc__', '__import__', '__loader__',
'__name__', '__package__', '__spec__', 'abs', 'all', 'any', 'ascii', 'bin',
'bool', 'breakpoint', 'bytearray', 'bytes', 'callable', 'chr', 'classmethod',
'compile', 'complex', 'copyright', 'credits', 'delattr', 'dict', 'dir', 'divmod',
'enumerate', 'eval', 'exec', 'exit', 'filter', 'float', 'format', 'frozenset',
'getattr', 'globals', 'hasattr', 'hash', 'help', 'hex', 'id', 'input', 'int',
'isinstance', 'issubclass', 'iter', 'len', 'license', 'list', 'locals', 'map',
'max', 'memoryview', 'min', 'next', 'object', 'oct', 'open', 'ord', 'pow', 'print',
'property', 'quit', 'range', 'repr', 'reversed', 'round', 'set', 'setattr', 'slice',
'sorted', 'staticmethod', 'str', 'sum', 'super', 'tuple', 'type', 'vars', 'zip']
```

在自己定义变量时，以上这些词都不能作为变量名。

第四，变量名尽量不要使用中文。在 Python 3 中，中文也可以用作变量名，例如：

```
>>> 中文变量名 = "Chinese"
>>> print(中文变量名)
Chinese
```

但是鉴于兼容性等问题，我们并不建议这么做。

第五，在进行简单的学习和实验时，变量名可以简短，例如 a、b、c。但在实际项目中，变量的命名最好有含义，如果你随意地用 a、b、c 这种名称，那过不了多久你自己就忘记这个变量到底存储的是什么了，这么做也不利于与其他人在同一个项目进行合作。为了使变量名便于理解，命名时可以使用多个单词，单词中间用下划线隔开，比如，my_name 明显比 mn 更容易理解。

2.1.3　Python 中的变量只是一个标签

在 Python 中，我们可以这么理解变量：当我们创建一个变量并赋值时，就相当于在内存中创建了一小块存储空间来存储这个值，而变量名就相当于是一个名字标签，贴在了这个空间上。当我们改变一个变量的值时，是把变量名这个标签贴到另一个存储了新的值的空间上面。

但是，重点来了，出于内存优化管理，在 Python 中，一些比较小的整数和比较短的字符串会在内存中常驻，所以如果这些比较小的数字被两个变量引用，其实是两个标签指向了同一个空间。我们可以通过 id(变量名) 这个函数来观察这一点（系统内置的 id() 函数用于获取一个对象的内存地址，更多系统内置函数我们会在后面 2.2 节进行介绍）：

```
>>> a = 1
>>> b = 1
>>> id(a)
8791526728528  # 这里返回一串数字，可以理解为变量在内存中的地址编号。不过由于电脑不同，你得到
                 的数字应该和我的不一样，不过这没什么问题。
>>> id(b)
8791526728528  # 这里返回的数字和上面相同，也就是说变量 a 和 b 指向同一个内存地址。
```

而当数字大于 256 时，情况则有所不同：

```
>>> a = 1000
>>> b = 1000
>>> id(a)
46045808  # 这里返回一串数字。同样，由于电脑不同，你得到的数字应该和我的不一样。
>>> id(b)
46045904  # 这里返回的数字和上面不同，也就是说变量 a 和 b 指向的是不同的内存地址。
```

再举一个例子让大家更深刻地理解变量。让我们看一下下面这段代码：

```
>>> a = 1
>>> b = a
>>> a = 2
>>> b
*   # 这里我用星号 * 代替了屏幕上会输出的值，为的是让你猜一下输出的会是几，是 1 还是 2？
```

好吧，如果你运行这段代码，你会发现，b 的值是 1，而不是 2。如果你不幸猜错了，那么仔细往下看。这个过程可以这样理解："a = 1"是开辟一块内存空间，存储上"1"这个值，并给它贴上变量名"a"这个标签，"b = a"则是把另一个变量名"b"这个标签也贴到了"1"这个值的空间上，"a = 2"的时候，是把"a"这个标签从存储"1"的内存空间上转移到了存储"2"的内存空间上，而"b"这个标签并没有移动，它依然贴在"1"的内存空间上面，所以它的值依然是 1。我们用图示来分析一下这个过程，如图 2-4 所示。

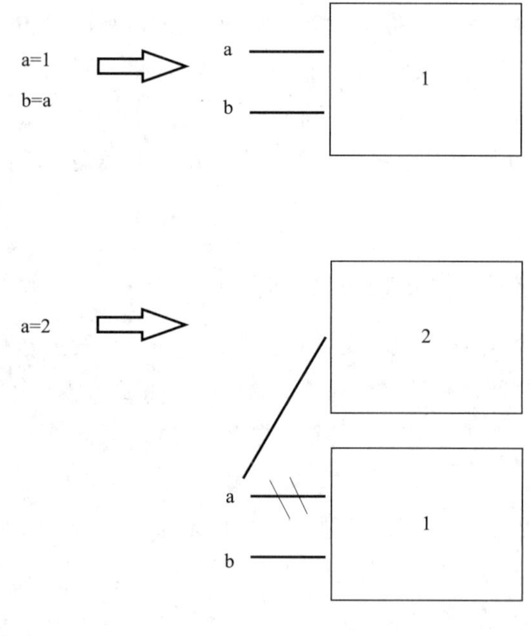

图 2-4

只有深入理解了 Python 中变量的真实含义，才能在使用的过程中不至于产生以为"b"也变成了"2"这样的错误。

2.2　互动起来：输出与输入

之前我们学过变量，它可以让程序更加灵活。但是这还远远不够，为了能让程序具有互动性，能够处理用户提供的各种数据，我们就需要程序能够接收用户的输入，并且将有关结果输出到屏幕上给用户看。在 Python 中，我们可以利用系统内置的输入和输出函数来实现这种互动。

2.2.1　内置函数简介

编程中的函数和我们数学上的函数比较类似，比如我们数学中的正弦函数 sin 可以计算不同角度的正弦值，sin30° =1/2，sin45° = $\sqrt{2}$ /2。在 Python 中，函数就是用来处理一个特定功能的代码块。

有一些常用的功能，Python 已经帮我们做成了函数，这些函数是系统自带的、已经定义好其功能的，称为系统内置函数。我们可以直接使用“函数名（参数）”的形式来调用这些函数。比如我们之前曾经用过的 print() 函数、type() 函数、isinstance() 函数、bool() 函数，都属于系统内置函数。表 2-1 列出了 Python 中的内置函数，这里先了解一下，有一些函数在后面章节用到的时候我们会结合例子详细讲解其功能和使用方法。

表 2-1　Python 的内置函数

Python 内置函数				
abs()	delattr()	hash()	memoryview()	set()
all()	dict()	help()	min()	setattr()
any()	dir()	hex()	next()	slice()
ascii()	divmod()	id()	object()	sorted()
bin()	enumerate()	input()	oct()	staticmethod()
bool()	eval()	int()	open()	str()
breakpoint()	exec()	isinstance()	ord()	sum()
bytearray()	filter()	issubclass()	pow()	super()
bytes()	float()	iter()	print()	tuple()
callable()	format()	len()	property()	type()
chr()	frozenset()	list()	range()	vars()
classmethod()	getattr()	locals()	repr()	zip()
compile()	globals()	map()	reversed()	__import__()
complex()	hasattr()	max()	round()	

如果你现在就想了解一下这些函数的用法，可以使用 help() 函数来查看其功能介绍，格式是：help(函数名)。注意，这里小括号里的函数名后面不要再写小括号 ()，只写函数名即可。

Python 提供了许多内置函数，这些函数我们要牢记，一方面可以灵活使用，防止重复“造轮子”；另一方面也可以避免在自己定义变量和函数时发生与内置函数重名的情况。为了实现更多的功能，我们还可以自己定义一些实现自己需要的功能的函数，也就是自定义函数，我们将在第 8 章详细介绍如何自己定义函数，这里先介绍两个非常常用的有关输出和输入的函数。

2.2.2 输出 print()

当我们需要在屏幕上输出某些内容时，就可以使用 print() 这个内置函数。需要注意，print 后面的小括号必须是半角括号，也就是英文括号，而不能是全角括号，即中文括号。使用格式是：

```
print(*values [, sep=' ' [, end='\n' [, file=sys.stdout [, flush=False]]]])
```

括号里第一个参数 *values 是必选参数，* 表示参数可以有多个，用半角逗号（,）隔开，多个 values 参数的情况下，默认打印出来各个值之间用空格隔开。

*values 可以是要输出的字符串、数字或更复杂的列表、字典等各种类型，也可以是变量或表达式。变量的概念我们已经介绍过，至于什么是字符串、列表、字典、表达式，我们将在后面章节详细讲解。

这里先看几个例子：

```
>>> print("Hello Python")
Hello Python
>>> print(1 + 2)
3
>>> print(1,2)
1 2
>>> a = 100
>>> print(a)
100
```

我们可以看到，当我们在 print() 的参数位置放入一个字符串 "Hello Python" 时，屏幕上会输出这个字符串。而当我们在参数位置放入 1+2 这样的表达式时，就会在屏幕上输出结果。当我们给定两个参数 (1,2) 时，会打印出两个参数，中间默认用空格隔开。当我们在参数位置放入变量 a 时，屏幕上则会输出这个变量的值。

注意，如果有多个字符串直接作为 value 值参数，在中间加逗号，那么输出时会被默认的空格隔开，而如果不加逗号，直接并列写在一起，那么会被当作一个字符串，或者说是实现了字符串的拼接效果，例如：

```
>>> print("abc","xyz")
abc xyz
>>> print("abc""xyz")
abcxyz
```

注意上面的两次输出，第一次 abc 和 xyz 中间有一个空格，而第二次没有空格。

实际上第二个 print("abc" "xyz") 相当于 print("abc" + "xyz")：

```
>>> print("abc" + "xyz")
abcxyz
```

至于为什么加号能起到拼接字符串的作用，我们会在后面字符串的章节详细介绍。

参数 *values 后面用中括号括起来的 [, sep=' ' [, end='\n' [, file=sys.stdout [, flush=False]]]] 是可选参数。

参数 sep=' ', 表示当输入多个打印的值时，各个值之间的分割方式默认是空格，例如：

```
>>> a = 1
>>> b = 2
>>> c = 3
>>> print(a,b,c)
1  2  3
```

我们也可以把分隔符自定义为其他字符，例如省略号：

```
>>> print(a,b,c,sep='……')
1……2……3
```

参数 end='\n'，表示输出完之后的结束符号，默认是换行，可以设置为其他字符，例如问号：

```
>>> print(a,b,c,sep='……',end='?')
1……2……3?
```

参数 file=sys.stdout，表示输出的方式，默认不写则输出到屏幕终端，也可以设置输出到某个文件中。例如我们用 IDLE 新建一个 Python 文件，写入下面的代码：

```
a = 1
b = 2
c = 3

f = open('test.txt','a')
print(a,b,c,sep='……',end='?',file=f)
f.close()
```

这里用到了 open 函数等内容，我们后面会详细讲解，先看一下 print() 函数如何将内容输出到文件中。我们将代码保存为文件，存储在“D:\Program Files\Python\Python37\源文件\第 2 章”文件夹中，命名为 testprint.py，如图 2-5 所示。

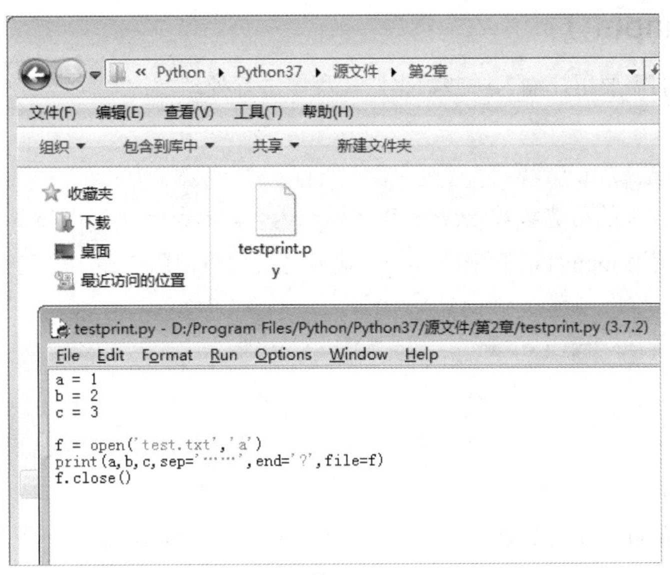

图 2-5

然后运行这段程序，可以看到在 code 文件夹中又新建了一个 test.txt 文件，其中的内容就是我们 print() 函数所输出的内容，而且这时 IDLE 的 Shell 中是没有任何输出的，如图 2-6 所示。

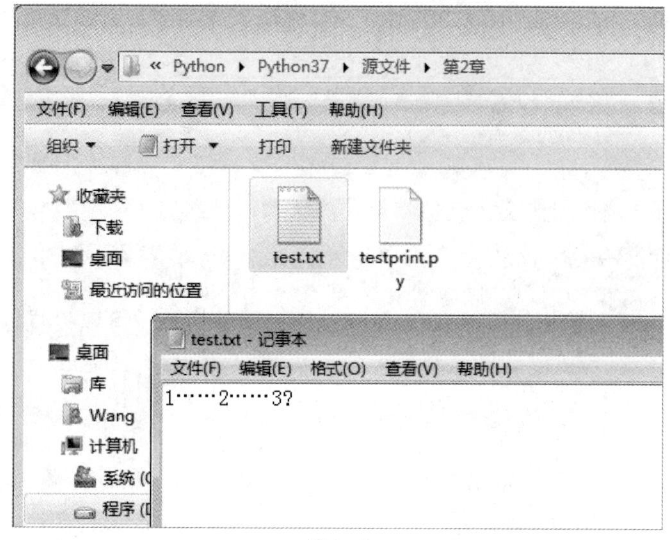

图 2-6

参数 flush=False，表示刷新，默认 False 是不刷新，Ture 是刷新。这两个参数涉及后面文件操作的知识，我们在后面需要用时再作介绍。

print() 函数如果不带任何参数，那么可以实现只占用一个空行的作用，例如：

```
>>> print()

>>>
```

此外，print() 函数还支持字符串的格式化输出，实现在字符串中嵌入变量值。

2.2.3 输入 input()

有时候，我们需要用户输入一些数据，让程序进行处理，这时候可以使用 input() 函数。使用格式是：

```
input([prompt,])
```

中括号 [] 括起来的可选参数 prompt 表示提示内容，必须是字符串类型。

当我们单独使用 input() 函数来获取一个输入时，它将把用户输入的值返回并输出到屏幕上，例如：

```
>>> input("请输入你的名字：")
请输入你的名字：王春杰
'王春杰'
```

可以看到，代码运行后，会输出提示文字，等待用户输入。这里我们输入了一个名字，然后就被以字符串的形式又返回到了屏幕上。

对于用户输入的换行是不会读入的，因为 input() 函数接收的输入内容是以换行作为结束的标志的。

其实我们更常用的是直接将用户输入的内容通过 input() 函数获取后存储到一个变量中，这时就成了一个赋值语句，输入的内容就不会再返回到屏幕上，而是存储到变量中了。

我们结合上面讲的 print() 函数来看一下用 input() 函数获取用户输入并存储到变量中的用法：

```
>>> your_name = input("请输入你的名字：")
请输入你的名字：王春杰
>>> print("你好，" + your_name)
你好，王春杰
>>> your_age = input()
18
>>> print("原来你只有" + your_age + "岁！")
原来你只有 18 岁！
```

上面的代码中，我们用 your_name 这个变量接收并存储了用户输入的信息。而 print() 函数的参数中有个加号（+），可以起到连接两个字符串的作用。第一次让用户输入时，input() 函数中我们使用了输入提示，而在第二次让用户输入的时候则没有使用输入提示。这里是为了演示这个参数可以不存在，但是大部分情况下我们还是需要给用户提示，以便让他们知道自己该输入什么数据。

需要注意的是，我们用 input() 函数获取到的用户输入的数据是字符串类型，如果我们需要用户输入一个数字，并要用其进行运算，则需要先进行数据类型的转换，把字符串转换为数字，这些内容我们将在后面章节中的数字类型部分进行讲解。这里先掌握 input() 函数的功能和使用方法即可。

2.3　无规矩不成方圆：注释与编码规则

当我们在写程序的时候，要遵守编码的规则，比如 Python 中的缩进格式，这样才能保证程序按照预定的逻辑运行。我们还要养成一些良好的习惯，比如写注释，这样才能避免在我们重读代码或与别人合作时产生不必要的麻烦。本节我们介绍一下相关的知识。

2.3.1　注释

注释的作用是给代码增加说明性文字，以便自己日后能快速回忆起代码的作用，也便于与人合作时能帮助别人理解自己的代码。注释因为有特殊符号标明，所以不会被运行，也就是说，注释是给人看的，电脑会自动忽视。在 Python 中，注释有单行注释和多行注释两种格式。

1. 单行注释

在 Python 中，单行注释用井号（#）开头，一般位于一段代码之前，解释这段代码的作用，例如：

```
#让用户输入名字，并向用户问好。
your_name = input("请输入你的名字：")
print("你好，" + your_name)
```

第一行代码以注释的方式来解释了后面代码段的作用，但是在运行时会被自动忽略，不会影响后面代码的执行。我们把上面的代码写入一个新建的文件，保存并运行，看一下运行结果，看看其中的注释在运行时是否会有什么特殊作用：

```
请输入你的名字：王春杰
你好，王春杰
```

显然这里并没有出现任何注释的影子。注释是给开发人员看的，不会对用户显示。因此你可以大胆地使用注释。

另外大家可能已经发现，在 IDLE 中，单行注释会以红色显示，而字符串是以绿色显示的，如图 2-7 所示。

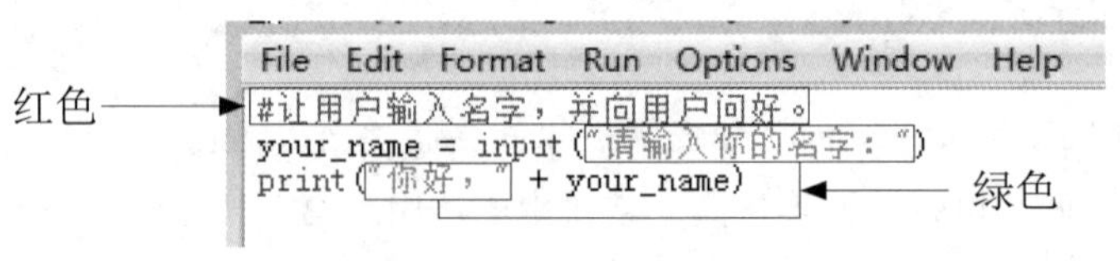

图 2-7

单行注释也可以用在某一行代码之后，在 # 和代码之间加两个空格，用于解释本行代码的作用，例如：

```
print("Hello Python")  # 输出 Hello Python
```

当我们想让代码中的某一行暂时不运行时，也可以使用注释的方式使其暂时失效，这种方式在调试程序的时候经常会用到。例如我们建立一个文件，里面写上如下代码：

```
print(" 好嗨哦 ")
print(" 感觉人生已经到达了高潮 ")
print(" 感觉人生已经到达了巅峰 ")
```

保存并运行，这段代码的运行结果如下，想必大家都能知道：

```
好嗨哦
感觉人生已经到达了高潮
感觉人生已经到达了巅峰
```

当我们想把第一行代码暂时去掉时，就可以在前面加上一个井号来注释掉，这样运行的时候这行代码就会暂时失效：

```
#print(" 好嗨哦 ")
print(" 感觉人生已经到达了高潮 ")
print(" 感觉人生已经到达了巅峰 ")
```

修改并保存后再次运行，第一行代码就不会运行了：

```
感觉人生已经到达了高潮
感觉人生已经到达了巅峰
```

当你把注释掉的代码重新修改后，把前面的 # 去掉即可。

2. 多行注释

有时候，我们需要给一段代码写比较多的注释，会用到多行文字，这时候，我们虽然也可以用多个 # 开头写多个单行注释，但是还有一种更简便的方法，用成对的三单引号（'''）或三双引号（"""）把注释内容包含起来即可，例如：

```
'''
下面这段代码的作用是：
先向张三问好
再向李四问好
最后向王五问好
'''
print(" 你好，张三 ")
```

```
print(" 你好，李四 ")
print(" 你好，王五 ")
```

上面的三单引号换成三双引号也是一样的。而且你可能也已经发现，在 IDLE 中多行注释会像字符串一样变成绿色（图 2-8），这是因为多行注释其实也相当于一个很长的多行的字符串，我们后面会讲到。

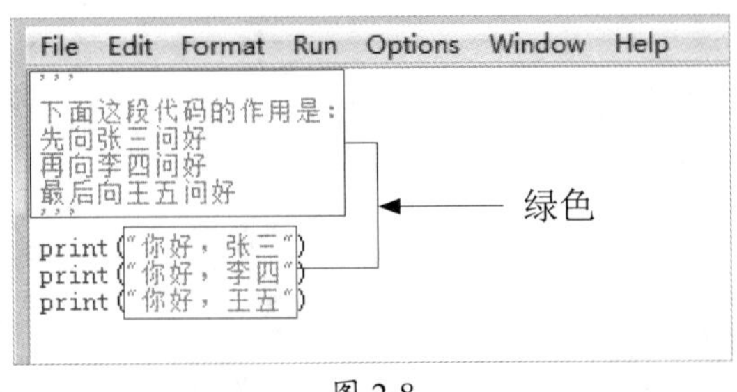

图 2-8

如同单行注释可以用来使某行代码暂时失效，多行注释也常用于让某一段代码暂时失效，也是在调试代码时经常用到的。例如我们下面的代码文件中有两段起不同作用的代码：

```
your_name = input(" 请输入你的名字：")
print(" 你好，" + your_name)

your_age = input(" 请输入你的性别（男或女）：")
if your_age == ' 男 ':
    print(" 原来你是个帅哥！ ")
elif your_age == ' 女 ':
    print(" 原来你是个美女！ ")
else:
    print(" 你的输入好像有问题。")
```

当我们保持并运行这个文件时，首先第一段代码会让我们输入名字，输出一句向我们打招呼的话。然后第二段代码会让我们输入性别，并根据情况再输出一句话。运行效果如下：

```
请输入你的名字：王春杰
你好，王春杰
请输入你的性别（男或女）：男
原来你是个帅哥！
```

如果我们暂时不想让第二段代码起作用了，或者在调试的过程中发现第二段代码写的有问题，想暂时先注释掉，那么就可以用多行注释的方式使其暂时失效，只要在其前后都加上三引号即可（同样这段代码在 IDLE 中也会变成绿色）：

```
your_name = input(" 请输入你的名字：")
print(" 你好，" + your_name)

'''
your_age = input(" 请输入你的性别（男或女）：")
if your_age == ' 男 ':
    print(" 原来你是个帅哥！ ")
elif your_age == ' 女 ':
    print(" 原来你是个美女！ ")
else:
    print(" 你的输入好像有问题。")
'''
```

3. 文档字符串

其实，由三引号括起来注释也被称为文档字符串或文档注释。比如我们在自定义函数的时候（什么是自定义函数我们会在后面详细讲解，暂时大家先关注这里写的注释部分），可以在函数体内先写上这种文档注释，这样别人可以通过函数的一个方法（函数名.__doc__，注意 doc 前后都是两个下划线，函数名后有一个点）来获取这段注释。例如我们改写一下上面的例子：

```
def sayhi():
    '''
    先向张三问好，
    再向李四问好，
    最后向王五问好。
    '''
    print("你好，张三")
    print("你好，李四")
    print("你好，王五")

print(sayhi.__doc__)
```

运行结果是：

```
    先向张三问好
    再向李四问好
    最后向王五问好
```

这样我们就可以得到这个函数的文档注释了。

作为文档字符串，被三引号括起来的部分可以是多行的也可以是单行的，重点是其要被三引号括起来。比如前面的代码，我们把注释部分合并到一行中，但是仍然以三引号括起来：

```
def sayhi():
    '''
    先向张三问好，再向李四问好，最后向王五问好。
    '''
    print("你好，张三")
    print("你好，李四")
    print("你好，王五")

print(sayhi.__doc__)
```

这样的运行结果是：

```
    先向张三问好，再向李四问好，最后向王五问好。
```

另外，我们还可以通过 __doc__ 方法来获取系统内置函数的文档注释，比如我们看一下 print() 这个函数中的文档注释：

```
>>> print(print.__doc__)
print(value, ..., sep=' ', end='\n', file=sys.stdout, flush=False)

Prints the values to a stream, or to sys.stdout by default.
Optional keyword arguments:
file:  a file-like object (stream); defaults to the current sys.stdout.
sep:   string inserted between values, default a space.
end:   string appended after the last value, default a newline.
flush: whether to forcibly flush the stream.
>>>
```

这里面写的就是官方对 print() 函数的注释，相当于一份说明或帮助文件。类似的，你也可以查看一下其他函数的文档注释。

2.3.2　缩进与空行

一些其他的语言会用大括号括起不同的代码段，以便区分代码间的层次结构。而在 Python 中，我们严格地使用缩进（也就是代码前的多个字母空格）来区分这种层次。缩进的基本量是四个字母空格或一个 Tab 键的位置，具有相同缩进量的代码代表它们是相同的层次。我们通过一段有结构的代码来说明这一点（有关 if 分支结构会在后面详细讲解，这里大家关注缩进的区别即可）：

```
age = int(input("请输入你的年龄："))

if age>=18:
    print("你好")
    print("你是成年人")
else:
    print("你好")
    print("你是未成年人")
```

在这段代码中，第一行和 if-else 这两行都是顶格写的，没有缩进，它们是第一层次的，而 if 和 else 后的四个 print() 语句前面都有 4 个空格的缩进，代表它们是第二层次的。所以我们可以运行一下代码并输入 20 看一下效果：

```
请输入你的年龄：20
你好
你是成年人
```

而如果我们一不小心把代码中最后一行的缩进给忘记了，代码变成：

```
age = int(input("请输入你的年龄："))

if age>=18:
    print("你好")
    print("你是成年人")
else:
    print("你好")
print("你是未成年人")
```

我们同样运行程序并输入 20，结果会变成：

```
请输入你的年龄：20
你好
你是成年人
你是未成年人
```

造成这种结果的原因是最后一行代码忘记了缩进，它就不属于 else 之下的这个层次了。而属于和 if-else 平级的代码，所以在 if-else 运行结束后，就会运行这一行代码。由此可见，缩进是非常重要的，一旦出现错误，程序的层次结构就会混乱。好在我们用 IDLE 的文件模式时，当写 if-else 这种结构的时候，它会自动地在我们写完 if: 或 else: 回车的时候填充足够的缩进，但是我们自己还是要注意检查，以免出错。

构建合理的程序层次结构，除了使用严格的缩进，有时候还要补充使用不那么严格的空行来区隔多段代码。这就像我们写文章要分段一样。比如我们上面的代码中，第二行就是一个空行，因为第一行的作用是让用户输入，而下面 if-else 这多行实现的是判断并输出，这两部分功能不同，就可以用一个空行来隔开。

2.3.3 参考 PEP8

除了一些严格的规则和格式，在 Python 编程中，还有很多其他建议性规范，遵循这些规范，可以提高我们的编程效率，减少错误的出现，也利于与其他人合作。PEP 是 Python Enhancement Proposal 的缩写，即 Python 增强建议，8 是文档的数字编号。PEP8 是专门针对编程代码风格的一份建议性文档，文档详细内容可以参考官方网址：https://www.python.org/dev/peps/pep-0008/。这里我们介绍一下 PEP8 中比较重要、比较常见的一些条目。

1. 命名方面

（1）在容易与数字 1 和 0 混淆的地方，避免使用小写字母 l（大写为 L）、大写字母 O（小写为 o）、大写字母 I（小写为 i），必要时用括号内的另一种写法代替。例如，你有一系列命名为 L0、L1、L2、L3…的变量，那么这里的 L 要用大写。

（2）变量命名规则在前面已经讲过：不要用数字开头，要有描述性，单词用英文小写，有多个单词用下划线隔开。这些基本规则同样也适用于函数名、类名。

（3）函数名用小写字母，如有多个单词，可以用下划线隔开，如 hello()、say_hello()。类名首字母大写，如果由多个单词组成，可采用驼峰式命名，即每个单词首字母都大写，如 Car()、ElectricCar。模块名应该用全小写的简短名字，如果有多个单词，为了提升可读性，也可以用下划线隔开，但尽量不要这样做。

（4）当函数的参数名与保留字冲突时，使用下划线后缀，例如：

```
def student(name,age,class_):
```

2. 代码结构方面

（1）缩进要使用空格键而不是 Tab 键，当然你可以在某些 IDE 中设置 Tab 键默认为 4 个空格。

（2）每行最大长度为 79 个字符，换行可以使用反斜杠 \，例如：

```
print("古之学者必有师。师者，所以传道受业解惑也。\
人非生而知之者，孰能无惑？惑而不从师，其为惑也，终不解矣。")
```

但特别长的代码行应选择使用小括号内的换行方式将长串折成多行。例如：

```
if (box_lenth >= 100 and
    box_width >= 50 and
    box_height <=80 and
    box_weight <= 300 and
    box_color == 'red' and
    ……
    box_price <= 60000):
```

（3）合理地使用空行来区隔代码块。在函数中使用空行来表示不同的逻辑块；在类中使用两行空行来分隔顶层函数和类定义，使用单行空行来分隔类方法定义。

（4）各个 import 独立成行：

```
import os
import sys
import math
```

而不要使用：

```
import os, sys, math
```

3. 注释与文档方面

（1）块注释用来解释之后的代码，和之后的代码要保持缩进一致，“#”号后要空一格，注释的段落可以用空行分开，但空行开头同样需要“#”号，例如：

```
# 块注释
# 块注释
#
# 块注释
代码 1

# 块注释
# 块注释
代码 2
```

（2）行注释至少和语句间隔 2 个空格，注释末尾要写句号。如果注释很短，那么结尾的句号可以忽略。

（3）三引号 """ 作为多行的文档字符串的结束，应该单独一行。对于只有一行的文档字符串来说，结尾的 """ 在同一行。

4. 其他建议

（1）一行的尾部不要有空格。

（2）二元运算符前后最好有一个空格，例如：a += 1。

（3）用复数形式命名序列类型的数据，例如：names = [zhangsan, lisi, wangwu]。

（4）关键词参数等号前后不要有空格，例如：func(a=1,b=2)，而不是 func(a = 1,b = 2)。

5. 代码检查工具

PEP8 规范还提供了一个检测脚本 pycodestyle（之前叫 PEP8），用于检测你的代码是否符合 PEP8 规范，它的官方网址是：https://pypi.org/project/pycodestyle/。

你可以在命令行中（注意是命令行中，而不是 IDLE 中，在 Windows 7 中可以通过单击“开始”→“运行”然后输入“cmd”单击“确定”来打开命令行模式）通过 pip 来安装（pip 是一个 Python 内置的包管理工具，我们后面会详细讲解），如图 2-9 所示。

```
pip install pycodestyle
```

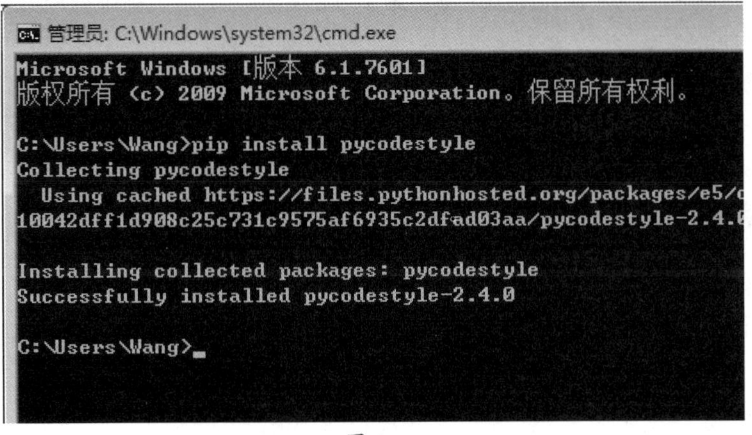

图 2-9

安装过程非常方便，当出现 successfully installed pycodestyle-2.4.0 时，证明你已经成功安装了 pycodestyle，版本是 2.4.0。

要检查某个文件，在命令行中使用如下命令即可：

```
pycodestyle 文件名
```

例如我们检查一下之前在学习 print() 函数时建立的“testprint.py”这个文件：

我们在命令行中输入 pycodestyle “D:/Program Files/Python/Python37/ 源文件 / 第 2 章 / testprint.py”，回车，就可以看到检查结果，如图 2-10 所示。

```
C:\Users\Wang>pycodestyle "D:/Program Files/Python/Python37/源文件/第2章/testpri
nt.py"
D:/Program Files/Python/Python37/源文件/第2章/testprint.py:5:20: E231 missing wh
itespace after ','
D:/Program Files/Python/Python37/源文件/第2章/testprint.py:6:8: E231 missing whi
tespace after ','
D:/Program Files/Python/Python37/源文件/第2章/testprint.py:6:10: E231 missing wh
itespace after ','
D:/Program Files/Python/Python37/源文件/第2章/testprint.py:6:12: E231 missing wh
itespace after ','
D:/Program Files/Python/Python37/源文件/第2章/testprint.py:6:21: E231 missing wh
itespace after ','
D:/Program Files/Python/Python37/源文件/第2章/testprint.py:6:29: E231 missing wh
itespace after ','

C:\Users\Wang>
```

图 2-10

这里有几行提示，告诉我们在代码的哪一行哪一列出现了什么问题。这里提示的都是我们在参数的逗号后少写了空格，当然这是根据 PEP8 的建议来判断的。缺少这些空格不是什么错误，不会影响程序的运行，但是我们还是建议大家按照 PEP8 的规则来规范性地写代码。鉴于本书的目的是让大家快速入门 Python，所以在一些小的教学案例代码中不会完全遵守某些规则。

2.4 物以类聚：Python 数据类型简介

在任何一门编程语言中，数据类型都是最基本的知识之一，了解每一种数据类型的特点，可以使你在编程的过程中更方便地使用和处理它们。在 Python 3 中，有六种基本的数据类型：数字、字符串、列表、元组、字典、集合。这里我们先了解一下六种数据类型的基本定义和表现形式，至于每种数据类型的使用方式等知识，我们将在后面的章节中进一步详细讲解。

2.4.1 六种基本数据类型简介

1. 数字（Number）

Python 3 中的数字类型可以细分为三种：整数（int）、浮点数（float）、复数（complex）。这三个概念和数学中的概念一致，而且可以进行有关数学运算。如果我们要存储一个人的年龄，就可以用整数，比如 18、25、60；如果要存储一个账户的余额，就会用到浮点数，比如 21350.65、100100.20、88.88。而复数则可以在数学科学计算领域有所应用，比如 123+4j、

10-5j、365j。

2．字符串（String）

字符串是用成对的单引号（'）或双引号（"）括起来的一串字符序列，如 'hello world!' 或 "Hello Python!"。需要注意，单引号或双引号并不是字符串的一部分，它们的作用仅仅是告诉解释器它们括起来的内容是字符串类型。如，365 是一个数字类型，而 '365' 则是一个字符串类型。

3．列表（List）

列表由一系列按顺序排列的元素组成，这些元素可以是相同的类型，也可以是不同的类型，如数字和字符串混合。在 Python 3 中，用成对的中括号（[ ]）来标注一个列表，列表元素之间用逗号（注意必须是英文或称为半角的逗号“,”）来分隔。如，['OK'，'abc',365，3.14159]。当我们把列表存储到一个变量中时，变量名最好采用复数，便于理解，例如，languages = ['C','C++','Python','PHP']。

4．元组（Tupple）

列表是可以修改的，而有时我们需要存储一些不可修改的元素序列，这时候就可以用元组。可以简单地理解，元组就是不可修改的列表。元组的表示方法也与列表不同，是用半角小括号（()）括起来的一系列元素。同样地，元组中的元素要使用半角逗号（,）分隔，例如，('Jeff ',1985，'male')。

5．字典（Dict）

与列表不同，字典可以存储一系列键值对组成的数据，更能体现一一对应的关系，而且字典里的元素（即键值对）是无序的。字典是使用大括号（{}）括起来的一系列键值对的组合，每一对键和值中间用半角冒号（:）连接，不同元素之间也用半角逗号（,）分隔，例如，{'name':'Jeff','age':25,'height':'180cm'}。

6．集合（Set）

集合是一种元素排列无序且元素之间不能重复的数据类型，其实与我们在数学中学过的集合属性类似，具有确定性、无序性、互斥性三个特点，而且也可以做交集、并集、差集等关系运算。它的主要功能是进行关系测试和去除重复元素。集合使用大括号（{}）来表示，元素之间用半角逗号隔开，例如，{1,3,5,7,9}。

2.4.2　数据类型的判断

如同我们的食物可以分为面食、肉食、水果、蔬菜等类型，数据根据其不同的性质，也可以分为很多类型，这就是所谓的数据类型。在 Python 中，有六种基本数据类型：数字（包括整数 int、浮点数 float、复数 complex）、字符串（str）、列表（list）、元组（tuple）、字典（dict）、集合（set）。当我们把不同类型的数据存储在变量中后，就可以说这个变量有了它的数据类型。有时候我们需要判断一个变量的数据类型，再根据其结果进行后续操作，因此这里我们先学习两种判断变量数据类型的方法。

第一种方法是直接用函数 type(变量名) 来获取这个变量的类型。例如我们在前面把圆周率的值赋给了变量 pi，我们可以用 type(pi) 来获取它的数据类型。

```
>>> pi = 3.14
>>> type(pi)
<class 'float'>
```

我们可以看到，pi 的类型是 float，也就是浮点数。

再比如我们看一下之前输出的 "Hello world!"：

```
>>> s = "Hello world!"
>>> type(s)
<class 'str'>
```

这里我们看到 "Hello world" 的类型是 str，也就是字符串类型。

判断变量类型的第二种方法是使用 isinstance(变量名 , 数据类型) 这个函数，把变量和某种数据类型进行比对，看是否是我们预测的那种类型。如果是，则返回布尔值 True；如果不是，则返回布尔值 False。比如我们还是来看一下上述的 pi：

```
>>> isinstance(pi, int)
False
```

程序运行后返回 False，这就是说 pi 并不是 int（整数）类型。

我们再看一下存储了 "Hello world!" 的变量 i：

```
>>> isinstance(s,str)
True
```

可以看到，i 里存储的确实是 str（字符串）。

至于什么是字符串，什么是整数、浮点数，什么是布尔值，以及不同数据类型的特点和应用，我们会在后面的章节中详细讲解，这里大家先掌握这两种判断变量数据类型的方法即可。

2.4.3 容器、序列、迭代、可迭代对象

在后面章节学习和使用各种数据类型的过程中，我们会提到一些概念，这里先逐一简单解释一下。

容器：字面意思就是可以容纳其他东西的器具。在数据类型中，容器指能够容纳其他类型数据的一类数据结构，像字符串、列表、元组、字典、集合，都属于容器。容器可以分为两类：序列和映射。

序列：就是有序的队列（重点是有序），也就是元素是按顺序排列的。在上面介绍的六种数据类型中，字符串、列表、元组这三种属于序列。其中列表属于可变序列，就是说其中的元素可以被修改。字符串、元组属于不可变序列，就是说其中的元素不可被修改。

映射：是以键值对形式存在的数据，是无序的，如字典。

集合是一种容器，但是它既不属于序列也不属于映射。

我们用下图来总结上述概念之间的逻辑关系，如图 2-11 所示。

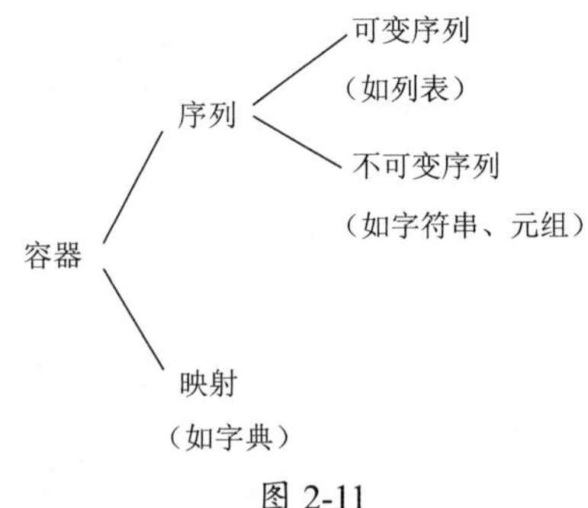

图 2-11

迭代：就是给定一个序列，如字符串、列表或元组，可以通过 for 循环来遍历这个序列，这种遍历就是迭代（iteration）。

可迭代对象：顾名思义就是可以迭代的对象，比如字符串、列表和元组，都是可迭代对象。此外，还有处于打开状态的文件对象、管道对象等，也是可迭代对象。字典和集合属于不可迭代对象。

迭代器：就是在可迭代对象上面通过 iter() 函数或 .__iter__ 方法创建遍历接口后形成的一种数据结构，它可以通过 next() 函数或 .__next__ 方法获取下一个值，例如：

```
>>> names = ["zhangsan","lisi","wangwu"]
>>> n = iter(names)
>>> next(n)
'zhangsan'
>>> next(n)
'lisi'
>>> n.__next__()
'wangwu'
```

生成器：就是一种特殊的迭代器，它可以不用一次性处理某个可迭代对象里的元素，而是一边生成一边使用，从而节省资源。生成器包括生成器表达式和生成器函数两种形式，后面使用到时我们再详细讲解。

2.4.4　布尔值

在编程的过程中，我们常常要做一些判断，然后根据结果的是与否来进行下一步操作。那如何来表示判断的结果呢？这时候我们就要用到布尔值。布尔值只有两个：真或假。在 Python 3 中，用 True 和 False 来表示（注意必须是首字母大写，其他字母小写）。比如我们可以做一个非常简单的比较判断：

```
>>> 1 < 2
True
>>> 1 > 2
False
```

前面我们讲到可以用 type() 函数判断一个变量的类型，那么布尔值能否也用 type() 函数判断一下呢？

```
>>> b = True
>>> type(b)
<class 'bool'>
```

可以看到，b 的类型是 bool，也就是布尔类型。

同样，我们可以通过函数 bool() 来获取一个数据的布尔值，例如：

```
>>> bool(1)
True
>>> bool(365)
True
>>> bool('a')
True
>>> bool('Python')
True
>>> bool(0)
False
>>> bool('')
False
>>> bool(' ')  #注意这两个单引号中间有一个空格
True
>>> bool('   ')  #注意这两个单引号中间有三个空格
True
>>>
```

我们可以看到，非 0 的数字布尔值都是 True，非空的字符串字符串布尔值也都是 True，而数字 0 和空字符串 ''（注意这两个单引号中间什么都没有）的布尔值是 False，但是由一个或多个空格组成的字符串布尔值仍然是 True。

关于布尔值的更多使用方法和场景，我们在后面关于控制结构的部分会再讲解（布尔值是判断结构中非常重要的一个要素）。其实我们还可以在 IDLE 中通过函数 help() 来查看一下布尔值和布尔函数的文档：

```
>>> help(bool)
Help on class bool in module builtins:

class bool(int)
 |  bool(x) -> bool
 |
 |  Returns True when the argument x is true, False otherwise.
 |  The builtins True and False are the only two instances of the class bool.
 |  The class bool is a subclass of the class int, and cannot be subclassed.
……（后面部分内容省略）
```

第 3 章 数字和数学并不可怕——数据类型之数字

数学，对于很多人来说都曾经是中学时的噩梦。数字，当要用它们进行各种复杂的计算的时候，也令人恐惧。还好，对于编程语言来说，数字和数学都不再是问题。计算机之所以叫计算机而不是拖拉机，一定是有原因的！而且，Python 中有大量的函数和模块可以用来处理数字和数学问题。

3.1 数字虽多，不过三类

数字是我们最常用的一种数据类型，用来存储各种数值。如同在生活中或在数学中一样，我们在编程时需要用数字来计算、计数、比较大小。本节我们详细介绍一下 Python 中三种不同的数字类型。

3.1.1 整数

Python 中的整数和数学中的整数概念相同，整数不带小数点，可以是正数也可以是负数，比如 5、128、-6、-1024。与其他某些编程语言对整数的最大值、最小值有限制不同，理论上，在 Python 中的整数取值没有范围限制，可以无限大。

在实际应用中，我们并不会存储一个无限大的整数。但尽管如此，可以用一个非常大的整数，也是 Python 的一个优势。我们运用 Python 可以做非常大的数字的计算，或者得出一个非常大的数字，而不必担心溢出。

但实际上，由于你的电脑内存是有限的，所以整数并不会真正地无限大。你可以用 sys 模块中的一个函数来查看你的电脑能存储最多是多少位的整数，比如在我的电脑上：

```
>>> import sys
>>> sys.maxsize
9223372036854775807
```

显然这么多位的整数是足够我们使用了。比如我们做一个运算：

```
>>> 1234 ** 100
1353679866791074518495392800706065891641320359475365620283140987273250709210139
```

```
67142041884901563838760843214820186703059472779471141155230164103022681216300787088
75368461012484670812240735159121269367245610401130020174055744298322551541283051646
46648619699441218220156803948576381957284173320050030562955493376
```

这里我们计算了 1234 的 100 次方（** 表示次方运算，后面会讲到），得到的是一个 310 位的数字，离系统上限还差得多。

你可能会想，怎么知道这个数字的长度是多少位呢？难道要一个一个数吗？你可能忘了，我们之前讲过 Python 的内置函数，在那个列表中有一个 len() 函数，可以用于计算字符串的长度，所以我们可以这样来得到这个长数字的位数：

```
>>> s = str(1234 ** 100)
>>> len(s)
310
```

这里，我们用到了 str() 函数把整数转换为字符串，然后才使用 len() 函数来获取字符串的长度。如果少了这步转换，将会出现错误，因为 len() 函数的参数不能是一个数字。另外，在获取用户输入的时候，我们常常需要把字符串转换为数字，用于后续的计算等。这点需要特别注意，新手尤其容易犯错，而把这个转换过程给忘掉。

我们在讲解 input() 函数时曾经提到，该函数接收的用户输入是以字符串的形式来存储的，当我们需要用户输入一个整数时，就可以使用 int() 函数来处理一下这个输入，这样就能以整数的形式来存储和使用，例如：

```
age1 = input("请输入你的年龄：")
age2 = int(input("请输入你的年龄："))
```

注意，这里的 age2 是我们把获取输入和转换类型写在了一起，其实第二行代码相当于：

```
age2 = input("请输入你的年龄：")
age2 = int(age2)
```

当我们运行这个的程序，会提示我们输入两次年龄，我们输入之后，再看一下其中存储的结果：

```
请输入你的年龄：18
请输入你的年龄：19
>>> age1
'18'
>>> age2
19
```

显然，第一次输入没有进行类型转换，输入的 18 被以字符串形式存储（带单引号的 '18'），而第二次输入则被转换成了数字类型。由于 age1 是以字符串的形式存储的，所以如果拿它直接做计算，将会出现错误：

```
>>> age1 + 10
Traceback (most recent call last):
  File "<pyshell#6>", line 1, in <module>
    age1 + 10
TypeError: must be str, not int
```

而 age2 存储的数据已经转换为整数，所以可以直接用于计算：

```
>>> age2 + 10
29
```

3.1.2 浮点数

Python 中的浮点数和数学中的实数概念类似，指带有小数点的数字，例如 3.14、12.00、2.1e8（这里的 e 是科学计数法，跟数学中一致，e8 或 E8 代表乘以 10 的 8 次方）。

在 Python 3 中，浮点数是有取值范围的，不过对于常规计算来说肯定是足够的。我们同样可以使用 sys 模块中的一个函数来查看：

```
>>> import sys
>>> sys.float_info
sys.float_info(max=1.7976931348623157e+308, max_exp=1024, max_10_exp=308,
min=2.2250738585072014e-308, min_exp=-1021, min_10_exp=-307, dig=15, mant_dig=53,
epsilon=2.220446049250313e-16, radix=2, rounds=1)
```

得到的结果显示，我电脑中可用的浮点数的最大值 max=1.7976931348623157e+308，最小值 min=2.2250738585072014e-308。

这里需要注意的是，浮点数的运算存在不确定的尾数，如：

```
>>> 0.1+0.3
0.4
```

但是：

```
>>> 0.1+0.2
0.30000000000000004
```

再比如我们做一个比较运算：

```
>>>0.1+0.2 == 0.3
False
```

不过并不需要担心，这不是 bug，这种情况在很多编程语言中都存在。因为这涉及计算机对数字运算的内部实现原理，十进制的数字是以多位二进制数字模拟的，但二进制和十进制不存在一对一的对等关系，所以有时会有一定的误差。

在 Python 中，是以 53 位二进制数字来表示小数部分，所以很多二进制表示的小数只是截取 53 位无限接近十进制的小数。

那么，如何防止这些“小尾巴”影响我们的计算和判断呢？常用的一种解决方案就是：当我们需要对浮点数进行比较运算时，可以用 round 函数进行辅助，去处多余的小数，只保留有必要的小数位数。这个函数的格式是，round(x,d)，对 x 四舍五入，d 是小数位数。比如：

```
>>> round(3.14159, 2)
3.14
>>> round(0.1 + 0.2, 1) == 0.3
True
```

如果你不需要四舍五入一个浮点数，而只是想舍去小数部分，可以使用 int() 函数，例如：

```
>>> int(3.14)
3
>>> int(3.14) == int(3.99) == 3
True
```

3.1.3 复数

与其他一些编程语言不同，Python 除了整数和浮点数，还提供了复数类型，这与数学中的复数概念类似。

在数学中，复数的形式是 z=a+bi（根据复数的定义，这里 $i=\sqrt{-1}$），其中 a 是实部，bi 是虚部。

例如在下面虚数坐标系中，x 轴表示实部，y 轴表示虚部，左上方和右下方分别有两个点：

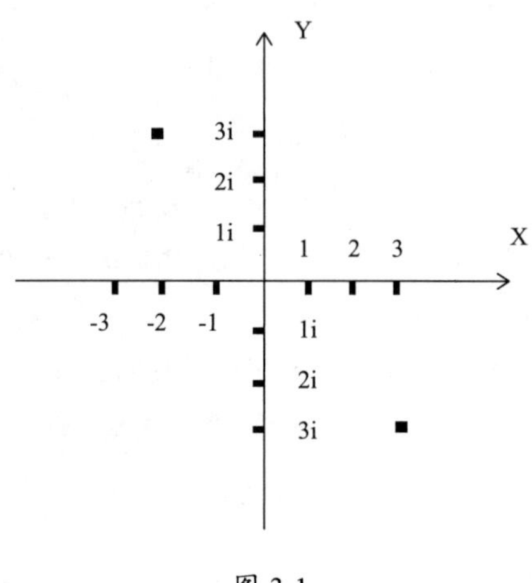

图 3-1

左上方的就是 -2+3i，右下方的就是 3-3i。

不过与数学中不同的是，Python 中是用 j 来表示虚部，而不是数学中的 i。因此上图中的两个虚数在 Python 中应该写成 -2+3j 和 3-3j。

在编程的入门阶段，复数并不常用，所以这里我们暂不展开讨论，在以后遇到的时候再做讲解，有兴趣的读者也可以自己搜索一下复数的相关知识。

3.1.4 eval() 函数与 exec() 函数

其实在 Python 中还提供了直接把字符串当作表达式用于计算的函数：eval(str)。它可以把字符串 str 当成有效的表达式来求值并返回计算结果。不过，它要执行的 str 只能是单个运算表达式，不支持赋值操作或复杂的代码逻辑，而且它是有返回值的。

比如：

```
>>> eval("12 + 34")
46
>>> eval("2 ** 10")
1024
```

当然你也可以这样使用：

```
>>> a = 12
>>> b = 34
>>> eval("a + b")
46
```

但是你不能这样：

```
>>> eval(a + b)
Traceback (most recent call last):
  File "<pyshell#24>", line 1, in <module>
```

```
    eval(a + b)
TypeError: eval() arg 1 must be a string, bytes or code object
```

出错的原因是 a + b 并不是一个字符串。

另外，eval() 函数还可以把字符串转成相应的对象，比如列表、元组等。

```
>>> a = "[1,3,5,7,9]"
>>> a
'[1,3,5,7,9]'
>>> a = eval(a)
>>> a
[1, 3, 5, 7, 9]
```

这里我们给 a 赋值了一个字符串，字符串的内容是一个列表的形式，显然它还是一个字符串。但是经过 eval() 函数转换并重新赋值后，a 就变成了一个列表。注意，如果不把转换后的值重新赋值给 a，虽然 eval() 返回了一个列表，但 a 存储的仍然是原来的字符串。

还有一个与 eval() 函数有类似功能的是 exec(str) 函数，它可以把 str 解析为代码来执行，因此它不但能计算，而且可以执行赋值等操作。但是它只是运行解析后的代码，并没有返回值，这点与 eval() 函数不同。比如：

```
>>> exec("12 +34")
>>>
```

可以看到，exec() 函数并不像 eval() 函数一样有返回值。因此如果你想把运算结果赋值给一个变量，将会是徒劳的：

```
>>> a = exec("12 + 34")
>>> a
>>>
```

可以看到，a 并没有得到 exec() 函数的运算结果。但是它可以直接在参数 str 中进行赋值运算：

```
>>> exec("a = 12 +34")
>>> a
46
```

可以看到，它已经把计算和赋值都完成了。

需要特别注意的是，eval() 函数和 exec() 函数虽然有强大的功能，但是也有潜在的安全风险，因此在处理不可预测的用户输入数据的时候不要轻易使用，即使要使用也要做好相应的检测。限于篇幅，这方面内容我们不做详细讲解，有兴趣的读者可以自己到网上查阅相关资料。

3.1.5 进制与进制转换

所谓进制，就是进位制度的一种计数方法。无论在生活中，还是在编程的过程中，我们默认的、最常用的还是十进制，也就是逢十进一，其中 0—9 这十个数字就是十进制的基数，一切数字都用基数及其组合来表示。比如我们数到 9 以后，就变成 10，数到 19 以后，就变成 20。

但是鉴于计算机的底层原理，在程序里有时候采用二进制、八进制和十六进制也会比较方便。但最终，十进制、八进制和十六进制在计算机内部都会被转换成二进制进行存储。下面我们介绍一下各种进制及其转换。

二进制就是逢二进一，其基数是 0 和 1，当数到 1 以后，就向前一位进 1。因此，0 加 1 就是 1，1 再加 1 就是 10，也就是在第二位进了 1。10 加 1 就是 11，11 加 1 就会进位再进位，变成 100。因此你可以知道，在二进制中，0 表示的就是十进制的 0，1 表示的就是十进制的 1，10 表示的就是十进制的 2，11 表示的就是十进制的 3，100 表示的就是十进制的 4。

八进制就是逢八进一，其基数是 0—7，当数到 7 以后就进一。因此在八进制中，7 加 1 就等于 10，17 加 1 就等于 20。所以八进制中的 10 就相当于十进制中的 8，20 就相当于十进制中的 16。

十六进制就是逢十六进一，其基数是 0—9 这十个数字再加上 abcde（或大写的 ABCDE）这五个字母。在十六进制里，当我们数到 9 之后，下一个就是 a，再下一个就是 b，数到 e 之后，就会进一位。比如 e 加 1 就等于 10，1e 加 1 就等于 20。所以十六进制里的 10 就相当于十进制里的 16，20 就相当于十进制里的 32。

为了区分不同的进制，除了十进制外，我们使用二进制、八进制和十六进制的时候，都会在前面加上一个前缀，用以显示它的进制。二进制用 0b 或 0B 开头（数字 0 和小写字母 b 或大写字母 B），比如 0b1010 表示二进制数字 1010；八进制用 0o 或 0O 开头（数字 0 和小写字母 o 或大写字母 O），比如 0o126 表示八进制数字 126；十六进制用 0x 或 0X 开头（数字 0 和小写字母 x 或大写字母 X），比如 0x3a5e。

在 Python 中，可以使用内置函数非常快速地转换各种进制。下面我们看一下如何用二进制、八进制和十六进制分别表示 365，同时介绍一下把十进制转换为二进制、八进制、十六进制的三个内置函数。

二进制，把一个数转换为二进制可以用 bin 函数：

```
>>> bin(365)
'0b101101101'
```

八进制，把一个数转换为二进制可以用 oct 函数：

```
>>> oct(365)
'0o555'
```

十六进制，把一个数转换为二进制可以用 hex 函数：

```
>>> hex(365)
'0x16d'
```

同样，我们也可以把二进制、八进制、十六进制的数转换回十进制，可以使用我们之前学过的 int 或 float 函数。比如：

```
>>> int(0x16d)
365
```

3.2 小学数学都学过——运算符与表达式

运算符就是对数据进行运算的符号，包括算术运算符、比较运算符、赋值运算符等类型，其实简单地说就是加（+）、减（-）、乘（*）、除（/）、大于（>）、小于（<）、等

于（==）、赋值（=）等，这些都是运算符。而由运算符和数据组合在一起形成的就是表达式，就像 1+1、2>1，这些都是表达式。怎么样，是不是跟小学时学的数学没什么区别？当然，我们这里讲的会稍有不同，稍微复杂一些，但是本质上是一样的。

3.2.1　算数运算符

算数运算符的含义和数学中是一样的，可以进行数字的运算。大家可能已经发现，我们的 IDLE 基本相当于一个计算器，我们输入一个表达式时，它就会计算出结果返回给我们，例如：

```
>>> 128+512
640
>>> 365*24*60
525600
```

需要注意的是，当我们把不同的数字类型进行混合运算（如整数和浮点数）时，生成的是范围最宽的类型，例如：

```
>>> 50+3.14
53.14
>>> 20*0.5
10.0
```

下面我们来总结一下常见的算术运算符及其示例，如表 3-1 所示。

表 3-1　常见运算符及其示例

运算符	示例

+（加）	>>> 666 + 999
	1665
	>>> 3 + 5.0
	8.0

-（减）	>>> 3 – 2 – 1
	0
	>>> 5 – 8
	–3

*（乘）	>>> 7 * 8
	56
	>>> 2 * 3.14 * 5
	31.400000000000002

/（除）	>>> 10 / 4 2.5

//（整除）	>>> 10 // 4
	2
	>>> 10 / –4
	–2.5

%（取余）	>>> 10 % 7
	3
	>>> 10 % – 7
	– 4

**（幂）	>>> 2 ** 10
	1024
	>>> –2 ** 10
	–1024

需要注意，当我们把运算符混合使用时，会有优先级的差异，这和数学中是一致的，*、/、//、% 的优先级相同，而且高于 +、-，如果你想改变表达式中的优先级，这也和数学中一样，可以用小括号，例如：

```
>>> 1 + 2 * 3
7
>>> (1 + 2) * 3
9
```

当我们不知道或怕弄错运算优先级的时候，也可以借助小括号来保证运算优先级。比如我们不知道取余和幂哪个优先级更高，就可以这样来写：

```
>>> 10 % 2 ** 2
2
>>> 10 % (2 ** 2)
2
>>> (10 % 2) ** 2
0
```

通过这个尝试我们也可以发现，** 的优先级是高于 % 的。

还有一点需要注意，跟数学中一样，当我们做除法的时候，除数不能是 0，否则会产生错误，例如：

```
>>> 1 / 0
Traceback (most recent call last):
  File "<pyshell#13>", line 1, in <module>
    1 / 0
ZeroDivisionError: division by zero
```

3.2.2 比较运算符

比较运算符的作用是对数据或表达式进行比较，并根据结果返回一个布尔值。

布尔值我们之前介绍过，它是专门用来表示判断结果的，只有真（True）和假（False）两个值。注意，True 和 False 都是首字母大写，其他字母小写。

另外，除了等于（==）和不等于（!=），比较运算符中的大于（>）、大于等于（>=）、小于（<）、小于等于（<=）的左右两边必须是相同的数据类型，否则会出现错误。

下面我们来总结一下常用的比较运算符及其示例，如表 3-2 所示。

表 3-2　比较运算符及其示例

运算符	示例

==（比较左右两边是否相等）	>>> 1 == 1
	True
	>>> 's' == 's'
	True
	>>> 1 == '1'
	False

!=（比较左右两边是否不相等）	>>> 1 != 2
	True
	>>> 's' != 'S'
	True
	>>> 1 != '1'
	True

续表

运算符	示例

>（比较左边是否大于右边）	>>> 3 > 5
	False
	>>> 3 > '5'
	TypeError: '>' not supported between instances of 'int' and 'str'
	在这里我们看到错误提示，数字和字符串之间是不能比较大小的，但可以用上面提到的 == 或 != 来比较是否相同

<（比较左边是否小于右边）	>>> 2 < 3 True
>=（比较左边是否大于等于右边）	>>> 3 >= 3 True
<=（比较左边是否小于等于右边）	>>> 4 <= 3 False

3.2.3　赋值运算符

最简单的赋值运算符就是等号（=），例如我们给变量赋值并做计算：

```
>>> a = 1
>>> b = 2
>>> a + b
3
```

在给变量赋值的时候，我们除了直接用等号（=），还可以用二元赋值运算符来更简洁地实现一些计算后赋值。

下面我们来总结一下赋值运算符及其示例，如表 3-3 所示。

表 3-3　赋值运算符及其示例

运算符	示例

+=（a += n，相当于 a = a + n，即把 a + n 后的值再赋给 a）	>>> a = 5
	>>> a += 1
	>>> a
	6

– =（a – = n，相当于 a = a – n，即把 a – n 后的值再赋给 a）	>>> a = 6
	>>> a – = 2
	>>> a
	4

*=（a *= n，相当于 a = a * n，即把 a * n 后的值再赋给 a）	>>> a = 7
	>>> a *= 3
	>>> a
	21

/=（a /= n，相当于 a = a / n，即把 a / n 后的值再赋给 a）	>>> a = 8
	>>> a /= 2
	>>> a
	4.0

//=（a //= n，相当于 a = a // n，即把 a // n 后的值再赋给 a）	>>> a = 9
	>>> a //= 4
	>>> a
	2

续表

运算符	示例

%= （a %= n，相当于 a = a % n，即把 a % n 后的值再赋给 a）	>>> a = 9
	>>> a %= 4
	>>> a
	1

**= （a **= n，相当于 a = a ** n，即把 a ** n 后的值再赋给 a）	>>> a = 10
	>>> a **= 3
	>>> a
	1000

3.2.4 逻辑运算符

我们之前学习了布尔值，也学习了比较运算符，然而有时候我们需要做一些稍微复杂一点的逻辑判断，这时候就要结合逻辑运算符，最常用的有 and（且）、or（或）、not（非）。其实这部分内容我们在中学数学中也已经学过。

下面我们来总结这几个逻辑运算符及其示例，如表 3-4 所示。

表 3-4 逻辑运算符及其示例

运算符	示例

and （且。只有 and 左右两边都为 True 的时候才返回 True，否则返回 False）	>>> 1<2 and 2<3
	True
	>>> 1<2 and 2>3
	False

or （或。or 左右两边只要有一个为 True 或两个都为 True 的时候返回 True，两边都为 False 时返回 False）	>>> 1<2 or 2>3
	True
	>>> 1>2 or 2>3
	False

not （非。not 右边为 True 时返回 False，右边为 False 时返回 True）	>>> not 1<2
	False
	>>> not 1>2
	True

逻辑运算符在混合使用时，也有优先级顺序（not 高于 and 高于 or），并且也可以用小括号来改变或保证自己需要的优先级顺序，例如：

```
>>> not 1<2 or 2<3 and 3<4
True
>>> not (1<2 or 2<3) and 3<4
False
>>>
```

3.2.5 各种运算符的混合使用与优先级

有时候我们需要做一些复杂的计算和比较，就需要用到各种运算符来混合形成一个复杂的表达式。我们来看一个例子：

```
>>> not ( (1 + 2 ** 3 ) < 10 or 5 != 11 // 2 )
False
```

我们按照优先级顺序分开来看一下这个过程，(1 + 2 ** 3) < 10 结果是 True，5 != 11 // 2 结果是 False，它们进行 or 运算结果是 True，所以 not True 的结果就是 False。

各种常见运算符的优先级，按从高到低排列，如表 3-5 所示。

表 3-5　各种常见运算符的优先级

运算符	描述
**	指数运算
+、-	正负号（这是一元运算符，注意与加减号区别）
*、/、%、//	算数运算符（乘、除、取模、整除）
+、-	算数运算符（加、减）
<、<=、>、>=	比较运算符（小于、小于等于、大于、大于等于）
==、!=	比较运算符（等于、不等于）
=	赋值运算符
is、is not	身份运算符（相同、不同）
in、not in	成员运算符（属于、不属于）
and、or、not	逻辑运算符（或、且、非）

3.3　再也不用怕数学了：数学函数与 math 模块

告诉我，你上学的时候最怕哪一门课？估计十个人里面有九个半会说是数学。其实数学的可怕之处本质上是我们需要自己动手动脑去做一些复杂的计算，需要记住各种公式定理，然而对于 Python 来说，我们使用数学函数和数学模块就可以把这些计算问题交给计算机来处理。

3.3.1　数学函数

在 Python 的内置函数中，有一些数学函数是专门用来处理数字类型的数据的，我们可以用这些函数来做有关计算或转换，而不需要自己想办法去计算或自定义这种函数。

常见的一些数学函数及其示例，如表 3-6 所示。

表 3-6　常见数学函数及其示例

数学函数	示例

int(x)：把 x 转换为整形数字	>>> int(3.14)
	3
	>>> int(‘1024’)
	1024

float(x)：把 x 转换为浮点型数字	>>> float(1024)
	1024.0
	>>> float(2E3)
	2000.0

bool(x)：把 x 转换为布尔类型	>>> bool(1)
	True
	>>> bool(0)
	False
	>>> bool(‘a’)
	True

续表

数学函数	示例

chr(x)：返回整数 x 对应的 ASCII 码字符	>>> chr(56)
	'8'
	>>> chr(66)
	'B'

bin(x)：把整数 x 转换为二进制字符串。
注意，x 必须是整数，而且转换后的是字符串类型
	>>> bin(10)
	'0b1010'
	>>> bin(1024)
	'0b10000000000'

oct(x)：把整数 x 转换为八进制字符串	>>> oct(10)
	'0o12'
	>>> oct(1024)
	'0o2000'

hex(x)：把整数 x 转换为十六进制字符串	>>> hex(10)
	'0xa'
	>>> hex(1024)
	'0x400'

abs(x)：求 x 的绝对值	>>> abs(-5)
	5
	>>> abs(1-10)
	9

pow(x,y)：计算 x 的 y 次方	>>> pow(2,8)
	256
	>>> pow(3,2)
	9

max(x1,x2,x3,…)：取出最大值。当参数是字符串的时候，比较的是它们的 ASCII 码值	>>> max(5,1,2)
	5
	>>> max('a' ,' b' ,' c')
	'c'

min(x1,x2,x3,…)：取出最小值	>>> min(5,1,2)
	1
	>>> min('a' ,' b' ,' c')
	'a'

sum(x)：求序列 x 中各元素的和	>>> a = [1,2,3,4,5]
	>>> sum(a)
	15

divmod(x,y)：求 x 除以 y 的商和余数，结果以元组的形式返回	>>> divmod(7,2)
	(3, 1)
	>>> divmod(365,7)
	(52, 1)

round(x,n)：四舍五入 x，保留 n 位小数	>>> round(3.14159, 2)
	3.14
	>>> round(3.14159, 4)
	3.1416

3.3.2 math 模块

在 Python 中，我们除了用运算符、表达式、系统内置数学函数来进行数字的有关计算，还可以使用 Python 自带的 math 模块来解决一些更为复杂的数字计算。

我们暂时可以这么来理解模块的概念：它是系统自带的（或由第三方提供的，也可以是自己编写的）一系列有关函数的集合，用于实现某个领域的一系列功能。在使用模块时，我们必须先用“import 模块名”（注意中间有一个空格）来导入模块，然后用“模块名 . 函数名或变量名”（注意中间有个点“.”）的方式来调用这个模块里的函数或变量，例如：

```
>>> import math
>>> math.sqrt(4)
2.0
>>> math.pi
3.141592653589793
```

上面我们先导入了 math 模块，然后调用 math 模块中的 sqrt() 函数来给 4 开平方，得到的结果是 2.0。

那么 math 模块中都包含哪些函数和变量呢？我们可以用 dir 来查看一下：

```
>>> import math
>>> dir(math)
['__doc__', '__loader__', '__name__', '__package__', '__spec__', 'acos', 'acosh', 'asin', 'asinh', 'atan', 'atan2', 'atanh', 'ceil', 'copysign', 'cos', 'cosh', 'degrees', 'e', 'erf', 'erfc', 'exp', 'expm1', 'fabs', 'factorial', 'floor', 'fmod', 'frexp', 'fsum', 'gamma', 'gcd', 'hypot', 'inf', 'isclose', 'isfinite', 'isinf', 'isnan', 'ldexp', 'lgamma', 'log', 'log10', 'log1p', 'log2', 'modf', 'nan', 'pi', 'pow', 'radians', 'sin', 'sinh', 'sqrt', 'tan', 'tanh', 'tau', 'trunc']
```

这么多函数和变量，我们如何知道它们的含义和使用方法呢？这时候我们可以用 help 来查看某一项的帮助内容，比如我们上面用过的 sqrt 函数，下面获得的这段帮助文档告诉我们，sqrt(x) 返回的是 x 的平方根。

```
>>> help(math.sqrt)
Help on built-in function sqrt in module math:
sqrt(...)
    sqrt(x)
Return the square root of x.
```

我们总结一下 math 模块中的常用函数及其示例，如表 3-7 所示。

表 3-7　math 模块中的常用函数及其示例

函数	示例

math.fabs(x)：返回 x 的绝对值（浮点数）	>>> math.fabs(-3)
	3.0
	>>> math.fabs(-3.14)
	3.14

math.trunc(x)：返回 x 的整数部分	>>> math.trunc(3.14)
	3
	>>> math.trunc(-8.8)
	-8

math.ceil(x)：返回大于等于 x 的最小整数值	>>> math.ceil(3.14)
	4
	>>> math.ceil(8)
	8

math.floor(x)：返回小于等于 x 的最大整数值	>>> math.floor(100)
	100
	>>> math.floor(2.2)
	2

续表

函数	示例

math.factorial(x)：返回 x 的阶乘的结果	>>> math.factorial(5)
	120
	>>> math.factorial(10)
	3628800

math.gcd(x,y)：返回 x 和 y 的最大公约数	>>> math.gcd(6,8)
	2
	>>> math.gcd(50,60)
	10

math.pow(x,y)：返回 x 的 y 次方（浮点数）	>>> math.pow(3,3)
	27.0
	>>> math.pow(2,10)
	1024.0

math.sqrt(x)：返回 x 的平方根（浮点数）	>>> math.sqrt(100)
	10.0
	>>> math.sqrt(200)
	14.142135623730951

math.log2(x)：返回以 2 为底数的 x 的对数（浮点数）	>>> math.log2(128)
	7.0
	>>> math.log2(100)
	6.643856189774724

math.log10(x)：返回以 10 为底数的 x 的对数（浮点数）	>>> math.log10(10000)
	4.0
	>>> math.log10(1024)
	3.010299956639812

math 模块中还内置了一些数学常量，例如 math.pi 是圆周率，math.e 是自然常数。

```
>>> math.pi
3.141592653589793
>>> math.e
2.718281828459045
```

除了上面讲过的一些函数，我们还可以用三角函数，例如，用 math.sin(x) 求 x 的正弦值，用 math.cos(x) 求 x 的余弦值。math 模块中还有一些处理解析几何的函数，大家如果能用到的话可以去查询帮助命令或有关资料。总之，math 还是一个比较强大的数学模块。

最后再说一点，除了用“模块名 . 函数名或变量名”的方式来调用这模块里的函数或变量之外，还有一种更简洁的方法，我们可以在导入模块的时候使用“from 模块名 import *”，表示把模块里的所有函数、变量都导入进来，这样我们在使用模块中的函数或变量时就不需要再在前面带有模块名了，例如：

```
>>> from math import *
>>> sqrt(9)
3.0
```

但是请注意，我们并不建议采用这种方式，因为有时会出现模块中的函数名、变量名与你自己代码中的函数名、变量名重名的情况，会造成一些错误。所以最好还是采用最开始介绍的方法来使用模块。

3.3.3　random 模块

random 模块是一个关于随机数的模块，如同导入 math 模块一样，我们可以在程序开头使用“import random”来导入 random 模块，同样我们也可以使用 dir() 函数来查看 random 模块中都包含哪些函数和变量。

```
>>> import random
>>> dir(random)
['BPF', 'LOG4', 'NV_MAGICCONST', 'RECIP_BPF', 'Random', 'SG_MAGICCONST',
'SystemRandom', 'TWOPI', '_BuiltinMethodType', '_MethodType', '_Sequence', '_Set',
'__all__', '__builtins__', '__cached__', '__doc__', '__file__', '__loader__', '__
name__', '__package__', '__spec__', '_acos', '_bisect', '_ceil', '_cos', '_e', '_
exp', '_inst', '_itertools', '_log', '_pi', '_random', '_sha512', '_sin', '_sqrt',
'_test', '_test_generator', '_urandom', '_warn', 'betavariate', 'choice', 'choices',
'expovariate', 'gammavariate', 'gauss', 'getrandbits', 'getstate', 'lognormvariate',
'normalvariate', 'paretovariate', 'randint', 'random', 'randrange', 'sample',
'seed', 'setstate', 'shuffle', 'triangular', 'uniform', 'vonmisesvariate',
'weibullvariate']
```

同样地，我们也可以使用 help() 函数来查看其中某一项的帮助信息。

下面，我们介绍几个 random 模块中常用的函数。

random.random()：生成一个 0 到 1 之间的随机浮点数，包括 0 但不包括 1，例如：

```
>>> a = random.random()
>>> print(a)
0.7012546046572973  # 一般情况下，这里你的运行结果和我这里会不一样，下面示例也是。
```

random.randint(x,y)：生成一个整数 x 到整数 y 之间的随机整数，包括 x 和 y，例如：

```
>>> b = random.randint(1,100)
>>> print(b)
69
```

random.uniform(m, n)：生成一个 m 到 n 之间的随机浮点数，包括 m 和 n，而且 m 和 n 可以是浮点数，例如：

```
>>> c = random.uniform(3.14,4)
>>> print(c)
3.6722378469282266
```

random.choice(s)：还记得我们上节里讲的序列吗？这个函数的作用是从序列 s 中随机选取一个元素，例如：

```
>>> d = random.choice("Python")
>>> print(d)
t
```

random.sample(s,n)：从序列 s 中随机选取 n 个元素组成新的序列，注意：原序列不变，例如：

```
>>> e = [1,2,3,4,5,6,7,8,9]
>>> f = random.sample(e,3)
>>> print(f)
[9, 1, 3]
>>>
```

random.shuffle(s)：将序列 s 中元素的顺序打乱，正如 shuffle 的英文含义——洗牌。注意，这里直接操作原序列，不是产生新的序列，没有返回值，例如：

```
>>> g = [1,2,3,4,5]
```

```
>>> random.shuffle(g)
>>> print(g)
[1, 2, 5, 4, 3]
```

3.3.4 案例：做一个机选彩票的程序

中国福利彩票中有一个“双色球”的玩法，规则是从 1—33 中选 6 个作为红球，从 1—16 中选 1 个作为蓝球。当然你可以自己选择自己的幸运数字，但如果你买过彩票的话，会知道还有一个机选的功能，也就是为你随机选择这些数字。

随机，英文就是“random”。没错，你应该立刻就能想到，我们可以用 random 模块。下面我们就写一个机选的程序：

```
import random

redballs = list(range(1,34))
blueballs = list(range(1,17))

redrand =  random.sample(redballs,6)
redrand.sort()
bluerand = random.sample(blueballs,1)

print('机选红球号码是 {}'.format(redrand))
print('机选蓝球号码是 {}'.format(bluerand))
```

或许目前你还看不懂其中的某些代码，比如我们这里用到了列表 list，不过没关系，后面你很快就会学到，这里你可以看到 random 模块的作用。代码运行后：

```
机选红球号码是 [5, 6, 14, 16, 24, 33]
机选蓝球号码是 [9]
```

你的结果可能和我的不一样。不过你应该知道，因为这是随机的，我如果再运行一次的话结果也会变化。

第 4 章 字符串也是一种“串儿”——数据类型之字符串

我们都吃过羊肉串，羊肉串就是用一根签子把一些小块羊肉串起来。对于字符串来说，就是一堆字符串起来而已。字符是用来表示信息的最小单位，字母（如 a、A）、数字（如 0、1）、汉字（如孔、孟）或其他符号（如 +、-）都是字符。例如 "Python"、" 张二狗 "、"2018-10-18"、" 今天发了一万块钱奖金，好嗨呦！ "，这些都是字符串。本章我们将给大家介绍字符串的有关内容。

4.1 字符串是一种什么串儿?

字符串顾名思义就是连在一起的一串字符组成的一种数据类型。字符串主要用于表示文本信息。我们之前用到过的字符串，大都是如 'Python'、" 张三 " 这种用单引号或双引号括起来的简短的字符串。但实际在 Python 及其他各种编程语言中，字符串并不那么简单，而且非常重要。我们首先介绍字符串的三种形式。

4.1.1 字符串的三种形式

1. 用英文单引号（''）或英文双引号（""）括起的字符串

字符串最外面成对出现的引号叫作定界符，顾名思义它的作用就是给字符串定一个外面的边界。字符串最常见的形式就是用英文单引号（''）或英文双引号（""）括起的。

比如：'Hello Python'，或 "Hello Python"，它们是等价的。我们来看一下输出效果：

```
>>> a = 'Hello Python'
>>> b = "Hello Python"
>>> print(a)
Hello Python
>>> print(b)
Hello Python
```

实际上，在 Python 内部，无论我们写单引号还是双引号，它存储的时候都是一样用单引号来存储的，例如我们不用 print() 函数，而是直接看一下上面 a、b 两个变量的值：

```
>>> a
```

```
'Hello Python'
>>> b
'Hello Python'
```

可以看到，虽然我们在给b赋值的时候用的是双引号，但实际上b还是被用单引号存储的。

另外，Python 不像 C 语言一样有单个字符这种数据类型（在 C 语言中，字符用单引号括起来，字符串用双引号括起来），Python 是把一个字符也当作一个字符串来对待，例如 "X"、'8'、"?" 这些在 Python 中都是字符串。

在我们之前介绍过的 PEP8 中有这样的规范：单引号和双引号的作用是等价的，但必须保证成对存在，不能夹杂使用（建议句子使用双引号，而单词使用单引号，但这不是强制的）。因此需要注意，如果我们在引号中还要使用引号，就不能用相同的引号，这样会产生错误，例如：

```
>>> a = "He says:"Life is short,I use Python!",and then goes to work."
SyntaxError: invalid syntax
```

系统会把前两个单引号中的字符当作一个字符串，从而把我们想用的字符串断开，产生错误。所以，当我们在字符串内部需要使用单引号时，最外层可以使用双引号，当我们在字符串内部需要使用双引号时，最外层可以使用单引号。

例如我们修改一下上面的字符串：

```
>>> a = "He says:'Life is short,I use Python!',and then goes to work."
>>> b = 'He says:"Life is short,I use Python!",and then goes to work.'
>>> print(a)
He says:'Life is short,I use Python!',and then goes to work.
>>> print(b)
He says:"Life is short,I use Python!",and then goes to work.
```

另外，在字符串中使用中文的单引号和双引号对外面作为定界符的英文单引号或英文双引号是没有影响的，例如：

```
>>> a = '王老师说：'你们一定能学会 Python！''
>>> b = "王老师说："你们一定能学会 Python！""
>>> print(a)
王老师说：'你们一定能学会 Python！'
>>> print(b)
王老师说："你们一定能学会 Python！"
```

2. 用英文三单引号（''' '''）或英文三双引号（""" """）括起的字符串

这种方式一般用于特别长的需要分多行表示的字符内容（虽然很长，但仍然会被看作一个字符串）或文档字符串（后面会再介绍什么是文档字符串）。

比如我们有一首诗，存储在 poem 这个变量中：

```
>>> poem = '''力微任重久神疲，再竭衰庸定不支。
苟利国家生死以，岂因祸福避趋之？
谪居正是君恩厚，养拙刚于戍卒宜。
戏与山妻谈故事，试吟断送老头皮。'''
```

把上面的三单引号换成三双引号，效果是等价的。我们输出一下：

```
>>> print(poem)
力微任重久神疲，再竭衰庸定不支。
苟利国家生死以，岂因祸福避趋之？
```

```
谪居正是君恩厚，养拙刚于戍卒宜。
戏与山妻谈故事，试吟断送老头皮。
```

可以看到，当我们输出这个长字符串的时候，会保持多行的格式。

3. 文档字符串

用三单引号（''' '''）或三双引号（""" """）括起的字符串还可以用来当作文档字符串（docstrings），它出现在一个模块、函数、类或方法的定义的第一个语句，可以用来给代码段提供解释说明，让代码更容易被他人理解。你可以使用 .__doc__（注意 doc 前后都是双下划线）调用函数的文档字符串，注意这里的函数名后面不要写括号。

比如我们先写一个函数：

```
def hello():
    ''' 这是一个向用户打招呼的函数。'''
    n = input(" 请输入你的名字：")
print(" 你好，{}！ ".format(n))

sayhello()
```

这里面我们定义了文档字符串，当我们运行这个函数后，就可以查看其文档字符串：

```
请输入你的名字：王春杰
你好，王春杰！
>>> sayhello.__doc__
' 这是一个向用户打招呼的函数。'
```

如果你使用以 # 开头的单行注释，是无法起到文档字符串的作用的，比如我们把前面函数中的文档字符串替换成 # 开头的单行注释：

```
def hello():
    # 这是一个向用户打招呼的函数。
    n = input(" 请输入你的名字：")
print(" 你好，{}！ ".format(n))

sayhello()
```

函数运行以后，我们再用 .__doc__ 查看其文档字符串：

```
请输入你的名字：王春杰
你好，王春杰！
>>> sayhello.__doc__
```

这时候没有返回任何内容，也就是没有文档字符串。

我们还可以用这种方式来查看系统内置函数的文档字符串，比如我们可以查看一下 Python 中用于求和运算的 sum() 函数的文档字符串：

```
    >>> sum.__doc__
    "Return the sum of a 'start' value (default: 0) plus an iterable of numbers\
n\nWhen the iterable is empty, return the start value.\nThis function is intended
specifically for use with numeric values and may\nreject non-numeric types."
```

通过这种方式，我们可以了解系统内置函数的作用。如果你还想了解更多，可以使用我们之前说过的 help() 函数来查看完整的帮助文档。

关于文档字符串，在 PEP257 中有专门针对它的规范，感兴趣的读者可以到官方网站查看，网址是：https://www.python.org/dev/peps/pep-0257/。

4.1.2 字符串的索引

既然字符串是一种有序的序列（关于什么是序列我们在上一章有介绍），那么每一个元素都有其位置，也就是它的序号。这种表示每个元素位置的序号就是索引，我们可以通过索引的方式来访问到其中的某一个元素。

索引是从 0 开始计数的，也就是说索引 0 表示的是第 1 个字符，索引 1 表示的是第 2 个字符，以此类推，索引 n 表示的是第 n+1 个字符。

例如 "Python" 这个字符串的索引，我们可以用图示来看一下每个字符的索引，如图 4-1 所示。

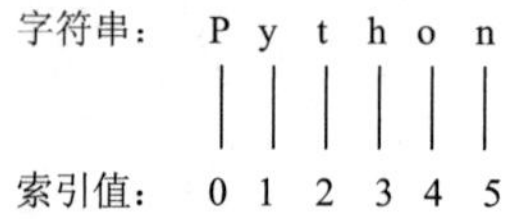

图 4-1

用索引访问字符串中某个字符的格式是：字符串 [索引值]。索引值用英文中括号（[]）括起来，例如：

```
>>> s = 'Python'
>>> print(s[0])
P
>>> print(s[1])
y
>>>
```

我们还可以使用倒序索引，只需要把索引值设为负数即可。索引为 -1 表示倒数第一个字符，索引为 -n 表示倒数第 n 个字符。我们可以用图示看一下倒序时 "Python" 这个字符串的每一个索引，如图 4-2 所示。

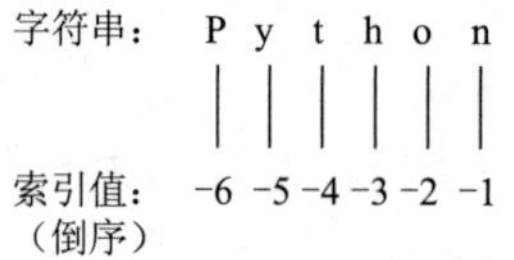

图 4-2

因此，我们也可以通过负数的索引来倒序地获取某个字符：

```
>>> s = 'Python'
>>> print(s[-1])
n
>>> print(s[-4])
t
>>>
```

实际上可以这么说，每个字符串都有正序和倒序两种索引方式，通过任何一种方式都可以找到其中的某个字符。我们可以用图示来理解一下，如图 4-3 所示。

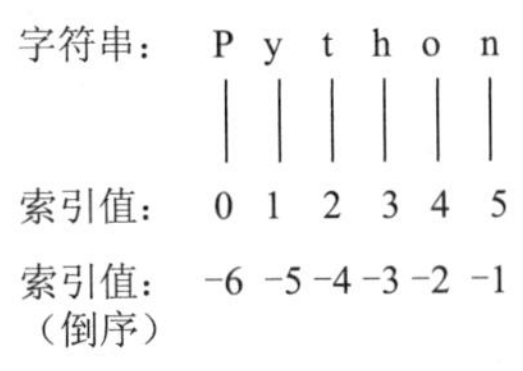

图 4-3

4.1.3 字符串的判断

要判断某个字符是否存在于字符串中，我们可以使用 in 表达式，格式是：

```
字符 in 字符串
```

这个表达式返回的是布尔值，True 表示存在，False 表示不存在，例如：

```
>>> s = "Python"
>>> "x" in s
False
>>> "y" in s
True
```

这种方式还可以用于判断几个连续的字符，或者说是一个子字符串是否属于某个字符串，例如：

```
>>> s = "Hello"
>>> "llo" in s
True
>>> "Ho" in s
False
```

"llo" 这三个连续的字符在 "Hello" 中，可以说是它的子串，但是，虽然 "H" 和 "o" 分别也都在 "Hello" 中，但是因为它们不连续，所以结果是 False。

还有些时候，我们需要判断两个字符串是否相等，这时候可以使用之前介绍过的比较运算符，用两个等号“==”来判断两个字符串是否相等，相等的话返回 True，不相等的话返回 False，例如：

```
>>> a = "xyz"
>>> b = "xyz"
>>> a == b
True
```

还有一种方式是用 is 表达式来判断两个字符串是否相同，例如：

```
>>> a = "123"
>>> b = "123"
>>> a is b
True
```

还记得我们在深入理解 Python 中的变量中对变量本质的介绍吗？换句话说，is 表达式判断的是两边的变量是否指向同一个值。所以，有时候，即使是值相等（==），也并不代表相同（is）。

比如我们看这样一个例子：

```
>>> a = "xyz"
```

```
>>> b = "123"
>>> c = a + b
>>> d = "xyz123"
>>> c == d
True
>>> c is d
False
```

这里，c 是把 "xyz" 和 "123" 两个字符串连接起来的 "xyz123"，而 d 是直接赋值的字符串 "xyz123"，虽然值相等（==），但它们在内存中并不是同一个地址中存储的数据，所以并不相同（is）。我们可以用查看 id 的方式来看一下：

```
>>> id(c)
45561368
>>> id(d)
45938816
```

虽然在你的电脑中得到的 id 数字可能跟我的不一样，但是可以确定的是，你得到的这两个 id 也是不同的数字。

4.1.4 转义字符与原始字符串

有时候，我们需要在字符串中使用一些特殊符号，或者表示某些特殊含义（如换行等），这时候就要用反斜杠（\）来转义。

比如我们上面曾经提到，在使用引号时，可以单引号和双引号嵌套，以免产生错误。其实我们还可以用转义字符来实现，例如：

```
>>> a = 'He said\'OK\' and sat down.'
>>> print(a)
He said'OK' and sat down.
>>>
```

我们用 \' 把中间的两个单引号转义后，就可以原样输出。

常用的一些转义字符和代表含义如表 4-1 所示。

表 4-1 常用转义字符和代表含义

转义字符组合	含义
\\	反斜杠符号
\’	单引号
\”	双引号
\n	换行
\r	回车
\t	水平制表符
\v	垂直制表符
单独一个 \ 在代码行尾	代码续行符

我们来看下面这个例子：

```
>>> s = '\\say\\"HELLO"\nOK'
>>> print\
    (s)
```

```
\say\"HELLO"
OK
>>>
```

上面的例子中需要特别注意的是，我们在 print 这行代码后面用了一个反斜杠 \，它的作用是把这一行代码和下一行连接起来，这样可以用于分隔并连接代码比较长的行。

除了用转义字符，我们还可以用另一种方式来保持字符串的原样输出，这就是原始字符串，在字符串前面加上小写 r 或大写 R 即可：r" 字符串 "，或 R" 字符串 "。这样里面的转义字符也会按原样输出，不再转义，例如：

```
>>> s = r"\\abc\n"
>>> print(s)
\\abc\n
>>>
```

在这里面 r 后引号内的所有字符都被按原样输出了，反斜杠也包括在内，不会有转义的作用。

原始字符串的方式常常在我们写目录或文件的路径时使用，因为在这些路径中往往含有多个斜杠（/）或反斜杠（\），比如，在 Windows 系统中，斜杠 / 表示除法，反斜杠 \ 用来表示目录；而在 Unix、Linux 系统中，斜杠 / 表示目录，反斜杠 \ 表示转义字符。

本书演示的是 Windows 7 系统下的 Python 编程，因此在这个环境下举例说明一下用原始字符串写路径的用法。比如我们在 E 盘的 new 文件夹下有一个 test.txt 文件，如图 4-4 所示。

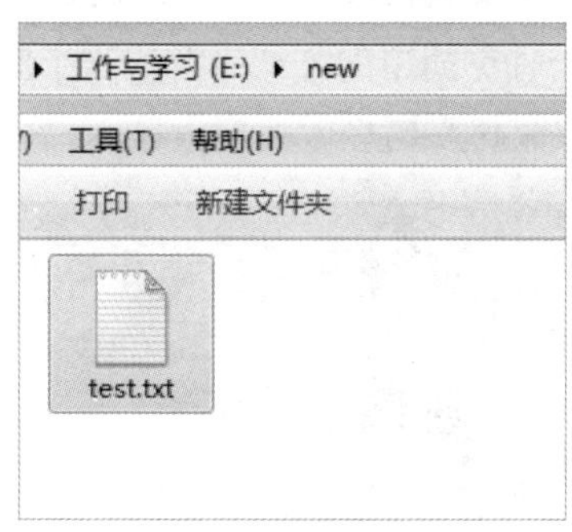

图 4-4

那么这个文件的路径就是“E:\news\test.txt”，如果我们把这个路径作为字符串直接赋值给一个变量，那么当我们要使用这个路径时会出现什么问题呢？

```
>>> p = "E:\news\test.txt"
>>> print(p)
E:
ews est.txt
>>>
```

显然，这里面的 \n 和 \t 都被当作了转义字符，从而变成了换行和水平制表符。我们上面学到的一种解决方式是把里面所有的反斜杠都转义一下，例如：

```
>>> p = "E:\\news\\test.txt"
>>> print(p)
E:\news\test.txt
```

这样我们可以得到正确的结果。但是，当我们需要处理的路径非常长或者非常多的时候，这种方式就比较麻烦了。因此我们在处理路径问题的时候就可以使用另一种方式：原始字符串，例如：

```
>>> p = r"E:\news\test.txt"
>>> print(p)
E:\news\test.txt
```

这样，无论你要处理的路径中有多少个反斜杠，或者你有多少路径字符串需要处理，都只需要用一个 r 或 R 就能解决。

但是，有一种情况需要小心，那就是如果这个路径的最后是一个反斜杠，例如" E:\news\"这个目录：

```
>>> p = r"E:\news\"
SyntaxError: EOL while scanning string literal
>>>
```

我们都知道，如果不使用原始字符串，那么这个路径最后的反斜杠会被当作转义字符。然而即使我们用原始字符串来表示这个路径，如果末尾引号前是反斜杠，依然会被当作转义字符来处理。这种特殊情况需要我们注意，如果非要在原始字符串末尾用反斜杠，可以这么解决：

```
>>> p = r"E:\news""\\"
>>> print(p)
E:\news\
```

我们在末尾单独用转义字符来给反斜杠做一个字符串 "\\"，这样就可以既用原始字符串表示了大部分内容，又解决了末尾反斜杠会转义引号的问题。

其实，我们还可以用另外一种更简单的方式来解决这个问题，就是我们不使用原始字符串，而是直接使用两次转义字符来转义路径中的反斜杠。

```
>>> p = 'E:\\news\\'
>>> print(p)
E:\news\
```

4.2 字符串的 N 种“食用方法”

我们平常吃的串儿，可以烤着吃、炸着吃、煮着吃。而在字符串的使用过程中，我们也可以对其进行各种处理。本节介绍一下字符串处理的有关基本操作，以及处理字符串的一些函数和字符串自身的一些方法。

4.2.1 字符串的切片

我们之前学过，可以用索引方式来获取字符串中的某一个元素。其实索引还可以用来对字符串进行切片，也就是获取其中的一部分字符。格式是：字符串 [m:n]，表示截取字符串第 m+1 到第 n 个字符，例如：

```
>>> s = "abcdefg"
>>> print(s[1:5])
bcde
>>>
```

这里我们用 [1:5] 截取到了字符串 s 的第 2 到第 5 个字符。

其实，我们还可以"跳跃"截取字符串中的某些部分，这时候除了参数 m、n 还要增加一个步长参数 p，形式诸如 str[m:n:p]，表示字符串 str 从第 m+1 到第 n 个元素中每隔 p-1 截取一个字符拼成的字符串。例如，我们要在上面的字符串 "abcdefg" 中从第 2 个到第 5 个元素每隔 1 个截取一个字符组成新的字符串：

```
>>> s = "abcdefg"
>>> s[1:5:2]
'bd'
```

这里，我们从第 2 个元素开始截取到字符 b，然后隔 1 个元素截取到第 4 个元素 d，由于下面隔 1 个字符是第 6 个字符 f，超出了 n 的值 5，因此就截取到 'bd'。注意，我们对字符串切片的时候不会设置参数 p，这时默认是 1，也就是连续截取。

其实，字符串切片的时候不但可以省略参数 p，甚至还可以省略参数 m 或 n。比如，字符串 [m:n]，当我们不写 m 时，代表从第一个字符开始到第 n 个字符结束；当我们不写 n 时，代表从地 m+1 个字符开始到最后一个字符结束，例如：

```
>>> s = "abcdefg"
>>> print(s[1:5])
bcde
>>> s = "abcdefg"
>>> print(s[:3])
abc
>>> print(s[5:])
fg
>>>
```

当然，如果 m 和 n 我们都不写，那就代表从头到尾截取整个字符串，例如：

```
>>> s = "abcdefg"
>>> print(s[:])
abcdefg
>>>
```

我们之前说过，字符的索引可以用负数表示倒序，在截取字符串时同样可以使用倒序。字符串 [-m:-n]，表示截取字符串倒数第 m 到倒数第 n+1 个字符，例如：

```
>>> s = "abcdefg"
>>> print(s[-3:-1])
ef
```

我们还可以混合使用正负索引：字符串 [m:-n]。表示截取第 m+1 到倒数第 n+1 个字符，例如：

```
>>> s = "abcdefg"
>>> print(s[2:-2])
cde
```

这样我们就用 [2:-2] 截取到了第 3 到倒数第 3 个字符。

有些初学者在字符串切片这里非常容易犯错误，尤其是有负数索引的时候，会搞不清到底是从哪里截取到哪里。我们这里总结一下：

切片索引都是正数，[m:n] 截取第 m+1 到第 n 个字符。

切片索引都是负数，[-m:-n] 截取倒数第 m 到倒数第 n+1 个字符。

切片索引左边是正数右边是负数，[m:-n] 截取第 m+1 到倒数第 n+1 个字符。

下面我们再用上面讲的规则来看一个例子，如何从 18 位的身份证号中截取表示生日的 8

位数字。以本人的身份证号为例（其中某些数字隐藏为 *），370***19850616****，这里面第 7 到第 14 位是表示生日的 8 个数字，我们要截取这一段，那么用上面讲的规则，切片索引都是正数，要截取第 7 到第 14 个数字，索引就是 [6:18]，我们来试一下：

```
>>> idnumber = '370***19850616****'
>>> birthday = idnumber[6:14]
>>> print(birthday)
19850616
```

可以看到，我们顺利地截取到了生日这段数字。如果我们用负数索引来看，那就是要截取倒数第 12 到倒数第 5 个数字，所以负数索引是 [-12:-4]，我们试一下：

```
>>> birthday = idnumber[-12:-4]
>>> print(birthday)
19850616
```

4.2.2 字符串的运算

在 Python 中，字符串也可以使用一些运算符进行类似数学一样的“运算”。例如我们可以使用加号（+）来拼接两个字符串：

```
>>> "hello" + "world"
'helloworld'
>>> a = "hello"
>>> b = "world"
>>> a + b
'helloworld'
```

还可以用 += 来做拼接：

```
>>> s1, s2 = "ABC","xyz"
>>> s1 += s2
>>> s1
'ABCxyz'
```

与数字运算类似，这里 s1 += s2 相当于 s1 = s1 + s2。

乘号（*）可以起到多次重复的作用，例如：

```
>>> "China" * 3
'ChinaChinaChina'
```

类似 +=，同样可以用 *= 来重复：

```
>>> s1 = "ABC"
>>> s1 *= 5
>>> s1
'ABCABCABCABCABC'
```

你可能会想，字符串可以不可以做除法运算呢？像下面这样：

```
>>> "abcabcabc"/"abc"
Traceback (most recent call last):
  File "<pyshell#3>", line 1, in <module>
    "abcabcabc"/"abc"
TypeError: unsupported operand type(s) for /: 'str' and 'str'
>>>
```

显然除法是不行的，提示告诉我们除法运算不能是字符串 str。类似的，减法也是不可以的。

但是字符串可以做比较运算，比如我们前面在字符串的判断部分介绍过用“==”来判断字符串是否相等，用“is”来判断字符串是否相同。其实还可以做更多的比较运算，比如 >、>=、<、<=、==、!=，这种运算会从符号两边字符串的第一个字符起，逐个比较其在 ASCII

码中的位置大小，返回布尔值，例如：

```
>>> "a" < "b"
True
>>> "A" > "a"
False
```

为什么可以做这种比较呢？因为每个字符在 ASCII 码表中都有对应的数字，而这些数字是有大小的，因此可以做比较。表 4-2 所示是 ASCII 码表中关于数字和大小写字母部分的顺序。

表 4-2　ASCII 码表（部分）

（American Standard Code for Information Interchange，美国信息交换标准代码）

Bin(二进制)	Oct(八进制)	Dec(十进制)	Hex(十六进制)	字符	解释
00110000	60	48	30	0	数字 0
00110001	61	49	31	1	数字 1
00110010	62	50	32	2	数字 2
00110011	63	51	33	3	数字 3
00110100	64	52	34	4	数字 4
00110101	65	53	35	5	数字 5
00110110	66	54	36	6	数字 6
00110111	67	55	37	7	数字 7
00111000	70	56	38	8	数字 8
00111001	71	57	39	9	数字 9
01000001	101	65	41	A	大写字母 A
01000010	102	66	42	B	大写字母 B
01000011	103	67	43	C	大写字母 C
01000100	104	68	44	D	大写字母 D
01000101	105	69	45	E	大写字母 E
01000110	106	70	46	F	大写字母 F
01000111	107	71	47	G	大写字母 G
01001000	110	72	48	H	大写字母 H
01001001	111	73	49	I	大写字母 I
01001010	112	74	4A	J	大写字母 J
01001011	113	75	4B	K	大写字母 K
01001100	114	76	4C	L	大写字母 L
01001101	115	77	4D	M	大写字母 M
01001110	116	78	4E	N	大写字母 N
01001111	117	79	4F	O	大写字母 O
01010000	120	80	50	P	大写字母 P
01010001	121	81	51	Q	大写字母 Q
01010010	122	82	52	R	大写字母 R

续表

Bin(二进制)	Oct(八进制)	Dec(十进制)	Hex(十六进制)	字符	解释
01010011	123	83	53	S	大写字母 S
01010100	124	84	54	T	大写字母 T
01010101	125	85	55	U	大写字母 U
01010110	126	86	56	V	大写字母 V
01010111	127	87	57	W	大写字母 W
01011000	130	88	58	X	大写字母 X
01011001	131	89	59	Y	大写字母 Y
01011010	132	90	5A	Z	大写字母 Z
01100001	141	97	61	a	小写字母 a
01100010	142	98	62	b	小写字母 b
01100011	143	99	63	c	小写字母 c
01100100	144	100	64	d	小写字母 d
01100101	145	101	65	e	小写字母 e
01100110	146	102	66	f	小写字母 f
01100111	147	103	67	g	小写字母 g
01101000	150	104	68	h	小写字母 h
01101001	151	105	69	i	小写字母 i
01101010	152	106	6A	j	小写字母 j
01101011	153	107	6B	k	小写字母 k
01101100	154	108	6C	l	小写字母 l
01101101	155	109	6D	m	小写字母 m
01101110	156	110	6E	n	小写字母 n
01101111	157	111	6F	o	小写字母 o
01110000	160	112	70	p	小写字母 p
01110001	161	113	71	q	小写字母 q
01110010	162	114	72	r	小写字母 r
01110011	163	115	73	s	小写字母 s
01110100	164	116	74	t	小写字母 t
01110101	165	117	75	u	小写字母 u
01110110	166	118	76	v	小写字母 v
01110111	167	119	77	w	小写字母 w
01111000	170	120	78	x	小写字母 x
01111001	171	121	79	y	小写字母 y
01111010	172	122	7A	z	小写字母 z

那么，除了查询 ASCII 码表，还有没有其他方式可以知道一个字符（包括数字、大小写字母、特殊字符）在 ASCII 码表中的位置呢？其实 Python 中提供了一个 ord() 函数，它以一个字符（长度为 1 的字符串）作为参数，返回对应的 ASCII 数值（十进制），例如：

```
>>> ord('a')
97
>>> ord('A')
65
```

可以看到，返回的数值跟我们前面表中的十进制数值是一致的。因此你也可以知道，如果非要给字符串比较大小，小写字母 a 是大于大写字母 A 的：

```
>>> 'a' > 'A'
True
```

与 ord() 函数作用相反的一个函数是 chr() 函数，它可以把 ASCII 数值转换为其对应的字符，例如我们上面查询到了字符 a 的 ASCII 数值是 97，字符 A 的 ASCII 数值是 65，我们反过来看一下：

```
>>> chr(97)
'a'
>>> chr(65)
'A'
```

另外，当我们比较一个字符串的时候，会先从第一个字符开始比较，如果相同，再比较后面的，例如：

```
>>> 'xyza' > 'xyzA'
True
```

这两个字符串比较的时候，因为开头三个字符都相同，都是小写 xyz，所以会比较第四个字符。

4.2.3　处理字符串的有关函数

在 Python 中，还有一些内置函数可以用来对字符串进行处理，我们在这里列举一些。

len(str) 函数可以用来获取字符串的长度，例如：

```
>>> s = "Python"
>>> len(s)
6
```

注意，这里获取的长度也包括空格和标点符号等特殊符号：

```
>>> len("HelloPython")
11
>>> len("Hello Python!")
13
```

str(a) 函数可以将其他类型的数据转换为字符串类型，注意，转换后的值如果要保留，必须转换后重新赋值给变量（即下面示例中的 a = str(a)），否则原变量存储的仍是原来的值和类型。

```
>>> a = 365
>>> str(a)
'365'
>>> a
365
```

```
>>> a = str(a)
>>> a
'365'
```

max(str) 函数会返回字符串中最大的字符，即在之前介绍的 ASCII 码表中位置最大的字符，例如：

```
>>> max("abcde")
'e'
>>> max("Aa")
'a'
>>> max("><=")
'>'
```

min(str) 函数则会返回字符串中最小的字符，同样也是按照其在 ASCII 码表中的位置来判断，例如：

```
>>> min("abcde")
'a'
>>> min("abc123")
'1'
```

还有我们在上一章中讲过的 eval() 函数与 exec() 函数也可以对字符串进行处理，这里就不再重复了。

4.2.4 字符串的有关方法

字符串除了有一些系统内置函数可以对其进行处理，作为一种数据对象（Python 中有句话叫“一切皆对象”，字符串当然也是一种对象，对象就有其方法，我们会在面向对象一章中详细介绍），字符串类型的数据也有自己的一些内置方法可以用于处理字符串。使用的格式是：字符串 . 方法名 ([可选参数])。这里我们介绍一些常用的方法（有时也会将这些方法称为这种类或对象的函数）：

string.capitalize()，这个方法可以将字符串的第一个字母转为大写。注意，如同在字符串函数中讲过的一样，如果要保留使用方法后的值，也必须在使用方法后重新赋值给原变量，如下面示例中的 s = s.capitalize()：

```
>>> s = "hello world"
>>> s.capitalize()
'Hello world'
>>> s
'hello world'
>>> s = s.capitalize()
>>> s
'Hello world'
```

string.title()，这个方法将字符串中每个单词的首字母都转为大写。注意与 capitalize() 的区别，capitalize() 只转换整个字符串的首字母，而 title() 会把字符串中每个单词的首字母转换为大写，例如：

```
>>> s = "hello world"
>>> s = s.title()
>>> s
'Hello World'
```

可以看到，与 capitalize() 只转换 h 为大写 H 不同，这里的 w 也转换成了大写 W。

string.upper()，这个方法可以将字符串中的所有字母都转为大写，例如：

```
>>> s = "Python"
>>> s = s.upper()
>>> print(s)
PYTHON
```

string.lower()，这个方法可以将字符串中的字母都转为小写，例如：

```
>>> s = "Python"
>>> s = s.lower()
>>> print(s)
python
```

string.count(str)，这个方法会返回子字符串 str 在字符串 string 中出现的次数，例如：

```
>>> s = "hello world"
>>> s.count("o")
2
>>> s.count("he")
1
```

string.find(str)，这个方法会查找子字符串 str 是否包含在字符串 string 中，如果包含则返回其开始字符的索引，如果不包含则返回 -1，例如：

```
>>> s = "Python"
>>> s.find("t")
2
>>> s.find("on")
4
>>> s.find("w")
-1
```

string.index(str)，这个方法可以检索出子字符串 str 在字符串 string 中的起始位置索引，例如：

```
>>> s1 = "hello world"
>>> s2 = "o"
>>> s1.index(s2)
4
```

这样，我们就找到了 s2 在 s1 中的索引是 4，也就是第 5 个元素。但是要注意，如果子字符串不在我们要检索的字符串中，那么会抛出异常，例如：

```
>>> s1 = "hello world"
>>> s2 = 'x'
>>> s1.index(s2)
Traceback (most recent call last):
  File "<pyshell#6>", line 1, in <module>
    s1.index(s2)
ValueError: substring not found
```

string.replace(str1,str2)，这个方法可以将字符串中的 str1 替换成 str2，例如：

```
>>> s = "Hello world"
>>> s = s.replace("world","'Python")
>>> s
'Hello Python'
```

s.join(seq)，这个方法可以以 s 为连接符将序列 seq 中的各个元素连接成一个字符串（返回值即合并后的这个字符串），例如：

```
>>> list1 = ["北京", "上海", "广州", "深圳"]
>>> s = "和"
>>> str1 = s.join(list1)
```

```
>>> str1
'北京和上海和广州和深圳'
```

string.split(s)，这个方法可以将字符串以 s 为分隔符分割成多个子字符串，会返回一个由分割后的子字符串组成的列表。这个过程相当于 join 方法的反过程。例如我们上面利用 join 合并了一个新字符串 str1，现在我们再用 split 方法将其分开：

```
>>> list2 = str1.split("和")
>>> list2
['北京', '上海', '广州', '深圳']
```

可以看到，我们通过 split 方法处理 str1 后得到的列表 list2 和之前的 list1 是一样的。

string.strip()，这个方法可以删除字符串两端多余的空格（但不包括字符串中间的空格），并返回删除空格后的字符串。例如：

```
>>> s1 = "   hello world    "
>>> s2 = str1.strip()
>>> s2
'hello world'
```

关于字符串的方法还有很多，除了上面介绍的这些最常用的，另外一些如表 4-3 所示。

表 4-3　字符串的其他方法

方法名及其功能介绍	示例

string.isupper()
如果字符串中的字符全是大写字母则返回 True，否则返回 False
	>>> s = “Hello”
	>>> s.isupper()
	False

string.islower()
如果字符串中的字符全是小写字母则返回 True，否则返回 False
	>>> s = “world”
	>>> s.islower()
	True

string.isalpha()
如果字符串中的字符全是字母（包括大写小写）则返回 True，否则返回 False
	>>> s = “abcXYZ”
	>>> s.isalpha()
	True
	>>> s = “abc123”
	>>> s.isalpha()
	False

string.isdigit()
如果字符串中的字符全是数字则返回 True，否则返回 False
	>>> s = “123”
	>>> s.isdigit()
	True
	>>> s = “123abc”
	>>> s.isdigit()
	False

string.lstrip()
删除字符串左端的空格
	>>> s = “ ABC “
	>>> s = s.lstrip()
	>>> s
	‘ABC ‘

string.rstrip()
删除字符串右端的空格
	>>> s = “ ABC “
	>>> s = s.rstrip()
	>>> s
	‘ ABC’

除了我们上面介绍的这些字符串的方法之外，如果你还想更多地了解字符串的有关内容，可以在 IDLE 中通过内置的帮助函数来查看字符串的帮助文档：help('str')。实际上这种方式也适用于后面你将学到的其他数据类型。

4.2.5 字符串的格式化输出

在输出的过程中，有时我们需要把字符串、变量或其他数据类型相混合，让它们按照一定格式输出。我们有三种方式来处理这种问题。

1. 字符串连接符

在前面我们讲过，可以用加号（+）来连接字符串，因此当我们需要在字符串中混合其他数据时，就可以将其他类型的数据先转换为字符串，再用加号连接起来一起输出，例如：

```
>>> name = "王春杰"
>>> age = 18
>>> print("你好" + name + "，你的年龄是" + str(age) + "岁。")
你好王春杰，你的年龄是18岁。
```

2. 占位符

我们还可以利用占位符在要输出的字符串中占好位置，再把数据附加在后面，例如：

```
>>> name = "王春杰"
>>> age = 18
>>> print("你好%s，你的年龄是%d岁。" % (name,age))
你好王春杰，你的年龄是18岁。
```

在这种方式里，%s 代表字符串的占位，%d 代表整数的占位，%f 代表浮点数的占位。然后在字符串后面再用一个 %(数据 1, 数据 2, …) 来补充数据，注意数据的顺序必须与前面占位的顺序相同。

3. format() 方法

我们之前讲过，字符串有一些内置方法可以使用。其中 .format() 方法就是功能非常强大的一种格式化输出方法。这种方法是在字符串中用成对的大括号 {} 来占好位置，并在 .format() 中传入数据，例如：

```
>>> name = "王春杰"
>>> age = 18
>>> print("你好{}，你的年龄是{}岁。".format(name,age))
你好王春杰，你的年龄是18岁。
```

其实 .format() 方法中的数据也是有数字索引的，所以我们还可以这样使用：

```
>>> name = "王春杰"
>>> age = 18
>>> print("你好{0}，你的年龄是{1}岁。".format(name,age))
你好王春杰，你的年龄是18岁。
```

.format() 方法还可以使用关键字索引来确定数据的对应关系，例如：

```
>>> print("你好{name}，你的年龄是{age}岁。".format(age=18,name="王春杰"))
你好王春杰，你的年龄是18岁。
```

可以看出，使用 .format() 方法来实现字符串的格式化输出更加简单明确，也更加灵活，因此我们推荐大家在编程的时候多使用这种方法。

4.3 正则表达式

正则表达式（Regular Expression），乍一看是一个不太容易理解的概念，但其实英文

“Regular”的意思就是“规则”，因此正则表达式更为容易理解的中文名字应该是“规则表达式”。它是一种描述字符串规则的特殊字符串，我们可以用它来匹配、搜索或替换符合这种规则的字符串。

虽然你也可以使用字符串本身的各种方法（如之前讲过的 find、replace 等）来对字符串进行有关处理，但是这种方式效率较低，仅限于处理较为简单的情况。当情况复杂、数据较多的时候，使用正则表达式的效率会更高。另外，正则表达式并不是 Python 特有的，它在各种编程语言中都会用到。

正则表达式这个名字看起来挺“高大上”，但它的本质其实比它的名字要简单得多。比如一个班级中有 50 名同学，当老师说“姓王的同学”的时候，这就相当于一个正则表达式，把所有姓王的同学给匹配了出来，而不需要老师一个个点名字为王某或王某某的同学，当老师说“身高 170—180cm 的性别是男的同学”的时候，也可以匹配出符合这两个条件（身高、性别）的同学。

4.3.1 正则表达式基础

正则表达式是由表示规则的特殊字符（称为元字符）和普通字符所组成的一种字符串。其中，普通字符就是我们之前讲过的数字、字母、汉字、符号等字符，而元字符则是描述规则用的，要注意元字符都是英文输入状态下的字符（英文问号和中文问号是不同的），比如星号（*）可以描述它前面的字符出现零次或多次，而（.）（英文的句号）则可以表示除换行符外的任意一个字符。就像我们前面举例说的匹配同学的规则，“姓”“身高”“性别”，这些相当于描述规则的元字符，而“王”“170—180cm”“男”则相当于普通字符。

正则表达式中的基本元字符及其作用如表 4-4 所示。

表 4-4 正则表达式中的元字符

元字符	作用
^	匹配一行字符串的开始位置，或者取反
$	匹配一行的结束位置
|	选择符号，表示“或”的关系
\	转义字符，用来转义其后面的字符，组合形成新的作用
.	匹配除换行符外的任意一个字符
?	表示前面的字符重复零次或一次
*	表示前面的字符重复零次或多次
+	表示前面的字符重复一次或多次
{}	大括号内加一个数字表示重复次数
[]	中括号内是一个字符集，表示匹配其中的某个。 中括号里还可以用“-”来表示连续。比如 [0-9] 表示从 0 到 9 的一个数字，[a-zA-Z] 表示一个字母
()	小括号用来分组，或括起一个子表达式

1. 匹配行首行尾

在正则表达式中，用脱字符 ^（英文输入状态下按 Shift 键 + 数字键 6）匹配一行字符串的开始，用美元符号 $（英文输入状态下按 Shift 键 + 数字键 4）匹配一行字符串的结尾。例如：^a 表示以字符 a 开头，比如字符串 'admin' 和 'a Python book' 都是符合这个规则的。ful$ 表示以字符 ful 结尾，比如字符串 'wonderful' 和 'It is useful' 都是符合这个规则的。开头和结尾有时要一起来使用，比如 ^xyz.*xyz$ 表示匹配由 xyz 开头且由 xyz 结尾的一行字符串，中间的“.*”表示除换行符外的任意字符重复 0 次或多次，比如字符串 'xyzxyz' 和 'xyz is xyz' 都是符合这个规则的。

2. 取反

脱字符 ^ 除了匹配行首，还可以用在方括号 [] 中表示取反，也就是排除其后的某个或某些字符。例如，[^a] 表示排除 a 字符，因此 'abc' 是不符合规则的，而 'xyz'、'Python' 则是符合规则的。再比如，[^0-9] 可以表示排除所有数字，[^aeiou] 可以排除所有元音字母。这里还要注意不要混淆 ^ 在方括号外和方括号内的情况，比如 ^[0-9] 表示以数字开头的情况，而 [^0-9] 表示排除数字的情况。

3. 选择

管道符（|，也就是竖线，在键盘中和反斜杠 \ 位于同一个键）可以用来表示选择其两侧的其中一个。例如 male|female|else 表示你可以从这三个字符串中选择一个，不能同时存在多个，也不能在这三个之外。

4. 转义字符

转义字符（\，也就是反斜杠）的作用是把其后面的字符转义。转义字符的用法我们在 4.1.6 节中介绍过，不过除了之前介绍的那个表格中的用法外，在正则表达式里转义字符还可以配合某些字符形成新的作用。这里我们总结了这些组合的作用，如表 4-5 所示。

表 4-5　转义字符配合其他字符的新作用

转义字符组合	含义
\d	匹配一个数字
\b	匹配一个单词的首尾（注意是一个单词，不是字符串）
\w	匹配一个字母、数字、下划线或汉字
\W	匹配一个除字母、数字、下划线或汉字之外的字符
\s	匹配一个空白符（如换行符、tab 等）
\S	匹配一个除空白符之外的字符

4.3.2　正则表达式的应用

我们在应用正则表达式的时候，无非就是分析应用场景，总结其中的规则，然后用正则表达式的元素组合将其表达出来。这里我们举几个非常常见的应用案例：匹配手机号、匹配身份证号、匹配邮箱地址。

这里需要提醒大家一下，严格来说，手机号、身份证号等都有其比较复杂的命名规则，比如手机号的第 4—第 8 位其实并不是随意的数字，而是有固定的组合表示某个地区，再比如身份证号的前 6 位表示省市区域，第 7—第 14 位表示出生年月日，也都不是随意的数字，但是鉴于我们的目的是学习正则表达式的用法，因此这些复杂的情况我们在这里暂不考虑，等大家以后真正要用到这些复杂情况的时候，可以再去研究这些号码的具体规则，然后针对其规则编写更精确的正则表达式即可。

1. 正则表达式匹配手机号

多年以前，手机号开头几位是比较固定的，比如联通公司的手机号开头是130、131、132等，移动公司的是 135、136、137 等，共同规律是开头两位是 13。然而近些年由于运营商和用户的增加，手机号开头除了第一位固定是 1，第二位也出现了 4、5、6、7、8、9 等数字（第二位暂时没有 0、1、2，不过未来很可能会出现）。因此，我们在匹配手机号的时候，可以首先找到这些规律，那就是：第一位是 1，第二位是除了 0、1、2 之外的数字，后面 9 位是任意数字。然后我们根据这个规律来写正则表达式。

第一位是 1，也就是字符串的开头是 1，用我们之前学过的基本规则，那就是 ^1，表示以 1 开头。第二位是 3—9 的数字，我们用方括号来表示这个范围 [3-9]。再后面是 9 位任意的数字，用 \d 表示任意数字，其后用 {9} 表示重复 9 次，也就是 \d{9}。再后面没有任何字符了，我们用 $ 表示结束。综合以上，一个 11 位的手机号用正则表达式来表示就是：^1[3-9]\d{9}$。

2. 正则表达式匹配身份证号

对于身份证号，我们同样首先要分析身份证号的规律。目前来说，我们的身份证号有18位，首先开头一位不能是 0，而且对于 18 位的身份证号，最后一位还有可能是 X（也就是 17 位数字加一个大写字母 X），因此，我们首先可以想到要用之前说过的选择符号“|”来分隔。身份证号的正则表达式是：(^[1-9]\d{14}$)|(^[1-9]\d{16}(\d|X)$)。

3. 正则表达式匹配邮箱地址

对于一般的邮箱地址来说，可以分为三部分，前面是由多个字母、数字、下划线组成的字符串，中间是一个 @ 符号，后面是一个域名，例如 chuntianjiezuo@qq.com。而域名也是由三部分组成的，前面是由数字、字母、连字符（-）组成的字符串，中间是一个点“.”，后面是一个后缀（最常见的有 com、net、org、cn 等，近年来又出现一些新的后缀，例如 club、vip、group 等，这里暂不考虑这些新后缀，只用最常见的几种）。

对于邮箱地址的前面部分，我们用 [a-zA-Z0-9_] 表示字母、数字或下划线，后面跟一个“+”表示出现一次或多次。中间的特殊符号 @ 我们要用转义字符来表示，也就是“\@”。后面的域名，前面是数字、字母或连字符（-），我们用 [a-zA-Z0-9\-] 来表示，后面同样用一个“+”表示出现一次或多次，而且注意连字符需要转义。中间的点我们同样要用转义字符“\.”来表示。后面的后缀我们提供一些常见的选择，用 (com|net|org|cn) 来表示。综合以上，邮箱地址的正则表达式是：[a-zA-Z0-9_]+\@[a-zA-Z0-9\-]+\.(com|net|org|cn)。

4.3.3 re 模块

在 Python 中，专门提供了内置的 re 模块来处理有关正则表达式的操作。在使用时，我们首先要通过 import 语句来导入 re 模块：

```
import re
```

使用 re 模块主要就是使用其中的一些函数来，这里我们介绍一些常用的函数：

re.match(p, s [,f])：

这个函数可以按照规则 p 从字符串 s 的开始处进行匹配，成功则返回 Match 对象，否则返回 None，可选参数 f 表示匹配方式（例如 re.I 表示不区分大小写）。返回的 Match 对象有 .span() 和 .group() 两个方法，.span() 方法可以返回匹配的位置，.group() 方法可以返回匹配的组。例如：

```
>>> import re
>>> m1 = re.match('123','123456789')
>>> m1.span()
(0, 3)
>>> m1.group()
'123'
>>> m2 = re.match('789','123456789')
>>> print(m2)
None
```

在 Match 对象 m1 中，我们成功从开始匹配到了 '123'，因此可以获取匹配的位置和匹配的组。而在 m2 中，因为没有匹配到，所以返回的是 None。

注意，这里我们是在 IDLE 交互模式下连续实验本示例和后面的示例，因此后面的代码可以不再重复使用开头的 import 语句，但如果你不是连续在做这一系列实验，或者分成多个文件来写这些代码，开头则仍然需要使用 import 语句导入 re 模块。

re.search(p, s [,f])：

与 match() 函数从开始处匹配不同，search() 函数会按照规则 p 搜索整个字符串 s，只要从任意位置开始能匹配上就算成功，然后返回第一处匹配成功的 Match 对象，匹配失败返回 None。返回的 Match 对象同样也有 .span() 和 .group() 两个方法，例如：

```
>>> m3 = re.search('456','123456789')
>>> m3.span()
(3, 6)
>>> m3.group()
'456'
>>> m4 = re.search('0','123456789')
>>> print(m4)
None
```

在 Match 对象 m3 中，我们从字符串的中间位置匹配成功，而在 m4 中，匹配失败，因此是 None。

re.compile(p[,f])：

这个函数可以编译正则表达式模式字符串 p，返回一个模式对象，这个对象包含了 re 模块中的绝大多数方法，它的优点是可以重复使用同一个正则表达式字符串，例如：

```
>>> p = re.compile('ab')
>>> m5 = p.match('absolute')
```

```
>>> m6 = p.search('enable')
>>> m5.span()
(0, 2)
>>> m5.group()
'ab'
>>> m6.span()
(2, 4)
>>> m6.group()
'ab'
```

re.findall(p, s[, f])：

与 search() 函数只返回第一次匹配成功的 Match 对象不同，findall() 函数可以返回所有匹配成功的子字符串所组成的列表（注意是列表形式），例如：

```
>>> m7 = re.findall('5','15253545')
>>> m7
['5', '5', '5', '5']
re.finditer(p, s [,f]):
```

这个函数与 findall() 函数作用类似，但它返回的是一个迭代器，因此我们可以用迭代器的 .__next__() 方法查看（或使用循环遍历），例如：

```
>>> m8 = re.finditer('5','15253545')
>>> m8
<callable_iterator object at 0x0000000002B1AF28>
>>> m8.__next__()
<re.Match object; span=(1, 2), match='5'>
>>> m8.__next__()
<re.Match object; span=(3, 4), match='5'>
>>> m8.__next__()
<re.Match object; span=(5, 6), match='5'>
>>> m8.__next__()
<re.Match object; span=(7, 8), match='5'>
```

re.fullmatch(p, s[,f])：

与 match() 函数只匹配开头不同，fullmatch() 函数必须完全匹配才算成功，例如：

```
>>> m9 = re.fullmatch('Python','Python')
>>> m10 = re.fullmatch('Py','Python')
>>> m9.group()
'Python'
>>> print(m10)
None
```

re.split(p, s[, t])：

这个函数会使用模式 p 对字符串 s 进行分割，可选参数 t 控制分割的次数，返回值是一个包含分割后子串的列表，例如：

```
>>> m11 = re.split('x','1x2x3x4x5')
>>> m11
['1', '2', '3', '4', '5']
>>> m12 = re.split('x','1x2x3x4x5',2)
>>> m12
['1', '2', '3x4x5']
re.sub(p, r, s[, t]):
```

这个函数会把字符串 s 中符合模式 p 的部分替换成字符串 r，可选参数 t 控制替换的次数，例如：

```
>>> m13 = re.sub('x','*','1x2x3x4x5')
>>> m13
```

```
'1*2*3*4*5'
>>> m14 = re.sub('x','*','1x2x3x4x5',3)
>>> m14
'1*2*3*4x5'
```

4.3.4 案例：验证手机号是否合法

下面我们通过一个验证手机号是否合法的例子来演示 re 模块的使用：

```
import re

p = r'^1[3-9]\d{9}$'
s = input("请输入你的手机号：")
m = re.fullmatch(p,s)
if m == None:
    print("对不起，你输入的手机号不合法！ ")
else:
print("你的手机号输入正常。")
```

我们运行程序，输入一个符合规则的手机号：

```
请输入你的手机号：18500000000
你的手机号输入正常。
```

我们再次运行程序，输入一个不符合规则的手机号：

```
请输入你的手机号：12345
对不起，你输入的手机号不合法！
```

第5章 让程序更听话——流程控制与if分支

我们做任何工作，都要有一个流程，也就是工作的步骤，计算机程序的运行也不例外。我们可以用Python的相关结构语句来控制程序运行的流程，即流程控制。从本章起，将介绍流程控制的相关知识。

5.1 送你一根指挥棒：流程控制简介

在生活中，我们做很多事都要有流程，我们的大脑也要随时做流程的控制。比如我们要出去吃碗面，那么就会有这样一个流程：①到楼下的拉面店；②点一碗拉面；③付款；④把面吃完。上面是一种一步一步顺序执行的流程。但是，如果有复杂的情况，我们可能就要变换一下流程，比如拉面店没开门，我们需要有另一个方案——去附近超市买包泡面。那么这个流程就变成了这样：①到楼下拉面店；②如果拉面店开着门，就进去吃拉面，如果拉面店没开门，就到附近超市去买包泡面。后续过程我们就省略了，但是你可以看到这里我们就面临一个分支的选择。如果你每天都要吃一碗面，那么每一天你都要再重复这个流程，这种重复就是循环。

其实在Python中，流程控制也有三种结构：顺序、分支、循环。通过这三种结构的组合使用，我们就可以写出复杂的程序。

所谓顺序结构，就是程序一条一条地按我们写的顺序执行，这是最常见的，我们之前章节中的代码大都是这种结构，这里就不多举例了。然而，为了应对一些复杂的情况，我们还需要做分支和循环。本章我们主要给大家介绍分支结构。下面我们采用一种流程图的方式来给大家介绍这方面的知识。

在设计一个程序的时候，我们可以使用流程图来构思我们的流程结构。使用流程图可以让我们对程序运行过程有一个直观的整体感受，帮助我们更加高效地设计和修改程序。你可以用笔来画流程图，也可以使用Windows中的画图工具，或者使用一些在线工具或软件。

流程图是使用图形符号和文字说明来表示算法的图。在流程图中，圆角矩形表示开始或结束，直角矩形表示普通处理，菱形表示问题判断或判定，平行四边形表示输入或输出，箭头代表工作流方向，如图 5-1 所示。

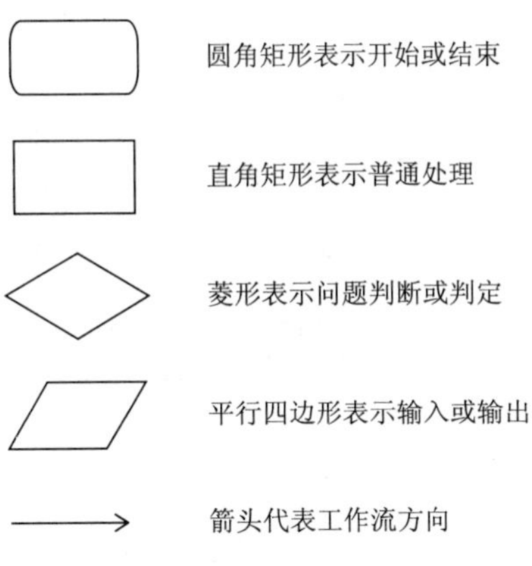

图 5-1

例如，有一个经典的笑话：一个程序员的老婆给他发短信说：下班的时候顺便买五个包子带回来。如果看到卖西瓜的，就买一个。结果程序员回家的时候只买了一个包子。老婆问："怎么只买了一个包子呢？"程序员说："因为我看到卖西瓜的了。"

这个笑话里面的问题大家都知道，我们可以用流程图来表示这个笑话中的误会，如图 5-2 所示。

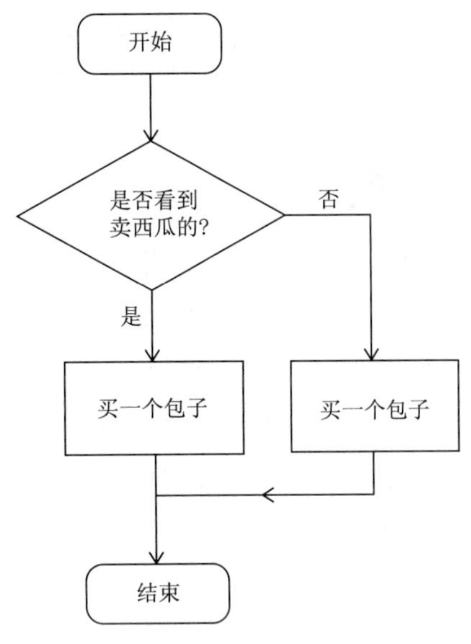

图 5-2

或许，这个程序员就是因为像上面这样画错了流程图，才误解了老婆的意思。那么按照老婆的意思，这个流程图应该怎么画呢？应该是这样，如图 5-3 所示。

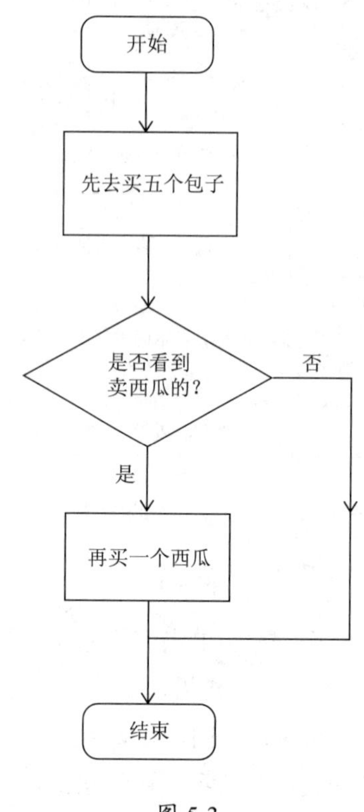

图 5-3

如果这个程序员能像我们这样画出正确的流程图，也就不至于只买一个包子回家了。

流程图是帮助我们整理思路、构思算法的一种非常有效的辅助方法，大家可以在学习流程控制以及以后设计程序流程的过程中使用它来辅助我们编程。

5.2 随机应变：if 分支

英文单词“if”是“如果”的意思。从一般人类语言的角度我们也能理解它的作用，也就是在做一个判断：如果是，就做下一步；如果不是，就做其他处理。比如我说：如果今天下雨，我就在家里学 Python；如果今天不下雨，我就出去跑步。这样就形成了一个分支结构。

使用分支结构的目的是针对多种可能的情况来做不同的处理，实现程序的“随机应变”。比如最基本的，我们让用户输入一个数据，那么，如果用户输入的格式不对该怎么办；如果用于输入格式正确，针对数据的不同值，我们该分别怎样处理。这些都要用到分支结构。

5.2.1 if 分支的几种结构

在 Python 中，我们可以通过 if、if-else、if-elif-else 等形式来实现各种分支结构。我们之前已经讲过的布尔值，用于表示某些判断表达式的结果，有真（True）和假（False）两种情况。在 if 分支当中，我们的条件测试表达式也会有这两种结果，当结果为真的时候，就运行该条件测试表达式下面的代码；否则，就跳过 if 下的代码，执行后面的代码。

下面我们先分别来介绍一下各种分支结构的格式。

1. if 格式

最简单的一种情况就是我们做一个判断，如果条件测试表达式结果为 True 就执行下面的代码。

```
if 条件测试表达式 :
    代码
```

这个结构表示，如果条件测试表达式结果为 True，就执行下面的代码。在分支结构当中，如果我们只用 if，那么 if 结构中下面的代码在条件测试结果为 True 的情况下执行，而在结果为 False 的情况下就什么都不做。

例如，符合条件的情况下：

```
if 5%2==1:
    print("5 果然是个奇数 ")
```

运行结果是：

```
5 果然是个奇数
```

在条件不符合的情况下：

```
if 6%2==1:
    print("6 果然是个奇数 ")
```

这里没有任何输出，因为条件不符合就什么都不做。

当然，如果这个 if 结构后还有其他代码，那就继续运行下面的其他代码，例如：

```
if 6%2==1:
    print("6 果然是个奇数 ")
print(" 程序结束 ")
```

运行结果是：

```
程序结束
```

2. if-else 格式

如果我们希望在条件测试结果为 False 的情况下也执行一些特定代码，就可以使用 if-else 语句。

```
if 条件测试表达式 :
    代码 1
else:
    代码 2
```

这种结构表示，如果条件测试表达式结果为 True，就执行代码 1，否则就执行代码 2，例如：

```
if 6%2==1:
    print("6 果然是个奇数 ")
else:
    print("6 果然是个偶数 ")
```

运行结果是：

```
6 果然是个偶数
```

其实，在 if 后面并非只能跟条件表达式，我们也可以直接使用布尔值 True 或 False，甚至可以使用 0、1、None、空字符串等来直接给出判断结果。这里我们用一系列 if-else 语句组成的代码来判断某些字符的真假：

```
if 1:
    print("1 代表真 ")
else:
    print("1 代表假 ")

if 666:
    print("666 代表真 ")
else:
    print("666 代表假 ")

if 'hello':
    print("'hello' 代表真 ")
else:
    print("'hello' 代表假 ")

if 0:
    print("0 代表真 ")
else:
    print("0 代表假 ")

if None:
    print("None 代表真 ")
else:
    print("None 代表假 ")

if '':
    print("'' 代表真 ")
else:
    print("'' 代表假 ")
```

运行结果是：

```
1 代表真
666 代表真
'hello' 代表真
0 代表假
None 代表假
'' 代表假
```

可见，数字 1、666，字符串 'hello' 都是真值，所以下面的语句执行了；而 0、None、空字符串都是假值，因此它们下面的语句都没有执行。

3. if-elif-else 格式

在执行条件测试的时候，有时候不只有是或否两种情况，而是有多种情况，要根据可能的多个判断结果来运行不同的代码，这时候我们可以用 if-elif-else 来实现，其中 elif 可以使用多个，而最后的 else 可以没有。

```
if 条件测试表达式 1:
    代码 1
elif 条件测试表达式 2:
    代码 2
…（中间还可以有多个 elif）
else:
    代码 n
```

这种结构表示，如果条件测试表达式 1 结果为 True，就执行代码 1。否则，如果条件测试表达式 2 成立，就执行代码 2。中间还可以有多个 elif 和对应的代码。最后，如果都不成立，就执行代码 n，例如：

```
scores = 100
if scores<60:
    print("很遗憾你没及格。")
elif scores<80:
    print("你及格了。")
elif scores<=99:
    print("你不但及格了，而且成绩优秀！")
else:
    print("太厉害了，你得了满分！")
```

运行结果是：

```
太厉害了，你得了满分！
```

实际上，我们在使用分支判断的时候，并不是像上面这样判断一个已知的值，更多的是为了判断用户输入的一个未知的值。例如我们做一个跟不同年龄的人打招呼的程序：

```
x = input("请输入你的年龄：")
x = int(x)

if x<18:
    print("你还只是个孩子！")
elif x<36:
    print("加油吧青年！")
elif x<60:
    print("人到中年压力大吗？")
else:
print("你退休了吗？")
```

注意，我们在上述代码中的第三行空了一行，这种空行的方式可以用于分隔不同的代码段，使程序的结构更加清晰。然后我们运行这个文件 4 次，分别输入 10、20、40、60，可以分别得到如下结果：

```
请输入你的年龄：10
你还只是个孩子！
>>>
请输入你的年龄：20
加油吧青年！
>>>
请输入你的年龄：40
人到中年压力大吗？
>>>
请输入你的年龄：60
你退休了吗？
>>>
```

可以看到，当我们输入不同的数字时，程序会根据我们事先设定好的判断语句来判断这个数字符合哪个条件测试设置的年龄段，并执行相关代码。

另外，在上面两段代码中，我们还用到了之前学过的逻辑运算符 and，除此之外，在做判断的时候，我们有时还会用到逻辑运算符中的 not 和 or。

关于 if 结构，有两点需要注意。

（1）语句格式：在关键字 if、elif 与条件测试表达式中间必须要有一个空格，在 if、elif 后的条件测试表达式后面和 else 的后面，都必须要有一个英文的冒号（:）。

（2）代码缩进：在条件测试表达式下面的代码前，我们需要有四个空格（或一个 Tab 键）的缩进，来表示这段代码是在上面条件表达式结果为 True 的情况下执行的。（在 IDLE 中，我们输入完条件测试表达式和冒号并按回车键后，会自动给我们留出 4 个空格的缩进）

5.2.2 if 结构的嵌套

有时候，我们会让程序做出的判断更加细化，在分支下面还有分支，这时候我们就可以嵌套使用 if 语句，也就是在 if 条件测试下面再使用一层 if 来做深一层的判断。需要注意，嵌套在内层的那个 if 分支结构整体要比外层 if 多 4 个空格或 1 个 Tab 键的缩进。

例如我们把上面根据年龄来打招呼的程序再细化一下，每一个年龄段都区分出男女：

```
x = input("请输入你的年龄：")
y = input("请输入你的性别：")
x = int(x)

if x<18:
    if y=="男":
        print("你还只是个男孩子！")
    if y=="女":
        print("你还只是个女孩子！")
elif x<36:
    if y=="男":
        print("加油吧男青年！")
    if y=="女":
        print("加油吧女青年！")
elif x<60:
    if y=="男":
        print("男人到中年压力大吗？")
    if y=="女":
        print("女人到中年压力大吗？")
else:
    if y=="男":
        print("叔叔你退休了吗？")
    if y=="女":
        print("阿姨你退休了吗？")
```

我们运行这个文件，并输入 50 和男，结果是：

```
请输入你的年龄：50
请输入你的性别：男
男人到中年压力大吗？
```

当然，根据需要做出判断的细分程度，这种嵌套还可以有更多层次。不过大家要注意，每深入一层，对应的缩进也要增加 4 个空格或一个 Tab 键的位置。也就是如下形式：

```
if 条件测试1:
    if 条件测试2:
        if 条件测试3:
            if 条件测试4:
                ……
```

这样程序会先进行条件测试 1，如果结果是 True 就再深入一层进行条件测试 2，如果结果也是 True 会再深入一层进行条件测试 3……这样一层层深入，并执行后面的代码。

我们用流程图来看一下这种 if 嵌套的逻辑，如图 5-4 所示。

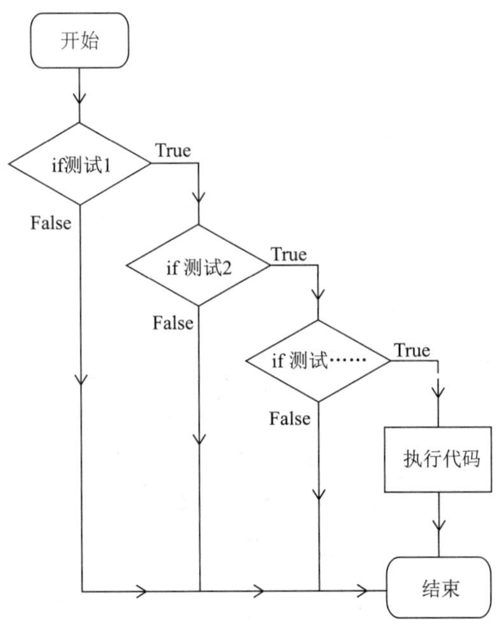

图 5-4

另外，其实你可能已经发现了，if-elif-else 实际上就是相当于两个 if-else 的嵌套，我们举例看一下：

```
x = input("请输入你的年龄：")
x = int(x)

if x<18:
    print("你是未成年人")
elif x<60:
    print("你是成年人")
else:
    print("你是老年人")
```

我们运行这个文件三次，分别输入 10、40、70，看一下结果：

```
请输入你的年龄：10
你是未成年人
>>>
请输入你的年龄：40
你是成年人
>>>
请输入你的年龄：70
你是老年人
>>>
```

我们把这段代码改写成两个 if-else 的嵌套：

```
x = input("请输入你的年龄：")
x = int(x)

if x<18:
    print("你是未成年人")
else:
    if x<60:
        print("你是成年人")
    else:
```

```
        print("你是老年人")
```

同样运行三次，分别输入 10、40、70，看一下结果：

```
请输入你的年龄：10
你是未成年人
>>>
请输入你的年龄：40
你是成年人
>>>
请输入你的年龄：70
你是老年人
>>>
```

5.2.3 多个 if 与多个 elif 的区别

你可能会有这样的疑问：用 if-elif-else 和用多个 if 有区别吗？当然有，在用多个并列的 if 语句时，只要 if 后面的条件测试表达式为 True，后面的代码就会执行。如果有多个 if 后面的条件测试都为 True，那么这些表达式下面的代码都会执行。而 if-elif-else 不同，即使中间有多个 elif，那么只要当前面的一个 if 或 elif 的条件测试表达式为 True，那么就执行这条表达式后对应的代码，而后面其他的条件表达式所对应的代码都不执行。我们举例说明一下。

首先我们看一下多个 if 并列的情况：

```
x = input("请输入你的年龄：")
x = int(x)

if x<18:
    print("你是未成年人")
if x>=18:
    print("你是成年人")
if x>60:
print("你是老年人")
```

我们输入 70，看一下结果：

```
请输入你的年龄：70
你是成年人
你是老年人
```

显然，在这里 70 不符合第一个 if 测试条件，但既符合第二个 if 的条件，也符合第三个 if 的条件，所以这两条测试表达式后面的代码都执行了。

那如果我们用 if-elif-else 呢：

```
x = input("请输入你的年龄：")
x = int(x)

if x<18:
    print("你是未成年人")
elif x>=18:
    print("你是成年人")
elif x>60:
    print("你是老年人")
```

同样是输入 70：

```
请输入你的年龄：70
你是成年人
```

我们看到，70 不符合第一个测试条件，而符合第二个测试条件 x>=18，所以执行了对应的代码。虽然后面的条件 x>60 也成立，但是并没有执行对应的代码。实际上，程序连这个判断都没有进行。

我们可以用流程图来看一下多个 if 并列与 if 和多个 elif 并列之间的差别。

多个 if 并列，如图 5-5 所示。

if 和多个 elif 并列，如图 5-6 所示。

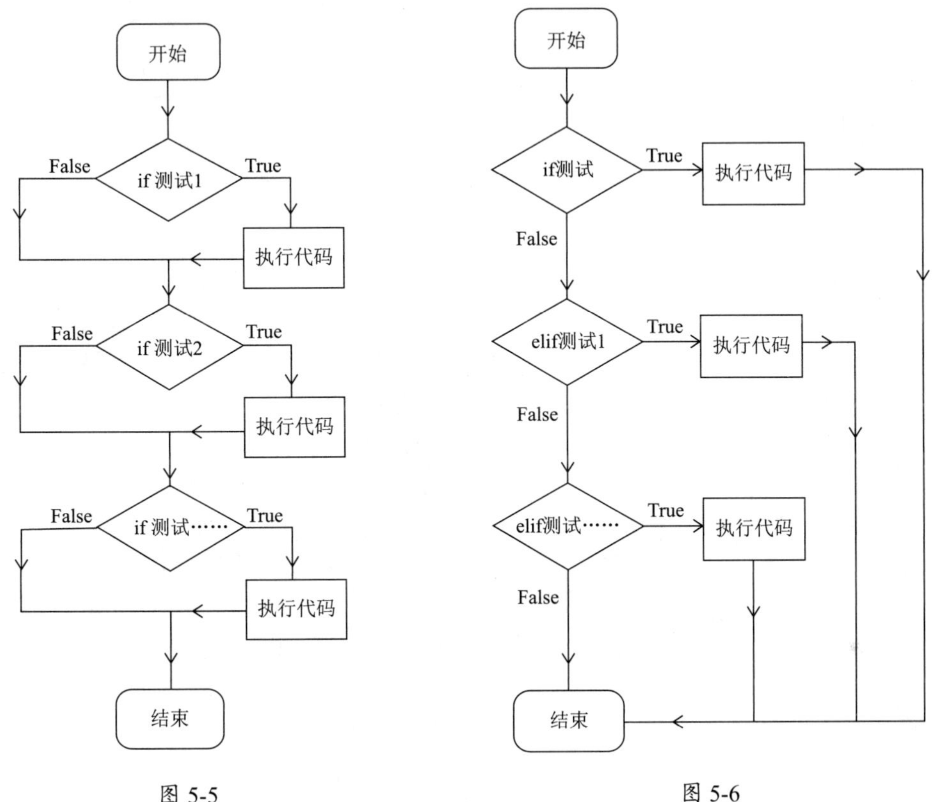

图 5-5　　　　图 5-6

5.2.4　pass 语句

在我们编程的过程中，有时候只是先写一个大体的控制结构，具体每个分支下如何处理可能还没有确定好，这时候我们可以使用 pass 语句来占位，例如我们之前跟不同年龄的人打招呼的例子：

```
xx = input("请输入你的年龄：")
x = int(x)

if x<18:
    pass
elif x<36:
    pass
elif x<60:
    pass
else:
    pass
```

这里我们用 pass 替代了各个 print() 函数。这样做的好处是，如果这段程序是一个大程序中的一部分，那么当程序运行到这一段，就会 pass 过去，继续执行下面的程序，而不会卡在这里。比如我们在这段程序后再加一行代码：

```
x = input("请输入你的年龄：")
x = int(x)

if x<18:
    pass
elif x<36:
    pass
elif x<60:
    pass
else:
    pass

print("打招呼结束。")
```

运行这段程序，并输入 18，结果是：

```
请输入你的年龄：80
打招呼结束。
```

可见，我们输入之后，判断的 if 和 elif 都 pass 过去了，然后直接执行了最后一行语句。而如果我们不使用 pass 占位，只是把那些行空着，像这样：

```
x = input("请输入你的年龄：")
x = int(x)

if x<18:

elif x<36:

elif x<60:

else:

print("打招呼结束。")
```

运行程序会报错，卡在这里执行不下去，如图 5-7 所示。

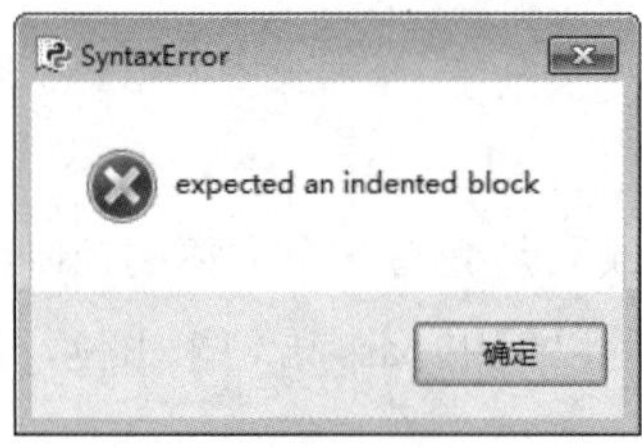

图 5-7

当我们确定了要在不同条件下写什么代码的时候，可以再填充到 pass 的位置，例如：

```
x = input("请输入你的年龄：")
x = int(x)

if x<18:
    print("你好少年")
elif x<36:
    print("你好青年")
elif x<60:
    print("你好中年")
```

```
else:
    print("你好老年")

print("打招呼结束。")
```

第 6 章

一句顶一万句——循环

除了 if 分支结构，有时候我们还需要多次重复同样或类似的操作，这时候就要用到循环结构。比如你需要在屏幕上输出 10 行“hello world”，当然你可以不辞辛劳地在代码中写上 10 行 print 语句。可是当这种重复量更大的时候呢？比如要输出 100 行、1000 行同样的内容，你还想重复地写一样的代码吗？所以还是来学学使用循环吧。

在 Python 中，循环结构有两种：for 循环与 while 循环。本章我们分别介绍一下这两种结构的用法和区别。

6.1　初学编程我写了一万行代码，后来我学会了用循环

如果我要你输出一万次“hello world”，你该怎么办？编程界有一个经典笑话：初学编程我写了一万行代码，后来我学会了用循环。如果你没学过循环，那恐怕真得写一万行代码了。还好，你现在就可以学到这种简洁的办法。

for 循环也叫做计数循环。顾名思义，它要靠一个我们设定的数字来决定循环的次数，这个数字我们称之为循环变量。实际上，循环变量是在我们设定的循环序列中依次取值的，因此循环序列的元素数量就是计数的数字。本节我们来看一下 for 循环的使用。

6.1.1　for 循环结构

for 循环的使用格式是：

```
for 循环变量 in 循环序列 :
    循环代码
```

需要注意，for、循环变量、in、循环序列中间要用一个空格隔开，而且最后有一个英文冒号（:），在下一行起的循环代码也必须缩进 4 个空格或 1 个 Tab 键的位置。

实际上，for 循环结构中的“循环变量 in 循环序列”这部分也可以看成一个循环判断条件。也就是说，当循环变量在循环序列中还能取到值时会执行这个循环，然后尝试再取下一个值。而当循环变量在循环序列中取值结束时，就终止循环。因此，for 循环的流程图可以像下面

这样表示，如图 6-1 所示。

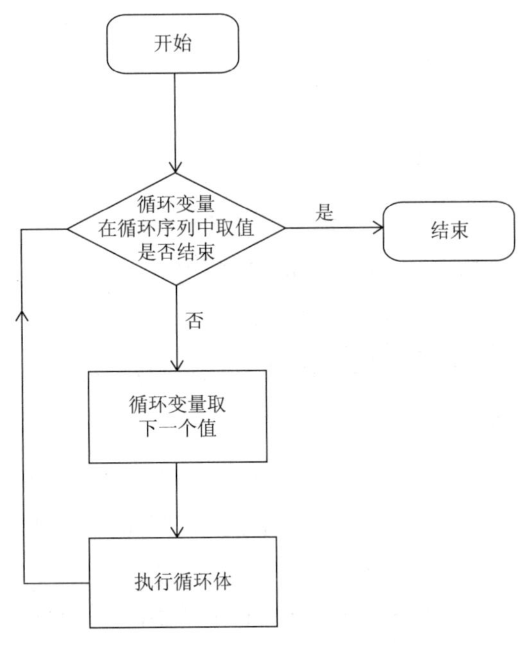

图 6-1

循环变量可以使用任意合法的变量名，不过我们常常用比较简单的写法，比如 i。所谓循环序列，是由有序元素所组成的，我们之前提到过，在 Python 中，字符串、列表、元组都是序列，我们可以用 for 循环来遍历它们，也就是逐个访问它们元素的值。其实更广泛地说，这个循环序列可以是任何可迭代对象，还记得我们之前在第二章讲过的这个概念吗？如果忘了的话可以回头去看一下。

例如，我们可以用 for 循环来遍历一个字符串：

```
s = "Hello Python"
for i in s:
    print(i)
```

输出结果：

```
H
e
l
l
o

P
y
t
h
o
```

可以看到，对于字符串中的每一个元素，都执行了一次 print() 函数。注意，在中间好像是输出了一个空行，但实际上那是字符串中的那个空格。

我们还可以用 for 循环来做一些连续的计算，比如我们要计算一个列表中所有数字的和

[当然你可以直接用 sum(list) 函数来解决这个问题，这里只是为了演示 for 循环]：

```
list1 = [1,3,5,7,9]

s = 0
for i in list1:
    s += i

print(s)
```

运行结果是：

```
25
```

当然你可以再用 sum() 函数来验证一下这个结果的正确性：

```
>>> sum([1,3,5,7,9])
25
```

6.1.2 range() 函数

除了遍历，for 循环还可以单纯地靠计数来决定循环次数，这时候我们需要用到 range() 函数来产生一个整数序列，来决定循环次数。range() 函数的格式是：

```
range(start, stop[, step])
```

range() 函数产生的是一个从起始值 start 开始，到结束值 stop 结束（但不包括结束值 stop），间隔为步长值 step 的整数序列。需要注意的是，这里的开始值、结束值和步长值都必须是整数，例如：

```
>>> a = range(1,10,2)
>>> a
range(1, 10, 2)
>>> type(a)
<class 'range'>
```

步长值 step 是可选的，不写时默认为 1。但起始值也可以不写，默认为 0，而且我们常常只使用结束值这一个参数，例如 range(10) 就相当于 range(0,10,1)。

我们用 for 循环配合 range() 函数来输出一下 10 以内的数字：

```
for i in range(10):
    print(i)
```

运行结果是：

```
0
1
2
3
4
5
6
7
8
9
```

还记得我们曾经输出过 10 以内的奇数吗？用 for 循环和 range() 函数一起配合会变得简单许多：

```
for i in range(1,11,2):
    print(i)
```

运行结果是：

```
1
3
5
7
9
```

当步长值为负数时，还可以倒序地获取一系列数字。当然，这时候开始值也必须比结束值大才行，例如：

```
>>> b = range(10,-10,-1)
>>> for i in b:
    print(i)



10
9
8
7
6
5
4
3
2
1
0
-1
-2
-3
-4
-5
-6
-7
-8
-9
```

6.1.3 break 与 continue

我们之前讲过 pass 语句，实际上在循环结构中我们还可以使用 break 语句来退出循环，用 continue 语句来重新开始循环，例如：

```
for i in range(1,10):
    if i==5:
        break
    else:
        print(i)
```

运行结果是：

```
1
2
3
4
```

我们再试一下把 break 改成 continue：

```
for i in range(1,10):
    if i==5:
        continue
    else:
        print(i)
```

运行结果是：

```
1
2
3
4
6
7
8
9
```

对比这两个例子，当同样遇到我们设置的条件 i 等于 5 时，break 的作用是退出（或者说终止）了整个循环，只输出了 1 到 4；而 continue 的作用只是退出（或者说是跳过）了本次循环（也就是 i 等于 5 的这次循环），然后继续进入下一次循环。所以输出了除了 5 之外的数字。

6.1.4 使用 for 循环遍历列表和字典

前文中我们写过一个输出字符串中每个字符的例子，实际上就是遍历了一个字符串。

除了字符串，列表和字典也是可以遍历的。虽然我们没有详细讲解列表和字典，但是之前已经介绍过它们的形式，这里我们先演示一下用 for 循环来遍历列表和字典。

遍历一个列表：

```
list1 = ["A","B","C","D"]

for i in list1:
    print(i)
```

运行结果是：

```
A
B
C
D
```

这个循环所进行的遍历，就是把 list1 中的元素按顺序逐个赋值给循环变量 i，然后执行循环体代码，依次把 i 输出。

遍历一个字典：

```
score1 = {"张三":85,"李四":90,"王五":100}

for k,v in score1.items():
    print("{}的成绩是{}".format(k,v))
```

运行结果是：

```
张三的成绩是85
李四的成绩是90
王五的成绩是100
```

注意，在遍历字典的时候，在字典变量名后要用 .items() 方法，我们在后面讲到字典的时候再详细讲解。

6.1.5 for 循环嵌套

我们可以在 for 循环中再使用一次或多次 for 循环，也就是 for 循环的嵌套使用。比如我们可以使用 for 循环嵌套来实现九九乘法表。

```
for i in range(1,10):
    for j in range(1,10):
        if j<=i:
            print("{}*{}={}".format(j,i,i*j),end='\t')
    print()
```

运行结果是：

```
1*1=1
1*2=2  2*2=4
1*3=3  2*3=6  3*3=9
1*4=4  2*4=8  3*4=12  4*4=16
1*5=5  2*5=10  3*5=15  4*5=20  5*5=25
1*6=6  2*6=12  3*6=18  4*6=24  5*6=30  6*6=36
1*7=7  2*7=14  3*7=21  4*7=28  5*7=35  6*7=42  7*7=49
1*8=8  2*8=16  3*8=24  4*8=32  5*8=40  6*8=48  7*8=56  8*8=64
1*9=9  2*9=18  3*9=27  4*9=36  5*9=45  6*9=54  7*9=63  8*9=72  9*9=81
```

我们可以看到，外层每循环一次，就从 range(1,10) 中取一个 i 值，i 用来控制行数，也就是每个算式 * 后面的数字，比如第一行的 i 就是 1，第二行的 i 就是 2，第三行的 i 是 3，以此类推。i 取值后，就进入内层循环，内层循环的 j 用来控制每一行的列数，也就是 * 前的数字，第一行是 1，第二行是 1 和 2，第三行是 1、2、3，以此类推。而且我们在内层循环中设置了一个条件，j<=i，这样保证每一行的算式个数都跟行数相等，不会出现计算了 1*2 又计算了 2*1 的情况。

其实还有一种更简洁一点的写法：

```
for i in range(1,10):
    for j in range(1,i+1):
        print("{}*{}={}".format(j,i,i*j),end='\t')
    print()
```

这里我们直接把内层的 range() 函数的结束值设置为 i+1，效果同样是保证每一次循环的 j 不会大于 i。

6.2　更“聪明”的 while 循环

“while”在英文中的含义是“当……的时候”，所以 while 循环也叫条件循环，它可以在满足某些条件的情况下进行循环，因此比起 for 循环来，它显得更加“聪明”一点。

6.2.1　while 循环结构

while 循环的使用格式是：

```
while 条件判断语句 :
    循环代码
```

需要注意，while 和条件判断语句中间要有一个空格，条件判断语句后面有一个英文的冒号，下面的循环代码要在 while 语句的基础上缩进四个空格或一个 Tab 键的位置。

我们用之前说过的流程图来帮助大家理解一下 while 循环执行的过程，如图 6-2 所示。

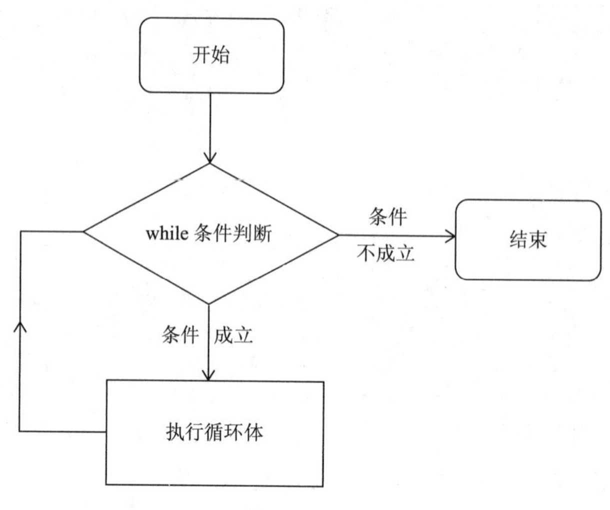

图 6-2

while 循环最重要的特点是可以进行条件判断，而这种判断也可以用来进行计数，因此 while 循环其实也可以实现类似 for 循环的计数效果，比如我们要把“hello world”重复输出 10 次：

```
i = 0
while i<10:
    print("hello world")
    i += 1
```

运行结果是：

```
hello world
hello world
hello world
hello world
hello world
hello world
hello world
hello world
hello world
hello world
```

我们可以看到，“hello world”被循环输出了 10 次。

在这段代码中，我们先定义了一个用来计数的变量 i，并给它赋初始值为 0。然后我们在 while 后面写上循环的条件：i<10。也就是说，当 i 小于 10 的时候，就会执行下面的两行代码。很明显，在 i 初始值为 0 的时候，下面的两行代码执行了一次循环：第一行代码输出一行“hello world”，第二行代码把 i 的值增加 1，变成了 1。然后代码进入下一次又从 while 处开始判断，此时 i 变成了 1 仍然满足 i<10 的条件，于是代码又执行一次循环：又输出一行“hello world”，然后 i 增加为 2。以此类推，当 i 变成 9 的时候，执行了第 10 次循环，输出了第 10 行“hello world”，然后 i 增加 1 变为 10。这时候 i 已经不符合 while 的条件 i<10 了，所以循环就不再进行了。

我们还可以在 IDLE 中输入 i 并按回车键，看一下现在的 i 变成了几：

```
>>> i
10
```

确实，i 已经变为 10。

同样，如果我们想让“hello world”输出 100 次该怎么办呢？大家可以自己动手试一试。

6.2.2　while 循环与 else 配合使用

while 循环只是在满足条件时进行循环，不满足条件时退出循环。如果我们在不满足条件时也希望程序执行特定代码，可以把 while 和 else 配合使用，把不符合条件时需要执行的操作写到 else 之后的代码中。格式如下：

```
while 条件语句 :
    循环代码
else:
    代码
```

这一结构的流程图如下，如图 6-3 所示。

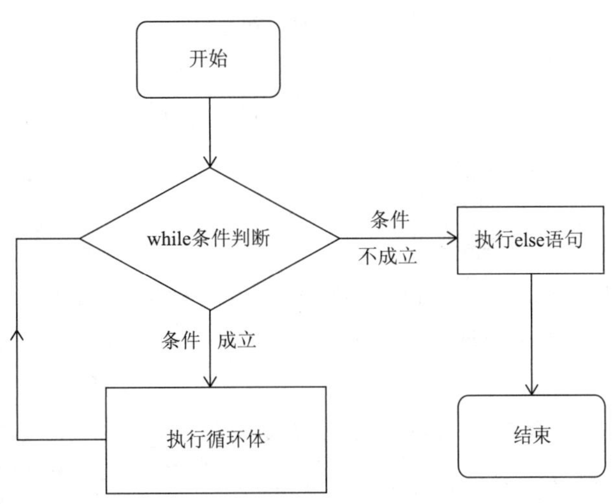

图 6-3

例如我们可以用这种结构写一个猜数字的小游戏：

```
x = int(input(" 本程序预设了一个 1 到 10 之间的整数，你猜是几？ "))

while x!=6:
    x = int(input(" 你猜错了！再猜一次吧： "))
else:
    print(" 恭喜你猜对了！就是 6！ ")
```

注意这里的第一行，我们把 int() 函数和 input() 函数进行了嵌套使用，也就是把 input() 函数当成了 int() 函数的参数，这样写更简洁，它等价于我们之前两行的写法：

```
x = input(" 本程序预设了一个 1 到 10 之间的整数，你猜是几？ ")
x = int(x)
```

在猜数字的游戏中，我们先让用户输入一个 1 到 10 之间的整数，然后用 while 循环条件与我们预设的数字 6 进行对比。当用户输入的数字不等于 6 时，则执行循环，让用户再次输入；

当用户输入的数字不符合 x!=6 的条件时（也就是 x==6 时），执行 else 下的语句。

我们执行代码并看一下结果：

```
本程序预设了一个 1 到 10 之间的整数，你猜是几？ 1
你猜错了！再猜一次吧：3
你猜错了！再猜一次吧：6
恭喜你猜对了！就是 6 !
```

可以看到，当我们输入的数字不符合 while 条件时，程序会重复执行，让我们继续玩；而当我们输入 6 时，条件不再符合，则执行了 else 语句下的代码。

6.2.3 在 while 循环中使用 break

while 循环不但可以让程序在符合条件的时候循环执行，也可以在循环代码中加入一些判断条件，让循环在符合条件时退出，这时候我们要用到 break 语句。比如上面的猜数字小游戏，目前只能是在用户猜对时才能退出循环，用户没有主动退出的权力。我们可以把它改进一下，让用户可以决定输入 0 来主动退出循环，也就是退出游戏。代码如下：

```
x = int(input(" 本程序预设了一个 1 到 10 之间的整数，你猜是几？输入 0 可以退出游戏：")）

while x!=6:
    if x==0:
        print(" 已退出游戏 ")
        break
    else:
        x = int(input(" 你猜错了！再猜一次吧：")）
else:
    print(" 恭喜你猜对了！就是 6！ ")
```

我们在 while 循环中加入了一个 if-else 结构，当用户输入 0 的时候，先输出一行提示“已退出游戏”，然后用 break 退出循环。如果输入不是 0，else 后的代码让用户继续输入。我们来执行并测试一下：

```
本程序预设了一个 1 到 10 之间的整数，你猜是几？输入 0 可以退出游戏：1
你猜错了！再猜一次吧：2
你猜错了！再猜一次吧：0
已退出游戏
```

可以看到，当我们输入 0 的时候，会退出游戏。

6.2.4 在 while 循环中使用 continue

除了可以用 break 语句来永久性地退出循环，我们还可以使用 continue 语句来只退出本次循环，从 while 条件判断处重新开始循环。比如我们要输出 10 以内的奇数（这里会刻意用 continue 语句来实现）：

```
x = 1

while x<=10:
    if x%2==0:
        x += 1
        continue
    print(x)
    x += 1
```

在这段程序中，我们先给 x 赋初始值为 1，然后当 x<=10 的时候，进入循环。我们用 if 判断 x 对 2 取余结果是否是 0，如果是 0 则代表 x 是偶数。我们把 x 增加 1，然后用 continue 来退出本次循环，不再执行后面两行代码，而是转而再从头开始。如果 x 对 2 取余结果不是 0，也就是说 x 是奇数，if 语句内的代码则不执行，会继续执行下面代码，把 x 输出，然后把 x 增加 1。

这段程序运行的结果是：

```
1
3
5
7
9
```

前面之所以说这个程序是为了刻意用 continue 来实现，因为其实可以有更简洁的方法不用 continue 就能实现：

```
x = 1

while x<=10:
    if x%2==1:
        print(x)
    x += 2
```

6.2.5　小心死循环

既然 while 循环是一种条件循环，也就是说当条件满足时，循环就会一直进行，所以我们要小心一种情况，就是这个条件永远满足，那样的话循环就会无休止地进行下去，直到耗尽系统资源，这种情况就称为“死循环”。

比如我们还是以上面输出 10 以内的奇数的程序为例，如果我们把条件设置为 x>0，那么从 x 的初始值 1 开始，到后面循环体内的 +1，都会永远大于 0，所以条件会永远满足，这样程序就会从 1 开始一直输出奇数。

```
x = 1

while x>0:
    if x%2==0:
        x += 1
        continue
    print(x)
    x += 1
```

万一你执行了这段代码，那么 IDLE 主界面上会一直输出奇数，可能一会儿的功夫已经输出了好几千行。你可能已经手足无措了，难道要等到系统资源耗尽死机才能结束？不，这时候你只需要按下 Ctrl+C 键就可以终止这个死循环，如图 6-4 所示。

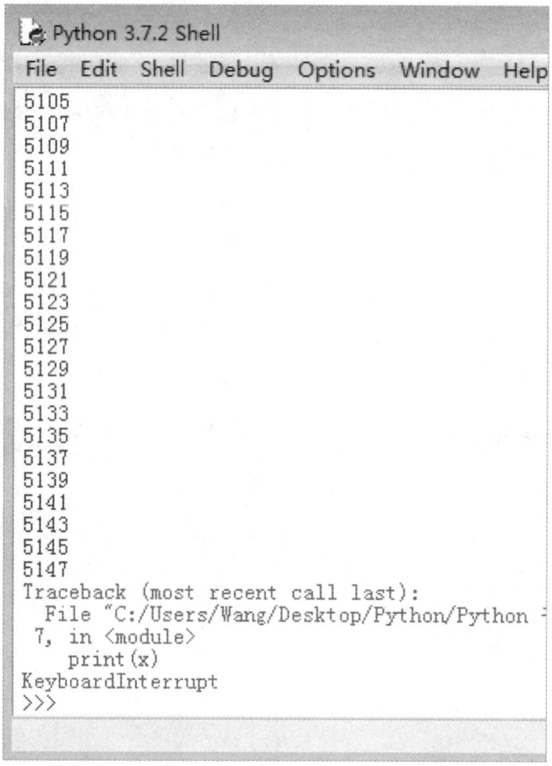

```
Python 3.7.2 Shell
File Edit Shell Debug Options Window Help
5105
5107
5109
5111
5113
5115
5117
5119
5121
5123
5125
5127
5129
5131
5133
5135
5137
5139
5141
5143
5145
5147
Traceback (most recent call last):
  File "C:/Users/Wang/Desktop/Python/Python
 7, in <module>
    print(x)
KeyboardInterrupt
>>>
```

图 6-4

这是一种糟糕的尝试，也说明出现死循环对一个程序来说有多么可怕。所以，大家在写循环的时候一定要小心谨慎地确定你的循环条件，避免出现死循环。

6.2.6 while 循环嵌套

有时候，我们可以在 while 循环中再嵌套一个 while 循环，来实现多层次的循环体。比如我们可以用嵌套的 while 循环来打印一个九九乘法表：

```
i = 1
while i<10:
    j = 1
    while j<10 and i>=j:
        print("{}*{}={}".format(j,i,i*j),end='\t')
        j += 1
    print()
    i += 1
```

在这个程序中，我们使用了两层 while 循环。首先设置一个变量 i 并赋初始值为 1，然后使用一个外层的 while 循环，条件是当 i<10 时就会进入循环体。在这个循环体内部，我们又设置一个变量 j 并赋初始值为 1，然后当 j<10 并且 i 大于等于 j 时，进入内层循环。

注意，代码中的第一个 print() 语句我们使用了可选参数 end="\t" 来实现格式的对齐，而第二个 print() 函数不带任何参数，可以起到换行的作用。

这个程序的运行过程是这样的：一开始，i=1，符合外层循环条件。然后执行 j=1，并且符合内层循环条件 j<10 且 i>=j，所以程序输出 j*i，也就是 1*1=1。然后给 j 加 1 变成了 2，这时候内层循环的条件中的 i 为 1，j 是 2，不满足 i>=j，所以跳出内层循环，执行余下的代码，i 加 1 变成了 2，第一次外层循环结束。由于此时 i=2，满足外层循环条件，所以第二次进入外层循环体代码，先给 j 重新赋值为 1，满足内存循环条件，执行一次内层循环，输出 1*2=2。然后给 j 加 1 变成 2，此时的 j=2，i=2，仍然满足内层循环的条件，所以内层循环又执行一次，输出 2*2=4。然后 j 加 1 变成 3，此时 i=2, 已经不满足内层条件 i>=j，所以跳出内层循环，执行剩余代码，i 加 1 变成 3。然后继续第三次外层循环……

最终代码运行结果是：

```
1*1=1
1*2=2  2*2=4
1*3=3  2*3=6  3*3=9
1*4=4  2*4=8  3*4=12  4*4=16
1*5=5  2*5=10  3*5=15  4*5=20  5*5=25
1*6=6  2*6=12  3*6=18  4*6=24  5*6=30  6*6=36
1*7=7  2*7=14  3*7=21  4*7=28  5*7=35  6*7=42  7*7=49
1*8=8  2*8=16  3*8=24  4*8=32  5*8=40  6*8=48  7*8=56  8*8=64
1*9=9  2*9=18  3*9=27  4*9=36  5*9=45  6*9=54  7*9=63  8*9=72  9*9=81
```

这里我们再提供一种可以实现同样效果的方法，使用到了 if 语句和 break 语句，大家可以思考一下其中的相同与不同：

```
i = 0
j = 0
while i<9:
    i += 1
    while j<9:
        j+=1
        print("{}*{}={}".format(j,i,i*j),end='\t')
        if i==j:
            j = 0
            print("")
            break
```

6.2.7 用 while 循环实现一个猜数字游戏

猜数字游戏是一个经典的练习控制结构的编程案例。在下面这个例子中，我们使用了之前讲过的 random 模块、if 分支、while 循环等知识。

游戏的过程是这样的：第一步，我们导入随机数 random 模块，以便后面用来随机产生让玩家来猜的数字。第二步，我们定义了一个主函数 guess_number_game() 来实现游戏的功能，最后运行这个函数。第三步，在主函数中，首先，我们让玩家通过输入数字来确定游戏难度（或者退出游戏），然后根据玩家的选择，使用随机数函数来产生相应难度的数字。其次，我们用变量 x 来接收用户猜测的数字。最后，我们用一个 while 循环来比较玩家猜的数字和程序产生的随机数的大小，并根据结果给其提示或结束本轮游戏进入下一轮选择。

下面是程序的代码：

```
import random

def guess_number_game():
    level = int(input("请选择游戏难度（1，简单。2，中等。3，较难。0，退出）："))
    if level==0:
        return
    elif level==1:
```

```
            lev = 5
        elif level==2:
            lev = 10
        elif level==3:
            lev = 20

    n = random.randint(1,lev)

        x = int(input("这里有一个1到{}之间的整数,你猜是几? 输入0可退出游戏: ".format(lev)))

        r = 1
        while x!=0 and r==1:

            if x==n:
                s = input("恭喜你猜对了! 还想再玩一次吗? (是或否)")
                if s=="是":
                    guess_number_game()
                elif s =="否":
                    r = 0
            elif x<n:
                x = int(input("你猜小了, 再来一次: "))
            elif x>n:
                x = int(input("你猜大了, 再来一次: "))

    guess_number_game()
```

大家可以阅读程序代码或者运行玩一下这个小游戏，看看是否能找到其中可以改进的地方或者是否会有什么 bug。

6.2.8 while 循环和 for 循环混合使用

while 循环和 for 循环有时可以配合使用，来分别利用它们不同的特性完成不同部分的任务。比如，我们让用户输入一个奇数，如果用户输入的是奇数，那么就输出用户给出的奇数后面的 10 个奇数；如果用户输入的是偶数，则提示用户输入有问题并重新开始。

代码如下：

```
def wf():
    x = int(input("请输入一个奇数: "))

    while x%2 != 0:
        print("{}之后的10个奇数是: ".format(x))
        for i in range(x+2,x+22,2):
            print(i)
        break
    else:
        print("不听话! 你输入的是偶数! ")
        wf()

wf()
```

我们运行程序并做出偶数和奇数两次输入：

```
请输入一个奇数: 12
不听话! 你输入的是偶数!
请输入一个奇数: 11
11之后的10个奇数是:
13
15
17
19
```

```
21
23
25
27
29
31
```

6.2.9 while 循环与 for 循环之比较

while 循环和 for 循环在结构上是有明显的区别的。

在 while 循环中，循环控制变量的初始化一般放在 while 语句之前，循环控制变量的修改一般放在循环体中。比如我们用 while 循环输出 10 以内的奇数，先要把循环变量 x 放在 while 循环体前面，然后在循环体中通过 x += 2 来修改 x：

```
x = 1

while x<=10:
    if x%2==1:
        print(x)
    x += 2
```

而在 for 循环中，循环控制变量的初始化和修改都放在语句头部分，形式较简洁。比如我们同样用 for 循环来输出 10 以内的奇数：

```
for i in range(1,11,2):
    print(i)
```

这里我们用一个 range 函数就可以实现变量的初始化和修改。

其实，大部分情况下，while 循环和 for 循环是可以实现同样的效果的，而且两者的运行效率在大部分情况下几乎是一样的。但是通过之前的例子你或许能发现，两者的区别在于 while 循环更适合做一些非连续性的判断，尤其是在循环次数未知的情况下，比如我们之前做的猜数字的游戏。而 for 循环更适合做连续性的循环，更适合循环次数确定的情况，比如遍历列表或字典。所以，这两种循环在开发效率上还是可能产生一些差距的，大家要在实际编程的过程中根据情况来选择使用 while 循环还是 for 循环。

第 7 章 我们也是有组织的——列表、元组、集合、字典

我们之前提到过，在 Python 中有六种基本的数据类型，分别是数字、字符串、列表、元组、字典、集合。之前我们已经详细讲解过数字和字符串，本章我们将给大家讲解另外几种非常常用的数据类型：列表、元组、字典、集合。

7.1 列车就是一列车，列表就是一列表

列车有几十节车厢，可以运载很多货物，所以叫作列车。

列表就是由一系列按顺序排列的元素组成的一种数据类型，因此列表属于序列。列表中的元素可以是相同类型的数据，比如都是数字或都是字符串；也可以是不同类型的数据，比如数字、字符串混合，甚至和列表、元组、字典相混合。

7.1.1 创建列表

列表在最外面用成对的中括号（[ ]）来标注，元素之间用英文的逗号来分隔。我们可以用如下方式来创建一个列表：

```
列表变量名 = [元素1, 元素2, 元素3, …]
```

列表变量名最好用单词的复数形式，例如：

```
names = ["张三", "李四", "王五"]
```

下面是一个混合了各种类型元素的列表，比如这里的三个元素分别代表一名学生的姓名、年龄和三门课的成绩：

```
someone = ["Tom",18,[90,100,95]]
```

当然我们也可以创建一个空列表来等待以后往里面添加元素，例如：

```
names = []
```

下面我们着重介绍一下列表的具体使用方法。

7.1.2　列表的索引

如同之前讲过的字符串一样，列表的元素也有默认的从 0 开始的索引，同样也可以使用索引的方式来访问，例如：

```
>>> names = ["张三", "李四", "王五"]
>>> names[0]
'张三'
>>> names[1]
'李四'
>>> names[2]
'王五'
>>>
```

我们也可以用负数来实现倒序的索引，例如：

```
>>> names = ["张三", "李四", "王五"]
>>> names[-1]
'王五'
>>> names[-2]
'李四'
>>> names[-3]
'张三'
```

7.1.3　列表的切片

与字符串类似，我们同样可以利用索引对列表进行切片，也就是取出其中的一部分元素，形成一个新的列表。列表的切片方式和之前讲过的字符串的切片方式相同，比如 list[m:n] 代表截取从索引为 m 的元素到索引为 n−1 的元素，用数数的方式，也就是从第 m+1 到第 n 个元素。

我们举例看一下：

```
>>> teams = ["德国","巴西","西班牙","阿根廷","法国","葡萄牙"]
>>> teams[0:3]
['德国', '巴西', '西班牙']
```

上面我们截取到了索引为 0 到索引为 2（即 3−1）的元素，用数数的方式，也就是从第 1（即 0+1）个到第 3 个元素。

```
>>> teams[3:]
['阿根廷', '法国', '葡萄牙']
```

上面截取的是从索引为 3 的（即第 4 个）元素到最后一个元素。

```
>>> teams[:2]
['德国', '巴西']
```

上面截取的是从索引为 0 的（即第 1 个）元素到索引为 1（即 2−1）的（即第 2 个）元素。

```
>>> teams[-3:-1]
['阿根廷', '法国']
```

上面截取的是索引为 −3 的（即倒数第 3 个）元素到索引为 −1（即 −1−1）的（即倒数第 2 个）元素。

```
>>> teams[2:-2]
['西班牙', '阿根廷']
```

上面截取的是索引为 2（即第 3 个）到索引为 −3（即 −2−1）的（即倒数第三个）元素。

```
>>> teams[:3]
```

```
['德国', '巴西', '西班牙']
```

上面截取的是从最开始到第 3 个元素。

```
>>> teams[-3:]
['阿根廷', '法国', '葡萄牙']
```

上面截取的是倒数第 3 个到最后一个元素。

7.1.4 列表的遍历

我们可以通过列表的索引来获取某个或某些元素，但是如果我们要获得列表中的所有元素呢？其实我们可以通过“遍历”的方式。

我们在讲解 for 循环结构的时候曾经讲过，可以使用 for 循环来遍历一个列表，例如：

```
teams = ["德国","巴西","西班牙","阿根廷","法国","葡萄牙"]

for t in teams:
    print("{}队能夺冠吗？".format(t))
```

运行结果是：

```
德国队能夺冠吗?
巴西队能夺冠吗?
西班牙队能夺冠吗?
阿根廷队能夺冠吗?
法国队能夺冠吗?
葡萄牙队能夺冠吗?
```

7.1.5 列表元素的修改、插入与删除

我们可以修改一个列表中的某个元素，用索引来确定修改的位置，格式是：

```
列表名[索引] = 新值
```

例如：

```
>>> teams = ["德国","巴西","西班牙","阿根廷","法国","葡萄牙"]
>>> teams[0] = "俄罗斯"
>>> teams[-1] = "比利时"
>>> teams
['俄罗斯', '巴西', '西班牙', '阿根廷', '法国', '比利时']
```

可以看到，我们用索引 [0] 修改了第一个元素，用索引 -1 修改了最后一个元素。

我们还可以使用切片的方法来修改一些元素，例如：

```
>>> teams = ["德国","巴西","西班牙","阿根廷","法国","葡萄牙"]
>>> teams[2:] = ["中国","日本","韩国"]
>>> print(teams)
['德国', '巴西', '中国', '日本', '韩国']
```

上面，我们把从索引为 2 的（即第 3 个）元素到最右一个元素，共 4 个元素，修改成了一个新的由 3 个元素组成的列表。

我们还可以用这种切片的方式来给一个列表插入一些元素：

```
>>> teams = ["德国","巴西","西班牙","阿根廷","法国","葡萄牙"]
>>> teams[2:2] = ["中国","日本","韩国"]
>>> print(teams)
['德国', '巴西', '中国', '日本', '韩国', '西班牙', '阿根廷', '法国', '葡萄牙']
```

这里，我们把索引为 2（即第 3 个）元素的位置插入了一个新的列表，把原有元素和后

面的元素都往后移动。

我们还可以用 del 语句直接将列表中的某个元素删除，也是用索引来确定位置，例如：

```
>>> teams = ["德国","巴西","西班牙","阿根廷","法国","葡萄牙"]
>>> del teams[1]
>>> teams
['德国', '西班牙', '阿根廷', '法国', '葡萄牙']
```

我们还可以用切片的方式删除其中的一段，例如：

```
>>> teams = ["德国","巴西","西班牙","阿根廷","法国","葡萄牙"]
>>> del teams[0:3]
>>> teams
['阿根廷', '法国', '葡萄牙']
>>>
```

我们还可以用 del 语句删除整个列表，例如：

```
>>> teams = ["德国","巴西","西班牙","阿根廷","法国","葡萄牙"]
>>> del teams
>>> teams
Traceback (most recent call last):
  File "<pyshell#15>", line 1, in <module>
    teams
NameError: name 'teams' is not defined
```

列表删除之后，我们再访问就会出错，因为这个列表已经不存在了。但是要注意，如果有多个变量名指向同一个列表，用 del 语句删除掉一个后，只是把这个变量名和列表的关系切断了，删除的只是这一个变量名，其他变量名仍然指向这个列表，例如：

```
>>> teams1 = ["德国","巴西","西班牙","阿根廷","法国","葡萄牙"]
>>> teams2 = ["德国","巴西","西班牙","阿根廷","法国","葡萄牙"]
>>> del teams1
>>> teams1
Traceback (most recent call last):
  File "<pyshell#47>", line 1, in <module>
    teams1
NameError: name 'teams1' is not defined
>>> teams2
['德国', '巴西', '西班牙', '阿根廷', '法国', '葡萄牙']
```

可以看到，虽然 teams1 和 teams2 指向同一个列表（其实前两行代码也可以写成一行：teams1 = teams2 = ["德国","巴西","西班牙","阿根廷","法国","葡萄牙"]），我们用 del 语句删除了 teams1 以后，teams2 仍然指向原来的列表。当这个列表的所有引用（即给它关联的所有变量名）都被删除之后，这个列表才会被真正地删除。

7.1.6　列表的复制

如果你想要复制一个列表，形成一个新的列表，你或许会想到用下面这种方式：

```
>>> list1 = ["中国", "日本", "韩国", "伊朗"]
>>> list2 = list1
>>> list2
['中国', '日本', '韩国', '伊朗']
```

看上去好像成功了。但是之所以说是“看上去”，因为这实际上并没有复制这个列表，而只是给它多起了一个名字“list2”，或者像我们之前讲变量的时候说的，只是多了一个变量名，或者说是一个标签而已。list1 和 list2 指向的实际上还是同一个列表。不信我们把 list1

中的最后一个元素修改一下，然后看一下 list2 是否也跟着改变了：

```
>>> list1 = ["中国", "日本", "韩国", "伊朗"]
>>> list2 = list1
>>> list1[-1] = "朝鲜"
>>> list1
['中国', '日本', '韩国', '朝鲜']
>>> list2
['中国', '日本', '韩国', '朝鲜']
```

我们可以看到，当我们改变了 list1 中最后一个元素的时候，list2 也跟着同样改变了，也就是说 list2 = list1 这个语句的作用只是让 list2 同样指向了 list1，并没有真正赋值出 list1 中的所有元素并形成一个新列表。

那么怎么样才能真正复制一个列表呢？这里有两种方式：

第一种方式是用切片的办法来复制，比如之前的例子中我们做一点改变：

```
>>> list1 = ["中国", "日本", "韩国", "伊朗"]
>>> list2 = list1[:]
>>> list1[-1] = "朝鲜"
>>> list1
['中国', '日本', '韩国', '朝鲜']
>>> list2
['中国', '日本', '韩国', '伊朗']
```

可以看到，我们用切片 list1[:] 表示了切出 list1 中从头到尾的所有元素，并赋值给 list2，这时候会形成一个新的列表，因为列表切片是有返回值的。所以我们再修改 list1 的时候，list2 里的值就不会有什么变化了。

另一种方式是使用 list.copy() 方法，这种方法有返回值，可以形成一个新的列表。我们用这个方法操作一下上面的例子：

```
>>> list1 = ["中国", "日本", "韩国", "伊朗"]
>>> list2 = list1.copy()
>>> list1[-1] = "朝鲜"
>>> list1
['中国', '日本', '韩国', '朝鲜']
>>> list2
['中国', '日本', '韩国', '伊朗']
```

可以看到，效果是一样的。

7.1.7 列表元素的判断

与判断字符串的元素类似，我们要判断某个元素是否存在于列表中，也可以使用 in 表达式，格式是：

```
元素 in 列表
```

这个表达式返回的是布尔值，True 表示存在，False 表示不存在，例如：

```
>>> teams = ["德国","巴西","西班牙","阿根廷","法国","葡萄牙"]
>>> "巴西" in teams
True
>>> "中国" in teams
False
```

那么，我们可不可以像字符串中的判断一样，去判断几个连续的元素组是否包含在这个列表中呢？

```
>>> teams = ["德国","巴西","西班牙","阿根廷","法国","葡萄牙"]
>>> ["德国","巴西"] in teams
False
```

返回 False，显然这样是不行的，因为这里 ["德国","巴西"] 会组成一个新的列表，而不是作为两个单独的元素。这种判断方式在二维列表中倒是可以使用，下面我们讲到二维列表会再举例说明。

7.1.8　列表的嵌套

我们曾经讲过，列表中的元素可以是不同的数据类型，那么列表本身作为一种数据类型，也是可以作为列表中的元素的，也就是列表的嵌套。例如我们有 3 个列表：

```
>>> list1 = ["中国", "日本", "韩国", "伊朗"]
>>> list2 = ["德国", "法国", "英格兰", "西班牙"]
>>> list3 = ["巴西", "阿根廷", "美国", "墨西哥"]
```

我们可以把这 3 个列表再放到一个大的列表当中，形成一个嵌套的二维列表。

```
>>> teams = [list1, list2, list3]
>>> teams
[['中国', '日本', '韩国', '伊朗'], ['德国', '法国', '英格兰', '西班牙'], ['巴西',
'阿根廷', '美国', '墨西哥']]
```

在这里，列表 teams 的每个元素都是一个列表，可以称之为它的子列表。这时候我们就可以用之前说的 in 表达式来判断某个子列表是否在二维列表中：

```
>>> list1 = ["中国", "日本", "韩国", "伊朗"]
>>> list2 = ["德国", "法国", "英格兰", "西班牙"]
>>> list3 = ["巴西", "阿根廷", "美国", "墨西哥"]
>>> teams = [list1, list2, list3]
>>> ["中国", "日本", "韩国", "伊朗"] in teams
True
>>> list1 in teams
True
```

我们可以用二维索引的方式来访问这个二维列表中的元素：

```
>>> teams[1][2]
'英格兰'
```

其中第一个索引 [1] 先在第一层列表（即 [list1, list2, list3]）中找到第 2 个元素 list2，然后第二个索引 [2] 再在第二层列表 list2 中寻找第 3 个元素，也就是 "英格兰"。

同样，我们也可以用二维索引的方式来对二位列表的元素进行修改和删除。比如我们要把 "英格兰" 修改为 "意大利"：

```
>>> teams[1][2] = "意大利"
>>> teams
[['中国', '日本', '韩国', '伊朗'], ['德国', '法国', '意大利', '西班牙'], ['巴西',
'阿根廷', '美国', '墨西哥']]
```

或者我们可以再把修改后的 "意大利" 删除：

```
>>> del teams[1][2]
>>> teams
[['中国', '日本', '韩国', '伊朗'], ['德国', '法国', '西班牙'], ['巴西', '阿根廷',
'美国', '墨西哥']]
```

除了二维列表，显然你也可以用嵌套的方式来构造三维、四维甚至更多层次的列表，例如省、市、县的三级行政区划可以构成一个三维列表。不过太多层的列表不太常用，所以我们就不多举例演示了，不过更多维列表的构造和使用方法其实与二维列表非常类似，相信你通过学习二维列表已经能够掌握了。

7.1.9 二维列表的遍历

如果我们用 for 循环来遍历一个二维列表，会是什么样子呢？例如：

```
list1 = ["中国", "日本", "韩国", "伊朗"]
list2 = ["德国", "法国", "英格兰", "西班牙"]
list3 = ["巴西", "阿根廷", "美国", "墨西哥"]

teams = [list1, list2, list3]

for i in teams:
print(i)
```

运行结果是：

```
['中国', '日本', '韩国', '伊朗']
['德国', '法国', '英格兰', '西班牙']
['巴西', '阿根廷', '美国', '墨西哥']
```

显然，这种方式只能遍历最外层的列表，每一个元素仍然是一个列表。那么我们该怎么把内层列表的元素逐一遍历出来呢？其实我们可以用两层 for 循环嵌套：

```
list1 = ["中国", "日本", "韩国", "伊朗"]
list2 = ["德国", "法国", "英格兰", "西班牙"]
list3 = ["巴西", "阿根廷", "美国", "墨西哥"]

teams = [list1, list2, list3]

x = len(teams)
for i in range(x):
    y = len(teams[i])
    for j in range(y):
        print(teams[i][j])
```

运行结果是：

```
中国
日本
韩国
伊朗
德国
法国
英格兰
西班牙
巴西
阿根廷
美国
墨西哥
```

7.1.10 列表的运算

如同字符串一样，列表也可以用一些运算符进行连接或判断等运算。

比如我们可以用加号（+）来拼接列表：

```
>>> list1 = ["a","b","c"]
>>> list2 = ["x","y","z"]
```

```
>>> list3 = [1,2,3]
>>> list1 + list2 + list3
['a', 'b', 'c', 'x', 'y', 'z', 1, 2, 3]
```

当然也可以用 += 的方式来拼接并赋值：

```
>>> list1 += list3
>>> list1
['a', 'b', 'c', 1, 2, 3]
```

我们还可以用乘号（*）来重复列表：

```
>>> list2 * 3
['x', 'y', 'z', 'x', 'y', 'z', 'x', 'y', 'z']
```

或者用 *= 的方式来重复并赋值：

```
>>> list2 *= 3
>>> list2
['x', 'y', 'z', 'x', 'y', 'z', 'x', 'y', 'z']
```

类似字符串可以进行大小比较，列表也是可以进行比较运算的，原理同样是按照每个元素在 ASCII 码表中的顺序逐一进行比对，但是注意，这里只能比较元素同类的列表，比如数字列表和数字列表比较，字符串列表和字符串列表比较，例如：

```
>>> list1 = [1,2,3]
>>> list2 = [4,5,6]
>>> list1 < list2
True
>>> list3 = ["a","b","c"]
>>> list4 = ["x","y","z"]
>>> list3 > list4
False
>>> list1 < list3
Traceback (most recent call last):
  File "<pyshell#19>", line 1, in <module>
    list1 < list3
TypeError: '<' not supported between instances of 'int' and 'str'
```

最后这次比较出错就是因为我们用数字列表和字符串列表进行了比较。

7.1.11　操作列表的有关函数

Python 中有一些内置函数是用来处理列表的，而且其中某些就是之前学过的处理字符串的函数，它们能处理多种数据类型。下面我们列举常见的几种。

list(seq)，这个函数会将一个序列转换为列表类型，例如：

```
>>> s = "Python"
>>> list(s)
['P', 'y', 't', 'h', 'o', 'n']
>>> t = (1,3,5,7,9)
>>> list(t)
[1, 3, 5, 7, 9]
```

len(list)，这个函数会返回列表的长度，即元素数量，例如：

```
>>> list1 = [1,3,5,7,9]
>>> len(list1)
5
```

max(list)，这个函数会返回列表中最大的元素。需要注意，这里列表中的元素必须是同类型的数据，比如都是数字或都是字符串，如果混合也会出错，例如：

```
>>> list1 = [1,3,5,7,9]
>>> max(list1)
9
>>> list2 = ['a','b','c']
>>> max(list2)
'c'
>>> list3 = [1,2,3,'a','b','c']
>>> max(list3)
Traceback (most recent call last):
  File "<pyshell#28>", line 1, in <module>
    max(list3)
TypeError: '>' not supported between instances of 'str' and 'int'
```

min(list)，这个函数会返回列表中最小的元素，注意事项跟 max(list) 函数相同。

```
>>> list1 = [1,3,5,7,9]
>>> min(list1)
1
```

sorted(list[,reverse = True/False])，这个函数的作用是对列表元素按照 ASCII 码顺序进行排序，并把排序后的列表作为一个返回值，并不修改原列表。其中 reverse 参数如果不写则默认为 False，表示升序排列，如果要降序排列则需要写上这个参数 reverse = True。而且要注意，不能将数字和字符串类型的元素混合排序，否则会出现错误，例如：

```
>>> list1 = [3,5,2,4,1,6]
>>> list2 = sorted(list1)
>>> list2
[1, 2, 3, 4, 5, 6]
>>> list3 = sorted(list1,reverse=True)
>>> list3
[6, 5, 4, 3, 2, 1]
>>> list4 = [1,2,3,'a','b','c']
>>> sorted(list4)
Traceback (most recent call last):
  File "<pyshell#30>", line 1, in <module>
    sorted(list4)
TypeError: '<' not supported between instances of 'str' and 'int'
```

sum(list)，这个函数可以对由数字构成的列表进行求和，例如：

```
>>> list1 = [1,3,5,7,9]
>>> sum(list1)
25
```

7.1.12 列表的有关方法

除了可以用某些函数来处理列表，作为一种数据对象，列表也有一些内置的方法，可以使用“列表 . 方法 ()”的格式来调用。下面我们列举一些常用的方法。

首先，我们来看一个跟上一节中讲过的系统内置的 sorted() 函数相类似的列表方法：list.sort([reverse = True/False])，这个方法的作用是把列表元素按照 ASCII 码顺序进行重新排序，其中 reverse 参数如果不写则默认为 False，表示升序排列；如果要降序排列，则需要写上这个参数 reverse = True。区别是，这个方法会把修改后的顺序存储在原列表中，而 sorted() 函数只是把修改后的顺序作为返回值，并不修改原列表。同样需要注意的是，不能将数字和字符串类型的元素混合排序，否则会出现错误，例如：

```
>>> list1 = [3,5,2,4,1,6]
>>> list1.sort()
```

```
>>> list1
[1, 2, 3, 4, 5, 6]
>>> list2 = ['p','y','t','h','o','n']
>>> list2.sort()
>>> list2
['h', 'n', 'o', 'p', 't', 'y']
>>> list3 = [1,2,3,'a','b','c']
>>> list3.sort()
Traceback (most recent call last):
  File "<pyshell#12>", line 1, in <module>
    list3.sort()
TypeError: '<' not supported between instances of 'str' and 'int'
```

除了在用 sort() 方法排序时可以用参数 reverse 来控制正序或倒序，还可以单独用另一个方法给一个列表来颠倒顺序：list.reverse()，它可以将列表反向排列，同样是会直接修改原列表，例如：

```
>>> list1 = [1,2,3,4,5]
>>> list1.reverse()
>>> list1
[5, 4, 3, 2, 1]
>>> list2 = ['a','s','d','f']
>>> list2.reverse()
>>> list2
['f', 'd', 's', 'a']
```

list.append(x)，这个方法可以在列表末尾增加一个元素 x，例如：

```
>>> list1 = [1,2,3,4,5]
>>> list1.append(6)
>>> list1
[1, 2, 3, 4, 5, 6]
```

list.pop(n)，这个方法也叫“弹出”，即可以删除并返回列表中索引为 n 的元素，n 不写时默认为最后一个元素，例如：

```
>>> list1 = [1,2,3,4,5]
>>> p = list1.pop(0)
>>> p
1
>>> list1
[2, 3, 4, 5]
>>> q = list1.pop()
>>> q
5
>>> list1
[2, 3, 4]
```

list.count(x)，这个方法会返回元素 x 在列表中出现的次数，例如：

```
>>> list1 = [3,1,4,1,5,9]
>>> list1.count(1)
2
```

list.index(x)，这个方法会返回元素 x 在列表中第一次出现时的索引，例如：

```
>>> list1 = [3,1,4,1,5,9]
>>> list1.index(1)
1
```

list.remove(x)，这个方法会移除列表中第一次出现的元素 x，后面如果还有相同的元素则不会被移除，例如：

```
>>> list1 = [3,1,4,1,5,9]
```

```
>>> list1.remove(1)
>>> list1
[3, 4, 1, 5, 9]
```

list.insert(n,x)，这个方法会在索引为 n 的位置插入元素 x，这个位置之后的所有元素都会后延一位，例如：

```
>>> list1 = [1,2,3,4,5]
>>> list1.insert(0,"a")
>>> list1
['a', 1, 2, 3, 4, 5]
```

list.clear()，这个方法会清空列表内的所有元素，使其变成一个空列表（即 []），例如：

```
>>> list1 = [1,2,3,4,5]
>>> list1.clear()
>>> list1
[]
```

list.copy()，这个方法可以复制一个列表，返回一个同样的新列表，例如：

```
>>> list1 = [1,2,3,4,5]
>>> list2 = list1.copy()
>>> list2
[1, 2, 3, 4, 5]
```

这里注意，我们之前提到过，list2 = list1 这种方式并不能复制列表，只是把 list2 这个变量名也贴到了 list1 所指向的列表，一旦改变 list1，list2 也会跟着改变。

```
>>> list1 = [1,2,3,4,5]
>>> list2 = list1
>>> list1.clear()
>>> list1
[]
>>> list2
[]
```

因此，要复制列表时，需要用 copy() 方法或者用我们之前讲过的切片的方式：

```
>>> list1 = [1,2,3,4,5]
>>> list2 = list1[:]
>>> list2
[1, 2, 3, 4, 5]
```

list.extend(seq)，这个方法可以在列表的后面追加一个序列，这个序列不仅可以是列表，还可以是元组等序列，例如：

```
>>> list1 = [1,2,3]
>>> list2 = [4,5,6]
>>> tup1 = (7,8,9)
>>> str1 = "hello"
>>> list1.extend(list2)
>>> list1
[1, 2, 3, 4, 5, 6]
>>> list1.extend(tup1)
>>> list1
[1, 2, 3, 4, 5, 6, 7, 8, 9]
>>> list1.extend(str1)
>>> list1
[1, 2, 3, 4, 5, 6, 7, 8, 9, 'h', 'e', 'l', 'l', 'o']
```

7.1.13 列表解析式与生成器表达式

列表解析表达式，有时也简称为列表解析式或列表解析，也称为列表推导式，它的作用是根据一个已知的列表，按照解析表达式的规则再生成一个新的列表。格式是这样的：

```
[表达式 for 变量 in 列表]
```

例如：

```
>>> list1 = [1,3,5,7,9]
>>> list2 = [x+1 for x in list1]
>>> list2
[2, 4, 6, 8, 10]
```

可以看到，新的 list2 是在 list1 的基础上，按照表达式 x+1 生成了新的元素。使用列表解析可以很容易地根据一个列表来形成一个与它有关系的新的列表。

生成器表达式跟列表解析式在形式上的区别就是把最外面的中括号换成了小括号，它的格式是这样的：

```
(表达式 for变量 in 列表)
```

虽然生成器表达式和列表解析式在外观上差别不大，但是两者有本质的区别。生成器表达式返回的不是一个列表类型对象，而是一个生成器对象，它只有在使用时才会每次生成一个元素到内存中。所以生成器表达式在处理元素比较多的列表时速度会比较快。

例如：

```
>>> list3 = [1,2,3,4,5]
>>> list4 = (x**2 for x in list3)
>>> list4
<generator object <genexpr> at 0x0000000003113E08>
```

我们可以看到，生成的 list4 是一个生成器对象（generator object），并没有具体的值。它只有在使用时才会一个一个生成并读到内存，比如我们可以遍历一下 list4：

```
>>> for i in list4:
    print(i)
```

注意，这里我们又在 IDLE 的交互模式下输入了多行代码，输入 for 语句之后回车，会自动缩进 4 个空格的位置，然后让我们输入循环体，当输入结束后，按两次回车键，则会执行这个循环。结果如下：

```
1
4
9
16
25
```

可以看到，只有在使用生成器表达式中的元素时，才会一个一个真正地计算出来。

7.2　比列表“顽固”的元组

元组与列表类似的地方是，它也是一种序列，其中的元素也是用英文逗号分隔的。但与列表不同的是，元组外面是用小括号括起来的，而且最重要的区别是元组的元素不可以修改。因此，我们常常用元组存储一些固定不变或者不想被误修改的数据，例如一些配置之类的。

7.2.1 元组的创建

我们可以这样来创建一个元组：

```
元组名 = (元素1, 元素2, 元素3, …)
```

例如：

```
tup1 = (1, 3, 5, 7, 9)
```

需要注意的是，如果元组内只有一个元素，这个元素后面的逗号不能省略，例如：

```
tup2 = ('Python',)
```

在只有一个元素的情况下，如果你忘记了写这个逗号，那么变量只是存储了这个元素自己，和外面连括号都不写的效果是一样的：

```
>>> tup3 = ('Python')
>>> tup3
'Python'
```

你可以只用一对括号来创建一个空元组：

```
tup4= ()
```

7.2.2 元组的索引、切片、删除、复制、遍历

元组同样具有以 0 开始的连续整数索引，并且可以通过索引方式来访问其中的元素，也可以用负数索引作为倒序，例如：

```
>>> tup1 = (1, 3, 5, 7, 9)
>>> tup1[0]
1
>>> tup1[3]
7
>>> tup1[-1]
9
```

我们同样可以利用索引来对元组进行切片，得到一个新的元组：

```
>>> tup1 = (1, 3, 5, 7, 9)
>>> tup2 = tup1[1:4]
>>> tup2
(3, 5, 7)
```

元组的切片和列表的切片类似，我们也可以使用负数索引或省略最开始、最末尾的索引，例如：

```
tup1 = (1, 3, 5, 7, 9)
>>> tup1[2:-1]
(5, 7)
>>> tup1[:3]
(1, 3, 5)
```

虽然元组不可修改，但是可以整个删除。删除元组可以用 del 语句：

```
>>> tup1 = (1, 3, 5, 7, 9)
>>> del tup1
>>> tup1
Traceback (most recent call last):
  File "<pyshell#75>", line 1, in <module>
    tup1
NameError: name 'tup1' is not defined
```

因为元组和字符串一样属于不可变序列，因此可以通过直接赋值的方式来复制，也可以

用省略两端索引的切片方式来复制：

```
>>> tup1 = (1,2,3)
>>> tup2 = tup1
>>> tup3 = tup1[:]
>>> id(tup1)
48482632
>>> id(tup2)
48482632
>>> id(tup3)
48482632
>>> del tup1
>>> tup2
(1, 2, 3)
>>> tup3
(1, 2, 3)
```

这里可以看到，用赋值和切片的方式都能实现元组的复制，而且由于元组是不可变序列，所以复制后，新的变量实际上指向的同一块内存地址，id 相同。当我们删除其中一个变量时，实际上只是切断了这个变量和这个内存地址的联系，只有所有联系（例如上面的三个变量）都被删除时，才真正地删除了这个元组。

还有一点需要注意，新手容易出错，列表是用中括号 [] 括起来的，切片的时候索引也用中括号括起来；元组是用小括号括起来的，切片的时候索引依然是用中括号括起来，有些新手会想当然地以为元组切片要用小括号。实际上，对字符串、列表、元组或字典等序列类型的数据来说，无论是单个索引值还是索引切片都要用中括号。

与列表类似，我们可以使用 for 循环对元组进行遍历：

```
tup1 = (1, 3, 5, 7, 9)

for t in tup1:
    print(t)
```

运行结果是：

```
1
3
5
7
9
```

7.2.3　元组的运算与判断

虽然元组不可修改，但是仍然可以通过运算符来形成新的元组。元组的各种运算非常类似列表的运算，因此我们简单地举一些例子，不再过多解释。

例如，可以对元组进行加法（拼接）或乘法运算：

```
>>> tup1 = (1,2,3)
>>> tup2 = tup1 + tup1
>>> tup2
(1, 2, 3, 1, 2, 3)
>>> tup3 = tup1 * 3
>>> tup3
(1, 2, 3, 1, 2, 3, 1, 2, 3)
```

我们还可以用切片的方式来部分地选取多个元组的元素来组成新元组：

```
>>> tup1 = (1,2,3,4,5)
```

```
>>> tup2 = (6,7,8,9)
>>> tup3 = tup1[:2] + tup2[-3:]
>>> tup3
(1, 2, 7, 8, 9)
```

我们还可以对元组进行比较运算，当然这里元组里的元素也必须是相同的类型：

```
>>> tup1 = (1,2,3)
>>> tup2 = (5,6,7,8,9)
>>> tup1 < tup2
True
```

我们还可以用关系表达式来对元组进行关系判断，例如：

```
>>> a = (1,2,3)
>>> b = (1,2,3)
>>> c = (4,5,6)
>>> a == b
True
>>> a > c
False
>>> 1 in a
True
```

7.2.4 操作元组的有关函数

我们之前讲过一些操作字符串、列表的函数，这些函数也同样可以用来操作列表。下面我们介绍常见的几种。

tuple(seq)，这个函数会将一个序列转换为元组类型，例如：

```
>>> list1 = [1,3,5,7,9]
>>> t = tuple(list1)
>>> t
(1, 3, 5, 7, 9)
>>> s = "Python"
>>> t = tuple(s)
>>> t
('P', 'y', 't', 'h', 'o', 'n')
```

len(tuple)，这个函数会返回元组的长度，即元素数量，例如：

```
>>> tup1 = (1,2,3,4,5)
>>> len(tup1)
5
```

max(tuple)，这个函数会返回元组中最大的元素，需要注意，这里元组中的元素必须是同类型的数据，比如都是数字或都是字符串，如果混合也会出错，例如：

```
>>> tup1 = (5,2,8,1,3)
>>> max(tup1)
8
>>> tup2 = ("a","s","d","f")
>>> max(tup2)
's'
>>> tup3 = (1,2,3,"a","b","c")
>>> max(tup3)
Traceback (most recent call last):
  File "<pyshell#45>", line 1, in <module>
    max(tup3)
TypeError: '>' not supported between instances of 'str' and 'int'
```

min(tuple)，这个函数会返回元组中最小的元素，注意事项跟 max(tuple) 函数相同。

```
>>> tup1 = (5,2,8,1,3)
```

```
>>> min(tup1)
1
```

sorted(tuple[,reverse = True/False])，这个函数在操作元组时和操作列表不同，它可以把元组的元素按照 ASCII 码顺序进行排序，并返回一个列表。注意，返回的是列表！同样它并不修改原来的元组。其中 reverse 参数如果不写则默认为 False，表示升序排列，如果要降序排列则需要写上这个参数 reverse = True。同样而且要注意，不能将数字和字符串类型的元素混合排序，否则会出现错误，例如：

```
>>> tup1 = (5,2,8,1,3)
>>> tup2 = sorted(tup1)
>>> tup3 = sorted(tup1,reverse=True)
>>> tup2
[1, 2, 3, 5, 8]
>>> tup3
[8, 5, 3, 2, 1]
>>> tup4 = (1,2,3,"a","b","c")
>>> sorted(tup4)
Traceback (most recent call last):
  File "<pyshell#60>", line 1, in <module>
    sorted(tup4)
TypeError: '<' not supported between instances of 'str' and 'int'
```

可以看到，我们得到的 tup2 和 tup3 都是列表。如果你想得到元组，可以使用前面介绍的 tuple() 函数再把列表转换回元组。

```
>>> tup2 = tuple(tup2)
>>> tup3 = tuple(tup3)
>>> tup2
(1, 2, 3, 5, 8)
>>> tup3
(8, 5, 3, 2, 1)
```

sum(tuple)，这个函数可以对由数字构成的元组进行求和，例如：

```
>>> tup1 = (1,2,3,4,5)
>>> sum(tup1)
15
```

7.2.5　元组的有关方法

除了可以用函数来操作元组，在元组中也有一些自带的方法可以使用，但是并不多，毕竟元组不可修改，因此像 .sort()、.append()、.pop() 等很多列表可以用的方法在元组中是不能使用的。

tuple.count(x)，这个方法会返回元素 x 在元组中出现的次数，例如：

```
>>> tup1 = (3,1,4,1,5,9)
>>> tup1.count(1)
2
```

tuple.index(x)，这个方法会返回元素 x 在元组中第一次出现时的索引，例如：

```
>>> tup1 = (3,1,4,1,5,9)
>>> tup1.index(9)
5
```

元组里没有 .copy() 方法，但是我们前面讲过可以用切片方式来复制元组，这里就不再重复了。

7.2.6 二维元组

如同列表有二维列表、多维列表等嵌套形式一样，元组也可以嵌套形成二维元组或多维元组，例如：

```
>>> size = (10,20,30)
>>> color = ("red", "blue", "green")
>>> products = (size, color)
>>> products
((10, 20, 30), ('red', 'blue', 'green'))
```

同样，我们也要用一维索引来获取其中的某个子元组，或者用多维索引来获取其中的某个值：

```
>>> products[0]
(10, 20, 30)
>>> products[1]
('red', 'blue', 'green')
>>> products[0][1]
20
>>> products[1][2]
'green'
```

我们也可以用两层循环来遍历二维元祖中的元素：

```
x = len(products)
for i in range(x):
    y = len(products[i])
    for j in range(y):
        print(products[i][j])
```

程序运行结果是：

```
10
20
30
red
blue
green
```

实际上，二维元祖也可以进行算数运算，例如我们再建立一个新的二维元组：

```
>>> buyers = (("北京","上海","广州"), ("男","女","男"))
>>> info = products + buyers
>>> info
((10, 20, 30), ('red', 'blue', 'green'), ('北京', '上海', '广州'), ('男', '女',
'男'))
```

这样我们就把两个二维数组拼接起来了。

当然我们还可以用关系运算符对二维元祖进行判断，例如：

```
>>> ("北京","上海","广州") in info
True
>>> size in info
True
```

更多维元组的索引、遍历、运算等与二维元祖是类似的，大家可以自己尝试一下。

7.3 字典，就像你用过的字典

我们生活中的字典是可以查的，比如汉语字典可以根据拼音或笔画来查。Python 中的字典用的是映射关系，它是由大括号（{}）括起来的、每个元素都用“键 : 值”对的形式表现的一种数据类型。其中键和值中间用英文冒号隔开，各元素之间用英文逗号隔开。

7.3.1　字典的创建

我们可以用如下方式来创建一个字典：

```
字典变量名 = { 键 1: 值 1, 键 2: 值 2, 键 3: 值 3, …}
```

例如：

```
dict1 = {"姓名":"王春杰", "性别":"男", "年龄":18}
```

我们还可以创建空的字典：

```
dict1 = {}
```

7.3.2　字典元素的访问

因为字典中的键值对是一一对应的关系，因此我们就可以通过键名来访问到对应的值。格式如下：

```
字典名 [ 键 ]
```

例如：

```
>>> dict1 = {"姓名":"王春杰", "性别":"男", "年龄":18}
>>> dict1["姓名"]
'王春杰'
>>> dict1["年龄"]
18
>>> dict1["性别"]
'男'
```

这里有几点需要注意：

（1）字典里的键不能重复，如果有重复，只有最后面的键值会被记录，例如：

```
>>> dict1 = {"姓名":"王春杰","姓名":"王五", "性别":"男", "年龄":18}
>>> dict1
{'姓名': '王五', '性别': '男', '年龄': 18}
```

（2）字典中键必须是不可变的数据类型，比如数字、字符串，而不能用列表。

（3）字典中的元素是无序的，因此也没有索引，如果用索引的形式来访问一个值，或者用字典里不存在的键来访问一个值，都会出现错误，例如：

```
>>> dict1 = {"姓名":"王春杰", "性别":"男", "年龄":18}
>>> dict1[1]
Traceback (most recent call last):
  File "<pyshell#1>", line 1, in <module>
    dict1[1]
KeyError: 1
>>> dict1["电话"]
Traceback (most recent call last):
  File "<pyshell#2>", line 1, in <module>
    dict1["电话"]
KeyError: '电话'
```

不过我们可以用“key in dict”这个表达式来判断一个字典中有没有 key 这个键，有的话返回 True，没有的话返回 False，例如：

```
>>> dict1 = {"姓名":"王春杰", "性别":"男", "年龄":18}
```

```
>>> "姓名" in dict1
True
>>> "电话" in dict1
False
```

7.3.3 字典元素的修改、添加与删除

如果我们要修改字典中某个键所对应的值，只需要给其赋新值即可，例如：

```
>>> dict1 = {"姓名": "王春杰", "性别": "男", "颜值": 9}
>>> dict1["颜值"] = 3
>>> dict1
{'姓名': '王春杰', '性别': '男', '颜值': 3}
```

可以看到，颜值瞬间就变成了 3。

如果我们要给字典中添加一个元素，也只需要给一个原本没有的键赋值即可，例如：

```
>>> dict1 = {"姓名": "王春杰", "性别": "男", "颜值": 9}
>>> dict1["爱好"] = "足球"
>>> dict1
{'姓名': '王春杰', '性别': '男', '颜值': 9, '爱好': '足球'}
```

我们可以使用 del 语句来删除字典中的某个元素，例如：

```
>>> dict1 = {"姓名": "王春杰", "性别": "男", "颜值": 9, "爱好": "足球"}
>>> del dict1["爱好"]
>>> dict1
{'姓名': '王春杰', '性别': '男', '颜值': 9}
```

如果 del 后面跟的是字典名，那么就会删除整个字典，例如：

```
>>> dict1 = {"姓名": "王春杰", "性别": "男", "颜值": 9, "爱好": "足球"}
>>> del dict1
>>> dict1
Traceback (most recent call last):
  File "<pyshell#5>", line 1, in <module>
    dict1
NameError: name 'dict1' is not defined
```

注意这里是删除整个字典，而不是清空，如果有多个变量名指向同一个字典，那删除其中一个，字典是不会真正被删除的，只是切断了与被删除的变量名的联系，例如：

```
>>> dict1 = {"姓名": "王春杰", "性别": "男", "颜值": 9, "爱好": "足球"}
>>> dict2 = dict1
>>> del dict1
>>> dict2
{'姓名': '王春杰', '性别': '男', '颜值': 9, '爱好': '足球'}
```

另外需要注意一点，字典不像列表一样可以使用加号和乘号进行拼接和重复，否则会出错，例如：

```
>>> dict1 = {"姓名":"王春杰", "性别":"男", "年龄":18}
>>> dict2 = {"姓名":"JackMa", "性别":"男", "年龄":54}
>>> dict1 + dict2
Traceback (most recent call last):
  File "<pyshell#42>", line 1, in <module>
    dict1 + dict2
TypeError: unsupported operand type(s) for +: 'dict' and 'dict'
>>> dict1 * 5
Traceback (most recent call last):
  File "<pyshell#43>", line 1, in <module>
    dict1 * 5
TypeError: unsupported operand type(s) for *: 'dict' and 'int'
```

那该怎么拼接两个字典呢？你可能想到之前列表中有一个 .extend() 方法，实际上字典也有一个类似的方法 .update()，我们后面讲到字典的方法时再详细介绍。

7.3.4　字典的遍历

如同可以使用 for 循环遍历列表、元组，我们同样可以使用 for 循环来遍历字典。

如果我们只遍历字典的键，使用如下方式：

```
for k in dict.keys():
    循环体语句
```

例如：

```
>>> dict1 = {"姓名": "王春杰", "性别": "男", "颜值": 9, "爱好": "足球"}
>>> for k in dict1.keys():
    print(k)


姓名
性别
颜值
爱好
```

实际上，如果你省略 .keys() 方法，在只有一个循环变量的情况下，遍历的仍然只是字典的键（虽然这是默认的，并不会报错，但不建议省略）：

```
>>> dict1 = {"姓名": "王春杰", "性别": "男", "颜值": 9, "爱好": "足球"}
>>> for k in dict1:
    print(k)


姓名
性别
颜值
爱好
```

类似地，如果我们只遍历字典的值，使用如下方式：

```
for v in dict.values():
    循环体语句
```

例如：

```
>>> dict1 = {"姓名": "王春杰", "性别": "男", "颜值": 9, "爱好": "足球"}
>>> for v in dict1.values():
    print(v)


王春杰
男
9
足球
```

那么，如果我们既要遍历键，也要遍历值，该怎么办呢？可以使用如下方式：

```
for k,v in dict.items():
    循环体语句
```

例如：

```
>>> dict1 = {"姓名": "王春杰", "性别": "男", "颜值": 9, "爱好": "足球"}
>>> for k,v in dict1.items():
    print(k,v)
```

```
姓名 王春杰
性别 男
颜值 9
爱好 足球
```

实际上你可能发现了，列表中的 .keys() 方法会返回字典的键的迭代器、.values 方法会返回字典的值的迭代器，而 .items() 方法会返回字典中 (键 , 值) 对元组的迭代器。

7.3.5 字典的嵌套与二维字典

如同列表、元组都可以嵌套，字典也可以嵌套形成二维字典或更多维字典。例如我们构造一个二维字典：

```
>>> dict1 = {"姓名":"王五", "分数":95}
>>> dict2 = {"姓名":"李四", "分数":84}
>>> dict3 = {"姓名":"张三", "分数":73}

>>> dict0 = {"第1名":dict1, "第2名":dict2, "第3名":dict3}
>>> dict0
{'第1名': {'姓名': '王五', '分数': 95}, '第2名': {'姓名': '李四', '分数':
84}, '第3名': {'姓名': '张三', '分数': 73}}
```

我们可以通过二维键的方式来访问其中的元素：

```
>>> dict0["第1名"]["姓名"]
'王五'
>>> dict0["第2名"]["分数"]
84
```

我们也可以用双层 for 循环来遍历这个二维字典：

```
dict1 = {"姓名":"王五", "分数":95}
dict2 = {"姓名":"李四", "分数":84}
dict3 = {"姓名":"张三", "分数":73}

dict0 = {"第1名":dict1, "第2名":dict2, "第3名":dict3}

for k,v in dict0.items():
    print(k)
    for k1,v1 in dict0[k].items():
        print(k1,v1)
```

运行结果是：

```
第1名
姓名 王五
分数 95
第2名
姓名 李四
分数 84
第3名
姓名 张三
分数 73
```

更多维字典的构造与遍历与二维字典类似，大家可以尝试练习一下。

在实际使用多维字典的时候（甚至有些比较长的一维字典的时候），我们还可以把字典分层次写成多行，这样便于清晰地阅读代码，例如：

```
dict0 = {
    "第1名": {
```

```
        "姓名": "王五",
        "分数": 95
    },
    "第2名": {
        "姓名": "李四",
        "分数": 84
    },
    "第3名": {
        "姓名": "张三",
        "分数":73
    }
}
print(dict0)
```

这样写可以让字典中的数据层次显得非常清晰，而且并不会影响输出后的格式，代码运行后：

```
{'第1名': {'姓名': '王五', '分数': 95}, '第2名': {'姓名': '李四', '分数': 84}, '第3名': {'姓名': '张三', '分数': 73}}
```

7.3.6 操作字典的有关函数

操作字典的函数并不多，而且由于字典是无序的，因此像在列表中可以使用的诸如 .sort()、.append()、.pop() 等方法在字典中也是不能使用的。

不过有一个函数好像很通用：

len(dict)，这个函数会返回字典的长度，也就是元素的个数，例如：

```
>>> dict1 = {"姓名": "王春杰", "性别": "男", "颜值": 9, "爱好": "足球"}
>>> len(dict1)
4
```

注意这里返回的是字典的键值对的个数，而不是键的个数与值的个数之和，因此是 4 而不是 8。

dict(seq)，这个函数可以把有映射关系的数据转换为字典，例如：

```
>>> ranks = [("张三",75),("李四",85),("王五",95)]
>>> ranksdict = dict(ranks)
>>> ranksdict
{'张三': 75, '李四': 85, '王五': 95}
```

这里我们用列表嵌套元组的形式构造了一组数据，里面每个元组都是成对的，这种形式就可以被 dict() 函数转换为字典。如果我们稍作修改：

```
>>> ranks = [("张三",75),("李四",85),("王五",95,100)]
>>> ranksdict = dict(ranks)
Traceback (most recent call last):
  File "<pyshell#151>", line 1, in <module>
    ranksdict = dict(ranks)
ValueError: dictionary update sequence element #2 has length 3; 2 is required
```

这里提示我们序列元素 #2（即索引 2，也就是第三个元素）长度是 3，这里需要是 2。因此，像这种不成对出现的序列是不能转换为字典的。不过，如果这个元素是两个字符或两个汉字组成的字符串的话，这个字符串会被分成键和值来对待，例如：

```
>>> ranks = [("张三",75),("李四",85),"王五"]
>>> ranksdict = dict(ranks)
>>> ranksdict
```

```
{'张三': 75, '李四': 85, '王': '五'}
>>> ranks = [("张三",75),("李四",85),"Py"]
>>> ranksdict = dict(ranks)
>>> ranksdict
{'张三': 75, '李四': 85, 'P': 'y'}
```

7.3.7 字典的有关方法

关于字典的方法，我们在学习字典的遍历的时候已经用过 .keys()、.values() 和 .items() 了，下面我们再介绍几个字典中常用的方法：

首先是我们前面提到过的可以拓展一个字典的方法：dict1.update(dict2)，例如：

```
>>> dict1 = {"姓名":"王春杰", "性别":"男"}
>>> dict2 = {"年龄":18, "颜值":9}
>>> dict1.update(dict2)
>>> dict1
{'姓名': '王春杰', '性别': '男', '年龄': 18, '颜值': 9}
```

这里需要注意，如果后面的字典 dict2 中有与前面字典 dict1 中相同的键，那么前面这个键的值会被修改成后面的，例如：

```
>>> dict1 = {"姓名":"王春杰", "性别":"男"}
>>> dict2 = {"姓名":"张三", "年龄":18}
>>> dict1.update(dict2)
>>> dict1
{'姓名': '张三', '性别': '男', '年龄': 18}
```

dict.clear()，这个方法可以清空一个字典，例如：

```
>>> dict1 = {"姓名":"王春杰", "性别":"男", "年龄":18}
>>> dict1.clear()
>>> dict1
{}
```

注意这个方法与 del 语句的区别，del 语句是删除字典，让它消失，而 .clear() 方法只是清空字典，让它变成空字典 {}。

dict.fromkeys(seq[, value])，这个方法可以创建一个新字典，以序列 seq 为新字典的键，值默认都是为 None，可选参数 value 可以给所有键赋一个相同的值，例如：

```
list1 = ["张三","李四","王五"]
>>> dict1 = dict1.fromkeys(list1)
>>> dict1
{'张三': None, '李四': None, '王五': None}
>>> dict2 = dict2.fromkeys(list1,"男")
>>> dict2
{'张三': '男', '李四': '男', '王五': '男'}
```

dict.pop(key)，这个方法可以删除字典中与键 key 所对应的键值对，并返回这个键的值，例如：

```
>>> dict1 = {"姓名":"王春杰", "性别":"男", "年龄":18}
>>> dict1.pop("年龄")
18
>>> dict1
{'姓名': '王春杰', '性别': '男'}
```

dict.popitem()，这个方法可以随机获取并删除（即弹出）字典中的一个键值对，例如：

```
>>> names_numbers = {"张三":"138","李四":"222","王五":"567","赵六":"666"}
>>> luckyman = names_numbers.popitem()
```

```
>>> luckyman
('赵六', '666')
>>> names_numbers
{'张三': '138', '李四': '222', '王五': '567'}
```

怎么样，是否有一种抽奖的感觉？没错，你完全可以用这种方式来做一个抽奖的程序。

我们之前说过，如果用一个字典中不存在的键去获取值，会产生错误。实际上你可以用 dict.get(key) 这个方法来访问一个不确定存不存在的键 key 的值，如果存在就返回它的值，如果不存则什么都不返回，而且不会引发错误，例如：

```
dict1 = {"姓名": "王春杰", "性别": "男", "颜值": 9, "爱好": "足球"}
>>> dict1.get("姓名")
'王春杰'
>>> dict1.get("电话")
>>>
```

dict.setdefault(key,value)，这个方法可以获取一个可能不存在的键的值，当键存在时就返回它的值，当键不存在时，还可以添加这个键和在参数中设置的值并返回这个值，例如：

```
>>> dict1 = {"姓名": "王春杰", "性别": "男", "颜值": 9, "爱好": "足球"}
>>> dict1.setdefault("颜值",0)
9
>>> dict1.setdefault("电话","185……")
'185……'
>>> dict1
{'姓名': '王春杰', '性别': '男', '颜值': 9, '爱好': '足球', '电话': '185……'}
```

可以看到，因为"颜值"这个键已经存在了，因此返回了原有值，并没有改变，而"电话"这个键不存在，因此增加了参数中设置的键值对。

7.3.8　深复制与浅复制

dict.copy()，这个方法可以复制并创建一个新的字典，例如：

```
>>> dict1 = {"姓名":"王春杰", "性别":"男", "年龄":18}
>>> dict2 = dict1.copy()
>>> dict2
{'姓名': '王春杰', '性别': '男', '年龄': 18}
```

注意这有一个问题，当我们要复制的字典是一维字典的时候，也就是说字典元素的值不嵌套诸如列表、字典等数据类型的时候，这个方法可以完整赋值这个一维字典。而当字典嵌套了列表或字典的时候，这个方法只能复制第一层次里的字典，因此也成为“浅复制”。所以当嵌套的列表或字典发生变化的时候，复制出来的字典中对应的这些值也会发生变化，例如：

```
>>> interests = ["足球","篮球","乒乓球"]
>>> dict1 = {"姓名":"王春杰", "性别":"男", "年龄":18, "爱好":interests}
>>> dict2 = dict1.copy()
>>> dict2
{'姓名': '王春杰', '性别': '男', '年龄': 18, '爱好': ['足球', '篮球', '乒乓球']}
>>> interests.pop()
'乒乓球'
>>> dict1
{'姓名': '王春杰', '性别': '男', '年龄': 18, '爱好': ['足球', '篮球']}
>>> dict2
{'姓名': '王春杰', '性别': '男', '年龄': 18, '爱好': ['足球', '篮球']}
```

这里我们看到，虽然我们用 dict2 复制了 dict1，但是当 dict1 中嵌套的列表发生改变后，dict2 也跟着发生改变。那有没有办法完整地复制一个字典，并形成一个新的与原字典不再有关系的字典呢？这时候就要用“深复制”的办法。

深复制一个字典需要先导入 copy 模块，然后用 copy.deepcopy(dict) 来完成，例如我们重新修改上面的例子：

```
>>> import copy
>>> interests = ["足球","篮球","乒乓球"]
>>> dict1 = {"姓名":"王春杰", "性别":"男", "年龄":18, "爱好":interests}
>>> dict2 = copy.deepcopy(dict1)
>>> dict2
{'姓名': '王春杰', '性别': '男', '年龄': 18, '爱好': ['足球', '篮球', '乒乓球']}
>>> interests.pop()
'乒乓球'
>>> print(dict1)
{'姓名': '王春杰', '性别': '男', '年龄': 18, '爱好': ['足球', '篮球']}
>>> dict2
{'姓名': '王春杰', '性别': '男', '年龄': 18, '爱好': ['足球', '篮球', '乒乓球']}
```

可以看到，这次虽然原来的字典中嵌套的列表发生了变化，但是我们用深复制的方法复制并创建的新的字典没有改变，因为它是完全独立的。当然，这里导入模块的时候你也可以不导入整个 copy 模块，而是用“from copy import deepcopy”来单独导入这个函数，然后在复制的时候使用“dict2 = deepcopy(dict1)”即可。

7.3.9 用字典实现多重分支

我们之前学过了流程控制，在某些编程语言中（如 C、PHP）除了 if-else 分支结构，还有另一种多重分支结构：switch-case。用它可以写出多种情况和对应的处理代码，运行时程序会选择对应的来执行。而 Python 中并没有这一结构，当然你可以用 if 和多个 elif 来实现类似的功能，但是其实我们也可以借助字典来实现多重分支的效果，例如：

```
first = {"姓名":"王五", "分数":95}
second = {"姓名":"李四", "分数":84}
third = {"姓名":"张三", "分数":73}

ranksdict = {1:first,2:second,3:third}

def getrank(r):
    print(ranksdict.get(r))

getrank(1)
getrank(2)
getrank(3)
getrank(4)
```

运行结果是：

```
{'姓名': '王五', '分数': 95}
{'姓名': '李四', '分数': 84}
{'姓名': '张三', '分数': 73}
None
```

这里我们用到了自定义函数，虽然还没有学习这部分内容，但是你可以通过这个例子理解一下用字典配合自定义函数来实现多重分支的思路。

7.4　集合：搞搞关系

集合的概念与作用都和我们数学中的概念类似，集合的元素是无序且不重复的。在 Python 中，集合外面也像字典一样是用英文的大括号（{}）括起来，元素之间用英文逗号隔开。不过集合的元素不是键值对形式，只是普通的元素。在 Python 中，使用集合最大的作用是去重复元素和进行关系测试。

7.4.1　集合的创建

我们可以用如下方式来创建一个集合：

```
set1 = { 元素 1, 元素 2, 元素 3, … }
```

如果我们在创建集合的时候放入了重复的元素，则会只保留一份，例如：

```
>>> set1 = {1, 1, 1, 2, 3}
>>> set1
{1, 2, 3}
```

需要注意的是，如果我们要创建一个空集合，必须使用 set() 函数，而不能只使用 {}，因为 {} 创建的是空字典。注意这两者的区别。

创建空集合：

```
set1 = set()
```

而下面这种方式创建的是空字典：

```
dict1 = {}
```

7.4.2　集合的遍历、判断与删除

集合是可变序列，但集合如同字典一样，其中的元素是无序的，所以也不能通过索引的方式来访问其中的值。否则会出错：

```
>>> set1 = {1,2,3,4,5}
>>> set1[0]
Traceback (most recent call last):
  File "<pyshell#168>", line 1, in <module>
    set1[0]
TypeError: 'set' object does not support indexing
```

但是我们可以遍历一个集合：

```
>>> set1 = {1,2,3,4,5}
>>> for i in set1:
    print(i)



1
2
3
4
5
```

我们还可以用 in 表达式判断某个元素是否存在于集合中：

```
>>> set1 = {1,2,3,4,5}
>>> 0 in set1
False
```

```
>>> 1 in set1
True
```

我们也可以用 del 语句来删除一个集合（注意是删除而非清空）：

```
>>> set1 = {1,2,3,4,5}
>>> del set1
>>> set1
Traceback (most recent call last):
  File "<pyshell#178>", line 1, in <module>
    set1
NameError: name 'set1' is not defined
```

7.4.3 集合的关系判断和运算

如同数学中一样，我们可以对集合的关系进行判断与运算。

我们可以用小于号（<）或大于号（>）来判断是否是子集或母集的关系，set1<set2 可以判断 set1 是否是 set2 的子集，set1>set2 可以判断 set1 是否是 set2 的母集，是则返回 True，不是则返回 False，例如：

```
>>> set1 = {1,2,3}
>>> set2 = {0,1,2}
>>> set3 = {1,2,3,4,5}
>>> set1 < set3
True
>>> set3 > set1
True
>>> set2 < set3
False
```

当然也可以用 ==（注意是两个等于号，而不能用赋值符号 =）来判断两个集合是否相等（注意仅仅判断是否相等，不是判断是否相同），例如：

```
>>> set1 = {1,2,3}
>>> set2 = {3,2,1}
>>> set3 = {4,5,6}
>>> set1 is set2
False
>>> set1 == set2
True
>>> set1 == set3
False
```

因为我们讲过，集合具有无序性，因此 set1 和 set2 是相等（==）的，但是它俩在内存中并不是同一个数据对象，所以并不是相同（is）的。

我们可以使用操作符 & 来计算集合的交集（集合 set1 和集合 set2 的交集是包含既属于 set1 又属于 set2 的元素的集合）：

```
>>> set1 = {1,2,3,7,8,9}
>>> set2 = {4,5,6,7,8,9}
>>> set1 & set2
{8, 9, 7}
```

注意，你可能发现了，由于这里产生的交集是一个集合，因此它是无序的（当然也可能是跟 {8,7, 9} 不同的其他排列顺序），但与 {7,8,9} 是等价的。

我们可以使用操作符“|”来计算集合的并集（集合 set1 和集合 set2 的并集是包含 set1 和 set2 中所有元素的集合，但元素不会重复）：

```
>>> set1 = {1,2,3,7,8,9}
>>> set2 = {4,5,6,7,8,9}
>>> set1 | set2
{1, 2, 3, 4, 5, 6, 7, 8, 9}
```

我们可以使用运算符“-”来计算集合的差集（集合 set1 - 集合 set2 的差集是把 set1 中去掉属于 set2 的元素后剩下的元素所组成的集合）：

```
>>> set1 = {1,2,3,7,8,9}
>>> set2 = {4,5,6,7,8,9}
>>> set1 - set2
{1, 2, 3}
```

我们可以使用操作符“^”来计算集合的对称差集（集合 set1 和集合 set2 的对称差集是把同时属于两个集合的元素去掉后剩下的元素所组成的集合）：

```
>>> set1 = {1,2,3,7,8,9}
>>> set2 = {4,5,6,7,8,9}
>>> set1 ^ set2
{1, 2, 3, 4, 5, 6}
```

7.4.4　操作集合的有关函数

下面我们再介绍一些操作集合的有关函数。

set(seq)，这个函数可以转换一个序列为不可变集合（也就是我们之前讲的普通的集合），这样会去掉其中重复的元素，如果不提供任何参数，默认会生成空集合，例如：

```
>>> list1 = [1,1,2,2,3,4,5]
>>> set1 = set(list1)
>>> set1
{1, 2, 3, 4, 5}
>>> set2 = set()
>>> set2
set()
```

一般的集合都是可变序列，但是其实我们还可以创建元素不可变的集合，可以使用函数 frozenset(seq)，这个函数可以转换一个序列为可变集合。同样，如果不提供任何参数，默认会生成空的不可变集合，当然这个空集合不能添加任何元素，不过可以通过 del 语句删除，例如：

```
>>> list1 = [1,1,2,2,3,4,5]
>>> set1 = frozenset(list1)
>>> set1
frozenset({1, 2, 3, 4, 5})
>>> set2 = frozenset()
>>> set2
frozenset()
>>> del set2
>>> set2
Traceback (most recent call last):
  File "<pyshell#13>", line 1, in <module>
    set2
NameError: name 'set2' is not defined
```

len(set)，这个函数可以返回集合的长度，也就是集合中元素的个数，例如：

```
>>> set1 = {1,3,5,7,9}
>>> len(set1)
5
```

max(set)，这个函数可以返回集合中最大的元素（按照 ASCII 码顺序），例如：

```
>>> set1 = {3,1,8,2,5}
>>> max(set1)
8
```

min(set)，这个函数可以返回集合中最小的元素（按照 ASCII 码顺序），例如：

```
>>> set1 = {"a","s","d","f"}
>>> min(set1)
'a'
```

需要注意的是，类似操作列表和元组，对集合使用 max() 和 min() 函数，集合中的元素也必须都是数字或都是字符串类型，不能是混合的，否则会出错：

```
>>> set1 = {"a","s","d",6,9}
>>> max(set1)
Traceback (most recent call last):
  File "<pyshell#24>", line 1, in <module>
    max(set1)
TypeError: '>' not supported between instances of 'int' and 'str'
```

sorted(set[,reverse = True/False])，这个函数可以把集合中的元素按照 ASCII 码顺序进行排序，并把排序后的集合作为一个列表返回（注意是列表），并不修改原集合。其中，reverse 参数如果不写则默认为 False，表示升序排列；如果要降序排列，则需要写上这个参数 reverse = True。而且要注意，不能将包含数字和字符串混合的集合进行排序，否则会出现错误，例如：

```
>>> set1 = {3,1,8,2,5}
>>> sorted(set1)
[1, 2, 3, 5, 8]
>>> sorted(set1,reverse=True)
[8, 5, 3, 2, 1]
>>> set2 = {"a","s","d","f"}
>>> sorted(set2)
['a', 'd', 'f', 's']
>>> set3 = {"a","s","d",6,9}
>>> sorted(set3)
Traceback (most recent call last):
  File "<pyshell#30>", line 1, in <module>
    sorted(set3)
TypeError: '<' not supported between instances of 'int' and 'str'
```

如果我们需要把排序后的列表再转换为集合，使用前面介绍的 set(函数即可)，例如：

```
>>> set1 = {3,1,8,2,5}
>>> set(sorted(set1))
{1, 2, 3, 5, 8}
```

sum(set)，这个函数可以将集合中的元素进行求和并返回，当然这里的集合必须是只包含数字，例如：

```
>>> set1 = {3,1,8,2,5}
>>> sum(set1)
19
```

7.4.5 集合的有关方法

集合中还有很多自带的方法，下面我们介绍常用的一些。

set.add(x)，这个方法可以给集合添加一个元素 x，例如：

```
>>> set1 = {1,2,3}
>>> set1.add(4)
>>> set1
{1, 2, 3, 4}
>>> set1.add("Python")
>>> set1
{1, 2, 3, 4, 'Python'}
```

set.remove(x)，这个方法可以删除集合中的元素 x，不过当要删除的元素不在集合中时，会产生错误，例如：

```
>>> set1 = {1,3,5,7,9}
>>> set1.remove(9)
>>> set1
{1, 3, 5, 7}
>>> set1.remove(2)
Traceback (most recent call last):
  File "<pyshell#42>", line 1, in <module>
    set1.remove(2)
KeyError: 2
```

与 set.remove(x) 方法类似的一个方法是 set.discard(x)，它也可以删除集合中的元素 x。但不同的是，如果这个元素不存在，则不执行任何操作，不会产生错误，例如：

```
>>> set1 = {1,3,5,7,9}
>>> set1.discard(9)
>>> set1
{1, 3, 5, 7}
>>> set1.discard(2)
>>>
```

set.pop()，这个方法会返回并删除（即弹出）集合中的任意一个元素，如果集合为空集，则会产生错误，例如：

```
>>> set1 = {"a","s","d","f"}
>>> set1.pop()
'a'
>>> set1.pop()
'f'
>>> set1.pop()
's'
>>> set1.pop()
'd'
>>> set1.pop()
Traceback (most recent call last):
  File "<pyshell#67>", line 1, in <module>
    set1.pop()
KeyError: 'pop from an empty set'
```

set.clear()，这个方法可以清空一个集合，把它变为空集合，例如：

```
>>> set1 = {"a","s","d","f"}
>>> set1.clear()
>>> set1
set()
```

set.copy()，这个方法可以复制一个集合，不过这只是浅拷贝，如果要深拷贝。还是需要用 copy 模块中的 deepcopy 函数，例如：

```
>>> var = (1,2,3)
>>> set1 = {"a","s","d",var}
>>> set2 = set1.copy()
>>> set2
```

```
{(1, 2, 3), 'a', 's', 'd'}
>>> from copy import deepcopy
>>> set3 = deepcopy(set1)
>>> set3
{'d', 'a', 's', (1, 2, 3)}
```

下面介绍的这些方法是有关集合关系运算的。

set1.intersection(set2)，作用类似之前介绍的集合关系运算符 &，这个方法会返回 set1 和 set2 的交集，例如：

```
>>> set1 = {1,2,3,7,8,9}
>>> set2 = {4,5,6,7,8,9}
>>> set1.intersection(set2)
{8, 9, 7}
```

set1.union(set2)，作用类似之前介绍的集合关系运算符 |，这个方法会返回 set1 和 set2 的并集，例如：

```
>>> set1 = {1,2,3,7,8,9}
>>> set2 = {4,5,6,7,8,9}
>>> set1. union(set2)
{1, 2, 3, 4, 5, 6, 7, 8, 9}
```

set1. difference(set2)，作用类似之前介绍的集合关系运算符 -，这个方法会返回 set1-set2 的差集，例如：

```
>>> set1 = {1,2,3,7,8,9}
>>> set2 = {4,5,6,7,8,9}
>>> set1.difference(set2)
{1, 2, 3}
```

set1. symmetric_difference(set2)，作用类似之前介绍的集合关系运算符 ^，这个方法会返回 set1 和 set2 的对称差集，例如：

```
>>> set1 = {1,2,3,7,8,9}
>>> set2 = {4,5,6,7,8,9}
>>> set1.symmetric_difference(set2)
{1, 2, 3, 4, 5, 6}
```

set1.issubset(set2)，作用类似之前介绍的集合关系运算符 <，这个方法会判断 set1 是否是 set2 的子集，如果是返回 True，如果不是返回 False，例如：

```
>>> set1 = {1,2,3}
>>> set2 = {"a","b","c"}
>>> set3 = {1, 2, 3, 4, 5, 6}
>>> set1.issubset(set3)
True
>>> set2.issubset(set3)
False
```

set1.issuperset(set2)，作用类似之前介绍的集合关系运算符 >，这个方法会判断 set1 是否是 set2 的母集，如果是返回 True，如果不是返回 False，例如：

```
>>> set1 = {1,2,3}
>>> set2 = {"a","b","c"}
>>> set3 = {1, 2, 3, 4, 5, 6}
>>> set3.issuperset(set1)
True
>>> set3.issuperset(set2)
False
```

第8章 掌握核心科技——函数与模块

函数可以帮助我们提高编程的效率，当我们写好一个函数后就可以重复使用，而不需要每次要实现这个功能时都重复写相应的代码。Python 中也有很多现成的强大的内置函数供我们使用。我们还可以把函数存储到模块中，以供日后重复使用。因此，可以说函数与模块是编程中的一项利器。本章我们将介绍一下自定义函数和模块。

8.1 自制工具：自定义函数

我们在中学时都学过函数，例如 f（x）=2x+1，这个函数的作用是把变量 x 的值乘以 2 然后再加上 1，因此 f（1）=3，f（2）=5。我们可以把函数看作一个对变量进行固定处理的一个“程序”。

在 Python 或其他编程语言中，所谓函数就是能够实现特定功能的代码块。之前我们介绍过一些系统内置函数，可以用“函数名 (参数)”的方式调用。例如之前用到的最简单的 print(x) 函数，就可以把变量 x 输出到屏幕，因此 print(1) 就输出 1，print('hello') 就输出 hello。除此之外，我们还可以自己定义函数来实现需要的功能，本节我们主要介绍自定义函数。

8.1.1 函数的定义与调用

我们可以用如下格式来定义一个函数：

```
def 函数名 ([ 参数 ]):
函数体
```

其中 def 是一个专门用于定义函数的关键字，与后面的函数名中间隔一个空格。自定义函数的函数名不能与已有的内置函数重名，建议用小写的单词（或拼音），如有多个单词可以用下划线隔开。后面的参数是可选的，用小括号括起来，参数用于向函数体内传递特定信息，即使没有参数也要带小括号，小括号后面必须跟一个英文的冒号。下面的函数体必须相对 def 首字母缩进 4 个空格或 1 个 Tab 键的位置（在 IDLE 等开发环境下会自动缩进）。

例如，我们可以定义一个向人打招呼的函数：

```
def say_hello():
    yourname = input("请输入你的名字：")
print("你好！ {}".format(yourname))

say_hello()
```

我们定义了一个名为 say_hello 的函数，用于向用户打招呼。函数体内的第一行代码让用户输入来填写这个参数的值，第二行则输出一个包含这个参数的字符串。这两行都比 def 缩进了 4 个空格，都属于函数体。

调用这个函数的时候只需要用“函数名 ()”的方式即可，我们运行一下：

```
请输入你的名字：王春杰
你好！王春杰
```

可以看到，当我们调用这个函数的时候，函数体内的代码就会依次运行。

下面我们再来修改一下这个函数，不再需要用户输入，直接把名字作为参数，然后在调用的时候传入参数：

```
def say_hi(name):
    print("Hi，{}".format(name))

say_hi("张三")
say_hi("李四")
```

运行结果是：

```
Hi，张三
Hi，李四
```

可见，虽然我们传入的参数不同，但都被对应地放到了函数体内的位置，被做了同样的处理。

8.1.2 形参、实参、位置参数、关键字参数

我们在定义函数的时候使用的参数是形参，顾名思义，是形式上的参数，它的作用是占一个位置，并在函数体内相应地使用它。而我们在调用函数的时候使用的是实参，顾名思义，是实际的参数，也就是函数实际运行时所用到的参数。例如我们在上面写的 say_hi() 这个函数：

```
def say_hi(name):
    print("Hi，{}".format(name))

say_hi("张三")
say_hi("李四")
```

其中小括号里的 name 就是形参，而调用时传入的 "张三" "李四" 就是实参。

一个函数可以使用多个参数，那么在调用函数时，如何确定这些参数在函数体内被正确地使用，而不产生错乱呢？我们有两种方式：依靠位置，或依靠关键字。下面我们分别介绍一下：

位置参数显然就是靠位置来决定其次序。我们在调用函数的时候，实参的顺序要和定义函数时形参的顺序要保持一致，例如：

```
def player(name,game):
    print("{}同学喜欢玩{}".format(name,game))

player("王春杰","乒乓球")
```

运行结果是：

```
王春杰同学喜欢玩乒乓球
```

我们按照形参的顺序传递了实参，程序运行结果与我们的预期一致。如果我们传递实参的时候搞错了顺序，会发生什么呢？

```
def player(name,game):
    print("{} 同学喜欢玩 {}".format(name,game))

player(" 乒乓球 "," 王春杰 ")
```

运行结果是：

```
乒乓球同学喜欢玩王春杰
```

显然程序傻傻地给了我们一个哭笑不得的结果。

由此可见，使用位置参数的关键就是在调用函数的时候千万不要搞错顺序。

如果我们怕弄错顺序，就可以使用关键字参数。在调用函数时采用“关键字（即定义函数的形参名）= 实参”的方式来传递实参，这样就可以不考虑其顺序。例如我改写一下上面的例子：

```
def player(name,game):
    print("{} 同学喜欢玩 {}".format(name,game))

player(name=" 王春杰 ", game=" 乒乓球 ")
player(game=" 乒乓球 ",name=" 王春杰 ")
```

运行结果是：

```
王春杰同学喜欢玩乒乓球
王春杰同学喜欢玩乒乓球
```

可见，当我们使用关键字参数的时候，程序会明确地知道哪个形参对应哪个实参，而不再考虑其顺序。

你可能会想，可不可以把位置参数和关键字参数混合使用呢？这是可以的，但是一定要注意，首先要把位置参数安排好，把关键字参数放在最后。例如上面的例子：

```
def player(name,game):
    print("{} 同学喜欢玩 {}".format(name,game))

player(" 王春杰 ",game=" 乒乓球 ")      #1
player(name=" 王春杰 ", " 乒乓球 ")     #2
```

我们调用函数的时候，只写注释为 #1 的代码是可以正确运行的，因为我们先给了正确的位置参数，然后再使用关键字参数的形式来传递后面的参数。而我们如果再调用一次，写上注释为 #2 的这行代码，程序运行就会出错，提示“positional argument follows keyword argument”，也就是说位置参数放在关键字参数后面是错误的。

8.1.3　参数的默认值

我们在定义函数的时候，还可以给形参指定默认值，使用“形参名 = 默认值”的方式，这样当我们在调用函数的时候，如果不给形参传递实参，它就会使用默认值。这种形式是不是比较像我们之前讲过的关键字参数？同样需要注意，这种定义方式要把有默认值的形参放在没有默认值的形参的后面，例如：

```
def player(name,game=" 乒乓球 "):
    print("{} 同学喜欢玩 {}".format(name,game))

player(" 王春杰 ")
player(" 王春杰 "," 足球 ")
```

运行结果是：

```
王春杰同学喜欢玩乒乓球
王春杰同学喜欢玩足球
```

我们第一次调用 player 函数的时候没有给已经有默认值的形参 game 传递实参，那么它就会自动使用默认值 " 乒乓球 "；我们第二次调用 player 函数的时候给形参 game 传递了实参 " 足球 "，那么这个实参就会覆盖掉默认值。

再次强调一下，有默认值的形参在定义时要放在没有默认值的参数的后面。像下面这样是不行的：

```
def player(name=" 王春杰 ",game):
    print("{} 同学喜欢玩 {}".format(name,game))

player(" 足球 ")
player(" 张三 "," 足球 ")
```

这样会产生错误，提示信息是“non-default argument follows default argument”，意思是没有默认值的参数放在有默认值的参数后面是不对的。

8.1.4 传递多个参数

有时候，我们需要向函数传递多个参数，而且具体是多少可能不确定，或者是变化的。这时候我们可以使用“* 形参名”作为参数，在调用函数式传入的多个参数都会被接收到并存储到一个名为形参名元组中，例如：

```
def say_hello(*names):
    print(" 大家好！ ")
    print(names)

say_hello(" 张三 "," 李四 "," 王五 ")
```

运行结果是：

```
大家好!
(' 张三 ', ' 李四 ', ' 王五 ')
```

可以看到，我们输入的多个参数被以元组形式存储起来。

那么，如何逐个使用这些参数呢？还记得我们之前学过的元组的遍历吗？我们来修改一下这个程序：

```
def say_hello(*names):
    for i in names:
        print(" 你好，{}".format(i))

say_hello(" 张三 "," 李四 "," 王五 ")
```

运行结果是：

```
你好，张三
你好，李四
```

```
你好，王五
```

我们还可以把位置参数和多个参数结合使用，例如：

```
def players(game,*names):
    print("练习{}的同学有：".format(game))
    for i in names:
        print(i,end=" ")

players("乒乓球","张三","李四","王五")
```

运行结果是：

```
练习乒乓球的同学有：
张三 李四 王五
```

另外，我们之前学过关键字参数，其实我们还可以传递多个关键字参数，在定义函数时使用“** 参数名”可以把传入的多个关键字参数存储到名为参数名的字典中，例如：

```
def info(name,**info):
    print("{}同学的个人信息：".format(name))
    print(info)

info("王春杰",sex="男",age=18,city="青岛")
```

运行结果是：

```
王春杰同学的个人信息：
{'sex': '男', 'age': 18, 'city': '青岛'}
```

同样，我们可以使用学过的字典的遍历来逐个使用这些参数，我们改写一下程序：

```
def info(name,**info):
    print("{}同学的个人信息：".format(name))
    for k,v in info.items():
        print("{}: {}".format(k,v))

info("王春杰",sex="男",age=18,city="青岛")
```

运行结果是：

```
王春杰同学的个人信息：
sex: 男
age: 18
city: 青岛
```

8.1.5 传递列表或字典作为参数

实际上，函数还可以直接接收列表或字典作为参数，并在函数体内使用遍历的方式来使用列表或字典中的元素。

例如我们先传入列表看一下：

```
namelist = ["张三","李四","王五"]

def say_hello(alist):
    for i in alist:
        print("你好！{}".format(i))

say_hello(namelist)
```

运行结果是：

```
你好！张三
你好！李四
你好！王五
```

我们再传入字典看看：

```
namedict = {"张三":"73","李四":"84","王五":"95"}

def marks(adict):
    print("大家的考试成绩是：")
    for k,v in adict.items():
        print("{}:{}".format(k,v))

marks(namedict)
```

运行结果是：

大家的考试成绩是：

```
张三:73
李四:84
王五:95
```

8.1.6 函数的返回值

前面的内容中我们定义的函数都是直接实现某一个功能，例如把一一些信息输出到屏幕上。实际上，我们还可以在函数体的最后使用 return 语句让函数的运行结果作为一个值返回到调用函数的地方，这个值称为返回值。

例如我们做一个求某个数的黄金分割值（即一个数字乘以黄金分割率 0.618）的程序：

```
def golden_ratio(x):
    return x * 0.618

golden_ratio(100)
```

调用函数 golden_ratio(100) 求 100 的黄金分割值，屏幕上并没有什么反应，但实际上程序已经运行出结果。我们可以用一个变量来接收这个返回值，并在使用的时候引用这个变量，也可以直接使用这个返回值，例如：

```
def golden_ratio(x):
    return x * 0.618

print(golden_ratio(100))   #直接使用返回值

v = golden_ratio(100)   #返回值存入变量后使用
print(v)
```

运行结果是：

```
61.8
61.8
```

8.1.7 用函数实现一个猜数字游戏

我们之前讲过，函数的作用是实现一个独立的可以重用的功能，这里我们来设计一个函数，它的作用是实现一个猜数字的小游戏，每当你调用这个函数就可以玩这个游戏。

```
import random
def guess_number_game():
    level = int(input("请选择游戏难度（1，简单。2，中等。3，较难。0，退出）："))
    if level==0:
        return
    elif level==1:
        lev = 5
```

```
    elif level==2:
        lev = 10
    elif level==3:
        lev = 20

    n = random.randint(1,lev)
    x = int(input("这里有一个1到{}之间的整数,你猜是几？输入0可退出游戏: ".format(lev)))

    r = 1
    while x!=0 and r==1:

        if x==n:
            s = input("恭喜你猜对了！还想再玩一次吗？（是或否）")
            if s=="是":
                guess_number_game()
            elif s =="否":
                r = 0
        elif x<n:
            x = int(input("你猜小了，再来一次："))
        elif x>n:
            x = int(input("你猜大了，再来一次："))

guess_number_game()
```

8.1.8　变量的作用域

变量的作用域就是变量起作用的范围。在函数内部的变量，作用域就在函数内部，称为局部变量。而函数外定义的变量，作用域是全局的，也叫全局变量。

如果一个变量在函数内部和外部都曾经赋值过，那么其实这是两个作用域不同的变量，在函数内部的代码会优先使用内部定义的变量，例如：

```
x = 1

def var_scope():
    x = 5
    print("函数内部的x值是{}".format(x))

var_scope()

print("函数外部的x值是{}".format(x))
```

运行结果是：

```
函数内部的x值是5
函数外部的x值是1
```

可见，虽然我们在函数内部给变量 x 赋值为 5，但并没有覆盖函数外定义的变量 x，因为在函数内部只是使用了内部的变量 x。

那如果我们要在函数内部使用或改变函数外部定义的变量改怎么办呢？很简单，只要用 global 关键字加变量名声明一下这个变量是全局变量，然后再使用即可。例如我们改写一下上面的例子：

```
x = 1

def var_scope():
    global x
    x = 5
    print("函数内部的x值是{}".format(x))
```

```
var_scope()

print("函数外部的 x 值是 {}".format(x))
```

我们只增加了一行"global x"，告诉函数我们这里面用到的 x 就是外面定义过的全局变量 x，此时再给 x 重新赋值，也就是改变了全局变量 x 的值，因此最后内部外部输出的结果就都是新的值 5 了。

其实还有一种情况，那就是如果一个变量只在外部赋值过，在函数内部没有重新赋值，那么如果函数内部有代码使用了这个变量，使用的就是外部赋值过的全局变量。例如我们继续改写上面的例子：

```
x = 1

def var_scope():
    y = x+1
    print("函数内部的 y 值是 {}".format(y))

var_scope()

print("函数外部的 x 值是 {}".format(x))
```

运行结果是：

```
函数内部的 y 值是 2
函数外部的 x 值是 1
```

可见，虽然我们在函数内部没有为 x 赋值过，而是直接使用了 x，但是它引用的就是函数外的 x 的值 1，所以 y 的值是 2。

8.1.9 函数的嵌套

我们之前曾经讲过分支和循环的嵌套，其实函数也是可以嵌套的，也就是在一个函数内又定义了另一个函数，这种在内部定义的函数称为内嵌函数或内部函数，例如：

```
def outside_func():
    n = 10
    def inside_func():
        n = 1
        print("内层函数的 n 值为 {}".format(n))
    inside_func() #1
    print("外层函数的 n 值为 {}".format(n))

outside_func()
```

我们先定义了一个函数 outside_func()，并且给变量 n 赋值为 10。然后我们在其内部又定义了一个函数 inside_func()，并且给变量 n 赋值为 1。然后我们在内嵌函数内输出 n 的值，在外层函数最后，我们调用了内嵌函数，然后又输出了 n 的值。运行结果是：

```
11
10
```

需要注意的是，内嵌函数只能在外层函数体内调用，出了包含它的外层函数就无法调用了。另外，内嵌函数中变量的作用域只是在内嵌函数中，它并不能影响外层函数的变量。

但是这时你可能会想到，我们之前讲变量作用域时有个 global 关键字，可以在函数内部使用外部变量，那么这种内嵌函数是否也有办法使用其外层函数的变量呢？确实可以。我们只需要在内嵌函数中先使用 nonlocal 关键字声明一下这个变量是非本地的，就可以引用外层函数的变量了。例如我们改写一下上面的例子：

```
def outside_func():
    n = 10
    def inside_func():
        nonlocal n
        n = 1
        print("内层函数的 n 值为 {}".format(n))
    inside_func() #1
    print("外层函数的 n 值为 {}".format(n))

outside_func()
```

可以看到，我们在内嵌函数中增加了一行代码 nonlocal n，这样就可以告诉程序我们这个 n 不是在内嵌函数中的局部变量，这样再赋值时，就是给外层函数的变量 n 赋值了。所以程序运行结果是：

```
内层函数的 n 值为 1
外层函数的 n 值为 1
```

8.1.10　递归函数

所谓递归，简单说就是自己调用自己，那么递归函数就是自己调用自己的函数。采用递归的方法可以使很多问题简化。

例如我们曾经在中学数学学过阶乘的概念，5 的阶乘就是 5*4*3*2*1，n 的阶乘就是从 n 往下一直乘到 1，而 0 的阶乘和 1 的阶乘都是 1。我们用 Python 中的函数来实现一下：

```
def factorial(n):
    if n==0 or n==1:
        return 1
    else:
        return n*factorial(n-1)

print(factorial(5))
```

我们可以通过这个函数来了解递归函数的两个要点：首先，我们要给出最简单的情况，在本例中就是 0 的阶乘和 1 的阶乘都是 1。其次，我们要给出复杂情况的通项公式，也就是说 n 的阶乘就是 n 乘以（n-1）的阶乘。因此当我们调用这个函数的时候，他会把参数 5 一步一步地向下计算，把 5 的阶乘分解为 5*4！，然后再计算 4 的阶乘，分解为 4*3！……最终计算到最简单的情况，1 的阶乘是 1，然后把这一系列值再返回来进行计算，也就是 5*4*3*2*1，最终得到结果，这就是递归。所以程序运行结果是：

```
120
```

另外一个属于递归的数学例子是斐波那契数列，这个数列中除了第一个和第二个值是固定的 0 和 1，后面每一个值都是前面两个值的和。也就是我们这个递归的两个要点：最简单的情况和复杂情况的通项公式。例如我们写一下这个函数：

```
def fab(n):
    def fabonacci(n):
        if n == 1:
            return 1
        elif n == 2:
            return 1
```

```
        else:
            return fabonacci(n-1)+fabonacci(n-2)
    flist = []
    for i in range(1,n+1):
        flist.append(fabonacci(i))
    print(flist)

fab(10)
```

在这里，我们使用了嵌套函数。内部函数 fabonacci() 用来求出每一项的值，fab() 函数用来生成数列并输出。在内部函数中，最基本的情况是，数列的第一项是 1，第二项也是 1，更复杂情况的通项是第 n 项等于第 n-1 项和第 n-2 项的和。所以运行结果是：

```
[1, 1, 2, 3, 5, 8, 13, 21, 34, 55]
```

我们都知道有一个游戏叫汉诺塔，它的规则是：有左、中、右三个柱子，其中左柱上有 n 个盘子，从上到下由小到大排列，每次只能移动一个盘子，而且小盘子只能放在大盘子上面，要求把这 n 个盘子从左柱移动到右柱。我们可以通过递归的方法来得到解题步骤。

我们定义 4 个参数，n 是盘子数，由用户输入，A 是最初的位置，B 是空闲位置，C 是目标位置。按照之前说的递归的两个要点来分析：首先，最简单的情况，只有一个盘子时，我们只需将盘子从左柱移动到右柱即可。在复杂情况下，有 n 个盘子时，我们需要先借助空闲的右柱把上面 n−1 个盘子移动到中柱，然后再把第 n 个盘子从左柱移动到右柱，然后再借助空闲的左柱把中柱上的 n−1 个盘子移动到右柱。

代码如下：

```
def hanoi(n, A, B, C):
    if n == 1:
        print("移动第{}个盘子从{}到{}".format(n,A,C))
    else:
        hanoi(n-1, A, C, B)
        print("移动第{}个盘子从{}到{}".format(n,A,C))
        hanoi(n-1, B, A, C)

n = int(input("请输入汉诺塔盘子数："))
hanoi(n,"左柱","中柱","右柱")
```

我们运行程序并输入盘子数为 4，可以得到以下步骤：

```
请输入汉诺塔盘子数：4
移动第 1 个盘子从左柱到中柱
移动第 2 个盘子从左柱到右柱
移动第 1 个盘子从中柱到右柱
移动第 3 个盘子从左柱到中柱
移动第 1 个盘子从右柱到左柱
移动第 2 个盘子从右柱到中柱
移动第 1 个盘子从左柱到中柱
移动第 4 个盘子从左柱到右柱
移动第 1 个盘子从中柱到右柱
移动第 2 个盘子从中柱到左柱
移动第 1 个盘子从右柱到左柱
移动第 3 个盘子从中柱到右柱
移动第 1 个盘子从左柱到中柱
移动第 2 个盘子从左柱到右柱
移动第 1 个盘子从中柱到右柱
```

8.1.11　匿名函数：lambda 表达式

所谓匿名函数，就是没有名字的函数，它不但不需要名字，而且也不需要像普通函数一样去定义和使用，也不用 return 来返回值。匿名函数只是一个 lambda 表达式，这个表达式的结果就是它的返回值。它的格式是：

```
lambda 参数：表达式
```

对于一些简单的或者不常用的自定义函数，我们完全可以使用 lambda 表达式来代替，从而使代码更简洁。比如我们有一个计算圆的周长的函数（这里 π 我们近似取 3.14）：

```
def circle(r):
    return 2*3.14*r
```

其实这个函数非常简单，只有两行，虽然我们也可以这样来先定义它，然后再去用，但我们也可以直接用 lambda 表达式来描述它：

```
c = lambda r:2*3.14*r
```

这时我们直接可以用 c(r) 来获取到值。

```
>>> c(5)
31.400000000000002
>>> c(10)
62.800000000000004
```

8.1.12　高阶函数：map()、filter()

在 Python 中，有一种函数叫高阶函数，之所以说是高阶，因为它们可以把一个函数作为参数，而且可以把一个函数作为返回值。在 Python 的内置函数中，有两个比较常用的高阶函数，我们分别介绍一下。

map(func,seq)，这个函数接收两个参数，第一个参数是一个函数，第二个函数是一个序列，它的作用是把序列 seq 中的元素依次传递给函数 func 进行处理，然后返回一个迭代器（这里需要注意，返回的是一个迭代器，而不是一个新的列表）。

例如，我们构造一个包含一系列数字的列表，然后构造一个做平方的函数，并用 map() 函数来用平方函数处理列表中的数据，最后一一输出：

```
list1 = [1,2,3,4,5,6,7,8,9]

def func1(x):
    return x ** 2

s = map(func1, list1)

for i in s:
    print(i)
```

程序运行结果是：

```
1
4
9
16
25
36
49
```

```
64
81
```

当然，上面的函数 func1 比较简单，我们还可以用 lambda 表达式来改写：

```
list1 = [1,2,3,4,5,6,7,8,9]

f1 = lambda x: x ** 2

s = map(f1, list1)

for i in s:
    print(i)
```

filter(func,seq)，这个函数同样接收函数 func 和序列 seq 两个参数，它的作用是过滤序列，把序列 seq 中的元素依次传递给函数 func 进行判断，符合条件的留下，不符合条件的去掉，返回值同样是一个迭代器。

例如，我们构造一个包含一系列数字的列表，然后构造一个判断是否是奇数的函数，然后用 filter() 函数来过滤序列中符合奇数判断函数的元素，并把符合条件的元素输出：

```
list2 = [1,2,3,4,5,6,7,8,9]

def func2(x):
    if x%2==1:
        return x

s = filter(func2, list2)

for i in s:
    print(i)
```

程序运行结果是：

```
1
3
5
7
9
```

同样，我们可以用 lambda 表达式来改写上面的函数 func2：

```
list2 = [1,2,3,4,5,6,7,8,9]

f2 = lambda x: x%2==1

s = filter(f2, list2)

for i in s:
    print(i)
```

8.1.13 闭包

所谓闭包，就是满足这三个条件的一种函数：（1）这个函数中内嵌函数；（2）内嵌函数使用了外层变量；（3）这个函数的返回值是内嵌函数。因此，闭包也是高阶函数的一种表现形式，我们通过例子来看一下：

```
def func1(x):
    def func2(y):
        return x+y
    return func2
```

```
i = func1(3)
n = i(4)
print(n)
```

在函数的定义部分，我们先定义一个 func1，然后在其内部定义了一个内嵌函数 func2。在 func2 中使用了 x、y 两个变量，其中 x 是其外层函数的变量。最后函数的返回值是 func2。注意，这里的 func2 后面不加括号。这段代码的运行结果是：

```
7
```

我们调用函数 func1，参数 x 值为 3，然后将其赋值给 i，这个 i 实际就是返回的内部函数 func2，只是这个函数已经带有了实参 x=3，所以我们再调用 i(4) 的时候，就相当于把实参 4 传递给 func2，这样计算的就是 3+4，然后赋值给 n，所以 n 的值是 7 。其实我们可以有另一种写法：n = func1(3)(4)。

8.1.14　装饰器

装饰器，顾名思义就是起装饰作用的一种东西。装饰器本身也是一种函数，它可以为其他函数“锦上添花”。之所以要设计这么一种特殊的函数，也是为了实现代码的重用。当你在多个函数中都有一个共同功能的时候，就可以把它单独拿出来做成一个装饰器。

首先我们来介绍一下如何构造一个装饰器函数，我们之前曾经写过一些做计算的函数，例如求和、求阶乘等，如果我们在做这些计算的同时，还想知道这些函数运行所花费的时间，那么可以使用 time 模块中的方法来做一些计算并输出。

下面我们来设计这么一段程序：先导入 time 模块，然后构造求 1 到 n 的正整数和与求 n 的阶乘这两个函数，然后计算 1 到 10 的正整数和并打印运行时间，计算 10 的阶乘并打印时间。代码如下：

```
import time

def get_sum(n):
    startTime =time.clock()
    sum = 0
    for i in range(1,n+1):
        sum += i
    print("1 到 {} 的正整数和是 {}".format(n,sum))
    endTime = time.clock()
    print(" 程序运行时间是 {} 秒 ".format(endTime-startTime))

def get_fac(n):
    startTime =time.clock()
    fac = 1
    for i in range(1,n+1):
        fac *= i
    print("{} 的阶乘是 {}".format(n,fac))
    endTime = time.clock()
    print(" 程序运行时间是 {} 秒 ".format(endTime-startTime))

get_sum(10)
get_fac(10)
```

程序运行结果是：

```
1 到 10 的正整数和是 55
```

```
程序运行时间是 0.01061072227787607 秒
10 的阶乘是 3628800
程序运行时间是 0.005812492888330616 秒
```

我们可以看到，在这两个计算函数中间，有一个共同的功能，就是要计算并输出这个函数执行的时间。如果我们有非常多的计算函数都需要输出执行时间，那么会有非常多的重复代码。那么我们是否可以把这些计算时间的代码单独拿出来作为一个“装饰”呢？当有函数需要做这种计算时间并输出的功能时，就给它“打扮”上。其实这时候，我们就可以把这部分功能写成一个装饰器函数：

```
import time

def deco(func):
    def get_time(*args):
        startTime =time.clock()
        func(*args)
        endTime = time.clock()
        print("程序运行时间是 {} 秒".format(endTime-startTime))
    return get_time
```

在上面这段代码中，我们首先导入 time 模块，然后我们构造一个装饰器函数 deco(func)，这里面的参数 func 就是我们要装饰的那些函数。然后我们在其中构造一个用于计算程序运行时间的函数 get_time()，在这个函数中的 func(*args) 就是最外层传入的函数，也就是被装饰函数。之所以要带参数 *args，是因为我们被装饰的函数中有参数存在。最后，装饰器函数的返回值是被装饰上了计算函数运行时间功能的一个新的函数。这样，这个装饰器就构造完成了，以后我们就可以用它来装饰别的函数了。

那么，我们如何使用这个装饰器来装饰那些需要计算函数运行时间的函数呢？我们只需要在被装饰的函数定义前面加上“@deco”即可（同样，如果我们想要给被装饰的函数去掉这层装饰，也只需要把“@deco”这行代码去掉即可）。所以，使用装饰器改造后的代码是：

```
import time

def deco(func):
    def get_time(*args):
        startTime =time.clock()
        func(*args)
        endTime = time.clock()
        print("程序运行时间是 {} 秒".format(endTime-startTime))
    return get_time

@deco
def get_sum(n):
    sum = 0
    for i in range(1,n+1):
        sum += i
    print("1 到 {} 的正整数和是 {}".format(n,sum))

@deco
def get_fac(n):
    fac = 1
    for i in range(1,n+1):
        fac *= i
    print("{} 的阶乘是 {}".format(n,fac))

get_sum(10)
```

```
get_fac(10)
```

运行结果是：

```
1 到 10 的正整数和是 55
程序运行时间是 0.010806613908305762 秒
10 的阶乘是 3628800
程序运行时间是 0.005687550618352681 秒
```

这里之所以跟之前计算的运行时间有微小的差异，这是由于受系统整体状态影响，在运行时有不同的应用在占用计算资源。或许你还会觉得，改造后的代码并没有比之前短多少，但这是因为我们只装饰了两个函数，如果有十几个、几十个需要用到这个功能的函数都被装饰起来，那么相比把这个功能在每个函数中都实现一次，使用装饰器对于代码量的减少将是非常可观的。

8.2　工具箱：模块

模块（Module）就是存储了具有特定功能的一系列代码的 Python 文件，和普通 Python 文件一样是以 .py 结尾的，你可以把一些相关的变量、函数、类等放到同一个 Python 文件中，形成一个模块，从而实现这些功能的重用。当你创建好模块之后，就可以方便地在任何需要使用这些功能的地方来导入并使用。Python 内置了很多模块，我们同样可以自己定义一些模块。就如同 Python 有内置函数，而我们也可以自定义一些函数一样。

8.2.1　将自定义函数存储为模块

虽然函数的目的就是为了实现重用，而且那些系统内置函数和内置模块我们随时可以使用，但是对于那些我们自定义的函数，如果在不同的程序中想要再次使用，那么是否需要也重写一遍，或者需要复制粘贴呢？显然这非常麻烦。这时我们可以把这些自定义的函数分门别类地存储为模块，也就是存储成一个以 .py 结尾的文件，这样我们在使用的时候只需要导入一下就可以了。

例如我们写两个跟用户打招呼和说再见的函数：

```
def hello():
    print("您好，欢迎使用本程序。")

def bye():
    print("再见，感谢您的使用。")
```

我们把这两个具有类似功能的函数另存为一个 Python 文件“say.py”，也就是一个模块。这样，在我们别的程序里，如果需要跟用户打招呼或者说再见，就不需要再写这些函数，而是直接把这个模块文件复制过去（注意模块文件要放到引用这个模块的文件的同级目录中），导入要使用的代码中，然后调用即可。虽然我们这里举的例子比较简单，但是你可以想象，当有一个非常复杂、代码量很大的函数需要重复使用时，这样来做显然比重新写或者多次复制这些代码更简单。而且这样一个模块可以在任何程序中使用，甚至可以分享给他人使用。

再比如，我们之前写过一个装饰器函数，用于计算某个其他函数的运行时间：

```
import time

def deco(func):
    def get_time(*args):
        startTime =time.clock()
        func(*args)
        endTime = time.clock()
        print("程序运行时间是{}秒".format(endTime-startTime))
    return get_time
```

其实这里我们也可以把这个装饰器函数单独存储为一个模块，例如我们把这段代码单独另存为“functime.py”，这样，无论我们在哪个程序里想要计算某些函数的运行时间时，就可以先把这个文件复制过去，然后在代码中导入这个模块，在需要的地方把这个装饰器给函数装饰上即可。

8.2.2 模块的导入与使用

自定义模块做好了，比如我们前面做了一个“say.py”用于和用户打招呼和说再见，那如何使用呢？比如我们之前有一个计算类的程序：

```
def get_sum(n):
    sum = 0
    for i in range(1,n+1):
        sum += i
    print("1到{}的正整数和是{}".format(n,sum))

def get_fac(n):
    fac = 1
    for i in range(1,n+1):
        fac *= i
    print("{}的阶乘是{}".format(n,fac))

get_sum(10)
get_fac(10)
```

假如这段程序存储在“计算”文件夹下，名字是“calfunc.py”，如果我们想把打招呼和说再见的功能加在这段程序里，那么，首先我们把之前写的模块文件“say.py”复制到“计算”文件夹中，然后在这个 calfunc.py 程序的开头使用 import 语句导入一下，在用到打招呼和说再见的地方，使用“模块名 . 函数名 ()”的方式即可调用到模块中的函数。

当然，我们还可以使用“from 模块名 import 函数名”或“from 模块名 import *”这样的格式来导入模块中的某个函数或全部函数，进而在使用时不再用“模块名 . 函数名 ()”，而可以直接使用被导入模块中的“函数名 ()”即可。但是我们也曾经说过，这样容易导致重名等问题的出现，并不建议这样使用。

好了，下面我们导入 say.py 模块，对上面的程序进行一下改造：

```
import say

say.hello()

def get_sum(n):
    sum = 0
    for i in range(1,n+1):
        sum += i
print("1到{}的正整数和是{}".format(n,sum))
```

```
def get_fac(n):
    fac = 1
    for i in range(1,n+1):
        fac *= i
    print("{}的阶乘是{}".format(n,fac))

get_sum(10)
get_fac(10)

say.bye()
```

运行一下，结果是：

```
您好，欢迎使用本程序。
1到10的正整数和是55
10的阶乘是3628800
再见，感谢您的使用。
```

可以看到，我们在原有的计算程序基础上，在开头增加了打招呼的效果，在结束时增加了说再见的效果。同样地，你可以把这两个功能用到任何需要的程序里。

其实我们还可以在一个程序里导入多个自定义模块。比如，我们前面还做了一个装饰器的模块“functime.py”，里面有一个用于计算函数运行时间的装饰器函数，这个模块我们同样可以使用 import 语句导入上面的程序中使用。我们先来看一下增加了装饰器功能的代码：

```
import say
import functime

say.hello()

@functime.deco
def get_sum(n):
    sum = 0
    for i in range(1,n+1):
        sum += i
    print("1到{}的正整数和是{}".format(n,sum))

@functime.deco
def get_fac(n):
    fac = 1
    for i in range(1,n+1):
        fac *= i
    print("{}的阶乘是{}".format(n,fac))

get_sum(10)
get_fac(10)

say.bye()
```

需要注意的是，类似我们调用 say.py 模块中的函数一样，需要使用“模块名 . 函数名”的格式，当调用 functime 中的装饰器函数时，要使用“@ 模块名 . 装饰器名”的格式。

程序运行结果是：

```
您好，欢迎使用本程序。
1到10的正整数和是55
程序运行时间是0.0024680131044311792秒
10的阶乘是3628800
程序运行时间是0.0023796626081958915秒
再见，感谢您的使用。
```

可以看到，我们利用两个模块分别给程序增加了打招呼、说再见和计算函数运行时间的功能。

我们说过，不建议用导入模块所有函数的方式来导入模块。但是有时候，我们调用的内置模块或自定义模块的名字会比较长，如果每次用模块的一个函数都要写完整的模块名会非常麻烦，在导入的时候可以用“import 模块名 as 模块名缩写”给模块指定一个简短的别名，例如我们之前用过的 random 模块，可以在导入的时候指定其缩写为 r，在使用其中函数的时候用 r. 函数名 () 的方式即可：

```
import random as r
r. randint(1,100)
```

在之前的章节中，我们曾经介绍或使用过一些内置模块，如 math 模块、random 模块、time 模块等，在本书后面一些章节中还会在用到某些内置模块，届时也会进行单独讲解。

8.2.3 if__name__=="__main__":

我们在写一个模块文件的时候，常常会把一些代码写在一个 if 语句之中，这个常见的 if 语句就是：

```
if __name__ == "__main__":
    代码块
```

注意这里 name 和 main 的前后都是两个下划线，而且 __main__ 外面有引号包裹，因为它是一个字符串。

当我们写某些模块文件的时候，有时这个文件要单独使用，而不是作为模块，因此里面可能会有一些除了函数定义之外的输出或调用。这时候，如果文件被当作模块使用了，这些输出或调用就会在导入另一个文件的时候直接执行，从而导致不必要的结果。

我们举例来说，我们本章开头定义了一个 say_hello() 的函数，代码如下：

```
def say_hello():
    yourname = input("请输入你的名字：")
print("你好！{}".format(yourname))

say_hello()
```

现在我们把它存储为一个模块文件，sayhello.py，在同级目录下我们再建一个 test.py 文件，用来导入这个模块，代码如下：

```
import sayhello

print("这是一个测试程序。")
sayhello.say_hello()
```

按照我们的设想，在这个测试程序运行的时候，先导入模块以供后面使用，然后输出一行“这是一个测试程序。”，之后再调用 sayhello 模块中的 say_hello() 函数，让用户输入名字，然后输出打招呼信息。然而实际却不是这样，代码运行之后：

```
请输入你的名字：
```

这里直接运行了模块中的函数，因为我们在模块中最后一行代码是调用了这个函数的，因此在导入模块的时候，这个函数也被执行了。那么如何避免这种情况呢？或者说，如何才能实现把一个文件当作模块使用的时候，就不进行这些输出和调用，而在模块单独作为一个文件运行的时候，就进行这些输出和调用？这个问题本身就提示了我们答案，那就是要判断这个文件是独立运行还是作为一个模块被调用。

对于任何一个 Python 文件，都有一个内置的系统变量：__name__。当这个文件作为主文件单独运行的时候，它的值就是字符串 "__main__"。因此我们就可以通过一个 if 语句来判断这个文件是否是作为主文件运行，如果是，就进行一些输出和调用；而如果不是，则不进行那些输出和调用，只把它当作一个模块来给调用它的文件提供已定义的函数或类等内容。

因此这里我们把 sayhello.py 文件进行一下改造：

```
def say_hello():
    yourname = input("请输入你的名字：")
    print("你好！ {}".format(yourname))

if __name__ == "__main__":
    say_hello()
```

这样，当这个文件独立运行的时候，就会执行一次函数，比如我们运行一下这个文件：

```
请输入你的名字：王春杰
你好！王春杰
```

可见运行正常。

然后我们再运行一下 test.py 文件，看看导入模块之后，原来的问题是否已经解决：

```
这是一个测试程序。
请输入你的名字：王春杰
你好！王春杰
```

现在问题已经解决，运行 test.py 文件后，没有直接运行模块中的函数，而是先执行了我们的 print() 函数，然后才调用了模块中的函数。

实际上，不但在把函数存储为模块的时候可以使用这种判断方法，而且在后面我们学到把类存储为模块的时候，也可以使用这种方法来避免出现问题。

第 9 章 单身狗的渴望——面向对象编程

面向对象编程？单身狗没有对象怎么办？别担心，这里的面向对象只是一种编程模式而已，你不需要有对象。而且，当你学会了面向对象编程的时候，你会有很多“对象”。

编程有三种模式，也可以说是编程思想的三个发展阶段：面向过程编程、函数式编程、面向对象编程。所谓面向过程，就是根据解决问题的步骤来写代码，重复性较高；函数式编程则是把各种功能集成在函数中实现，一定程度上简化了代码；而面向对象编程是更先进的也是更符合自然规律的编程思想。本章我们就来学习一下面向对象编程。

9.1 物以类聚，人以群分

在现实世界中，我们常说“物以类聚、人以群分”，所谓类，就是对同类事物的一个抽象概括和总结。例如我们人类就是一个类，人类有共同的属性，比如姓名、性别、年龄等；人类也有共同的行为（在面向编程中称为方法），比如说话、吃饭、工作等。再比如汽车也是一个类，汽车有共同的属性，比如自重、排量、速度等；汽车也有共同的方法，比如加速、减速、转弯等。而对象则是类下面的一个具体的实例，比如你就是人类中的一个具体对象，你开的那辆车就是车类中的一个具体对象。

在面向对象编程的时候，我们可以把类理解成一个模版，我们先抽象出一个类，也就是打造好一个模版，然后再根据具体需求来实例化具体的对象，就像是通过模版来制作实物。

9.1.1 创建一个类

我们曾经学习过如何定义一个函数，其实我们创建一个类也有类似的格式。例如我们以定义一个人类为例：

```
class Human():

    livein = "地球"
```

```
    def __init__(self, name, sex, age):
        self.name = name
        self.sex = sex
        self.age = age

    def talk(self):
        print("我是{}，我的性别是{}，我的年龄是{}。".format(self.name,self.sex,self.age))

    def eat(self):
        print("我正在吃饭。")

    def work(self):
        print("我正在努力工作！")
```

首先，定义一个类要使用 class 关键字，后面隔一个空格，然后写上类名，类名一般首字母大写，如果有多个单词，每个单词的首字母大写，在类名后面紧跟一对小括号和一个冒号。在类的内部，所有代码相对 class 关键字要整体缩进 4 个空格或 1 个 tab 键的位置，当然内部再定义函数（在类中的函数称为方法）还要有更深层的缩进。

在这个类中，我们最先定义的是一个名为“livein”的属性，值是字符串“地球”，这就是这个类的属性，当然这种属性我们可以设置多个。

我们在一个类中需要定义的第一个方法是“__init__()”方法，注意 init 的前后都是两个下划线，这是一个初始化方法，它的作用是给实例进行初始化赋值，在创建实例的时候会自动执行。

在“__init__()”方法中，我们定义了 4 个参数，其中第一个参数“self”是必备的，也必须放在第一位，在创建实例的时候，它指的就是实例自身。但是在创建实例的过程中我们不需要给它赋值，只需要给定除它之外的参数值即可。

我们在给“__init__()”方法中其他参数赋值的时候，要用“self. 变量 = 参数”这种写法，可以让这个变量获取到传递进来的实参，并关联到创建的实例中。这种在类内部“__init__()”方法中定义的属性需要在实例化的时候进行传值后才能使用。

其实我们还可以在“__init__()”方法中给类增加一些带默认值的属性，这样在实例化对象的时候，每一个对象都带有这个有默认值的属性。比如我们定义的是男人这个类，那么可以设置其中的性别全部为男。

```
class Male():

    livein = "地球"

    def __init__(self, name, age):
        self.name = name
        self.age = age
        self.sex = "男"

    def talk(self):
        print("我是{}，我的性别是{}，我的年龄是{}。".format(self.name,self.sex,self.age))

    def eat(self):
        print("我正在吃饭。")

    def work(self):
        print("我正在努力工作！")
```

注意，当给“__init__()”方法中的 sex 属性设置了默认值的时候，在参数列表中就不需要再写这个参数了。如果继续带有这个参数，那么意味着将来在实例化对象的时候，可以通过传递参数来改变这个默认值，这样这个默认值的作用就起不到了。

在“__init__()”方法后面我们又定义了三个方法，talk()，eat()，work()，定义这些方法和定义函数非常类似，我们可以在其中实现某些功能，而且也可以使用类中的属性，例如我们的 talk() 就使用了类中定义的三个属性。

9.1.2 实例化一个对象

根据类来实例化一个对象只需要用“代表实例的变量名 = 类名 (参数)”的方式即可，在类名后的小括号中，我们要给对象中的属性赋值，就像给一个变量赋值一样简单。例如我们根据上面创建的 Human 类来实例化一个具体的人：

```
class Human():

    livein = "地球"

    def __init__(self, name, sex, age):
        self.name = name
        self.sex = sex
        self.age = age

    def talk(self):
        print("我是{}，我的性别是{}，我的年龄是{}。".format(self.name,self.sex,self.age))

    def eat(self):
        print("我正在吃饭。")

    def work(self):
        print("我正在努力工作！")

wang_chun_jie = Human("王春杰","男",18)
```

在实例化对象的时候，我们在类名后的括号里传递进不同的参数（注意要与 __init__ 方法中定义的属性相对应，并且其中的 self 是不需要赋值的），来给不同对象的属性赋予不同的值。例如我们上面给 wang_chun_jie 这个对象赋予了姓名“王春杰”、性别“男”、年龄“18”这样的属性。

我们可以根据一个类来制造大量的具体对象，同时可以使用参数来实现具体对象的差异化，这种思想就是我们之前讲过的重用。例如（为了节省篇幅，这里我们把 Human 类中的代码用省略号省略）：

```
class Human():
    ……

zhang_san = Human("张三","男",18)
li_si = Human("李四","女",19)
wang_wu = Human("王五","男",20)
```

利用类来实例化成对象，可以节省很多代码和功夫，不需要一个一个去写每一个人的属性和方法。

9.1.3　访问、修改类和对象的属性与方法

我们在之前定义 Human 类时，最开始定义了一个类的属性 livein=" 地球 "，这种直接定义的属性可以不必实例化对象，直接通过“类名 . 属性名”的方式访问到。例如我们看一下 Human 类中的 livein 属性：

```
class Human():
    ……

print(Human.livein)
```

运行结果是：

```
地球
```

可见这种属性是可以直接访问到的。

当我们实例化了一个对象以后，就可以访问它的属性或调用它的方法，格式是：“对象名 . 属性”和“对象名 . 方法 ()”。你应该有印象，这很像我们之前介绍过的某些数据类型的方法的使用方式。我们用上面已经定义好的 Human 类和已经实例化好的 wang_chun_jie 为例来演示一下：

```
class Human():
    ……

wang_chun_jie = Human(" 王春杰 "," 男 ",18)

print(wang_chun_jie.name)
print(wang_chun_jie.sex)
print(wang_chun_jie.age)
wang_chun_jie.talk()
wang_chun_jie.eat()
wang_chun_jie.work()
```

运行结果是：

```
王春杰
男
18
我是王春杰，我的性别是男，我的年龄是 18。
我正在吃饭。
我正在努力工作！
```

可以看到，我们访问到了对象中的三个属性并调用了对象中的三个方法。

对于已经有默认值的属性，比如在 Male 类中我们定义的属性 self.sex = " 男 " 能否直接通过“类名 . 属性名”的方式调用到呢？我们看一下：

```
class Male():

    livein = " 地球 "

    def __init__(self, name, age):
        self.name = name
        self.age = age
        self.sex = " 男 "

    def talk(self):
        print(" 我是 {}，我的性别是 {}，我的年龄是 {}。".format(self.name,self.sex,self.age))
```

```
    def eat(self):
        print("我正在吃饭。")

    def work(self):
        print("我正在努力工作！ ")

print(Male.sex)
```

运行结果是：

```
AttributeError: type object 'Male' has no attribute 'sex'
```

可见，这种在“__init__()”方法中设置默认值的属性毕竟是属于实例化后的对象的，与在类中一开始单独定义的属性不同，并不能被类所调用，必须实例化对象后由对象调用。

我们前面说过，Human 类和 Male 类中最开始处定义的 livein 属性可以直接用“类名 . 属性名”的方式调用，理所当然，这些类的属性也可以被这些类所实例化的对象所调用：

```
class Male():
    ……

he = Male("Jack",18)
print(he.livein)
```

运行结果是：

```
地球
```

可见，类的属性在实例化对象后，也将变成对象的属性。

除可以调用之外，我们还可以修改对象的属性值，有两种方式：

第一种方式是直接使用赋值语句：对象名 . 属性名 = 新属性值。我们还是以上面的 wang_chun_jie 为例，之前我们实例化对象的时候给定的年龄 age 值是 18，后面我们可以通过赋值的方式把它修改为 19：

```
class Human():
    ……

wang_chun_jie = Human("王春杰","男",18)
wang_chun_jie.age = 19
wang_chun_jie.talk()
```

运行结果是：

```
我是王春杰，我的性别是男，我的年龄是19。
```

可以看到，在我们调用 talk() 方法时访问到的年龄已经变成了 19。

修改属性的第二种方式是通过方法。例如我们给 Human 类中增加一个 change_age() 的方法：

```
class Human():

    livein = "地球"

    def __init__(self, name, sex, age):
        self.name = name
        self.sex = sex
        self.age = age

    def talk(self):
        print("我是{}，我的性别是{}，我的年龄是{}。".format(self.name,self.sex,self.age))
```

```
    def change_age(self,newage):
        self.age = newage
```

我们先实例化一个对象 zhang_san，并给其属性分别赋值，然后使用 talk() 方法看一下这些属性值：

```
class Human():
    ……

zhang_san = Human("张三","男",18)
zhang_san.talk()
```

输出结果是：

```
我是张三，我的性别是男，我的年龄是 18。
```

然后我们调用一下 change_age() 方法，并把新的年龄 30 作为参数传递进去，再调用 talk() 方法看一下修改结果：

```
class Human():
    ……

zhang_san = Human("张三","男",18)
zhang_san.change_age(30)
zhang_san.talk()
```

运行结果是：

```
我是张三，我的性别是男，我的年龄是 30。
```

可见我们已经通过 change_age() 方法成功修改了年龄。

9.1.4　封装：私有属性和私有方法

封装（encapsulation），显然就是要把什么包起来，与外界隔离，目的当然是为了保护隐私。

我们之前讲过修改属性有两种方法，但是有时候，我们希望类中定义的某些属性和方法不允许被外部直接访问或修改，这时候就要用到私有属性和私有方法。在类中增加私有属性和私有方法，使其不能随意被外部访问，仅供内部使用的这种方式，就称为“封装”。

定义私有属性和私有方法时，只需要在属性名或方法名前加上两个下划线“__”。例如我们再定义一个女人类：

```
class Female():

    def __init__(self, name, age):
        self.name = name
        self.__age = age
        self.sex = "女"
```

女人的年龄都是比较私密的，这里我们把 age 属性前面加上了两个下划线，变成“__age”，这时候这个属性就变成了私有属性，当我们实例化一个对象时，这个属性就不能被外部直接访问到了。我们实例化一个对象，然后尝试访问其中的属性：

```
class Female():
    ……

she = Female("Lucy",20)

print(she.name)
print(she.__age)
```

程序运行结果是：

```
Lucy
Traceback (most recent call last):
  File "D:/Program Files/Python/Python36/she.py", line 11, in <module>
    print(she.__age)
AttributeError: 'Female' object has no attribute '__age'
```

可以看到，对于 name 的访问是成功的，打印出了 Lucy，而对于 __age 的访问出现了错误，系统提示没有访问到这个属性。显然这个属性是存在的，只是它属于私有属性，不能被外部这样直接访问。

不过我们还是可以通过内部的方法来访问到这个属性，利用间接方式来得到它的值。比如我们再给 Female 类增加一个 talk 方法，用它来获取私有属性 __age 的值。

```
class Female():

    def __init__(self, name, age):
        self.name = name
        self.__age = age
        self.sex = "女"

    def talk(self):
        print("我是{}，我的性别是{}，我的年龄是{}。".format(self.name,self.sex,self.__age))
```

我们重新实例化实例化一个对象，看看能否通过这个内部的方法来访问到私有属性：

```
class Female():
    ……

she = Female("Lucy",20)
she.talk()
```

运行结果是：

```
我是Lucy，我的性别是女，我的年龄是20。
```

可以看到，我们可以通过内部的方法来访问到私有属性。

类似的，如果有一些方法我们也不希望外部使用，而只供在类或对象的内部使用，同样可以在方法名前面加两个下划线来把它定义为私有方法，格式是“def __ 方法名 ():”。同样，私有方法也只能在内部调用，不能被外部调用。例如，我们改造一下上面的例子，给 Female 类单独做一个说出年龄的私有方法“__talkage()”。

```
class Female():

    def __init__(self, name, age):
        self.name = name
        self.__age = age
        self.sex = "女"

    def __talkage(self):
        print("我是{}，我的年龄是{}。".format(self.name,self.sex,self.__age))

    def talk(self):
        if self.__age<=18:
            self.__talkage()
        else:
            print("我是{}，我的年龄...无可奉告！".format(self.name,self.sex,self.__age))
```

在这里面，我们构造了一个私有方法“__talkage()”和一个公有方法“talk()”，我们可以先尝试一下调用私有方法：

```
class Female():
    ……

she = Female("Lucy",20)
she.__talkage()
```

运行结果是：

```
Traceback (most recent call last):
  File "D:/Program Files/Python/Python36/she.py", line 18, in <module>
    she.__talk()
AttributeError: 'Female' object has no attribute '__talkage'
```

就如同我们在外部直接调用私有属性一样，程序返回一个错误，告诉我们没法访问这个私有方法。

但是，我们还写了一个公有方法“talk()”，在这里面我们做了一个判断，当年龄小于等于 18 时，我们就调用私有方法“__talkage()”，当年龄大于 18 时，我们直接做一个输出。让我们分别看一下这两种情况的效果：

```
class Female():
    ……

she = Female("Lucy",20)
she.talk()

she = Female("Rose",16)
she.talk()
```

运行结果是：

```
我是 Lucy，我的性别是女，我的年龄 ... 无可奉告！
我是 Rose，我的性别是女，我的年龄是 16。
```

可以看到，我们在内部构造的“talk()”方法在满足我们设置的年龄小于 18 的情况下，可以成功地调用私有方法“__talkage()”。

9.1.5　继承：祖传秘方

所谓继承（inheritance），就是可以直接获得“前辈”已经存在的东西。比如一个人继承了“祖传秘方”，他就不需要再开发自己的方子。再比如一个人继承了父亲的公司，那么他就可以直接拥有这个公司，而不必再重新创立一个公司。在面向对象的程序设计过程中，我们也有类似的机制来实现继承，目的同样是为了重用代码。

比如我们在前面分别构造过人类（Human）、男人类（Male）、女人类（Female），但很显然，男人类和女人类都是属于人类的，他们有人类共同的特征，换句话说，无论是男人还是女人，都要继承人类的共同点，比如都有姓名，都有年龄，都会说话，只是在某些属性和方法上有所不同，比如性别不同，爱好不同。因此，我们可以不需要分别写这三个类，造成代码的重复，而是可以先构造一个人类，让它包含男人和女人的共同属性和方法，然后再利用继承的方式来构造男人类和女人类。

我们先简化一下之前构造的人类：

```
class Human():
```

```
    def __init__(self,name,age):
        self.name = name
        self.age = age

    def talk(self):
        print("我是{}，我的年龄是{}。".format(self.name,self.age))
```

在这个人类里面，我们定义了两个属性 name 和 age，我们还定义了一个方法 talk。那么在此基础之上，当我们再构造男人和女人时，就可以继承这些共同的东西，然后本别增加不同之处即可。在这种情况下，原有的人类被称为“父类”（或“基类”），而在此基础上新构造的类称为“子类”（或“派生类”）。

在定义一个类时，如果要继承另一个类，格式是这样的：

```
class 子类名(父类名):
    ......
```

需要注意，当通过继承一个类来创建子类时，父类的代码必须放在要创建的子类前面。因此在之前人类的代码下面，我们再分别通过继承的方式定义一下男人类和女人类：

```
class Human():
    ......

class Male(Human):

    def __init__(self,name,age):
        super().__init__(name,age)
        self.sex = "男"

    def working(self):
        print("我是{}人，我喜欢工作。".format(self.sex))

class Female(Human):

    def __init__(self,name,age):
        super().__init__(name,age)
        self.sex = "女"

    def shopping(self):
        print("我是{}人，我喜欢购物。".format(self.sex))
```

在这里，我们通过继承分别构造了两个类，这里面除了分别新增了男人和女人不同的属性和方法外，还调用父类的初始化方法构造了一个新的初始化方法。需要注意的是，子类中不会自动调用父类中的 __init__() 方法，必须专门调用，使用方式是“super().__init__()”，如果还有新增的属性，可以在后面再定义，例如我们在上面分别给男人和女人都增加了一个 sex 属性。

接下来，我们分别实例化一个男人和女人，看看他们有没有继承到人类的共同点，有没有体现出各自的不同点。

```
class Human():
    ......

class Male(Human):
    ......

class Female(Human):
```

```
    ......

he = Male("Jack",20)
she = Female("Rose",18)

he.talk()
he.working()

she.talk()
she.shopping()
```

运行结果是：

```
我是 Jack，我的年龄是 20。
我是男人，我喜欢工作。
我是 Rose，我的年龄是 18。
我是女人，我喜欢购物。
```

可以看到，我们既继承了父类中的构造方法、talk 方法，同时又分别给男人类和女人类增加了自己的 sex 属性，而且还分别增加了 working() 和 shopping() 方法。

9.1.6 多继承与多重继承

一个新的类不但可以继承一个父类，还可以继承多个父类，这种情况就是多继承。我们可以通过下图来直观地了解多继承的形态，如图 9-1 所示。

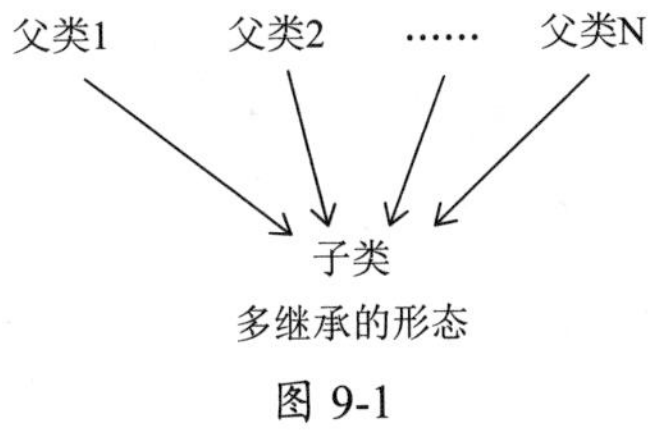

图 9-1

多继承的格式是：

```
class 子类名(父类 1, 父类 2,…):
```

比如我们构造一个人类，再构造一个机器类，用这两个类作为父类。然后我们构造一个机器人类，来继承人类和机器类的共同点。最后我们实例化一个机器人，看看它能否实现人类和机器的共同功能。

```
class Human():

    def __init__(self,name):
        self.name = name

    def talk(self):
        print("我的名字是{}。".format(self.name))


class Machine():

    def __init__(self,function):
        self.function = function

    def work(self):
        print("我在{}。".format(self.function))
```

```
class Robot(Human,Machine):

    def __init__(self,name,function):
        Human.__init__(self,name)
        Machine.__init__(self,function)

    def say(self):
        print("我是一个机器人。")
        self.talk()
        self.work()


sweeper = Robot("扫地僧","扫地")
sweeper.say()
```

运行结果是：

```
我是一个机器人。
我的名字是扫地僧。
我在扫地。
```

可以看到，这个机器人既继承了人类的属性和方法，有名字，能说出名字；而且也继承了机器的属性和方法，有功能，能工作。

需要注意的是，这种多继承的情况下，因为父类有多个，因此不能用一个 super().__init__() 来借用父类的构造函数，而是里面要用多个“父类名 .__init__()”的方式来借用多个父类的构造函数。

还有一种继承形式，就是一个子类继承了父类，这个子类又被当作父类继承创建了一个新类，就类似于现实中祖孙三代甚至多代的形式。我们可以通过下图来理解这种多重继承的形态，如图 9-2 所示。

图 9-2

例如我们构造爷爷、父亲、儿子三个类：

```
class Grandfather():

    def __init__(self):
        self.firstname = "王"

    def say1(self):
        print("我姓{}。".format(self.firstname))
```

```
class Father(Grandfather):

    def __init__(self):
        super().__init__()
        self.money = "一百万"

    def say2(self):
        print("我有{}。".format(self.money))


class Son(Father):

    def __init__(self):
        super().__init__()

    def say(self):
        self.say1()
        self.say2()
```

可以看到，这三个类依次继承，我们最后看一下实例化一个 Son 类的对象，它能否继承 Grandfather 类和 Father 类的属性和方法。

```
w = Son()
w.say()
```

运行结果是：

```
我姓王。
我有一百万。
```

可以看到，这个 w 成功地继承了爷爷的姓和父亲的一百万。

9.1.7　多态：各自表述

多态（polymorphism），正如其字面意思，指的是多种形态、多种状态。比如同样是表达爱意这个行为，有的人用送礼物的方式，有的人用写情书的方式。

在面向对象的编程模式中，多态就是指某一个方法在不同的类中有不同的实现。其实我们之前在不同数据类型中用到很多同名方法就是多态在起作用，例如我们在字符串和列表中都有一个 .count() 方法：

```
str1 = "abcdabc"
list1 = [1,2,3,4,5]
print(str1.count("a"))
print(list1.count(5))
```

在这里，字符串和列表是两个数据类型，也就是两个类，str1 和 list1 就是两个类的两个对象。但是它们同样有 .count() 方法使用，对于字符串来说，就是统计某个字符出现的次数；对于列表来说，就是统计某个元素出现的次数。它们实现的是类似的功能，但是具体的形态又不同，这就是多态。

如何在面向对象编程过程中使用多态这种模式呢，比如我们定义人类、狗类、猫类三个类，给它们定义一个共同的打招呼的方法 sayhello：

```
class Human():
```

```
    def sayhello(self):
        print("Hi，你好！ ")

class Dog():

    def sayhello(self):
        print(" 汪！汪！汪！ ")

class Cat():

    def sayhello(self):
        print(" 喵～喵～喵～")
```

然后我们给每个类都实例化一个对象，并让它们分别调用 sayhello() 方法：

```
H = Human()
D = Dog()
C = Cat()

H.sayhello()
D.sayhello()
C.sayhello()
```

运行结果是：

```
Hi，你好！
汪！汪！汪！
喵～喵～喵～
```

这样，我们就能同样使用 sayhello() 这个方法，实现不同对象的不同表达形态。

9.1.8 将类存储为模块

我们在讲解函数部分的时候曾经把函数存储为模块使用。同样地，我们也可以把类存储为一个模块来使用。例如我们之前定义了一个人类：

```
class Human():

    livein = " 地球 "

    def __init__(self, name, sex, age):
        self.name = name
        self.sex = sex
        self.age = age

    def talk(self):
        print(" 我是 {}，我的性别是 {}，我的年龄是 {}。".format(self.name,self.sex,self.age))

    def eat(self):
        print(" 我正在吃饭。")

    def work(self):
        print(" 我正在努力工作！ ")
```

我们把这段代码单独存储为一个文件，命名为 MakeHuman.py，存储在“D:/Program Files/Python/Python37/”文件夹下，这样，我们就创建了一个存储了人类的模块，模块名就是文件名“MakeHuman”。

需要注意的是，还记得我们在上一章中讲过一个语句：if __name__ == “__main__”吗？如果我们定义的类模块中有一些在单独使用这个文件的时候会进行的输出或调用，要把它们写在这个 if 语句下面，以免模块被导入时产生不必要的输出。

另外，你也可以把很多类都存储到一个模块中。比如你可以把我们前面创建过的人类、狗类、猫类都放到一个模块中，其实就是把几个类的代码依次放到同一个文件中即可。

9.1.9　类模块的使用

把类存储到模块中之后，我们该如何使用这个模块呢？其实跟导入存储函数的模块类似。比如这里我们在同一个文件夹下再创建一个 test.py 文件，写入如下代码：

```
import MakeHuman

zhangsan = MakeHuman.Human("张三","男",23)
zhangsan.talk()
```

代码的第一行是用 import 语句导入之前存储的模块 MakeHuman，接下来我们通过“模块名 . 类名”的方式调用到模块中的 Human 类，并创建了一个名为 zhangsan 的实例，最后我们调用了实例中的 talk() 方法。

运行结果是：

```
我是张三，我的性别是男，我的年龄是 23。
```

9.2　模块、包、库，傻傻分不清楚?

在之前的内容中，我们讲过如何把函数存储为模块，也讲过如何把类存储为模块。实际上就是把函数和类存储为一个 Python 文件而已。在 Python 和其他一些编程语言中，我们还常常用到包和库的概念，你可能也在一些文章或教材中读到过这些词，或许对它们的关系感到困惑。这一节我们将为你讲解它们的联系和区别。

9.2.1　包的创建与使用

我们已经了解模块的概念，你可以把函数或者类写入一个文件中保存，这样就是一个模块。而包实际上是一个文件夹的形式，它可以存储一些具有相关功能的模块文件，不过它的内部还必须有一个名为“__init__.py”的文件（注意 init 前后都是两个下划线），这个文件一般是空的。

比如我们把之前把“人类”存储为一个模块：MakeHuman.py。这里我们再做一个新的模块，名为“MakeAnimal.py”：

```
class Animal():

    livein = "地球"

    def __init__(self, kind):
        self.kind = kind

    def run(self):
        print("{} 正在奔跑！ ".format(self.kind))
```

我们把这两个模块文件放到一个新建的文件夹中，文件夹命名为“Things”，路径是

“D:\Program Files\Python\Python37\Things”，然后在文件夹中创建一个空的“__init__.py”文件，这样，Things 就是一个包了，如图 9-3 所示。

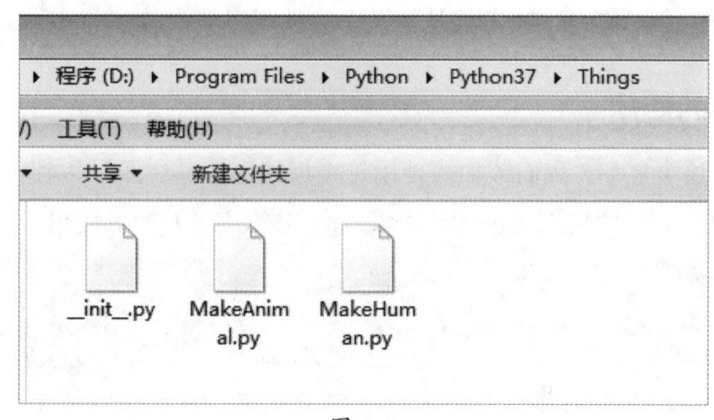

图 9-3

那么，如何使用这个包呢？其实导入一个包和导入一个模块是类似的，比如我们继续使用 D:/Program Files/Python/Python37/ 文件夹（注意是存储 Things 包的同一目录）下的 test.py 文件，这次重新写一些代码：

```
from Things import MakeHuman,MakeAnimal

zhangsan = MakeHuman.Human("张三","男",23)
zhangsan.talk()

doggy = MakeAnimal.Animal("狗")
doggy.run()
```

代码第一行，我们通过“from 包名 import 模块名”的方式导入了包中的两个模块。运行结果是：

```
我是张三，我的性别是男，我的年龄是 23。
狗正在奔跑！
```

实际上，在一个包里还可以包含许多子包，每一个子包都是一个单独的包，形式和我们之前讲的包一样，一般来说我们只把有相关功能的子包放在一起来形成一个总的包。

9.2.2 模块、包、库的区别

我们已经讲过模块和包的概念、形式与使用方法，简单地说，模块就是包含相关功能的函数或类的文件，而包就是包含相关功能模块的一个文件夹。可是你还经常在一些文章或教材中看到另一个概念——库，那么什么是库呢？

其实，库是从另一个角度来描述模块和包而已，小到 Python 内置函数可以称为函数库，大到一个包含了许多子包的包，官方的模块的包、第三方的模块和包，都可以称为库。或许你还常听说一个词“第三方库”，这就是指官方之外的许多开发者做的一些模块或包。

因此可以这么说，模块是一些相关函数或类构成的文件，包是相关模块文件的一个容器，而库就是对模块和包的一个统称。就像市、省和地区的概念类似，比如青岛市（模块）属于山东省（包），山东省包含青岛市在内的很多市，而青岛市和山东省都可以称为是地区（库），比如我们说青岛地区、山东地区。

现实中，很多人会把模块、包、库这几个概念混淆使用，其实这并没有什么问题。比如“第三方库”，很多时候大家也称其为“第三方模块”，再比如我们后面要讲到的 pip 工具，我们可以称其为“库管理工具”，但一般也称其为“包管理工具”，这个大家不必纠结，因为在本质上它们是类似的，只是组织形式不同，或称呼角度不同。

9.2.3 Python 标准库

与“第三方库”这个概念对应的就是“标准库”，或者你也可以称之为“官方库”，它指的就是 Python 官方开发的在 Python 中内置的一系列包括内置函数、内置模块和内置包的这些库。

在官方文档中，有专门的一节就叫“Python 标准库”，你可以通过以下网址了解一下这个“标准库”的概念包含了多少内容：https://docs.python.org/zh-cn/3.7/library/index.html。

9.3 给各种包找个管家：pip

Python 之所以强大，很重要的一个原因是其有众多的第三方包可以使用。既然我要使用很多包来编程，那么就需要有一个工具来管理这些包。好在 Python 官方提供了一个非常高效的包管理工具——pip。pip 在 Python 3.5 及以上的版本中是默认自带的，当然我们本书所使用的 Python 3.7 中也自带了 pip。pip 需要在命令行下运行，我们可以用 pip 对各种包进行在线查找、安装、升级、卸载等操作。

9.3.1 pip 的使用环境

你安装的 Python 3.7 已经自带了 pip 工具，只需要打开 Windows 7 系统的命令行即可使用。依次单击：“开始”按钮→“运行”→输入“cmd”并回车，打开 Windows 的命令行，如图 9-4 所示。

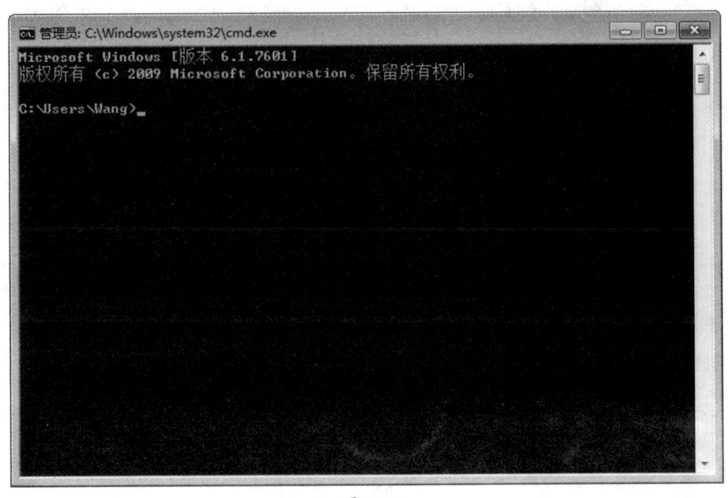

图 9-4

我们在这个命令行环境下就可以使用 pip 命令了。比如我们尝试看一下当前 pip 的版本，命令是：

```
pip -V
```

注意上面的大写 V 前面是一个减号：-。

或

```
pip --version
```

注意上面的 virsion 前面是两个减号：--。

我们可以看到，当前的 pip 版本是 18.1，如图 9-5 所示。

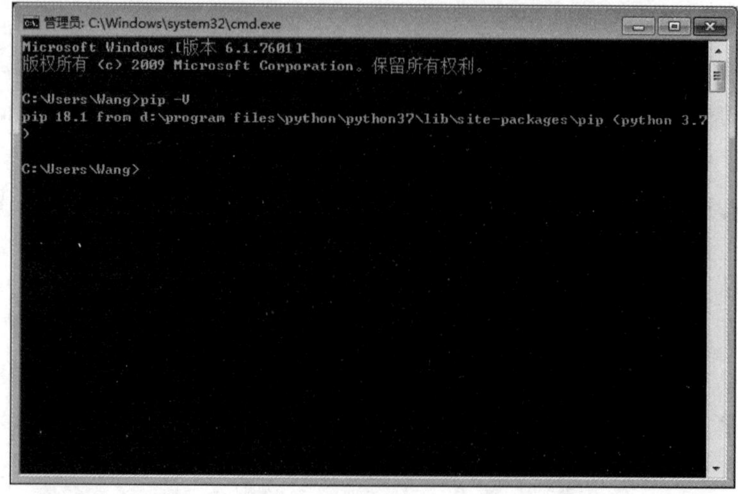

图 9-5

9.3.2 包的安装与升级

当我们要安装某一个包时，需要使用下面的命令：

```
pip install 包名
```

这个命令会安装这个包的默认最新版本。而如果我们要指定安装这个包的某个版本，那么命令是：

```
pip install 包名 == 版本号
```

如果我们想把已经安装过的包进行升级，那么需要使用如下命令：

```
pip install --upgrade 包名
```

注意上面的 upgrade 前面是两个减号：--。

例如我们这里安装一个后面会用到的包：pygame。我们只需要在命令行中使用如下命令：

```
pip install pygame
```

运行之后如图 9-6 所示。

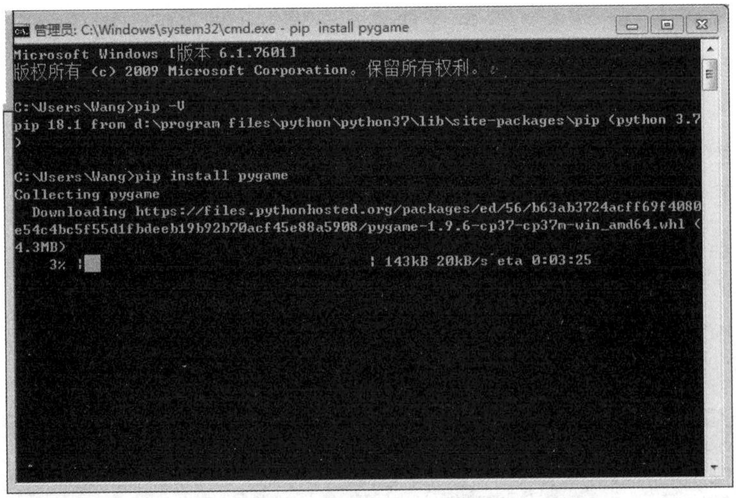

```
管理员: C:\Windows\system32\cmd.exe - pip install pygame
Microsoft Windows [版本 6.1.7601]
版权所有 (c) 2009 Microsoft Corporation。保留所有权利。

C:\Users\Wang>pip -V
pip 18.1 from d:\program files\python\python37\lib\site-packages\pip (python 3.7
)

C:\Users\Wang>pip install pygame
Collecting pygame
  Downloading https://files.pythonhosted.org/packages/ed/56/b63ab3724acff69f4080
e54c4bc5f55d1fbdeeb19b92b70acf45e88a5908/pygame-1.9.6-cp37-cp37m-win_amd64.whl (
4.3MB)
    3% |█                               | 143kB 20kB/s eta 0:03:25
```

图 9-6

这里的 Collecting pygame 是指正在搜寻包，下面的 Downloading 是指正在从后面的网址下载包文件，即后缀为 .whl 的文件，并显示文件的大小，再下面的进度条显示的是下载安装的进度。

安装完成以后，如图 9-7 所示。

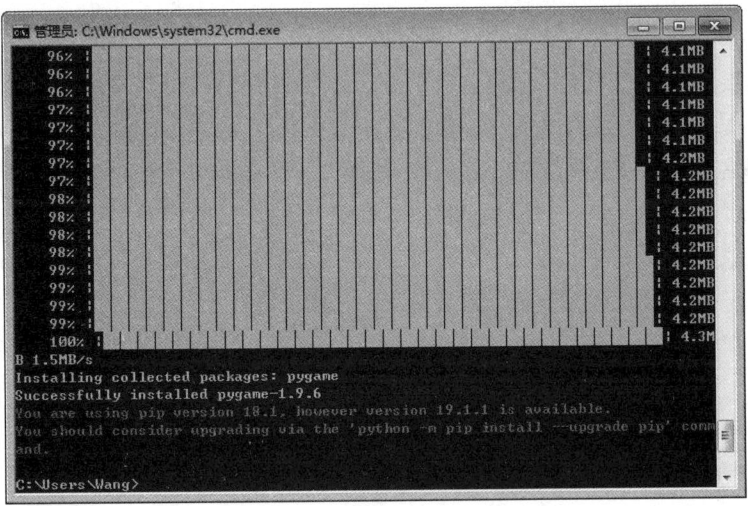

图 9-7

这里提示“Installing collected package：pygame　Successfully installed pygame-1.9.6”表示我们已经成功地安装了 pygame，版本是 1.9.6。

9.3.3　包的查询与卸载

如果我们想要查询已经安装了哪些包，可以使用如下命令：

```
pip list
```

这个命令可以帮我们列出当前安装的所有包的名称和版本。

如果我们要查询已经安装的包是否有可升级版本，可以给上面的命令再增加一个参数 -o，。即：

```
pip list -o
```

这样就可以列出可升级的包的当前版本和最新版本。

如果我们想要查看某个包的具体信息，可以使用如下命令：

```
pip show 包名
```

例如我们查看一下刚才安装的 pygame，使用如下命令：

```
pip show pygame
```

运行结果如图 9-8 所示。

```
C:\Users\Wang>pip show pygame
Name: pygame
Version: 1.9.6
Summary: Python Game Development
Home-page: https://www.pygame.org
Author: A community project.
Author-email: pygame@pygame.org
License: LGPL
Location: d:\program files\python\python37\lib\site-packages
Requires:
Required-by:

C:\Users\Wang>
```

图 9-8

如果我们要卸载某一个不用的包，可以使用如下命令：

```
pip uninstall 包名
```

比如我们这里要卸载安装过的 pygame，使用如下命令即可：

```
pip uninstall pygame
```

不过鉴于我们后面还要用到这个包，这里就不进行实际操作演示了。如果以后你遇到用不到的包时，记住可以使用这个命令卸载即可。

第 10 章

让鼠标休息一会儿——文件操作

我们编程是为了处理数据，数据一般都是存储在文件或数据库中，处理完的数据也需要保存，而数据的长久存放方式也是保存在文件或数据库里。其实在我们编程的时候，也可以让程序自己操作文件，如打开、写入、修改、保存等，完全不再需要人工用键盘、鼠标干预。本章，我们将介绍用 Python 操作文件的有关内容。

10.1 文件读写

平时我们操作电脑的时候，要频繁使用鼠标、键盘来操作文件，例如，双击打开，阅读文件内容，敲敲打打进行修改，然后单击“保存”按钮，再单击“关闭”按钮；或者右击某个文件，在弹出菜单上单击“删除”……是不是很麻烦？当我们用 Python 程序来实现这一切的时候，只需要做一件事：写代码。

10.1.1 文件的打开、读取与关闭

在 Python 中，我们可以使用 open() 函数来打开一个文件，使用格式是：

```
open(file, [mode, [buffering, [encoding]]]),
```

其中 file 参数是必选的，其他都是可选的，有默认值。file 参数指定文件的路径和名称。mode 参数是可选的，它指定文件打开的方式。常见的有如下几种：

‘r’：只读模式，不写则默认。

‘t’：文本模式，不写则默认。

‘w’：写入模式，如文件不存在会创建文件，如文件已存在，会覆盖原文件内容。

‘x’：创建与写入模式，如果文件已存在，将会报错“FileExistsError”。

‘a’：追加模式，在文件末尾追加写入内容。

‘b’：二进制模式，可以附加在其他模式后面。

‘+’：读写模式，可以附加在其他模式后面。

buffering 参数用于设置缓存，默认值是 1，也就是有缓存。encoding 参数用于设置编码方式，

默认值是 None，会使用系统默认模式。

我们用 open() 函数打开一个文件以后，它将返回一个文件对象供我们使用，我们可以把它存在一个变量中，然后用有关的方法来进行操作。

通过例子来演示一下，我们先在 E 盘中创建一个 code 文件夹，然后把源文件中第 10 章中的 poem.txt 文件复制进去，或者你也可以把文件存储在其他位置。然后我们在 IDLE 中用 open() 函数打开文件，并把返回的文件对象存到变量 f 中，然后我们用 read 方法读取其中的文本内容，把文本内容存到变量 content 中，然后打印内容出来：

```
>>> f = open(r'E:\code\poem.txt')
>>> content = f.read()
>>> print(content)
《面具》
我戴上面具
演你爱看的戏
开心过后
你却问我
为什么不做
真实的自己
——春天杰作
2015-12-17
```

注意，我们在文件路径和名称的字符串前面加了一个 r，也就是我们学过的原始字符串方式，它会把字符串中的路径作为一个原始字符串使用，这样可以避免路径中的反斜杠等字符产生错误。

我们在使用完文件以后，还要养成关闭文件的习惯，一方面可以释放内存空间，另一方面可避免文件内容遭到不可预测的破坏。关闭文件可以使用 close() 方法。

```
f.close()
```

这样文件就完成了关闭。

我们把上面的例子用 IDLE 的文件模式完整写一下：

```
f = open(r'E:\code\poem.txt')
content = f.read()
print(content)
f.close()
```

其实我们还有另一种方式来实现文件的自动关闭，那就是使用“with open() as 变量 :”这种结构，注意变量名后面要有一个冒号，而且下面的代码要缩进。这样系统会在我们不再使用这个文件的时候自动关闭它，而不需要我们手工操作，所以上面的代码可以修改为：

```
with open(r'E:\code\poem.txt') as f:
    content = f.read()
    print(content)
```

运行结果同样跟以前一样，但是系统会自动地在程序不再使用已打开文件的时候帮我们关闭它。

10.1.2 文件的逐行读取与部分读取

有时候文件内容非常长，或者我们并不需要把文件内容全部读取出来时，就可以使用 readline() 方法来逐行读取文件，或者用 read() 方法中的参数来控制读取文件中的一部分内容。

我们还是以之前用过的 poem.txt 中的内容为例，这次我们逐行读取文件中前三行的内容:

```
with open(r'E:\code\poem.txt') as f:
    content = f.readline()
    print(content)
    content = f.readline()
    print(content)
    content = f.readline()
    print(content)
```

运行结果是：

```
《面具》

我戴上面具

演你爱看的戏

>>>
```

可以看到，我们使用了三次 readline 方法，并输出三次，这样就分别依次读取到了文件内容的第一行、第二行和第三行内容。由于是逐行读取的，所以行与行之间会有空行，我们可以使用之前学过的字符串的 strip 方法来去掉空行。我们修改一下上面的代码：

```
with open(r'E:\code\poem.txt') as f:
    content = f.readline()
    print(content.strip())
    content = f.readline()
    print(content.strip())
    content = f.readline()
    print(content.strip())
```

运行结果是：

```
《面具》
我戴上面具
演你爱看的戏
>>>
```

除了一次次地逐行读取文件，我们还可以使用 readlines() 方法来把文件所有内容按行读取出来，每一行作为一个元素存入一个列表中。

```
with open(r'E:\code\poem.txt') as f:
    content = f.readlines()
    print(content)
```

运行结果是：

```
['《面具》\n', '我戴上面具\n', '演你爱看的戏\n', '开心过后\n', '你却问我\n', '为什么不做\n', '真实的自己\n', '——春天杰作\n', '2015-12-17']
```

这样我们就可以使用列表遍历来输出所有行的内容：

```
with open(r'E:\code\poem.txt') as f:
    content = f.readlines()
    for i in content:
        print(i.strip())
```

运行结果是：

```
《面具》
我戴上面具
演你爱看的戏
开心过后
你却问我
```

```
为什么不做
真实的自己
——春天杰作
2015-12-17
```

我们还可以使用 read() 方法中的参数来控制读取的字符数量，这样就可以读取文件中的一部分。例如我们继续对 poem.txt 文件进行操作：

```
with open(r'E:\code\poem.txt') as f:
    content = f.read(2)
    print(content)
```

运行结果是：

```
《面
>>>
```

由于我们设置了参数 2，所以只会读取文件中的前两个字符。需要注意的是，这时候文件指针（可以简单理解为像打字时光标一样的东西，起到标记位置的作用）会指到第二个字符的后面，所以如果我们继续部分读取，会在之前读取的内容之后再读取。例如我们修改一下代码，分两次读取部分内容：

```
with open(r'E:\code\poem.txt') as f:
    content = f.read(2)
    print(content)
    content = f.read(2)
    print(content)
```

运行结果是：

```
《面
具》
>>>
```

可以看到，我们第一次读取完两个字符后，再一次读取时，会在上次读取结果后面继续读取，而不是从头读取。

10.1.3 查看指针位置与修改指针位置

我们上面提到，在部分读取文件内容的时候，指针也会跟着移动，如果不知道指针在哪里，再次部分读取内容时就不知道会从哪里开始，那么我们如何查看指针在哪里呢？这时候我们可以使用 tell() 方法。例如我们修改一下前面的代码，每次读取并输出内容后，同时显示指针的位置：

```
with open(r'E:\code\poem.txt') as f:
    content = f.read(2)
    print(content)
    print(f.tell())
    content = f.read(2)
    print(content)
    print(f.tell())
```

运行结果是：

```
《面
4
具》
8
>>>
```

可以看到，我们第一次部分读取文件内容后，指针在 4，也就是指在第 5 个字符。注意，因为计数从 0 开始，所以 4 代表第 5 个字符的位置。另外，因为这里的数字指的是英文字符所占的位置，一个汉字占两个英文字符的位置，所以我们读取两个两个汉字，指针就移动了 4 个英文字符的位置。

有时候，我们还需要移动指针，让它从指定的位置开始读取。这时候可以用 seek() 方法，格式如下：

```
f.seek(offset[, whence])
```

f 代表我们打开的文件对象，其中 offset 参数指定的是移动量，注意这里设置的数字指的是移动的英文字符数。whence 参数是可选的，指定从哪里开始移动，默认值是 0，指从文件开头算起，如果设置为 1，则指从当前位置算起，如果设置为 2，则指从文件末尾算起。但是要注意，whence 参数设为 1 或 2 时，必须以二进制方式打开文件。

例如我们打开之前 poem.txt 文件，先移动指针，再部分读取文件。

```
with open(r'E:\code\poem.txt') as f:
    f.seek(10)
    content = f.read(3)
    print(content)
```

运行结果是：

```
我戴上
>>>
```

这里你可能会有疑问，为什么我们先往后移动了 10 个字符的位置，也就是 5 个汉字，应该从第 6 个汉字“戴”开始读取，可为什么好像只移动了 8 个字符的位置，是从第 5 个汉字“我”开始读的呢？这是因为每一行的后面都有一个换行，也就是会占用“\n”这两个字符的位置。所以我们移动 10 个字符的时候，包含了第一行后面的换行符“\n”。

10.1.4　写入文件内容

对于文件对象，我们不但可以读取内容，还可以写入内容，使用的是 write() 方法，格式如下：

```
f.write(str)
```

参数 str 是要写入的字符串。

我们之前讲过，使用 open() 函数的写入模式'w'会在文件不存在的时候创建一个新文件，因此我们可以使用这种模式来新建文件并写入内容。例如我们在之前的 E:\code 文件夹中再建一个 poem2 的文件，并用 write() 方法写入一首诗：

```
poem2 = """《星》
人们离不开太阳
人们还想要月亮
你一闪一闪
是否也希望
有人看一眼
你的光芒
"""

with open(r'E:\code\poem2.txt','w',encoding='utf-8') as f:
```

```
    f.write(poem2)
```

需要注意的是，这里我们给 open() 函数增加了参数，编码 encoding 为 utf-8，这样可以避免字符集冲突。程序运行以后，我们可以在 code 文件夹中看到新建了一个文件 poem2.txt，内容就是我们用程序写入的内容，如图 10-1 所示。

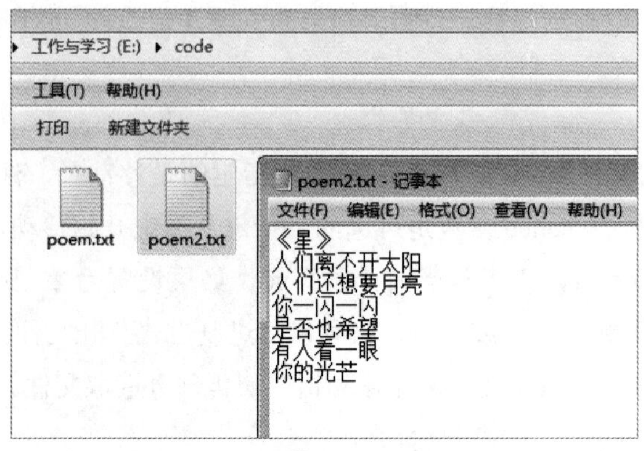

图 10-1

如果这时我们发现，我们忘记给这首诗写上作者和时间，那么可以使用 open() 函数的附加模式来打开这个文件，然后再写入这两行内容即可。注意，这里我们使用了转义字符“\n”来分隔字符串中的两行内容：

```
with open(r'E:\code\poem2.txt','a',encoding='utf-8') as f:
    f.write("——春天杰作 \n2016-11-05")
```

运行完成后，我们再打开文件，发现这两行内容已经被附加到文末，如图 10-2 所示。

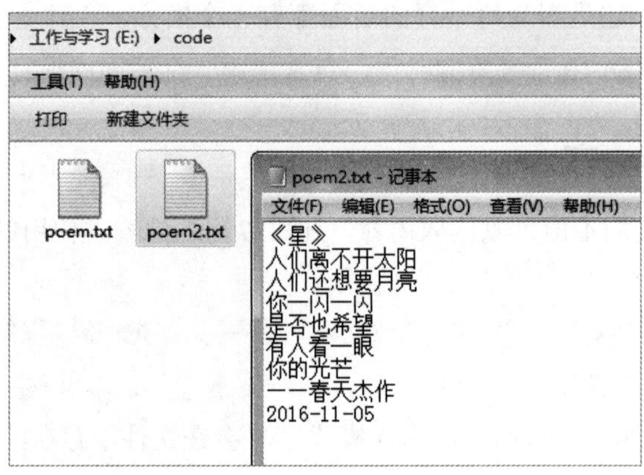

图 10-2

10.2 os 模块

当我们用 Python 操作文件时，就难免会遇到一个与文件存放有关的问题：文件的位置。也就是说，我们操作的文件都是有目录的，我们除了要操作文件，有时候还要对目录进行操作，这时候我们可以使用系统自带的 os 模块。

10.2.1　目录操作

导入 os 模块和导入其他内置模块一样，在程序开头用 import 语句即可：

```
import os
```

1. 获取当前目录

OS 模块中的 getcwd() 函数可以用于获得当前的工作目录，例如我们之前在 E:\code\ 这个目录中创建过两个包含诗歌内容的文件，我们在这里创建一个 Python 文件，让它告诉我们这些诗的存储位置：

```
import os

location = os.getcwd()
print("这些诗的存储位置是：{}".format(location))
```

运行结果是：

```
这些诗的存储位置是：E:\code
```

2. 创建新目录

我们还可以使用 mkdir(dirname) 函数来创建一个新的目录，这里的参数 dirname 是新建目录的名字或者存储它的变量，它必须是一个字符串。例如，我们在 E:\code 目录下建一个新的 poem 文件夹：

```
import os

newdir = "poem"
os.mkdir(newdir)
```

程序运行以后，我们可以看到在 E:\code 目录下多了一个名为 poem 的文件夹，如图 10-3 所示。

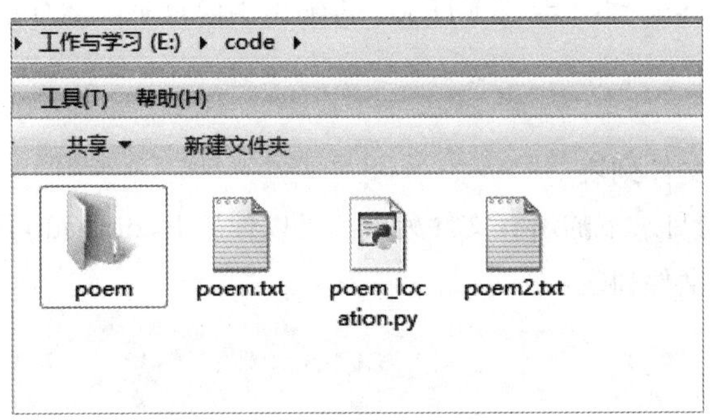

图 10-3

3. 删除空目录

既然可以新建一个目录，当然也可以删除，使用 rmdir(dirname) 函数即可。不过需要注意的是，rmdir() 函数只能删除空的目录，如果是非空目录则会抛出异常。至于如何删除有文件的目录，我们在后面 shutil 模块中会介绍相应的函数。这里的参数 dirname 是要删除的目录的名字或者存储它的变量，也必须是一个字符串。例如，我们把刚才新建的 poem 文件夹删除掉：

```
import os

deldir = "poem"
os.rmdir(deldir)
```

程序运行以后，poem 文件夹就删除了，如图 10-4 所示。

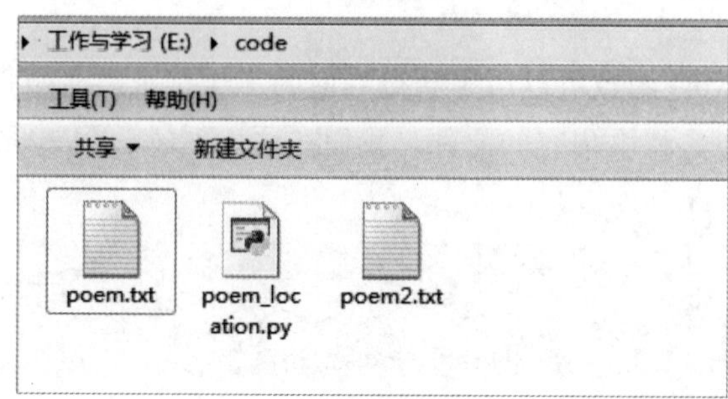

图 10-4

4．改变工作目录

如果我们需要改变当前的工作目录，可以使用 chdir(path) 函数，参数 path 是新的目录。例如我们当前在 E 盘的 code 目录下，我们要到上一级目录，也就是 E 盘根目录下：

```
import os

location = os.getcwd()
print("当前位置是：{}".format(location))

path = r'E:\\'
os.chdir(path)

location = os.getcwd()
print("当前位置是：{}".format(location))
```

我们先输出当前目录，然后改变了目录，再输出当前目录，运行结果是：

```
当前位置是：E:\code
当前位置是：E:\
```

5．获取目录下的文件列表

如果我们需要获得目录下的所有文件列表，可以使用 listdir(path) 函数，例如我们获取一下 E:\code 文件夹下的文件列表：

```
import os

path = r'E:\code'
codelist = os.listdir(path)
print(codelist)
```

运行结果是：

```
['poem.txt', 'poem2.txt', 'poem_location.py']
```

可以看到，这里以列表方式给我们返回了文件夹中的所有文件名。

10.2.2 文件操作

os 模块不但可以用来操作目录，还有一些方法是针对文件进行操作的。

1. 创建或打开文件

我们知道，Python 内置函数 open() 可以打开一个文件，当文件不存在时会创建这个文件。同样，在 os 模块中，也有一个 open 函数，可以起到打开或创建文件的作用，使用格式是：

```
os.open(file, flags[, mode])
```

在这里，file 指的是文件路径和文件名，参数 flags 是打开方式，使用多个时用“|”隔开，模式参数 mode 是可选的，默认为 0777。同样，os 模块下的 open() 函数也将返回一个文件对象供我们使用。

flags 有以下几种常见方式：

```
os.O_RDONLY：以只读的方式打开。
os.O_WRONLY：以只写的方式打开。
os.O_RDWR ：以读写的方式打开。
os.O_APPEND：以追加的方式打开。
os.O_CREAT：创建并打开一个新文件。
os.O_EXCL：如果指定的文件存在，返回错误。
```

例如我们要创建一个新文件 new.txt：

```
import os

new = r'E:\code\new.txt'
f = os.open(new,os.O_CREAT)
os.close(f)
```

注意，os 模块的 open 函数 () 使用 os.O_CREAT 参数的作用是创建并打开一个新的文件，所以我们使用完成后还需要用 close() 函数来关闭它。

程序运行之后，我们可以看到在程序所在的文件夹下生成了新文件，双击打开之后会发现它是空的，如图 10-5 所示。

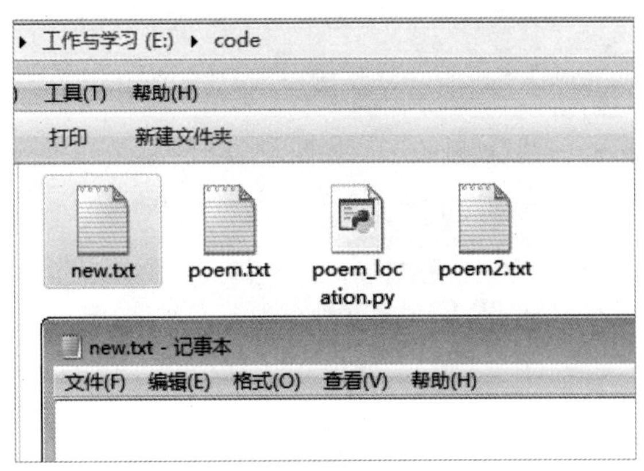

图 10-5

2. 写入文件内容

我们可以使用 os 模块中的 write() 函数来给文件写入内容，使用格式是：

```
os.write(f, b)
```

注意，这里第二个参数 b 表示要写入的字节数据（bytes-like object），因此在写入字符串的时候要先用 bytes() 函数转换成字节数据。

例如我们给刚才新建的文件写入一行内容：

```
import os

file = r'E:\code\new.txt'
f = os.open(file,os.O_RDWR)
s = "Hello world!"
b = bytes(s, 'UTF-8')

os.write(f,b)
os.close(f)
```

程序运行之后，我们打开 new.txt，可以看到内容已经写入成功，如图 10-6 所示。

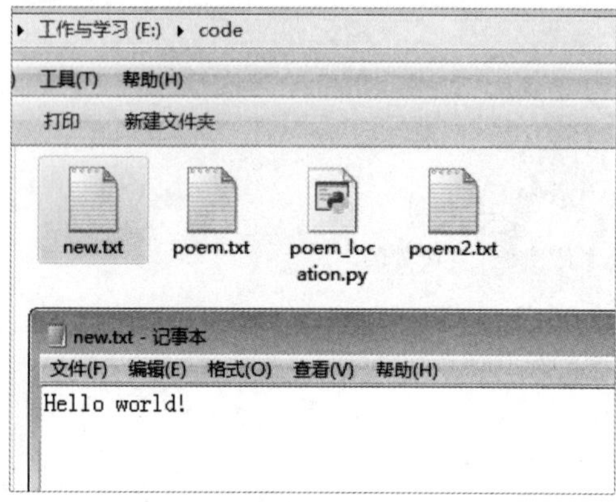

图 10-6

3．删除文件

我们可以使用 remove(filename) 函数来删除文件，比如我们把刚才在 E:\code 目录下创建的 new.txt 文件删除：

```
import os

delfile = r"E:\code\new.txt"
os.remove(delfile)
```

运行之后，poem2.txt 文件就被删除了，如图 10-7 所示。

图 10-7

4．文件重命名

我们还可以使用 rename(oldname,newname) 给文件重命名。例如我们把目前的 poem.txt 重命名为 shige.txt：

```
import os

oldname = r"E:\code\poem.txt"
```

```
newname = r"E:\code\shige.txt"
os.rename(oldname,newname)
```

运行之后，文件被重命名成功，如图 10-8 所示。

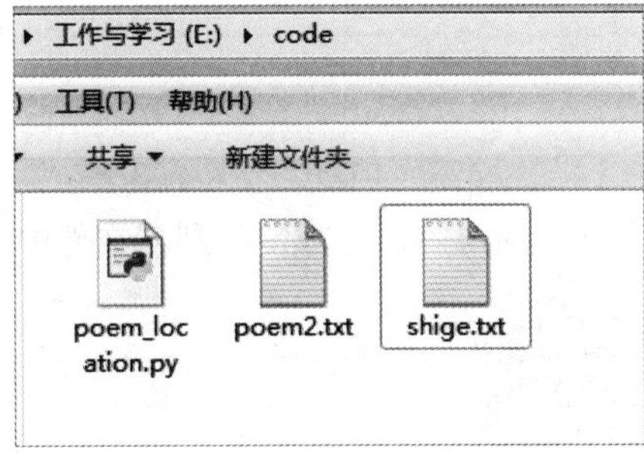

图 10-8

10.2.3　Linux 系统下的权限操作

在 Linux 系统中，有时我们需要修改文件或文件夹的权限，这时也可以使用 os 模块来操作。因为本书是以 Windows 系统为例，所以在这里只列举出有关函数及其用途简介（如表 10-1 所示），使用 Linux 系统的朋友可以参考并查询更详细的资料来学习。

表 10-1　Linux 系统下的有关函数及用途

函数	用途
os.access(path, mode)	检验对 path（文件或文件夹）的权限 mode 有四种： os.F_OK，检验 path 是否存在 os.R_OK，检验 path 是否可读 os.W_OK，检验 path 是否可写 os.X_OK，检验 path 是否可执行 是则返回 True，否则返回 False
os.chmod(path, mode)	更改 path 的权限
os.chown(path, uid, gid)	更改 path 的所有者
os.link(src, dst)	创建硬链接
os.symlink(src, dst)	创建软连接

10.3　shutil 模块

除了 os 模块之外， shutil 模块也提供了大量对文件的高级操作，这里我们讲解一些常用的操作。

使用 shutil 模块也是需要先用 import 导入：

```
import shutil
```

1．复制文件

shutil.copyfile(file1, file2)，可以将一个文件内容拷贝到另一个文件中，如果目标文件不存在，将会创建这个文件。

例如我们之前创建过一个 new.txt 文件，内容是 "Hello world!"，我们利用 copyfile 函数再创建一个新文件 new1.txt，并复制源文件的内容到新文件中：

```
import shutil

fa = r'E:\code\new.txt'
fb = r'E:\code\new1.txt'

shutil.copyfile(fa,fb)
```

运行之后，我们看到源文件中的内容已经被复制到新文件中，如图 10-9 所示。

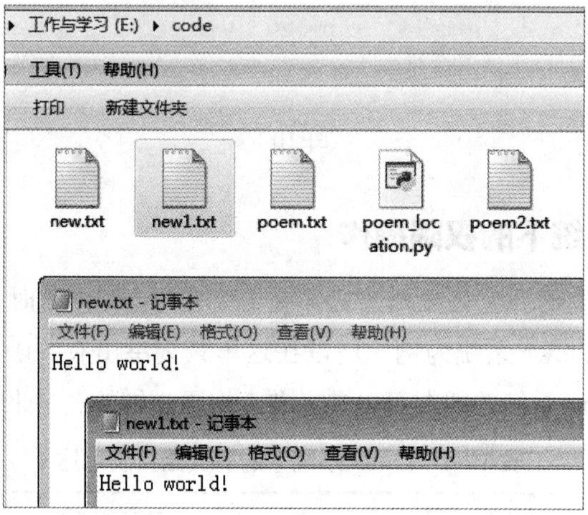

图 10-9

注意，如果目标文件已经存在，而且其中已经有内容，那么其中的内容会被源文件内容覆盖，例如我们再新建一个文件 new2.txt，在其中写入一串数字“12345”，然后我们赋值 new2.txt 到已经存在内容 "Hello world!" 的 new1.txt 中：

```
import shutil

fa = r'E:\code\new2.txt'
fb = r'E:\code\new1.txt'

shutil.copyfile(fa,fb)
```

运行之后，我们发现 new1.txt 中的内容已经被 new2.txt 中的内容所覆盖，如图 10-10 所示。

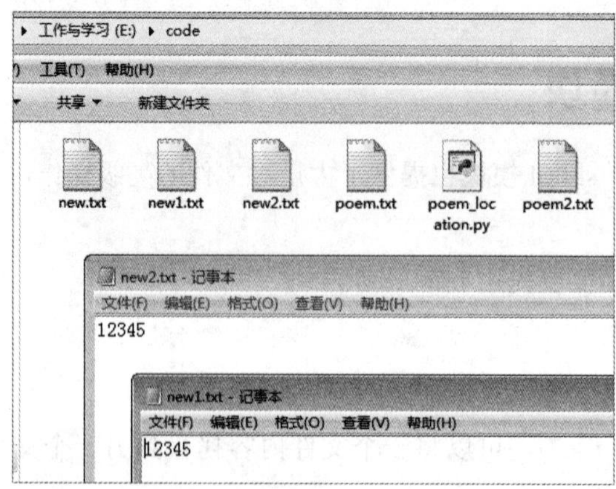

图 10-10

2．复制文件夹

shutil.copytree(dir1, dir2)，可以将一个文件夹中的所有内容拷贝到另一个文件中。注意，这里的 dir2 必须是不存在的，也就是将新建一个文件夹。

例如我们把之前的 new.txt 和 new1.txt 放入文件夹 a 中，然后复制这个文件夹到新创建的文件夹 b 中：

```
import shutil

fa = r'E:\code\a'
fb = r'E:\code\b'

shutil.copytree(fa,fb)
```

运行之后，我们看到创建了一个新的文件夹 b，并且文件夹 a 中的所有文件也被复制到了这个新的文件夹中，如图 10-11 所示。

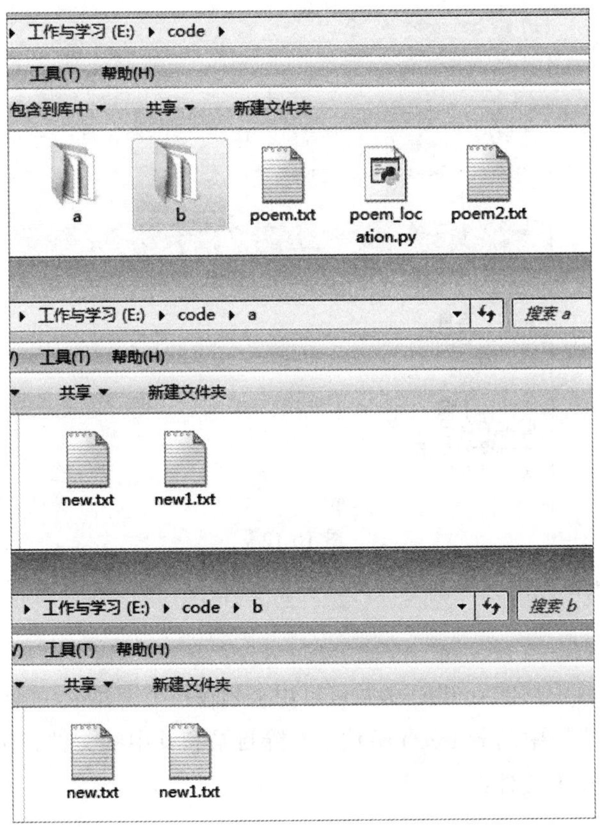

图 10-11

3．复制文件到文件夹中

如果我们想把一个文件复制到一个文件夹中，可以使用 shutil 模块的 copy 函数，格式是：shutil.copy(file, dir)。例如我们把之前的 poem.txt 这个文件复制到文件夹 a 中：

```
import shutil

f = r'E:\code\poem.txt'
d = r'E:\code\a'
```

```
shutil.copy(f,d)
```

运行之后，我们发现文件 poem 已经复制到文件夹 a 中，当然其中的内容也一样，如图 10-12 所示。

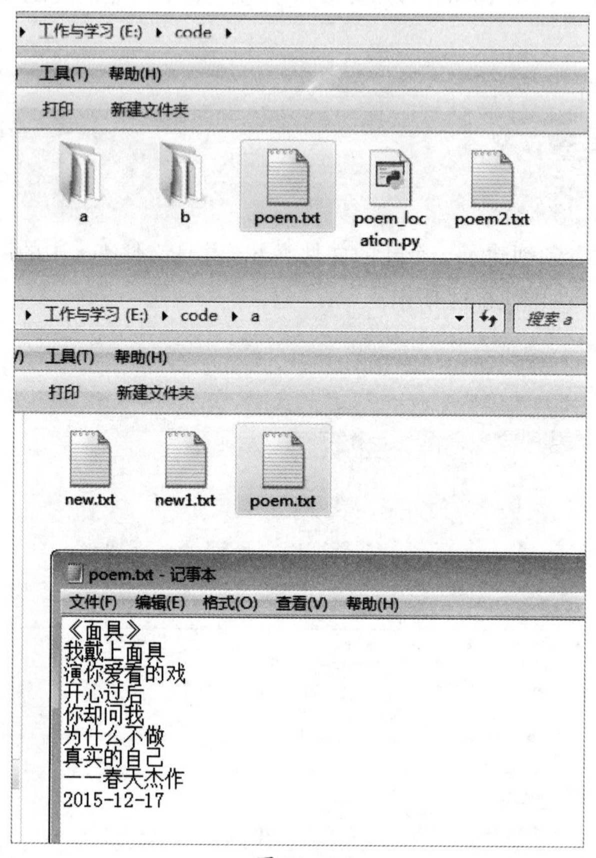

图 10-12

其实 copy 函数也可以用来复制文件内容到新文件中，使用方式类似 copyfile() 函数。

4. 删除非空目录

我们之前讲过，os 模块的 rmdir() 函数可以用来删除一个空目录，那如果目录中有文件，我们可以使用 shutil 模块中的 rmtree() 函数来删除目录和其中的文件。例如我们删除掉之前建立的文件夹 b 和其中的文件：

```
import shutil

d= r'E:\code\b'

shutil.rmtree(d)
```

运行之后，文件夹 b 和其中的文件就都被删除掉了。

第 11 章 让我们一起囤积数据吧——数据库操作

对于某些简单的数据或少量的数据，我们可以将其存储在一个文件中，但是当数据量非常大的时候或者很多数据需要分门别类存储的时候，我们就必须将其存储在数据库中。如果说我们编写的 Python 程序是生产车间，那么数据库就相当于存储原料和成品的仓库。本章我们将介绍数据库的有关知识和 Python 对数据库的操作方法。

11.1 数据库

如果你有一本书，你可以放在书包里；如果你有一百本书，你可以放在书架上；如果你有一万本书，那你就需要一间有很多书架的大房子来作为书库了。同样，大量数据的存储也需要有存放数据的“架子”和“房子”。

数据库（Database）是一种利用专门格式对数据进行存储的文件系统，对这些数据文件进行管理的软件称为数据库管理系统（Database Management System，DBMS）。就像我们可以用 Word 对文档进行创建和管理一样，数据库管理系统可以对数据文件进行创建和管理。

在讲解 Python 操作某些数据库的具体案例之前，我们本节先来了解一下与数据库和 Python 操作数据库有关的一些概念和原理。就像我们在驾校学习开车之前，虽然还不知道该在何时用何种幅度打方向盘，以及在何种情况下该如何变换挡位，但是你首先要了解一下汽车的方向盘和挡位是什么基本原理，以及有什么作用。了解这些基本概念之后，你再学习具体的操作，会事半功倍。

11.1.1 数据库简介

根据数据组织方式的不同，数据库可以分为关系型数据库和非关系型数据库两种。所谓关系型数据库，就是说数据的组织方式是依靠其关系来组织的，最常见的就是表格方式。关系型数据库的特点是结构清晰、容易理解、使用方便，而且支持 SQL 语言，可以方便地进行复杂查询。而非关系型数据库则不是依靠数据的关系来组织的，它最常见的方式是键值对的形式。因此，本章内容我们主要给大家介绍两种关系型数据库的操作。

常见的关系型数据库有 MySQL、PostgreSQL、SQL Server 等，常见的非关系型数据库有 MongoDB、Redis 等。后面我们将会给大家介绍 Python 对 SQLite 和 MySQL 这两种比较常见的数据库的操作。

Python 有专门的模块可以帮助我们执行对数据库的操作，但是在介绍有关数据库和模块之前，为了让大家更加深入地了解数据库以及更好地运用有关模块来操作数据库，这里先给大家简单介绍一下关系型数据库中的一些基本概念和原理。

表（Table）：表是关系型数据库中存储数据的基本结构，它的形式和我们平时生活中常见的表格非常类似。比如下面是一个学生信息表。

学号	姓名	性别	年龄	班级
20190001	赵一	男	16	高一 1 班
20190002	钱二	女	16	高一 1 班
20190003	孙三	男	16	高一 1 班
20190004	李四	女	16	高一 1 班

字段（也称为属性）：字段是指表中竖着的一列同等性质的数据，例如上面表中的学号（记录一系列学号数据）、姓名（记录一系列姓名数据）、性别、年龄、班级，这些都是字段。

记录（也称为元组）：记录是指表中横着的一行表示某个对象的一系列有关数据，例如最后一行李四同学的记录，里面记录着有关他的具体信息，包括学号是 20190004、姓名是李四、性别是男、年龄是 16、班级是高一 1 班。

主键（PRIMARY KEY）：主键是在一个表中能起到唯一标识作用的一个字段，例如上面学生信息表中的学号，它是唯一的，不重复的，依次增加的，因此可以用它来标识每一个学生的信息。姓名可能会有重名，而性别、年龄、班级更容易相同，因此只有学号是唯一的，所以学号就可以作为这个表的主键。每个表都应该有且只有一个主键，主键也必须有一个唯一的值，不能是空的。

外键（FOREIGN KEY）：外键对于一个表 A 来说其实就是另一个表 B 中的主键，但是这列数据也在表 A 中出现，可以起到关联表 A 和表 B 的作用。一个表中可以有多个外键。例如，我们这里有一个科目成绩表：

科目	学号	姓名	成绩	名次
语文	20190002	钱二	92	1
语文	20190001	赵一	85	2
语文	20190004	李四	81	3
语文	20190003	孙三	78	4

对于这个成绩表，学号（学生信息表中的主键）就是一个外键。而对于这个表来说，因为名次是唯一确定的，因此名次可以作为这个表的主键。

索引（INDEX）：索引是为了检索方便以及加快访问速度，按一定的规则创建的字段，它可以起到排序的作用。一个表中可以有多个索引。

约束：约束是在表的字段上强制规定的规则，一般用来限制表中的数据类型。比如我们可以在创建数据表的时候规定哪些字段中的值不能为空（NOT NULL），或者规定默认值（DEFAULT）。

上述概念我们在后面用到的时候会具体举例说明，大家目前先了解一下大体意义即可。

11.1.2　SQL 语句简介

SQL 语言（Structured Query Language）：即结构化查询语言，是一种对关系型数据库进行管理的专用语言。还记得我们在本书第一章开始时给大家介绍的“通用语言”和“专用语言”吗？没错，Python 是一种通用语言，而 SQL 就是一种专用语言。通过 SQL 语言，可以实现对数据库及数据表的创建、删除，以及对其中数据的增、删、改、查等常用操作。

下面我们简单介绍一些常用的 SQL 语句的格式和作用，在后面的学习中会用到。这里先提醒大家一点，实际上，SQL 语句对于大小写并不敏感，也就是说语句中的关键字用大写还是小写都行，但是出于跟一般代码进行区别的目的，我们往往把 SQL 语句中的关键字都用大写来表示。

1. CREATE TABLE 语句

CREATE TABLE 语句用于创建数据库中的表。它的语法结构是：

```
CREATE TABLE 表名 (
字段名 1 数据类型，
字段名 2 数据类型，
字段名 3 数据类型，
……)
```

注意：由于我们在创建表的时候需要同时创建表中会用到的多个字段（也就是之前讲过的表中的列），因此这里采用了多行的方式来写这条语句，所以在后面 Python 代码中需要把这多行的 SQL 语句当作一个多行的字符串（也就是用三引号引起来的方式）来处理。

2. DROP TABLE 语句

DROP TABLE 语句用于删除一个表。它的语法结构是：

```
DROP TABLE 表名
```

3. SELECT 语句

SELECT 语句用于从一个表中获取（即“增删改查”中的“查”）数据，结果会被存储在一个结果集之中。它的语法结构是：

```
SELECT 字段名 FROM 表名
```

当我们需要获取所有的字段数据时，可以用星号（*）替换字段名称：

```
SELECT * FROM 表名
```

当我们需要精确地查找到某一行（或符合条件的某些行）记录时，还可以配合 WHERE 子句来定位：

```
SELECT * FROM 表名 WHERE 字段名 运算符 值
```

这样就可以把符合“字段名 运算符 值”这个表达式的记录给查找出来。

如果我们要精确地查找一行记录中的某个字段的值，那么可以把星号换成字段名，在 WHERE 子句中用“字段名 = 值”的表达式来定位这个值：

```
SELECT 字段名 FROM 表名 WHERE 字段名 = 值
```

4．INSERT INTO 语句

INSERT INTO 语句用于向表中插入（即“增删改查”中的“增”）一行数据（即一条记录）。它的语法结构是：

```
INSERT INTO 表名 VALUES (值1, 值2,...)
```

我们还可以指定数值的插入位置（即在哪些字段中插入数据）：

```
INSERT INTO 表名 (字段1, 字段2,...) VALUES (值1, 值2,...)
```

5．DELETE 语句

DELETE 语句用于删除（即“增删改查”中的“删”）表中的行（即记录）。它的语法结构是：

```
DELETE FROM 表名 WHERE 字段名 = 某个值
```

这里我们又一次用到了 WHERE 子句，它的作用是通过字段中的某个值来确定这一行的具体位置。如果我们要删除所有的行数据，只需不写 WHERE 及后面的部分：

```
DELETE FROM 表名
```

但是即使如此，我们也只是删除了表中的所有记录，而它的结构（比如包含的各个字段）还是存在的，并不是把整个表都删除掉了，这点与之前讲过的 DROP TABLE 不同。

6．UPDATE 语句

UPDATE 语句用于修改（即“增删改查”中的“改”）表中的数据。它的语法结构是：

```
UPDATE 表名 SET 字段名 = 新值 WHERE 字段名 = 某个值
```

这里我们同样用到了 WHERE 子句来确定要修改的记录具体在哪一行，然后把“新值”修改到对应的字段上。

7．ALTER TABLE 语句

ALTER TABLE 语句用于增加、删除或修改表中的某个字段，或者给表改名。

如果要增加一个字段（即增加一列），语法结构是：

```
ALTER TABLE 表名 ADD 字段名 数据类型
```

如果要删除一个字段（即删除一列），语法结构是：

```
ALTER TABLE 表名 DROP COLUMN 字段名
```

如果要修改一个字段的数据类型，语法结构是：

```
ALTER TABLE 表名 ALTER COLUMN 字段名 数据类型
```

如果要给这个数据表改名，语法结构是：

```
ALTER TABLE 旧表名 RENAME TO 新表名
```

前面我们介绍了数据库的有关基本概念和 SQL 语言的一些常用语句语法，但这都只是数据库最基本的知识。与数据库有关的更加深入和复杂的内容我们这里不过多介绍，这不是

我们本书的主题。数据库本身也是一门非常专业的技术，如果你有兴趣可以再去寻找其他专门介绍数据库的学习资料，或者在以后的学习和工作中遇到有关数据库的问题时再去研究。

接下来，我们将再简单介绍一下 Python 操作数据库的一些基本原理和概念。

11.1.3　DB-API 简介

由于不同的数据库采用不同的技术实现方式，各有各的接口规范，因此在 Python 中虽然确实有很多模块可以操作特定的数据库，但是当数据库发生变化时，使用者便面临重新修改大量代码的工作，而且使程序的可移植性大大降低（图 11-1）。因此，Python DB-API 横空出世，它在 Python 程序和各种数据库中间架起了一座桥梁，统一了 Python 访问各种数据库的接口规范，使各种操作不同数据库的模块有了统一的标准，如图 11-2 所示。

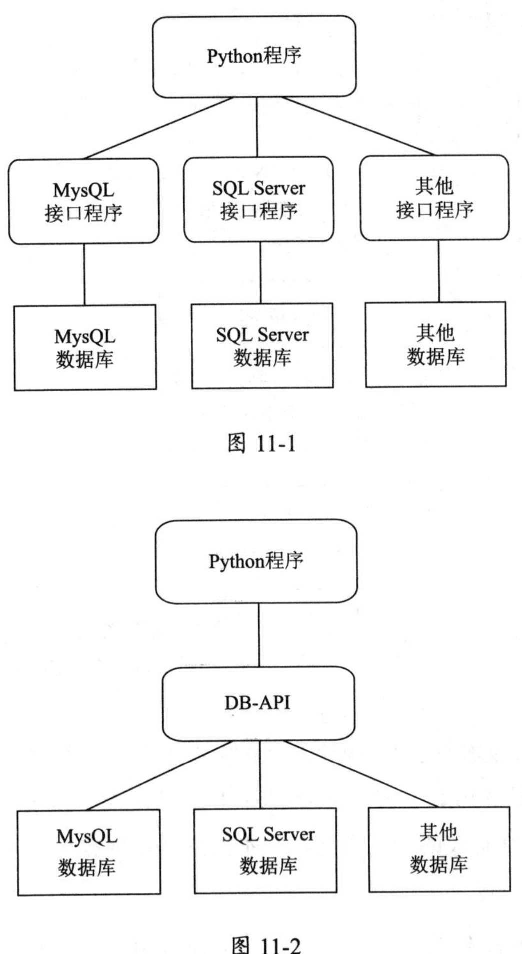

图 11-1

图 11-2

DB-API 由三部分组成：一是数据库连接对象（connection），它相当于在 Python 程序和数据库中间架起一座桥梁，是一个沟通的渠道。二是游标对象（cursor），它相当于运行在连接对象这座桥梁之上的一辆货车，可以输送 Python 程序与数据库之间的指令和数据。三是数据库异常类（exceptions），它能提示在这个桥梁和沟通过程中出现的问题，如图 11-3 所示。

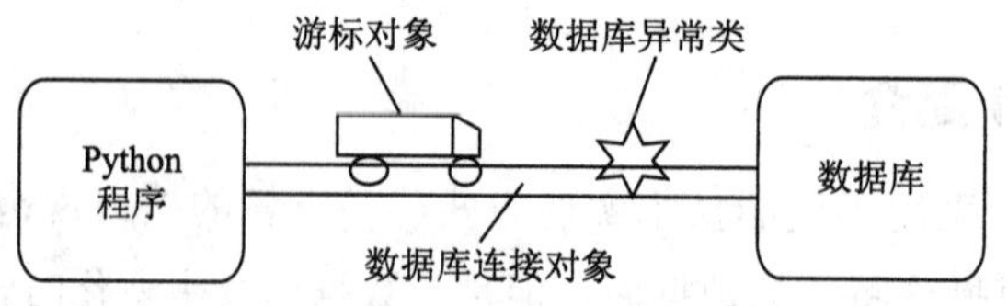

图 11-3

当我们使用 DB-API 操作数据库的时候，它的过程是：首先创建一个数据库连接对象，然后创建一个游标对象，通过游标来执行有关操作。执行完毕后关闭游标，然后提交事务，最后关闭连接，如图 11-4 所示。

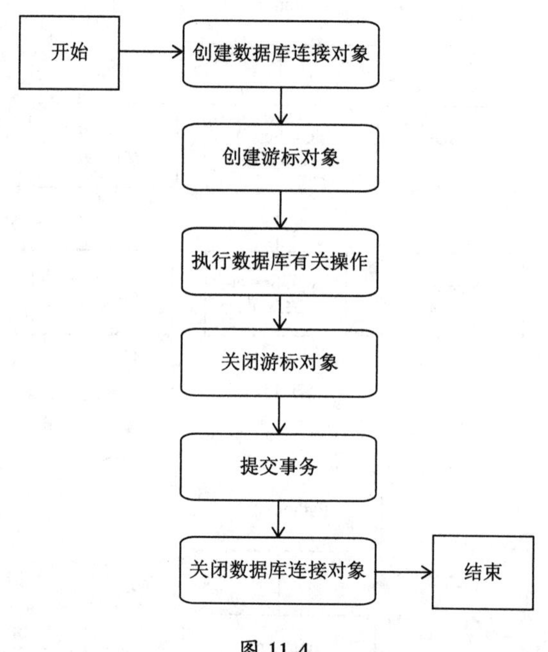

图 11-4

DB-API 目前最新的版本是 2.0，也已有 3.0 版本正在计划和讨论中，我们将基于 2.0 版本进行讲解，其官方文档（PEP 249）的地址是：https://www.python.org/dev/peps/pep-0249/。下面我们介绍 DB-API 2.0 有关的一些概念，在不同的数据库模块中都会用到这些概念。

1. 全局变量

在支持 DB-API 2.0 的有关各种数据库操作模块中，都必须包含三个全局变量：apilevel、threadsafety、paramstyle。

apilevel 描述的是模块所使用的 DB-API 版本号，其值可以是 1.0 或 2.0，不写则默认为 1.0。

threadsafety 描述的是模块的线程安全等级，可以是 0、1、2、3 四种。0 表示线程不能共享模块；1 表示线程可以共享模块但不能共享连接；2 表示线程可以共享模块和连接但不能共享游标；3 表示该模块是线程安全的，可以共享模块、连接和游标。

paramstyle 表示 SQL 语句的参数风格。format 表示使用标准的字符串格式，例如在需要插入参数的地方使用 %s。pyformat 表示使用扩展的格式（字典），例如用 %(k1) 表示用键为 k1 的字典为该参数指定值。qmark 表示使用问号（?）来代表参数。对其他风格，这里不多做介绍。

2．数据库连接与游标

要使用数据库，那么首先就要连接它，就像我们要使用电源的时候也必须通过电源线来连接一样。在支持 DB-API 2.0 的有关各种数据库操作模块中，都必须提供一个 connect() 函数。这个函数可以连接数据库，并返回一个可供操作的数据库连接对象。

对于一个函数来说，当然会有一些参数。connect() 函数的参数，如表 11-1 所示。

表 11-1　connect() 函数的参数

参数名	作用
dsn	数据源名称（必选参数）
user	用户名
password	用户密码
host	主机名
database	数据库名

因为 connect() 函数返回的是一个数据库连接对象，而对于一个对象来说，当然也就有一些方法。数据库连接对象的常用方法，如表 11-2 所示。

表 11-2　数据库连接对象的常用方法

方法名	作用
cursor()	返回游标对象
commit()	提交事务（事务就是游标进行的一系列操作）
rollback()	回滚事务
close()	关闭连接

游标对象主要用于执行 SQL 语句和获取查询结果，作为一个对象，它也有自己的一些方法，如表 11-3 所示。

表 11-3　游标对象的常用方法

方法名	作用
execute()	执行一个操作
executemany()	执行批量操作
fetchone()	获取查询结果集内的下一条记录
fetchmany()	获取查询结果集内指定数量的一批记录
fetchall()	获取查询结果集的所有记录
nextset()	跳到下一个结果集

3. 数据库有关异常

在之前的章节中，我们在某些例子中给大家介绍过一些可能出现的错误所引发的异常，在后面的章节我们会具体介绍有关错误和异常的更加详细和系统的知识。在这里我们先简单了解一下与 DB-API 有关的一系列可能出现的异常（见表 11-4），以便大家在遇到的时候能知道是出现了哪方面的问题。

表 11-4　与 DB-API 有关的异常情况

异常	描述
InterfaceError	与数据库接口（而非数据库本身）相关的错误引发的异常。与下面 DatabaseError 同等级
DatabaseError	与数据库相关的错误引发的异常。 它是以下 6 个异常类的父类
DataError	由于处理数据出现问题而导致的错误引发的异常。 例如数字除以 0
OperationalError	与数据库操作相关的错误引发的异常。 例如数据库连接意外断开
IntegrityError	当数据库的关系完整性受到影响时引发的异常。 例如外键检查失败
InternalError	当数据库遇到内部错误时引发的异常。 例如游标失效、事务不同步等
ProgrammingError	编程错误引发的异常。 例如 SQL 语句中的语法错误、参数错误等
NotSupportedError	使用数据库不支持的方法或数据库 API 引发的异常。 例如在已关闭事务的连接上请求回滚

了解以上这些概念和原理后，下面我们将要具体介绍 Python 操作两种关系型数据库（SQLite 和 MySQL）的有关内容。

11.2 Python 操作 SQLite 数据库

SQLite 是一个小型的嵌入式关系型数据库，它的一个数据库就是一个文件，使用非常方便。而且由于在 Python 3 当中已经内置了 SQLite3，所以在 Python 3 中无须再进行安装，可以直接导入使用。因此本节我们首先介绍一下 SQLite3 的使用。

11.2.1 sqlite3 模块的使用

要使用 SQLite3，首先我们要导入 sqlite3 模块，和导入其他内置模块一样简单，只需要在文件开头或交互界面中使用 import 语句即可：

```
>>> import sqlite3
```

这里，我们还可以通过之前介绍过的 DB-API 中的全局变量来查看 sqlite3 模块的一些属性，例如我们用 apilevel 属性来看一下它所使用的 DB-API 的版本号：

```
>>> sqlite3.apilevel
'2.0'
```

可以看到，这里 DB-API 的版本是 2.0。

我们再用 threadsafety 属性看一下其线程安全等级：

```
>>> sqlite3.threadsafety
1
```

可以看到，sqlite3 模块的线程安全等级是 1，也就是说线程可以共享模块，但不能共享连接。

我们再用 paramstyle 属性查看一下 sqlite3 模块所以用的 SQL 语句参数风格：

```
>>> sqlite3.paramstyle
'qmark'
```

可见 sqlite3 是使用问号（?）来代表参数。

我们前面讲过，当我们使用 DB-API 操作数据库的时候，它的过程是：首先创建一个连接，然后创建一个游标，通过游标来执行有关操作。完成任务后，关闭游标，最后关闭连接。下面我们就按照这个过程来介绍如何使用 SQLite3。

第一步，创建数据库连接。连接（创建）一个 SQLite3 数据库文件需要使用 sqlite3.connect(' 文件名 ') 方法，当文件名不存在的时候，则会自动在当前目录创建这个文件。这里我们创建我们第一个数据库文件 first.db，并创建数据库连接对象 conn：

```
>>> conn = sqlite3.connect('first.db')
```

代码运行之后，我们就创建了一个数据库文件和一个数据库连接对象，接下来我们再用数据库连接对象的 cursor() 方法来创建一个游标对象。

```
>>> curs = conn.cursor()
```

这样，游标对象 curs 就创建好了。

有了游标对象，我们就可以调用其 execute() 方法来执行 SQL 命令。不过这里我们暂且不执行有关操作（因此也就无需提交事务），在后面再举例详细介绍。现在我们继续，关闭游标，关闭数据库连接。

```
>>> curs.close()
>>> conn.close()
```

至此，虽然我们中间没有执行什么具体操作，但是整个打开直至关闭数据库的过程已经体验到了。

你可能会想，刚才创建的数据库文件 first.db 在哪里呢？其实它就在我们安装 Python 的目录下，例如在我的电脑中，Python3.7 安装在“D:\Program Files\Python\Python37”目录下，因此这个 first.db 文件就在这个目录中。接下来我们就以这个文件为例来介绍后面的内容。

11.2.2　数据表的创建、改名与数据的添加

我们之前讲过，关系型数据库中最基本的数据组织方式是表（Table），数据都是存储在一张张的表当中的。接下来我们就介绍如何在 SQLite3 数据库中创建一个表，并向其中添加数据。这里我们要用到之前介绍过的游标对象的 execute() 方法，通过执行一条 SQL 语句创建一个名为 student 的数据表。

首先我们连接之前创建过的 first.db 这个数据库文件，并创建游标：

```
>>> import sqlite3
>>> conn = sqlite3.connect('first.db')
>>> curs = conn.cursor()
```

游标 curs 创建好之后，我们利用其 execute() 方法，并传递一个参数，这个参数就是一条 SQL 语句，我们用 SQL 语句来创建一个名为 student 的数据表，并按照之前举例的学生信息表的格式把表中的字段和数据类型规定好。还记得我们前面讲过的创建一个数据表的 SQL 语句是什么吗？

```
>>> curs.execute('''CREATE TABLE student(
sid INTEGER PRIMARY KEY,
name TEXT,
sex TEXT,
age INTEGER,
class TEXT)''')
```

在上面的代码中，三引号中间的就是我们之前讲过的创建数据表的 SQL 语句，这里面总共创建了 5 个字段，并在其后标明了数据类型，而且 sid 的后面还标注了“PRIMARY KEY”，表示这个字段是这个表中的主键。

回车运行之后，会返回一行信息，表示当前游标对象在内存中的位置，可以忽略：

```
<sqlite3.Cursor object at 0x0000000002B20570>
```

当然，你也可以先把这个创建表的 SQL 语句作为一个多行字符串赋值给一个变量，然后在执行语句的时候传入这个变量即可。当语句比较长的时候可以采用这种方法，使代码更加清晰，修改起来更加方便。形式如下（这里只是展示这种方式，不需再重复执行）：

```
# 把 SQL 语句赋值给变量
sql = '''CREATE TABLE student(
sid INTEGER PRIMARY KEY,
name TEXT,
sex TEXT,
age INTEGER,
class TEXT)'''
# 执行变量所存储的 SQL 语句
curs.execute(sql)
```

下面我们顺便介绍一下如何给一个已创建的表修改名称。比如这时，我们突然发现，这个数据表的名称是 student，是单数形式，而我们想把它改成复数形式的 students，那么就可以用游标执行使用之前介绍过的给表改名的 SQL 语句：

```
>>> curs.execute("ALTER TABLE student RENAME TO students")
<sqlite3.Cursor object at 0x0000000002B20570>
```

接下来，我们再通过 executemany() 方法来给表中增加一些数据。executemany() 方法需要用到两个参数，第一个参数是要执行的 SQL 语句，第二个参数是 SQL 语句中的参数表。这里我们先定义两个变量来存储这两个参数。首先我们定义 SQL 语句：

```
>>> sql = "INSERT INTO students VALUES (?, ?, ?, ?, ?)"
```

注意，这里我们使用了 5 个问号来表示占位符，因为我们之前通过全局变量 paramstyle 查看过，sqlite3 模块使用的是 qmark 参数风格，也就是用问号来占位。

然后我们定义参数表，注意，参数表需要使用序列格式，这里我们使用在列表中嵌套元组的形式：

```
>>> params = [(20190001, '赵一', '男', 16, '高一1班'), (20190002, '钱二', '女',
16, '高一1班'), (20190003, '孙三', '男', 16, '高一1班'), (20190004, '李四', '女',
16, '高一1班')]
```

然后，我们执行 executemany() 方法：

```
>>> curs.executemany(sql, params)
<sqlite3.Cursor object at 0x0000000002B20570>
```

游标执行完任务后，我们就可以关闭游标了：

```
>>> curs.close()
```

然后，我们再使用之前提到过的数据库连接对象的 commit() 方法来提交事务，这样，数据就已经批量添加到我们之前创建的数据表中了：

```
>>> conn.commit()
```

最后，我们关闭数据库连接：

```
>>> conn.close()
```

到此为止，我们创建了数据表，并且向其中添加了一些数据，后面我们还将利用这个表和其中的数据来演示如何查询、删除、修改表中的数据。

11.2.3　数据的查询、修改与删除

上面，我们已经利用 SQLite3 创建了一个名为 first.db 的数据库，并添加了一个名为“students”的学生信息表，下面我们再学习一下如何从一个表中查询、删除与修改数据。

我们前面讲过，查询数据需要用 SQL 语言中的 SELECT 语句。下面，我们就看一下它的用法。这里，我们假设是重新从头开始连接数据库文件，因此，首先我们还是要导入 sqlite3 模块，创建数据库连接，创建游标：

```
>>> import sqlite3
>>> conn= sqlite3.connect('first.db')
>>> curs = conn.cursor()
```

游标创建之后，我们用游标的 execute() 方法来执行之前讲过的 SELECT 语句，这里我们先获取 students 表中的所有信息：

```
>>> curs.execute("SELECT * FROM students")
<sqlite3.Cursor object at 0x0000000002BA3C70>
```

在执行完 SELECT 语句后，其实就可以把游标看成一个迭代器，里面有我们获取到的结果集（结果集是列表的形式，里面每条记录都是一个元组形式），调用我们之前讲过的游标的 fetchone() 方法就可以检索单条记录，或者调用 fetchall() 方法获取所有记录的列表。这里我们先用 fetchone() 方法一条一条来看：

```
>>> curs.fetchone()
(20190001, '赵一', '男', 16, '高一1班')
>>> curs.fetchone()
(20190002, '钱二', '女', 16, '高一1班')
>>> curs.fetchone()
(20190003, '孙三', '男', 16, '高一1班')
>>> curs.fetchone()
(20190004, '李四', '女', 16, '高一1班')
```

我们执行了四次 fetchone()，因此依次得到了我们获取到的四条记录。需要注意一点，因为这里我们是在 IDLE 的交互模式下，因此 fetchone() 方法的返回值是直接显示在屏幕上的。但如果我们在文件模式下运行，需要使用 print() 函数来输出结果，后面我们在用文件模式的时候会再提醒大家。

我们再演示一下用 fetchall() 方法获取整个结果集。但是注意，前面从迭代器中把数据都读出之后，迭代器自然也就变成了空的。因此，现在我们要重新使用 fetchall() 方法来一次性获取所有记录的时候，要重新用 SELECT 语句查询一次。

```
>>> curs.execute("SELECT * FROM students")
<sqlite3.Cursor object at 0x0000000002BA3C70>
>>> curs.fetchall()
[(20190001, '赵一', '男', 16, '高一1班'), (20190002, '钱二', '女', 16, '高一1班'), (20190003, '孙三', '男', 16, '高一1班'), (20190004, '李四', '女', 16, '高一1班')]
```

可以看到，这次我们获取到了整个结果集，是列表中嵌套数组的形式。

我们之前还学过，SELECT 语句可以配合 WHERE 子句来精确地获取某一个数据，这里我们也演示一下：

```
>>> curs.execute("SELECT name FROM students WHERE sid = 20190003")
<sqlite3.Cursor object at 0x0000000002BA3C70>
>>> curs.fetchall()
[('孙三',)]
```

这里 SELECT 后面跟的字段名是 name，也就是说要查询字段 name 中的数据，后面 WHERE 子句通过表达式“sid = 20190003”确定了数据所在的行。

下面我们再演示一下修改某个数据的方法，比如我们刚才查的孙三同学，他改名了，改成“孙小三”了，那我们可以通过之前学过的 UPDATE 语句来进行修改：

```
>>> curs.execute("UPDATE students SET name = '孙小三' WHERE sid = 20190003")
<sqlite3.Cursor object at 0x0000000002BA3C70>
```

执行完毕后，我们再通过 SELECT 语句来查询一下是否修改成功：

```
>>> curs.execute("SELECT name FROM students WHERE sid = 20190003")
<sqlite3.Cursor object at 0x0000000002BA3C70>
>>> curs.fetchall()
[('孙小三',)]
```

可以看到，之前的“孙三”已经被修改成“孙小三”。

除了修改，我们还可以删除数据，比如我们刚改过名的孙小三同学因为种种原因转学了，我们要把他的信息从表中删除，这时就要用到我们之前学过的 DELETE 语句：

```
>>> curs.execute("DELETE FROM students WHERE name = '孙小三' ")
<sqlite3.Cursor object at 0x0000000002BA3C70>
```

大家注意到没有，这次我们 WHERE 子句中用的是 name 字段的数据来确定索要删除的数据所处的位置，但是要小心，这里我们没有重名的同学，所以可以用这种方式，最好的方式还是通过唯一确定的主键（也就是之前用过的 sid）来确定数据位置。

删除之后，我们再获取并查看一下表中还有哪些数据：

```
>>> curs.execute("SELECT * FROM students")
<sqlite3.Cursor object at 0x0000000002BA3C70>
>>> curs.fetchall()
```

```
[(20190001, '赵一', '男', 16, '高一1班'), (20190002, '钱二', '女', 16, '高一1班'), (20190004, '李四', '女', 16, '高一1班')]
```

可以看到，孙小三同学的信息已经没有了。

最后，再次提醒大家注意，我们执行完一系列操作并关闭游标之后，一定要用数据库连接对象的 commit() 方法提交事务，否则这一系列操作的结果不会被保存，最后记得关闭数据库连接：

```
>>> curs.close()
>>> conn.commit()
>>> conn.close()
```

11.2.4　查看表信息与删除表

一个 SQLite3 数据库文件中是可以存储多个表的，比如我们之前在 first.db 这个文件中建立了 students 这个表，下面我们再建立一个 teachers 表，并存入几条教师信息。这次我们不使用 IDLE 的交互模式，而采用文件方式来执行这个任务，代码如下（源文件 / 第 11 章 / creat_table_teachers.py）：

```
import sqlite3  # 导入 sqlite3 模块

conn = sqlite3.connect(r'D:\Program Files\Python\Python37\first.db')  # 创建数据库连接对象
curs = conn.cursor()  # 创建游标

# 创建表
sql = '''CREATE TABLE teachers(
tid INTEGER PRIMARY KEY,
name TEXT,
sex TEXT,
age INTEGER,
subject TEXT)'''
curs.execute(sql)

# 向表中批量添加数据
sql = "INSERT INTO teachers VALUES (?, ?, ?, ?, ?)"
params = [(1001, '周一', '男', 31, '语文'),
          (1002, '吴二', '女', 32, '数学'),
          (1003, '郑三', '男', 33, '英语'),
          (1004, '王四', '女', 34, '体育')]
curs.executemany(sql,params)

curs.close()  # 关闭游标
conn.commit()  # 提交事务
conn.close()  # 关闭连接
```

注意，在上面连接数据库文件的时候，我们用原始字符串的方式来给出文件的绝对路径。之前我们提到过，创建数据库连接的时候，是在当前文件夹下，也就是我们这个 Python 文件的当前目录，而不是之前我们创建数据库文件的目录。因此，这里使用绝对路径来找到之前的文件。

代码执行完毕后，我们再通过执行文件的方式来查看一下刚才创建的表是否成功以及其中的信息，代码如下（源文件 / 第 11 章 /inquery_teachers.py）：

```
import sqlite3  # 导入模块
```

```
conn= sqlite3.connect(r'D:\Program Files\Python\Python37\first.db')  # 创建连接
curs = conn.cursor()  # 创建游标

curs.execute("SELECT * FROM teachers")  # 查询数据
t = curs.fetchall()  # 获取数据

curs.close()  # 关闭游标
conn.commit()  # 提交事务
conn.close()  # 关闭连接

print(t)  # 输出结果
```

注意，这里我们用 fetchall() 方法获取数据后，把它传递给变量 t，然后在后面输出 t 的内容。我们之前提到过，在文件模式下需要用这种方式来存储和输出结果，而不像在交互模式下直接会把返回值显示出来。

运行结果是：

```
[(1001, '周一', '男', 31, '语文'), (1002, '吴二', '女', 32, '数学'), (1003, '郑三', '男', 33, '英语'), (1004, '王四', '女', 34, '体育')]
```

可见，teachers 表已经创建好，数据也已经被我们成功地添加到数据库文件中了。

当一个数据库文件中存储了多个表之后，我们有时候会需要查看一下这个数据库文件中存储了哪些表，下面我们给大家介绍一下查看表信息的方法。

在 SQLite3 数据库文件中，有一个默认的系统信息表 sqlite_master，里面存储着数据库文件中保存的所有表的信息，包括表的名称，创建表时的 SQL 语句等。sqlite_master 的表结构是：

```
type TEXT,  #记录项目类型，包括表（table）、索引（index）等
name TEXT,  #记录项目的名称，包括表名、索引名等。
tbl_name TEXT,  #记录所从属的表名，比如索引所在的表名等。
rootpage INTEGER,  #记录项目在数据库页中的编号。
sql TEXT  #记录创建该项目的 SQL 语句。
```

因此，当我们要查询数据库文件中有哪些表时，只需要查看 sqlite_master 表中的 name 字段即可。对应的 SQL 语句是：

```
SELECT name FROM sqlite_master WHERE TYPE='table'
```

这里 name 表示我们要查找 name 这一字段，WHERE 子句则确定了要查询的类型是表。

整个查询表名的代码如下（源文件 / 第 11 章 /inquery_tablename.py）：

```
import sqlite3  # 导入模块

conn= sqlite3.connect(r'D:\Program Files\Python\Python37\first.db')  # 创建连接
curs = conn.cursor()  # 创建游标

curs.execute("SELECT name FROM sqlite_master WHERE TYPE='table'")  # 查询表名
t = curs.fetchall()  # 获取数据

curs.close()  # 关闭游标
conn.commit()  # 提交事务
conn.close()  # 关闭连接

print(t)  # 输出结果
```

运行结果是：

```
[('students',), ('teachers',)]
```

可见，在 first.db 中，我们有 students 和 teachers 两个表。

当然，你还可以用我们之前学过的遍历列表的方法把这两个数据分别输出，而不是以列表中嵌套元组的形式出现，只需要把最后一行 print(t) 替换为如下代码：

```
for i in t:
    for j in i:
        print(j)
```

运行结果就会变成：

```
students
teachers
```

接下来，你可能还想查看一下这两个表的结构，也就是它们包含的字段和数据类型，其实这部分信息就包含在创建表时的 SQL 语句中，也就是 sqlite_master 表中的 sql 字段。这时需要用到下面的 SQL 语句：

```
SELECT sql FROM sqlite_master WHERE name='表名'
```

整个查询表名的代码如下（源文件 / 第 11 章 /inquery_tablename.py）：

```
import sqlite3  #导入模块

conn= sqlite3.connect(r'D:\Program Files\Python\Python37\first.db')  #创建连接
curs = conn.cursor()  #创建游标

curs.execute("SELECT sql FROM sqlite_master WHERE name='teachers' ")  #查询teachers
表结构
t = curs.fetchall()  #获取数据

curs.close()  #关闭游标
conn.commit()  #提交事务
conn.close()  #关闭连接

print(t[0][0])  #输出结果
```

注意这里最后一行，因为我们讲过，查询到的结果集是以列表中嵌套元组的形式存在的，因此我们这里用 t[0][0] 可以直接获取结果集中的唯一这条数据。运行结果是：

```
CREATE TABLE teachers(
tid INTEGER PRIMARY KEY,
name TEXT,
sex TEXT,
age INTEGER,
subject TEXT)
```

这样就可以看到我们之前创建 teachers 表时用到的 SQL 语句了，其中的字段名和数据类型也非常明显。

最后，我们再来看一下，当我不再需要某个表时，如何删除这个表。其实非常简单，就利用之前讲过的 DROP TABLE 语句即可：

```
DROP TABLE 表名
```

比如我们要把 teachers 这个表删除掉，代码如下（源文件 / 第 11 章 /drop_table_teachers.py）：

```
import sqlite3  #导入模块

conn= sqlite3.connect(r'D:\Program Files\Python\Python37\first.db')  #创建连接
curs = conn.cursor()  #创建游标
```

```
curs.execute("DROP TABLE teachers")  # 删除 teachers 表
t = curs.fetchall()  # 获取数据

curs.close()  # 关闭游标
conn.commit()  # 提交事务
conn.close()  # 关闭连接
```

运行之后，teachers 这个表就整体被删除了。不信我们可以再次运行一下之前写过的查询数据库中所有表名的文件 inquery_tablename.py（源文件 / 第 11 章 /inquery_tablename.py）。运行结果是：

```
[('students',)]
```

可见，teachers 表已经没有了，只剩下 students 这个表。

11.3 Python 操作 MySQL 数据库

MySQL 是一款开源、免费的关系型数据库系统，在 Web 领域应用非常广泛，深受中小企业和中小网站的喜爱。与 SQLite 不同的是，它并不是 Python 内置的，因此你需要先安装 MySQL。本节将介绍 Python 操作 MySQL 的有关内容。

11.3.1 下载安装 MySQL

在使用 MySQL 之前，你需要先下载并安装。虽然目前 MySQL 的新的版本是 8.0，但是使用最广泛的版本还是 5.x 系列，因此这里我们以 5.7 版本为例进行讲解。MySQL 的官网地址是 https://www.mysql.com/。我们这里直接给出本书所使用的 Windows 系统版本的下载链接：https://dev.mysql.com/downloads/installer/（如果你使用的是别的系统，请在官网寻找对应版本），在这个页下方有两个下载链接，我们单击第二个右侧的“Download”按钮（图 11-5），然后会进入一个注册页面，其实当然也可以不注册，因此我们直接单击下方的“No thanks, just start my download.”就可以进行下载了，如图 11-6 所示。

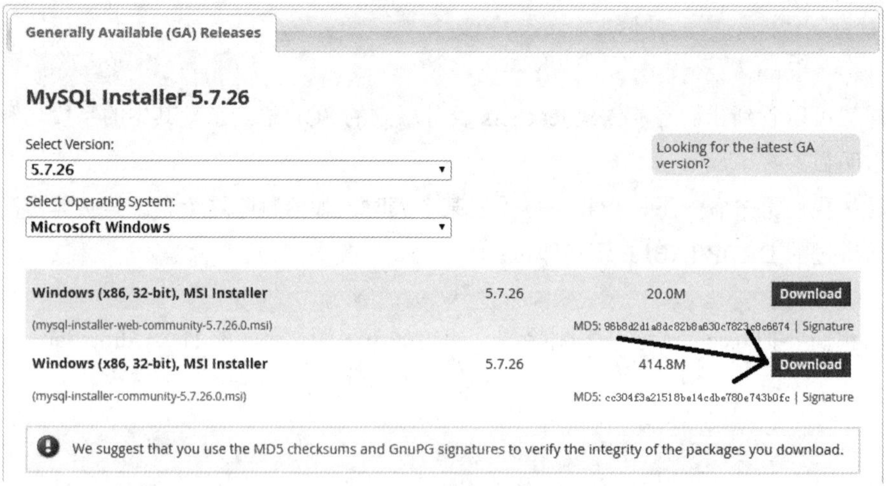

Generally Available (GA) Releases

MySQL Installer 5.7.26

Select Version:
5.7.26

Looking for the latest GA version?

Select Operating System:
Microsoft Windows

Windows (x86, 32-bit), MSI Installer	5.7.26	20.0M	Download
(mysql-installer-web-community-5.7.26.0.msi)		MD5: 98b8d2d1a8dc82b8a630c7823c8c6674 | Signature	
Windows (x86, 32-bit), MSI Installer	5.7.26	414.8M	Download
(mysql-installer-community-5.7.26.0.msi)		MD5: cc304f3a21518be14cdbe780e743b0fc | Signature	

We suggest that you use the MD5 checksums and GnuPG signatures to verify the integrity of the packages you download.

图 11-5

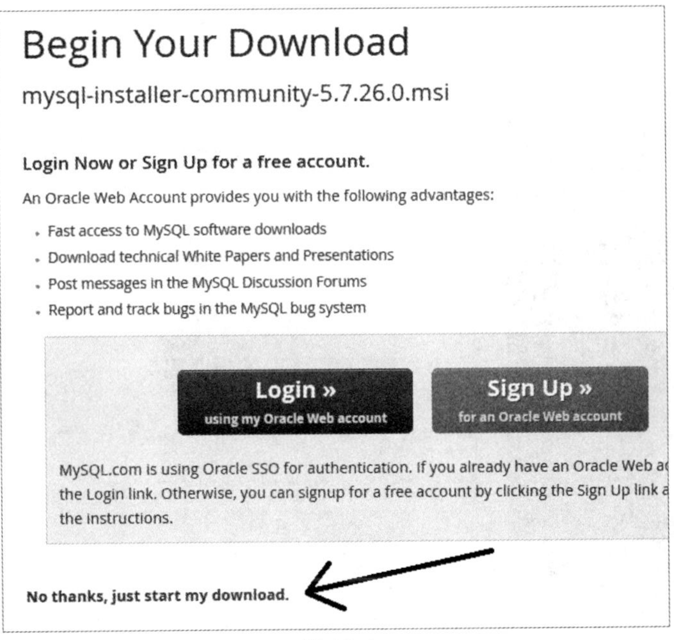

图 11-6

下载完成后，你得到的是一个 msi 安装包，如图 11-7 所示。

图 11-7

双击这个文件即可进行安装，不过一开始会出现一个初始化的配置过程，稍等即可，如图 11-8 所示。

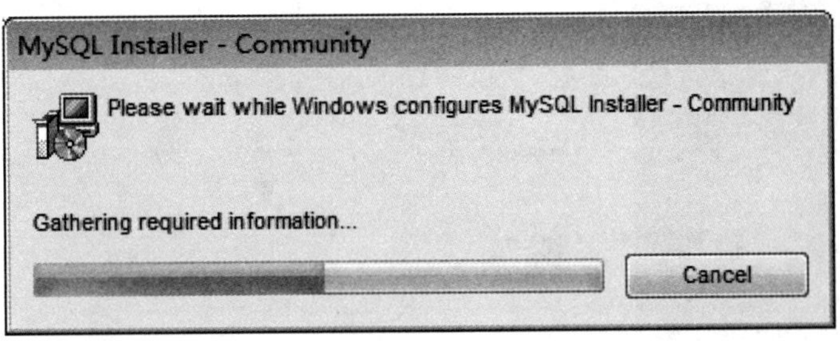

图 11-8

几十秒或几分钟后，你将看到安装界面，这里把最下面的“I accept the license items”（即许可条款）前面打勾，然后单击“Next”按钮，如图 11-9 所示。

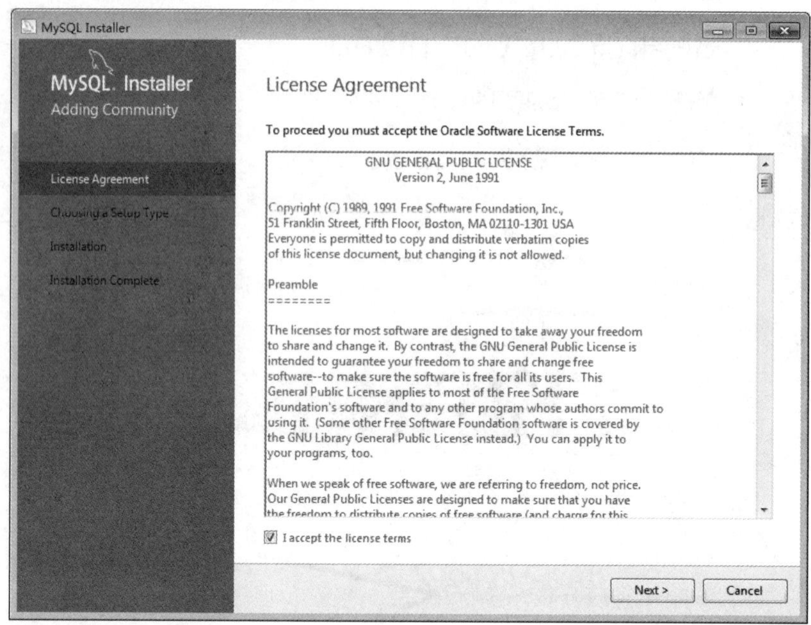

图 11-9

接下来会出现一个让我们选择安装类型的界面，默认是选中第一项，如果你不想麻烦地进行自定义那么可以选择第一项即可。但这里我们选择最后一个“Custom”，也就是自定义安装，然后单击“Next”按钮，如图 11-10 所示。

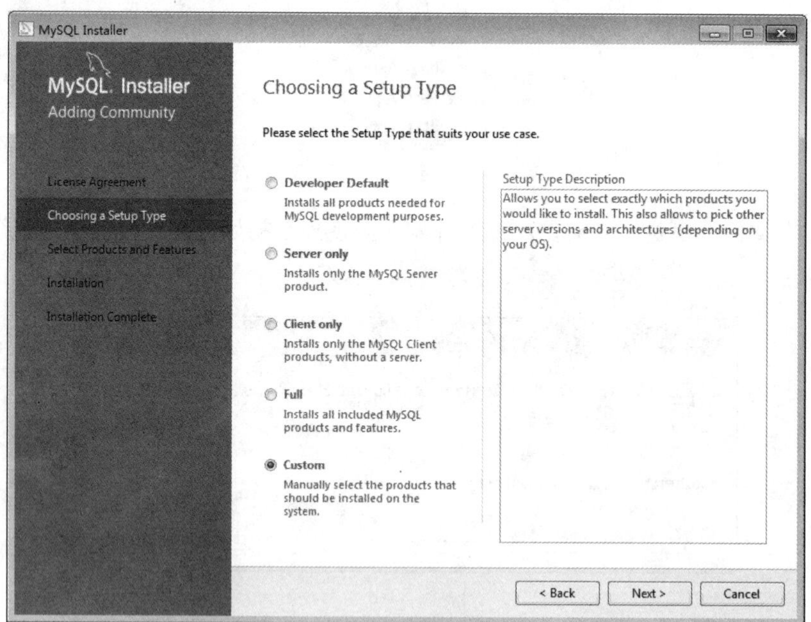

图 11-10

接下来的界面是让我们选择安装哪些组件，我们可以单击“Available Products”部分的加号进行选择，选中项目后按中间的向右箭头加入到待安装列表“Products/Features To Be Installed”。这里我们在“MySQL Servers”部分选择“MySQL Server 5.7.26 –X64”，在“MySQL

Connectors”部分选择“Connector Python(3.7)8.0.16 –X64”，如图 11-11 所示。

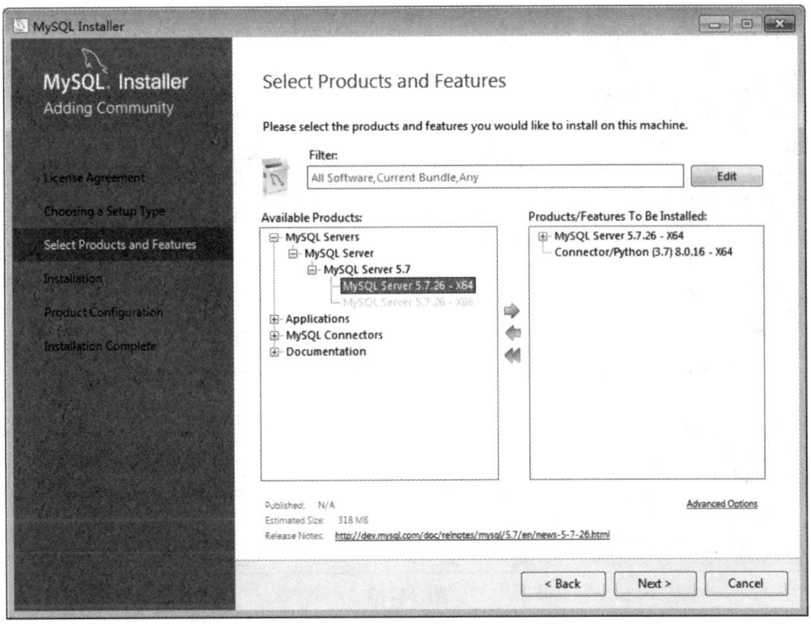

图 11-11

选择完成后，在“Products/Features To Be Installed”我们分别单击“MySQL Server 5.7.26 –X64”和“Connector Python(3.7)8.0.16 –X64”，然后单击右下方的“Advanced Options”自定义安装路径，这里我们把它们安装到 D 盘，你可以自定义你想安装的路径，如图 11-12、图 11-13 所示。

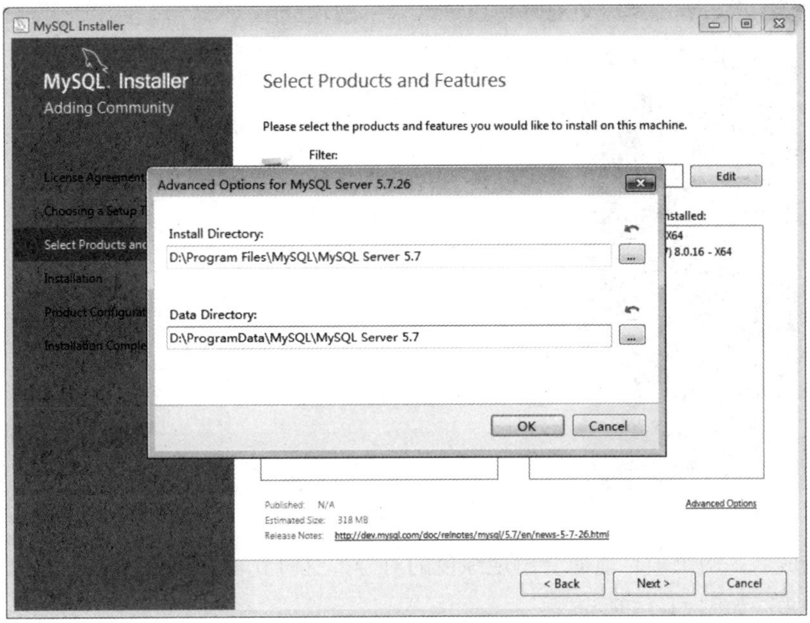

图 11-12

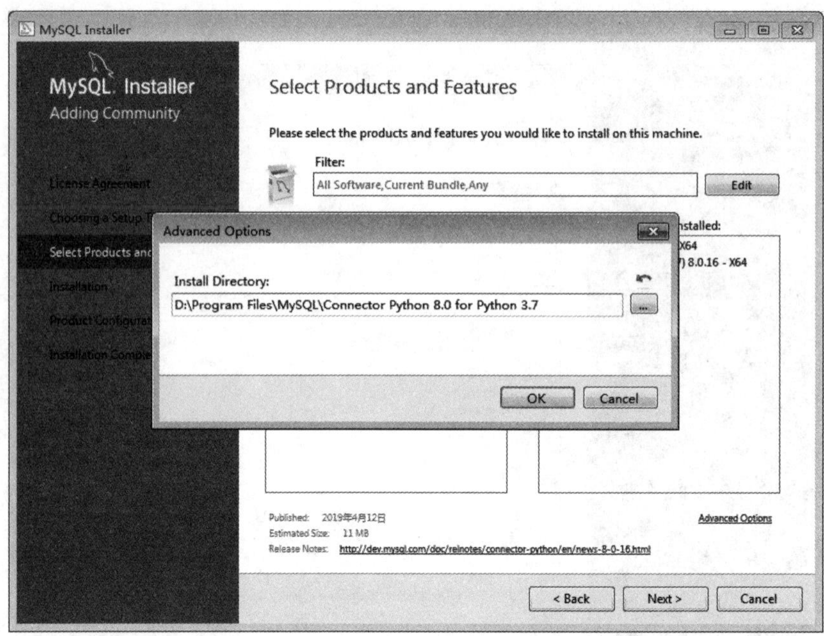

图 11-13

做好以上选择和设置后，我们单击“Next”按钮，在新出现的安装界面单击下面的“Execute”按钮执行安装，如图 11-14 所示。

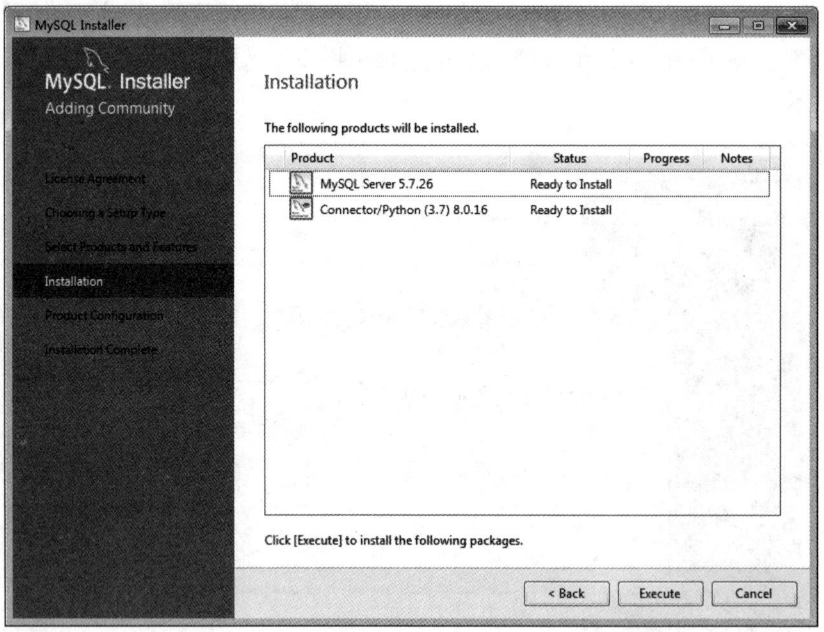

图 11-14

安装完成后，两个项目前面会出现绿色的对号，这时我们可以单击右下方的“Next”按钮进行下一步，如图 11-15 所示。

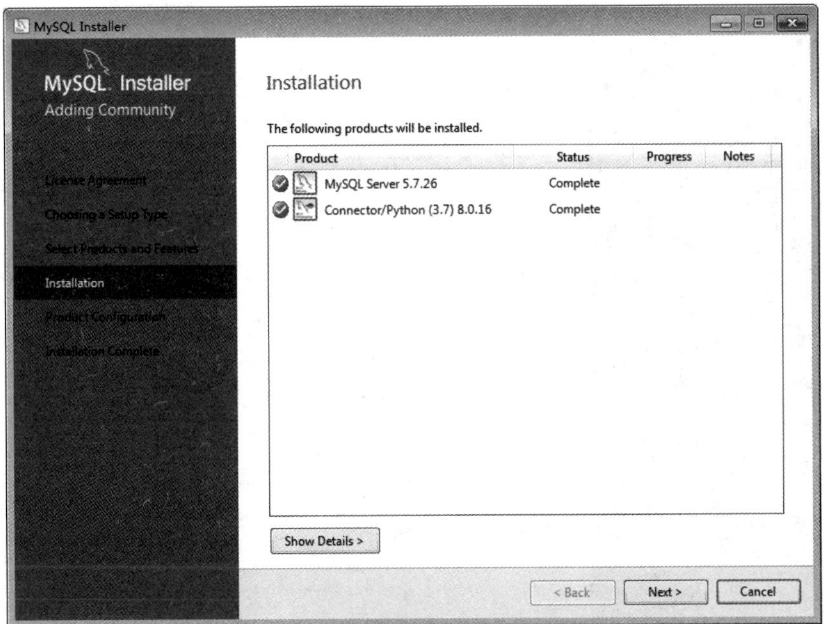

图 11-15

在接下来出现的“Product Configuration”界面我们单击右下角的“Next”按钮，如图 11-16 所示。

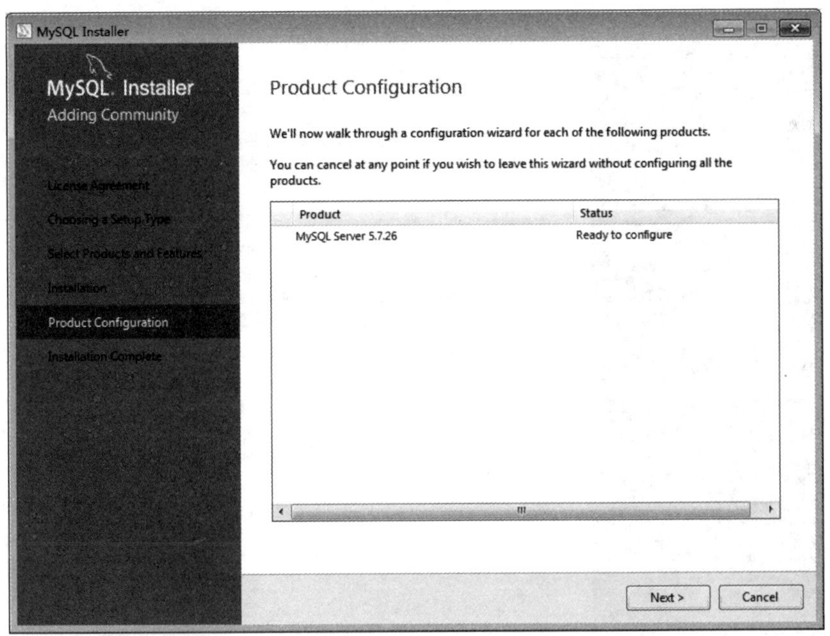

图 11-16

接下来进入的是配置界面，有五个项目，第一个项目“High Availability”我们使用默认配置，单击“Next”按钮即可，如图 11-17 所示。

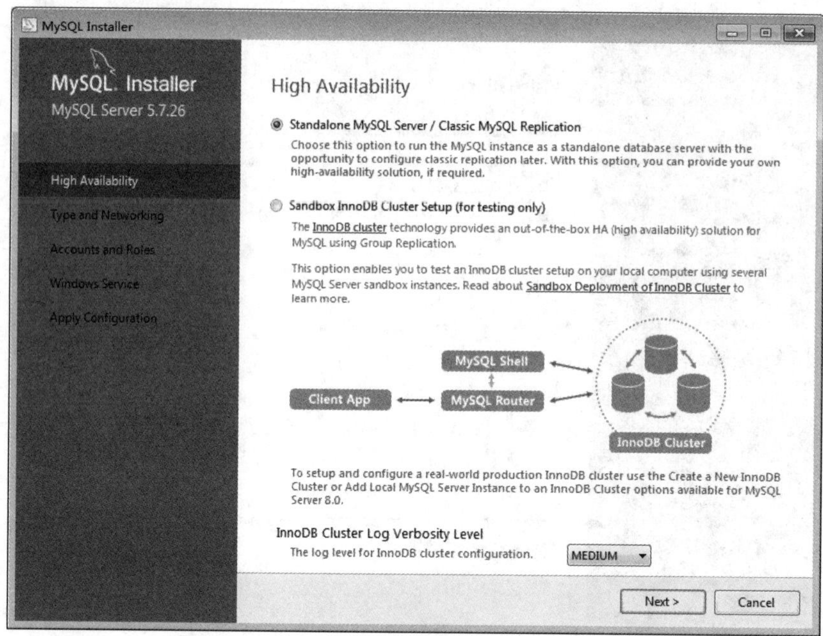

图 11-17

第二个项目“Type and Networking”我们也使用默认配置，单击“Next”按钮即可，如图 11-18 所示。

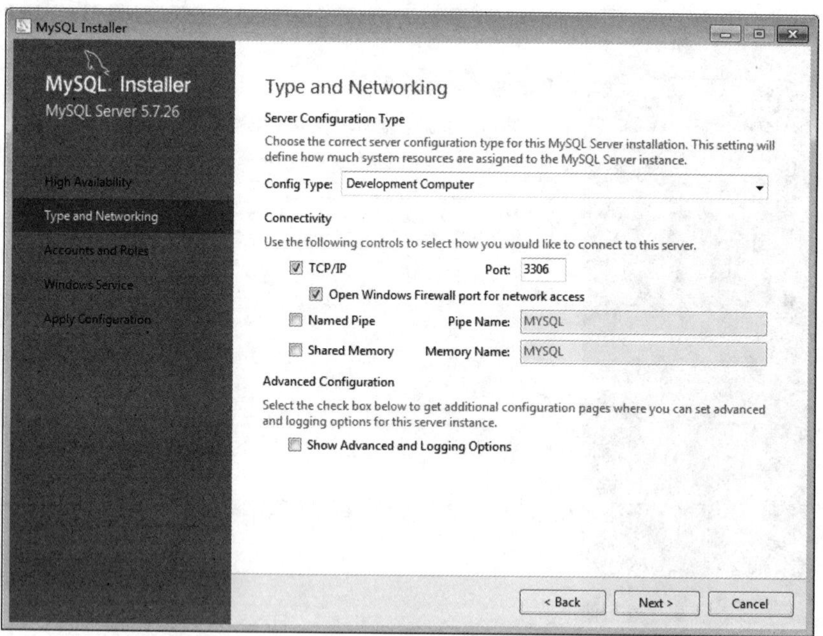

图 11-18

第三个项目“Accounts and Roles”中，我们需要设置 root 密码，这里我们直接使用“root”，系统红字提示“weak”，表示密码比较弱，我们这里为了学习方便暂时用这个吧。你可以自己设定自己的密码，但是一定要记牢，如图 11-19 所示。

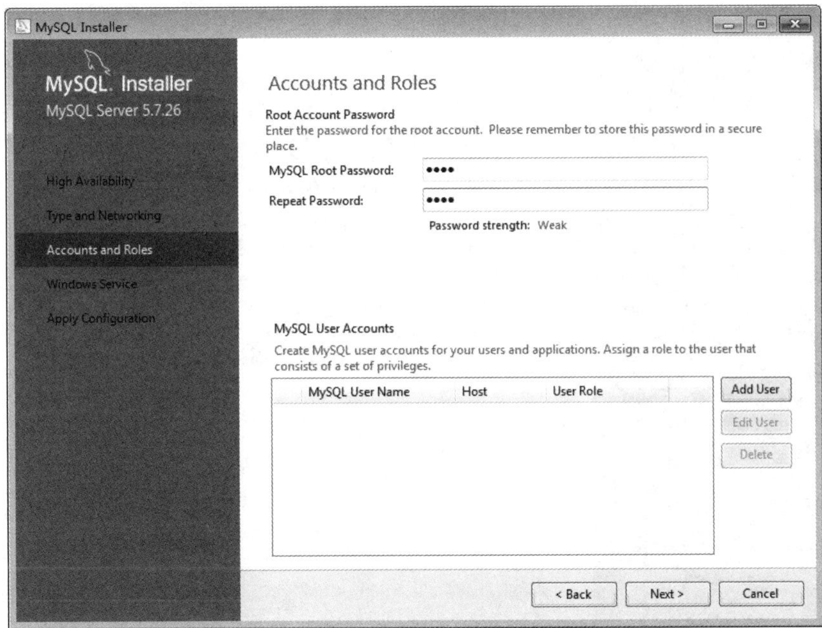

图 11-19

下一个界面是设置“Windows Service”，我们使用默认设置，单击“Next”按钮，如图 11-20 所示。

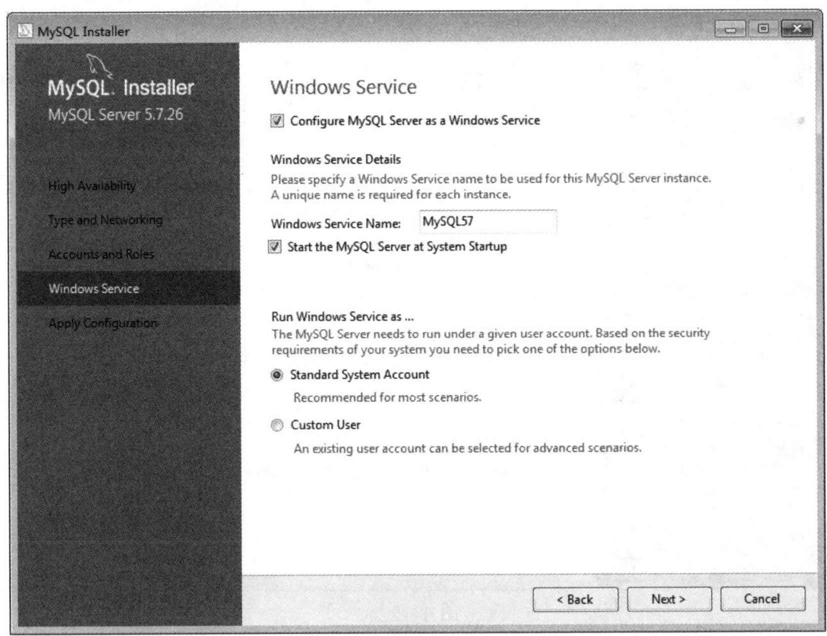

图 11-20

最后一个界面是应用设置，会有一个执行列表，我们直接单击右下方的“Execute”按钮即可开始依次进行，完成的项目会陆续前面变成绿色对号，如图 11-21 所示。

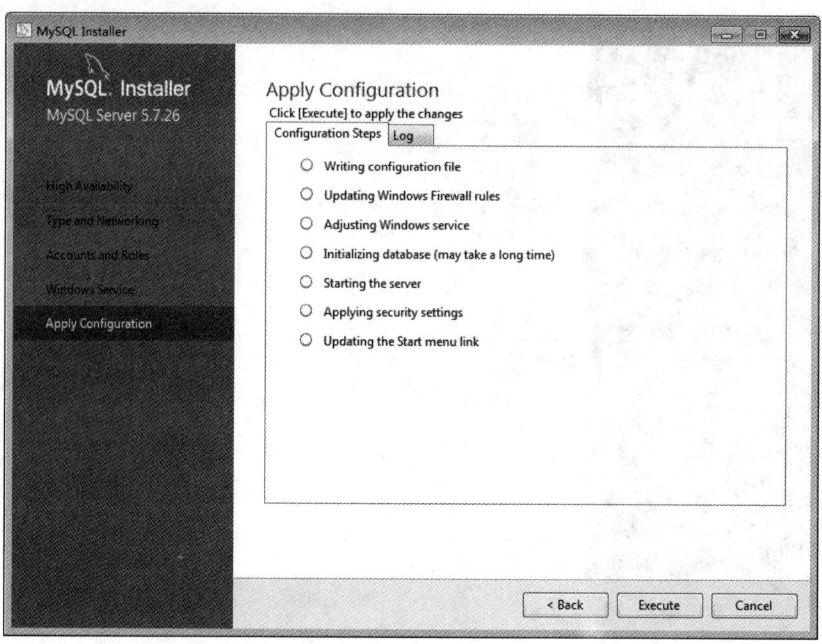

图 11-21

当项目前面都变成绿色对号后，我们单击右下角的“Finish”按钮即可，如图 11-22 所示。

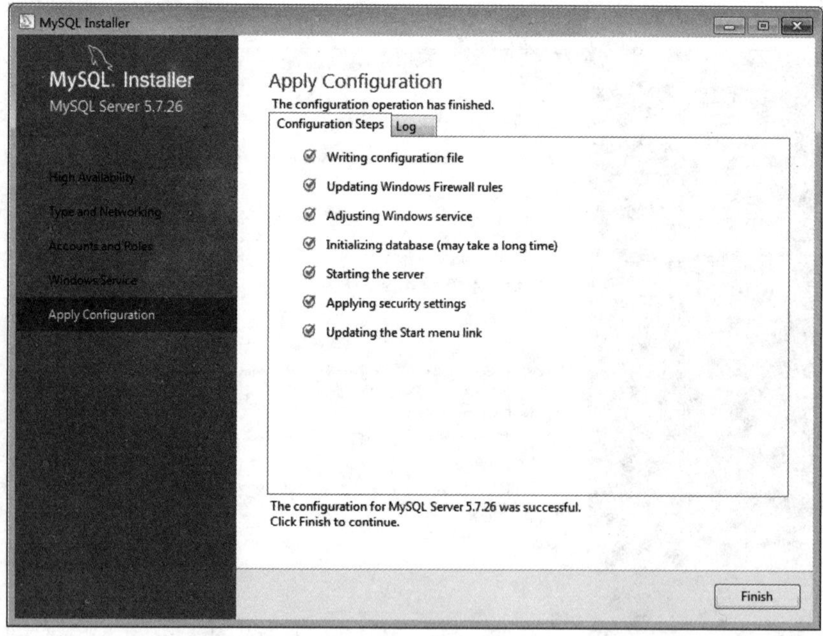

图 11-22

最后两个界面我们分别单击“Next”和“Finish”按钮即可完成安装，如图 11-23、图 11-24 所示。

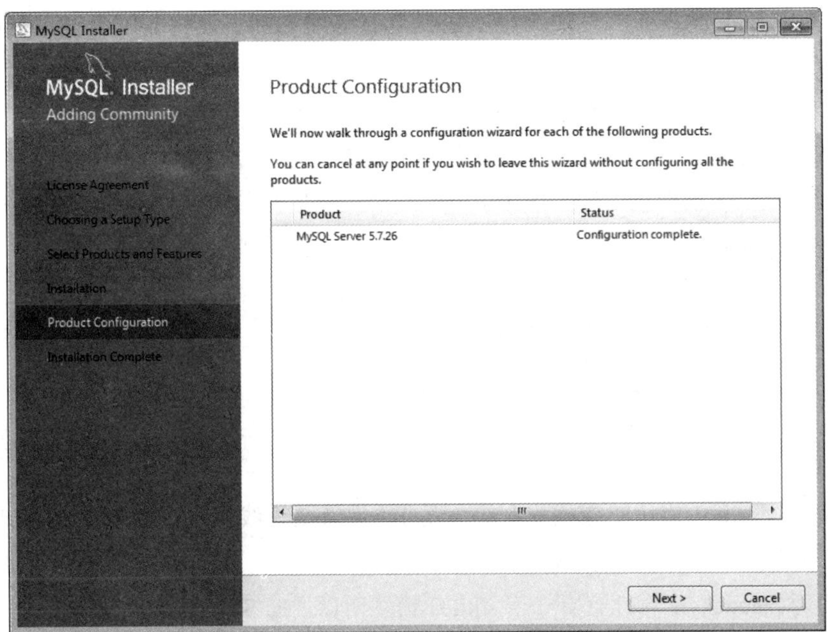

图 11-23

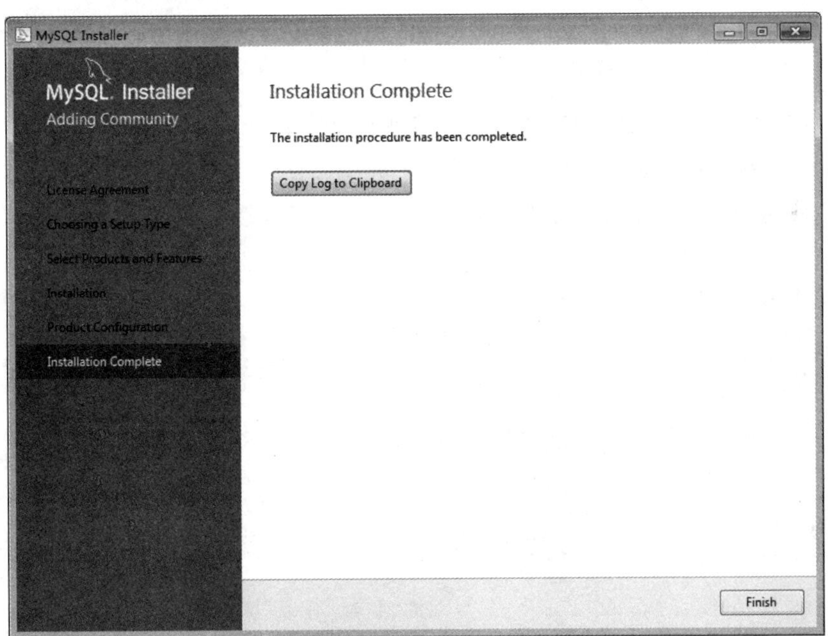

图 11-24

到此为止，MySQL 已经安装完成，后面我们就可以使用 Python 操作 MySQL 了。

11.3.2　使用 mysql.connector 模块操作 MySQL 数据库

在之前安装 MySQL 的过程中，我们选择了一个模块：Connector Python(3.7)8.0.16 – X64。这是 MySQL 自带的使用 Python 连接 MySQL 的模块。我们可以直接使用这个模块来连接和操作 MySQL 数据库，使用过程跟我们之前使用 sqlite3 模块非常类似，我们用 IDLE 做一些演示。

首先我们要使用 import 语句导入 mysql.connector 模块：

```
>>> import mysql.connector
```

这里我们通过之前介绍过的 DB-API 中的全局变量来查看 mysql.connector 模块的一些属性，例如我们用 apilevel 属性来看一下它所使用的 DB-API 的版本号：

```
>>> mysql.connector.apilevel
'2.0'
```

可以看到，这里 DB-API 的版本是 2.0。

我们再用 threadsafety 属性看一下其线程安全等级：

```
>>> mysql.connector.threadsafety
1
```

可以看到，sqlite3 模块的线程安全等级是 1，也就是说线程可以共享模块，但不能共享连接。

我们再用 paramstyle 属性查看一下 sqlite3 模块所以用的 SQL 语句参数风格：

```
>>> mysql.connector.paramstyle
'pyformat'
```

这里与 sqlite3 不同，mysql.connector 使用的是 pyformat 参数风格，也就是用字典方式来使用参数。

我们前面讲过，当我们使用 DB-API 操作数据库的时候，它的过程是：首先创建一个连接，然后创建一个游标，通过游标来执行有关操作。完成任务后，关闭游标。最后关闭连接。下面我们就按照这个过程来介绍如何使用 mysql.connector 来连接数据库并创建一个数据库文件 test：

```
import mysql.connector  # 导入模块

# 用字典方式配置数据库信息
conf = {'host':'127.0.0.1',
        'port':3306 ,
        'user':'root',
        'password':'root',
        }

conn = mysql.connector.connect(**conf)  # 创建数据库连接
curs = conn.cursor()  # 创建游标

sql = '''CREATE DATABASE test'''  # 创建数据库文件的 SQL 语句
curs.execute(sql)  # 执行 SQL 语句

curs.close()  # 关闭游标
conn.commit()  # 提交事务
conn.close()  # 关闭数据库连接
```

执行完毕后，数据库 test 就创建成功了。注意，这里与之前 sqlite3 模块不同的是，我们需要用字典的方式配置数据库连接的信息，包括主机名、端口、用户名、密码等。

我们还可以通过“SHOW DATABASES”语句查询 MySQL 中的数据库信息：

```
import mysql.connector # 导入模块
```

```
# 用字典方式配置数据库信息
conf = {'host':'127.0.0.1',
        'port':3306 ,
        'user':'root',
        'password':'root',
        }

conn = mysql.connector.connect(**conf)  # 创建数据库连接
curs = conn.cursor()  # 创建游标

sql = '''SHOW DATABASES'''  # 查询数据库的 SQL 语句
curs.execute(sql)  # 执行 SQL 语句

# 遍历输出查询到的信息
for i in curs:
    print(i)

curs.close()  # 关闭游标
conn.commit()  # 提交事务
conn.close()  # 关闭数据库连接
```

运行结果是：

```
('information_schema',)
('mysql',)
('performance_schema',)
('sys',)
('test',)
```

这里面前 4 个数据库是 MySQL 的内置数据库，最后一个 test 数据库是我们前面刚创建的数据库。下面我们再在 test 库中创建一个 student 表：

```
import mysql.connector  # 导入模块

# 用字典方式配置数据库信息
conf = {'host':'127.0.0.1',
        'port':3306 ,
        'user':'root',
        'password':'root',
        }

conn = mysql.connector.connect(**conf)  # 创建数据库连接
curs = conn.cursor()  # 创建游标

sql1 = '''USE test'''  # 选择 test 数据库
curs.execute(sql1)  # 执行 SQL 语句

# 创建 students 数据表的 SQL 语句
sql2 = '''CREATE TABLE student(
    sid INTEGER PRIMARY KEY,
    name TEXT,
    sex TEXT,
    age INTEGER,
    class TEXT)'''
curs.execute(sql2) # 执行 SQL 语句

curs.close()  # 关闭游标
conn.commit()  # 提交事务
conn.close()  # 关闭数据库连接
```

我们再通过 SHOW TABLES 语句查询一下 test 中有哪些表（目前只有我们之前创建的 students 表）：

```
import mysql.connector  #导入模块

#用字典方式配置数据库信息
conf = {'host':'127.0.0.1',
        'port':3306 ,
        'user':'root',
        'password':'root',
        }

conn = mysql.connector.connect(**conf)  #创建数据库连接
curs = conn.cursor()  #创建游标

sql = '''SHOW TABLES FROM test'''  #查看 test 数据库中的所有表
curs.execute(sql)  #执行 SQL 语句

#遍历输出查询到的信息
for i in curs:
    print(i)

curs.close()  #关闭游标
conn.commit()  #提交事务
conn.close()  #关闭数据库连接
```

运行结果是：

```
('student',)
```

实际上你可能发现了，使用 mysql.connector 模块操作 MySQL 数据库跟我们之前讲过的用 sqlite3 模块操作 SQLite 数据库非常类似。这是因为它们都遵循 DB-API2.0 规范，除了创建数据库、连接数据库有些差异之外，在表的创建与删除、数据的增删改查等方面都是类似的。因此这里我们不再重复举例。

其实除了 MySQL 自带的 mysql.connector 模块外，Python 操作 MySQL 数据库还有另外一个常用的模块：PyMySQL。你可以通过 pip 来安装这个模块。同样，PyMySQL 使用起来跟我们前面讲过的 sqlite3 模块和 mysql.connector 模块也非常类似，因此我们这里也不再单独讲这个模块，有兴趣的读者可以自己尝试一下。

第 12 章 人非圣贤，孰能无过——错误与异常处理

鲁迅在《故乡》中说：其实地上本没有路，走的人多了，也便成了路。类似的，世界上本没有 BUG，写的代码多了，便有了 BUG。

人非圣贤，孰能无过？程序员也是人，因此程序员也不例外。在编程的过程中，我们有时会犯一些错误，程序会因此而产生异常。这并不可怕，只要我们找到合适的方法去解决或规避它们即可。本章我们将介绍有关错误与异常处理的知识。

12.1 错误与异常

错误有很多种，比如语法错误、逻辑错误。并不是所有错误都会引起异常，有些错误即使存在，程序也能看似正常地执行，但是不会达到我们预期的结果。比如说我们去一家海鲜店点一份牛排，可能服务员会告诉我们没有这个菜，这时你的错误就引起了点菜系统反馈的异常。可如果你想点一份螃蟹，而误说成了龙虾，那么服务员会为你送来一份龙虾，这时你的错误并没有引起系统反馈的异常。但无论如何，我们都要想办法解决可能出现的错误，让程序按我们预期的方式执行，并得到正确的结果。

12.1.1 错误与常见错误

错误（Error）是指我们在编写代码时出现的一些问题，这些错误有的会导致程序不能正确执行，这时就会产生异常（Exception），并提示追溯提示信息（Traceback）。不过也有一些错误并不会产生异常，比如一些设计错误和笔误。

在编程中最常见的错误有两大类，一类是语法错误，这类错误一般是会引起异常的；另一类是逻辑或设计错误，这类错误往往不会引起异常，但一定会导致程序不完善。逻辑和设计错误的可能性比较多，因人而异。因此这里我们先介绍一些语法错误，这种错误是新手比较常见的。

我们分别举例说明一下。

1. 写错变量名（或函数名、类名）

你定义了一个变量（或函数、类），但是在使用的时候写错了名字，就会出现错误。

```
>>> name = "王春杰"
>>> print("hello {}".format(nama))
Traceback (most recent call last):
  File "<pyshell#1>", line 1, in <module>
    print("hello {}".format(nama))
NameError: name 'nama' is not defined
```

我们定义了一个变量 name，但是在使用的时候却错写成了 nama，一个字母只差，就会产生 NameError，提示我们变量没有定义，其实并不是没有定义，而是使用的时候不小心写错了。

2. 写错关键字

Python 中的关键字我们之前讲过，这些关键字有时候也会不小心写错，导致错误。

```
>>> name = "王春杰"
>>> pirnt("hello {}".format(name))
Traceback (most recent call last):
  File "<pyshell#3>", line 1, in <module>
    pirnt("hello {}".format(name))
NameError: name 'pirnt' is not defined
```

我们本该使用 print 这个关键字，但是把 r 和 i 的顺序打错了，写成了 pirnt，这样程序会以为我们使用的是一个未定义的变量 pirnt，因此也报 NameError，实际上是我们打错了关键字。

3. 中英文符号混淆

把英文括号、英文引号写成中文的，也是常见的错误。

```
>>> print（"hello world"）
SyntaxError: invalid character in identifier
```

这里我们把英文括号写成了中文括号，会出现 SyntaxError，也就是语法错误。

```
>>> print(“hello world”)
SyntaxError: invalid character in identifier
```

这里我们把英文引号写成了中文引号，也会出现 SyntaxError（语法错误）。

4. 符号缺失

在控制结构中（如 if-else 结构）我们需要使用冒号，在字符串的两端需要用引号，这些我们有时候会忘记。

```
if 1<2
    print("1 小于 2")
```

当我们运行这个文件时，会弹出错误提示窗口，如图 12-1 所示。

同样是 SyntaxError（语法错误），而且提示“invalid syntax”（无效语法），是因为我们 if 语句后少了一个英文冒号。这里 if 语句行后面会变成红色，提示我们这里有问题。

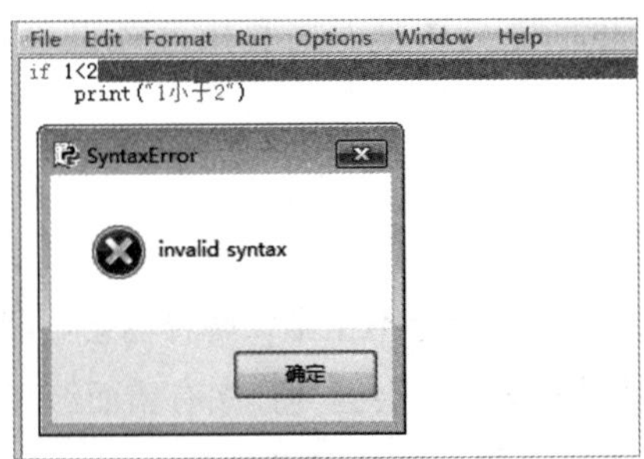

图 12-1

5. 缩进错误

Python 中依靠严格的缩进来区分代码的层级，有时候过多或过少的缩进也会引起错误。

```
if 1<2:
print("1 小于 2")
```

运行这个文件，会弹出错误提示窗口，如图 12-2 所示。

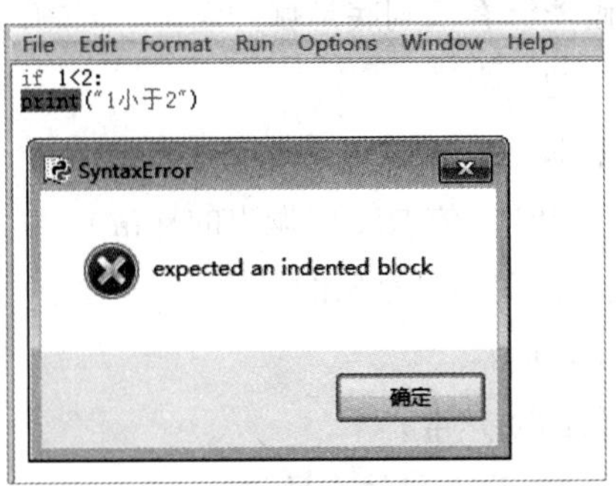

图 12-2

这里我们在 if 语句后忘记了缩进，因此弹出了语法错误窗口，而且提示我们“expected an indented block”（需要缩进块）。同时把 print 红色背景标记，告诉我们出错位置。

6. 符号混淆

有时候我们要用比较运算符 ==，却写成了赋值符号 =。

```
a = 1
if a=1:
    print("a 的值是 1")
```

运行这个文件，会弹出错误提示窗口，如图 12-3 所示。

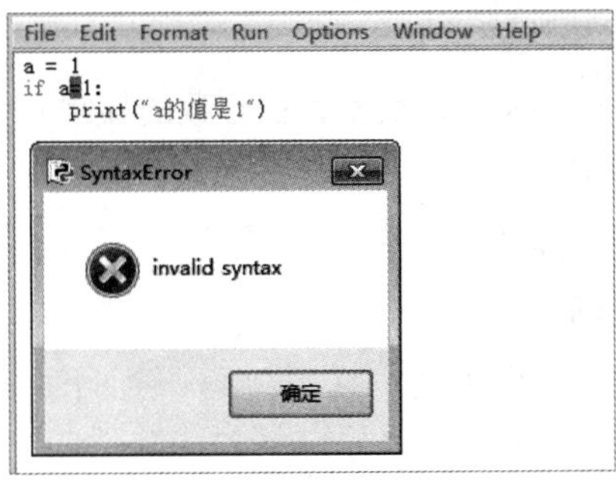

图 12-3

同样是语法错误，提示我们无效语法，而且用红色标记了 = 号。因为我们需要的是==。

12.1.2 异常类

异常（Exception）是指因为程序运行不正常，解释器会给我们一个异常提醒。之前在讲解常见错误的时候，我们可以看到解释器会因为程序有错而给我们抛出相关的异常提示。

在 Python 中，常见错误所导致的异常信息都被定义在一个 exception 模块中，遇到有关的异常时，就会创建一个异常对象，并对应地用异常信息提示给我们，便于我们处理。只要我们编写了对应的处理代码，程序就会安装我们设计的方式来处理这个异常，并继续执行，否则程序将会终止。

对于绝大多数异常，Python 都有对应的异常类，而且大部分其实从名字就能很直白地看出你到底哪里出错了。Python 官方文档提供了所有异常类及其层次关系，这里我们大体了解一下，以便在出现异常的时候能够看懂到底是哪方面出了问题：

```
BaseException（所有异常的父类）
 +-- SystemExit（sys.exit() 抛出的异常）
 +-- KeyboardInterrupt（由 ctrl+c 或 Delete 抛出的异常）
 +-- GeneratorExit（生成器被关闭时抛出的异常）
 +-- Exception（一般异常类）
      +-- StopIteration（迭代结束异常）
      +-- StopAsyncIteration（异步迭代结束异常）
      +-- ArithmeticError（算数错误引起的异常）
      |    +-- FloatingPointError（浮点数错误）
      |    +-- OverflowError（超出范围）
      |    +-- ZeroDivisionError（0 为除数异常）
      +-- AssertionError（断言语句异常）
      +-- AttributeError（属性异常）
      +-- BufferError（缓存异常）
      +-- EOFError（超出文件结尾读取异常）
      +-- ImportError（导入模块异常）
      |    +-- ModuleNotFoundError（模块不存在导致的异常）
      +-- LookupError（查询异常）
      |    +-- IndexError（索引异常）
      |    +-- KeyError（键异常）
      +-- MemoryError（内存溢出错误）
      +-- NameError（名称异常）
      |    +-- UnboundLocalError（局部变量未赋值异常）
```

```
+-- OSError（系统错误）
|   +-- BlockingIOError（IO 阻塞异常）
|   +-- ChildProcessError（子进程异常）
|   +-- ConnectionError（连接异常）
|   |   +-- BrokenPipeError（管道读写异常）
|   |   +-- ConnectionAbortedError（连接失败异常）
|   |   +-- ConnectionRefusedError（连接拒绝异常）
|   |   +-- ConnectionResetError（连接重置异常）
|   +-- FileExistsError（文件已存在导致的异常）
|   +-- FileNotFoundError（文件不存在导致的异常）
|   +-- InterruptedError（文件中断异常）
|   +-- IsADirectoryError（文件操作用于文件夹导致的异常）
|   +-- NotADirectoryError（不是文件夹导致的异常）
|   +-- PermissionError（权限错误）
|   +-- ProcessLookupError（进程不存在导致的异常）
|   +-- TimeoutError（超时异常）
+-- ReferenceError（引用异常）
+-- RuntimeError（运行时错误）
|   +-- NotImplementedError（方法未实现异常）
|   +-- RecursionError（递归异常）
+-- SyntaxError（语法错误）
|   +-- IndentationError（缩进错误）
|       +-- TabError（Tab 错误）
+-- SystemError（解释器系统错误）
+-- TypeError（类型错误）
+-- ValueError（赋值错误）
|   +-- UnicodeError（字符编码错误）
|       +-- UnicodeDecodeError（Unicode 解码错误）
|       +-- UnicodeEncodeError（Unicode 编码错误）
|       +-- UnicodeTranslateError（Unicode 转换错误）
+-- Warning（警告类）
    +-- DeprecationWarning（使用被弃用的特性的警告）
    +-- PendingDeprecationWarning（使用将被弃用的特性的警告）
    +-- RuntimeWarning（运行时警告）
    +-- SyntaxWarning（语法警告）
    +-- UserWarning（用户警告）
```

+-- FutureWarning（将来会有改变的警告）

+-- ImportWarning（导入有关警告）

+-- UnicodeWarning（编码有关警告）

+-- BytesWarning（字节有关警告）

+-- ResourceWarning（资源有关警告）

我们前面提到过，并不是所有的错误都会导致异常，有一些错误，比如我们的设计错误，一般是不会导致异常的。例如我们本来要根据不同年龄来设计问候语：

```
def hello():

    age = int(input("请输入你的年龄："))

    if age<18:
        print("你好，少年！")
    elif age>18 and age<30:
        print("你好，青年！")
    else:
        print("你好！")

for i in range(5):
    if i<5:
        hello()
        i += 1
    else:
        break
```

我们用循环运行 5 次程序，并输入几次数据：

```
请输入你的年龄：10
你好，少年！
请输入你的年龄：18
你好！
请输入你的年龄：20
你好，青年！
请输入你的年龄：30
你好！
请输入你的年龄：55
你好！
```

我们本来设计这个程序的目的是让程序对 1—18 岁的人、19—30 岁的人来分别问好，而对于 30 岁以上的人用通用的“你好！”来问好。但是因为我们在年龄的区分上漏掉了等于 18 岁和等于 30 岁的情况，从而造成当用户输入 18 和 30 的时候，仍然被归到了 else 的情况里。

12.2 异常处理

在编写程序的时候，我们要提前预估可能出现的问题，并编写对应的异常处理的代码，这对于保证程序的完整执行是非常必要的。在软件领域有一个词叫“鲁棒性”，是英文 Robust 的音译，本意是健壮的、稳定的。鲁棒性就是指程序遇到错误和异常时的抵抗力。要编写出健壮的程序，除了要排除代码中的错误，做好异常处理也是非常重要的。

12.2.1　异常的获取与处理

出现异常并不可怕，很多时候异常是我们无法完全避免的。重点是，我们要有一种机制去解决异常问题，保证程序可以继续执行，而不被一些不重要的因素所干扰。在 Python 中，提供了 try-except-else 这种结构来专门处理异常，使用格式如下：

```
try:
    代码 1
except [ 异常名称 ]:
    代码 2
[else:
    代码 3]
```

在这种结构中，我们把可能出现异常的代码放在 try 后的代码 1 中，计算机首先会尝试执行 try 后的代码 1，如果没有异常，执行完之后则不会再执行 except 后的代码 2。后面的 else 部分是可选的（用中括号 [] 括起来表示可选，注意在实际写代码的时候不需要写中括号），如果有的话，则会在 try 部分顺利执行的情况下再继续执行 else 后的代码 3。如果 try 部分不能顺利执行，也就是产生了异常，则会执行 except 后的代码 2，按照我们设定的方式来处理异常。except 后的异常名是可选的，我们可以预测可能出现的异常信息，如我们前面曾经介绍了一些常见的异常，然后把相关的异常名称写上，并针对性地写上处理该异常的代码 2。我们也可以不写异常名称（except 后直接跟英文引号），只要出现异常，就用代码 2 统一处理。

我们举一个让用户输入两个数字并计算相除结果的例子来说明一下：

```
def divide():
    print(" 计算 a 除以 b 的值 ")
    a = input(" 请输入 a 的值：")
    b = input(" 请输入 b 的值：")

    try:
        c = float(a)/float(b)
    except ZeroDivisionError:
        print("b 的值不能是 0，请重新输入。")
        divide()
    else:
        print("a 除以 b 的值是：{}".format(c))

divide()
```

在这里，我们先定义了一个做除法的函数 divide()，让用户输入两个数字并相除。这里我们预计到可能出现的问题是用户输入的 b 的值是 0，这样就会产生除数是 0 的异常。系统会给出“ZeroDivisionError”。所以我们把异常处理的代码放在 except 部分，一旦用户输入的 b 是 0，就提示用户重新输入，并再次执行这个函数。如果用户输入的 b 不是 0，就执行 else 部分，把结果输出。

我们运行程序来测试一下。

```
计算 a 除以 b 的值
请输入 a 的值：5
请输入 b 的值：2
a 除以 b 的值是：2.5
```

可见，当我们输入的 b 不是 0 时，程序正常运行了 try 和 else 部分。我们再试一下 b 为 0 的情况：

```
计算 a 除以 b 的值
请输入 a 的值：5
请输入 b 的值：0
b 的值不能是 0，请重新输入。
计算 a 除以 b 的值
请输入 a 的值：
```

当 b 为 0 时，程序就执行了 except 部分的代码，提示我们重新输入。

这里我们为了演示 else 部分的作用，所以把输出结果放在了 else 部分，让大家看到 else 是在 try 部分顺利执行之后才执行的。但实际上，针对这个例子，完全可以把 else 部分的代码与 try 合并在一起，因为我们 except 部分处理异常的时候会重新执行函数，并直到用户输入的 b 不是 0 为止。因此这段代码可以简写成下面这样：

```
def divide():
    print("计算 a 除以 b 的值")
    a = input("请输入 a 的值：")
    b = input("请输入 b 的值：")

    try:
        c = float(a)/float(b)
        print("a 除以 b 的值是：{}".format(c))
    except ZeroDivisionError:
        print("b 的值不能是 0，请重新输入。")
        divide()

divide()
```

我们前面说过，异常名称可以不写，这样出现任何异常我们都可以用 except 部分的代码来处理。实际上，就上面的例子，其实不仅仅可能出现用户输入的 b 是 0 这种异常，还有可能是用户输入了汉字，这时候就会有 ValueError 异常。因此我们可以改写一下这段程序，让用户输入汉字的情况也得到处理。

```
def divide():
    print("计算 a 除以 b 的值")
    a = input("请输入 a 的值：")
    b = input("请输入 b 的值：")

    try:
        a = float(a)/float(b)
        print("a 除以 b 的值是：{}".format(c))
    except:
        print("a 和 b 必须是数字，且 b 的值不能是 0，请重新输入。")
        divide()

divide()
```

我们运行程序并进行测试：

```
计算 a 除以 b 的值
请输入 a 的值：啊
请输入 b 的值：2
a 和 b 必须是数字，且 b 的值不能是 0，请重新输入。
计算 a 除以 b 的值
请输入 a 的值：
```

可见，当我们输入的不是数字而是汉字时，程序也能处理这个异常。

其实，在 try-except-else 这个结构后面，还可以再加上一个可选的 finally 部分，在这部分里，可以把无论是否产生异常最后都要执行的代码放上，比如我们打开文件需要关闭就可以在这部分离完成。完整结构如下：

```
try:
    代码 1
except [ 异常名称 ]:
    代码 2
[else:
代码 3]
[finally:
代码 4]
```

通过流程图，你一眼就能看清这个完整结构的执行过程。流程图如图 12-4 所示。

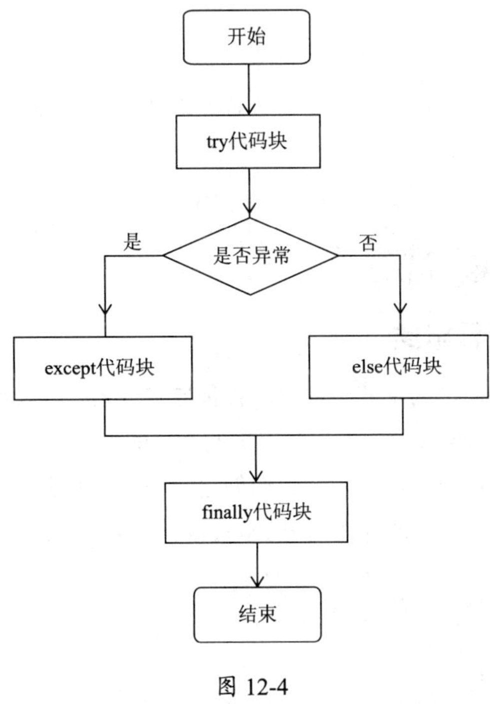

图 12-4

12.2.2　使用 raise 语句自主抛出异常

事实上，除了遇到我们前面讲过的各种异常可以使程序终止外，我们还可以使用 raise 语句自主抛出异常并终止程序。raise 语句格式如下：

```
raise 异常名称 (" 异常描述 ")
```

例如我们做一个计算年龄差的程序：

```
father_age = int(input(" 请输入父亲的年龄: "))
son_age = int(input(" 请输入儿子的年龄: "))
print(" 父子年龄差是 {} 岁 ".format(father_age-son_age))
```

在这种情况下，即使我们输入的父子年龄有问题，比如父亲年龄 20，儿子年龄 40，程序也会照样计算出结果，即 -20 岁：

```
请输入父亲的年龄: 20
请输入儿子的年龄: 40
父子年龄差是 -20 岁
```

但是这显然是不符合逻辑的。因此我们增加一个 if 语句并增加 raise 语句来抛出可能存在的异常：

```
father_age = int(input("请输入父亲的年龄："))
son_age = int(input("请输入儿子的年龄："))

if father_age<=son_age:
    raise ValueError("父亲的年龄必须比儿子大！")
else:
print("父子年龄差是{}岁".format(father_age-son_age))
```

我们运行这段代码并依次输入数据 40 和 20，程序运行正常，结果是：

```
请输入父亲的年龄：40
请输入儿子的年龄：20
父子年龄差是20岁
```

而如果我们重新运行代码，把数据反过来输成 20 和 40，则会抛出异常：

```
请输入父亲的年龄：20
请输入儿子的年龄：40
Traceback (most recent call last):
  File "D:\Program Files\Python\Python37\test.py", line 5, in <module>
    raise ValueError("父亲的年龄必须比儿子大！")
ValueError: 父亲的年龄必须比儿子大！
```

12.2.3 使用自定义异常类

其实，除了我们之前提过的系统中内置的各种异常类之外，我们还可以自己来定义异常类，这样我们可以根据自己定义的各种异常来采取不同的处理措施，让我们的程序更加自由。

创建自定义的异常类也非常简单，和我们创建一个普通的类差不多。只是需要注意，自定义的异常类也必须继承自系统的异常基类 Exception。格式如下：

```
class CustomExceptionName(Exception):
    def __init__(self,ErrorInfo):
        super().__init__(self)
        self.errorinfo=ErrorInfo
    def __str__(self):
        return self.errorinfo
```

这里“CustomExceptionName”表示我们自定义的异常类的名字，注意不要与内置异常类重名。参数中的 ErrorInfo 定义的是错误信息。

我们通过上面计算父子年龄差的例子来说明一下如何使用自定义异常类：

```
class AgeError(Exception):
    def __init__(self,ErrorInfo):
        super().__init__(self)
        self.errorinfo="父亲的年龄必须比儿子大！"
    def __str__(self):
        return self.errorinfo

father_age = int(input("请输入父亲的年龄："))
son_age = int(input("请输入儿子的年龄："))

if father_age<=son_age:
    raise AgeError("年龄错误！")
else:
    print("父子年龄差是{}岁".format(father_age-son_age))
```

运行代码，输入数据，查看错误信息：

```
请输入父亲的年龄：20
请输入儿子的年龄：40
Traceback (most recent call last):
  File "D:\Program Files\Python\Python37\test.py", line 12, in <module>
    raise AgeError("年龄错误！")
AgeError: 父亲的年龄必须比儿子大！
```

第 13 章 是骡子是马拉出来遛遛——调试与测试

写程序的过程就像开发任意一个其他类型的产品一样，需要有一个设计—制作—测试—反馈—修改的不断完善的过程。为了实现程序的完善过程，我们就必须进行调试和测试，以保证程序能够实现我们最初设计的目标。本章将为大家介绍有关调试与测试的内容。

13.1 调试

你可能经常听说一个词：bug。它的本意是小虫子，而如今在 IT 领域用它特指缺陷或漏洞。这是因为在多年以前，计算机还在使用继电器的初级阶段，曾经有一只小虫子飞到了继电器的触点之间，导致计算机不能正常运行。工作人员仔细检查后，把这只小虫子找了出来，才使计算机恢复正常。于是从那以后，在计算机行业，人们把导致问题的缺陷或漏洞称为“bug”，而把查找修复缺陷和漏洞的步骤称为“debug”，翻译成中文即调试。

我们之前讲过错误与异常，大家知道，有一些错误会导致异常，还有一些错误不会导致异常。也就是说，错误的范围比异常更广，但是这些不会导致异常的错误也属于 bug。狭义上的 bug 指的是各种错误，也就是程序的漏洞或缺陷。而广义上的 bug 则是一个比错误的范围更为广泛的概念，比如我们设计了一个下载图片的程序，这个程序本身运行正常，没有任何错误，但是由于我们电脑的存储空间是有限的，使用这个程序下载太多图片以后可能导致电脑存储空间占满从而无法继续下载，这种情况其实就属于 bug。一般来说，我们可以用 bug 来表示一切有问题的情况。

13.1.1 简单的调试方法

在 Python 中，常用的简单调试方法有以下两种：

第一种方法，使用 print() 函数，也就是输出程序的某些细节，以便了解情况。

例如我们在列表中有一些数字，我们想把每个数字都增加 1，最后形成一个新的列表。当然我们可以用之前学过的列表推导式来简洁地解决这个问题：

```
list1 = [1,3,5,7]
list1 = [i+1 for i in list1]
print(list1)
```

运行结果是：

```
[2, 4, 6, 8]
```

不过这里我们想要了解程序过程中的一些细节，因此我们写成 for 循环的形式。同时为了演示调试过程，我们写了一段有点问题的代码：

```
list1 = [1,3,5,7]
for i in list1:
    i = i+1
print(list1)
```

运行结果是：

```
[1, 3, 5, 7]
```

我们发现程序并没有给出我们预计的结果。那么问题出在哪里呢？是不是我们写的 i=i+1 这句代码没起作用呢？这时候我们就可以使用增加 print() 函数的方式进行调试，我们在 i=i+1 下面增加一个输出，看看程序运行到这里的时候 i 的值到底变化了没有。因此我们把代码修改为：

```
list1 = [1,3,5,7]
for i in list1:
    i = i+1
    print(i)   # 增加输出进行调试
print(list1)
```

运行的结果：

```
2
4
6
8
[1, 3, 5, 7]
```

这时候我们就可以看到，其实 i=i+1 这句代码是正确执行了的，问题并不在这里。那么我们就要从别的地方解决了。事实上，因为 for 循环变量的作用域只在循环体内，因此这里的问题是并没有把修改后的值存储回列表中去。正确的写法是：

```
list1 = [1,3,5,7]
for i in range(len(list1)):
    list1[i] += 1
print(list1)
```

现在程序运行的结果是：

```
[2, 4, 6, 8]
```

第二种方法，使用 assert 语句。assert 语句格式如下：

```
assert 表达式 [, 参数 ]
```

我们可以使用 assert 语句来判断程序运行到某个地方的时候是否符合我们的预期，如果符合预期则什么都不做，而遇到不符合我们预期的情况时会抛出一个 AssertionError，我们还可以使用可选参数来输出提示信息。

还是以我们上面给列表元组增加 1 的代码为例：

```
list1 = [1,3,5,7]
```

```
for i in list1:
    i = i+1
assert list1[0] == 2, "结果不正确！"
```

这里，我们对 list1 用 for 循环进行处理之后，如果处理正常，那么可以断言列表的第一个元素也就是 list1[0] 会变成 2，因此我们用 list1[0] == 2 这个表达式来判断。显然我们之前说过，这种 for 循环的写法是有问题的，因此这个断言会失败。运行结果如下：

```
Traceback (most recent call last):
  File "D:/Program Files/Python/Python37/源文件/13章/test.py", line 4, in <module>
    assert list1[0] == 2, "结果不正确！"
AssertionError: 结果不正确!
```

使用 print() 函数进行调试的优点是可以直接看到运行细节，但是程序即使有问题，也不会停止。而 assert 语句与使用 print() 函数不同，它会直接导致程序终止，使用这种方式的优点是可以让程序在完全运行结束前就看到哪里出了错误。

print() 函数和 assert 语句可以用于调试比较简单的程序，当我们系统地调试比较复杂的程序时，这种方法就显得烦琐了。下面我们介绍一些更强大的工具。

13.1.2 IDLE 自带调试工具的使用

你可能早就发现了，在 IDLE 的菜单栏上有一个“Debug”菜单，如图 13-1 所示。

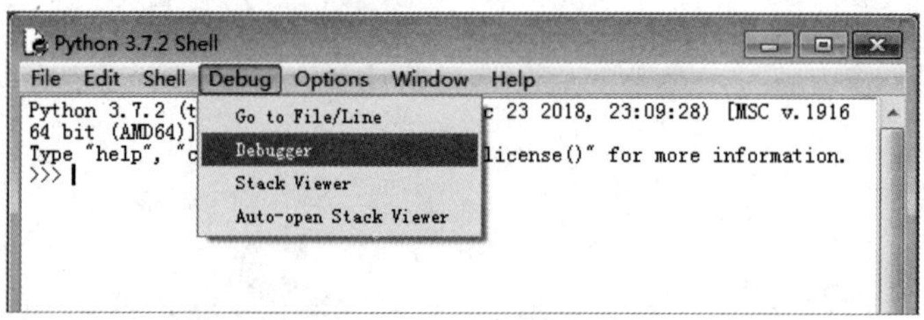

图 13-1

没错，这就是 IDLE 自带的调试工具。我们选择“Debug”菜单中的“Debugger”，会弹出一个“Debug Control”界面，这就是在调试代码时的控制界面，如图 13-2 所示。

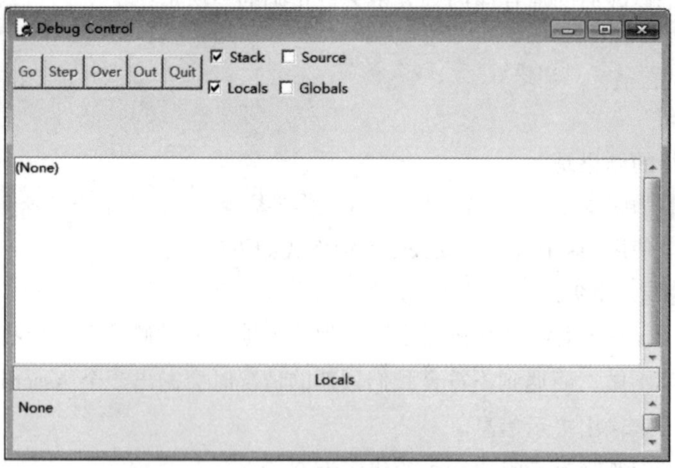

图 13-2

打开调试控制界面之后，我们可以发现在 IDLE 中已经显示了“[DEBUG ON]”，也就是已经开启了调试模式，如图 13-3 所示。

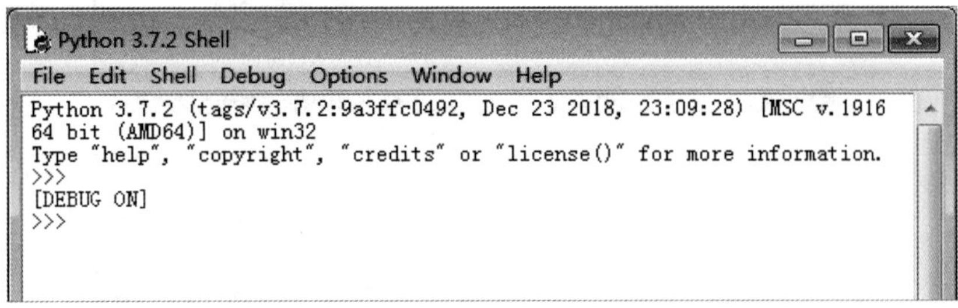

图 13-3

我们可以用 IDLE 打开一个已经写好的 Python 文件（File → Open），比如我们这里打开一个曾经写过的根据年龄来打招呼的程序文件，代码如下：

```
x = input(" 请输入你的年龄：")
x = int(x)

if x<18:
    print(" 你还只是个孩子！ ")
elif x>=18 and x<36:
    print(" 加油吧青年！ ")
elif x>=36 and x<60:
    print(" 人到中年压力大吗？ ")
else:
print(" 你退休了吗？ ")
```

我们在打开的文件窗口中，选择菜单栏上的“Run”→“Run Module”来运行这个文件，如图 13-4 所示。

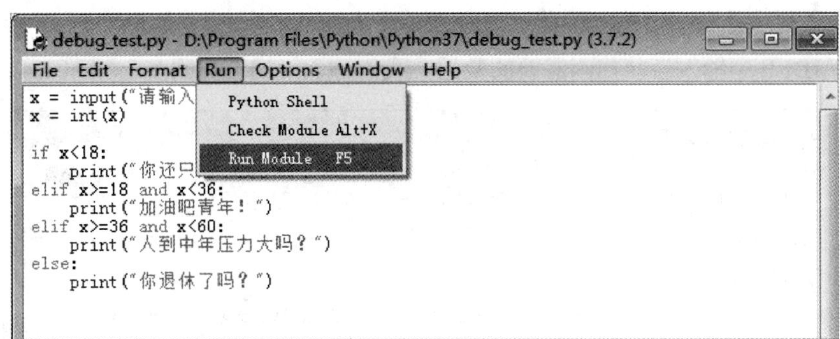

图 13-4

运行之后，我们发现“Debug Control”界面浮现到了最顶层，并且里面显示了一些信息，如图 13-5 所示。

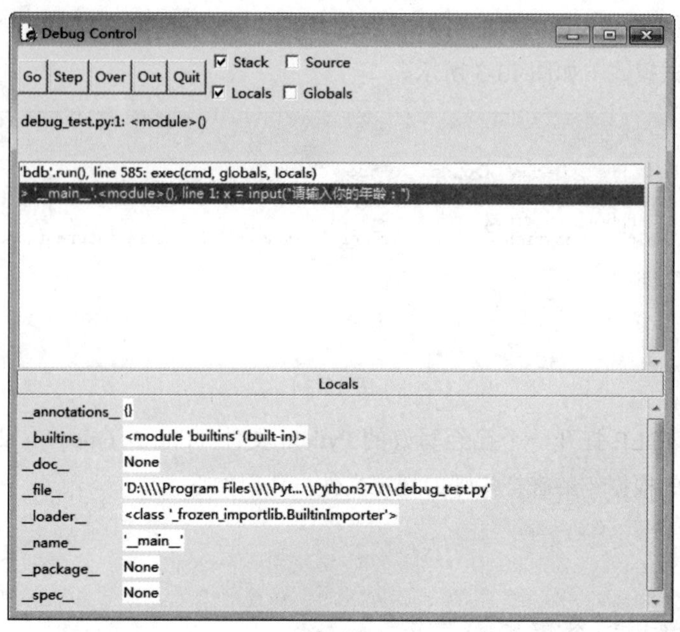

图 13-5

这个界面左上角有 5 个按钮，“Go”按钮的意思是继续运行到下一个断点，“Step”指进入一层代码，“Over”是指进入下一行代码，“Out”是指跳出一层代码，“Quit”是指结束调试。在这些按钮右边还有 4 个选项，“Stack”是指堆栈，“Source”是指源码，“Locals”是指局部变量，“Globals”是指全局变量。界面中间蓝色一行显示的是当前要执行的那行代码，界面下半部分显示的是 Locals，也就是当前的局部变量。

因为这个程序是顺序结构，因此这里我们单击上面的“Over”按钮，进行单步调试。单击之后，在 IDLE 中输入当前代码需要的数据，我们输入“30”并回车，如图 13-6 所示。

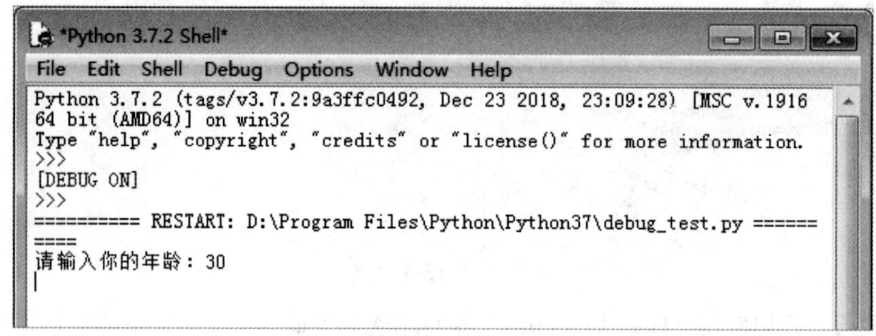

图 13-6

这时你会发现，回车之后，IDLE 中并没有继续出结果。这是因为我们正在调试模式下，我们是一行一行运行代码的。现在你返回到“Debug Control”界面，就会发现上面又增加了一些信息，如图 13-7 所示。

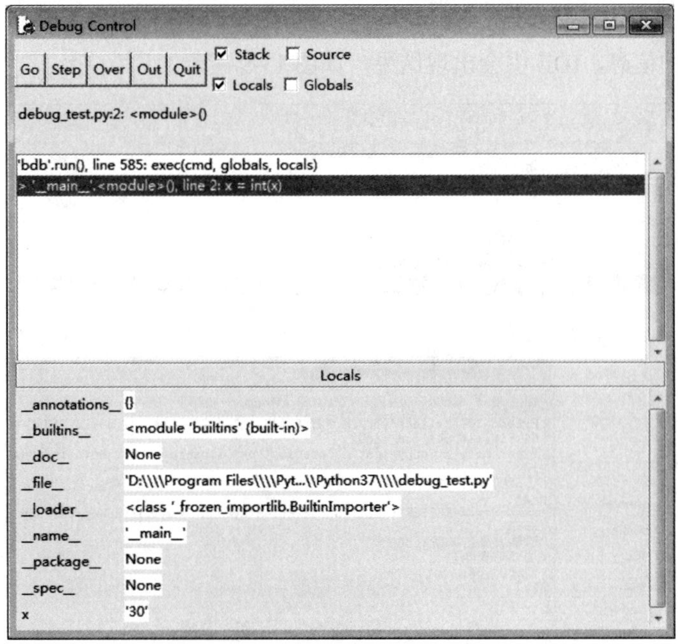

图 13-7

此时界面中间蓝色的一行就是我们目前要执行的代码，对应的正是我们程序中的第二行代码，而且此时“Locals”的最下面也多了一个变量 x，值是字符串 '30'。继续单击“Over”按钮执行第二行代码。执行之后，你会发现“Debug Control”界面中间的蓝色代码又变成了程序中的下一行，而最下面的变量 x 的值已经变成了数字 30。也就是已经成功运行了转换字符串为整数类型的那行代码，如图 13-8 所示。

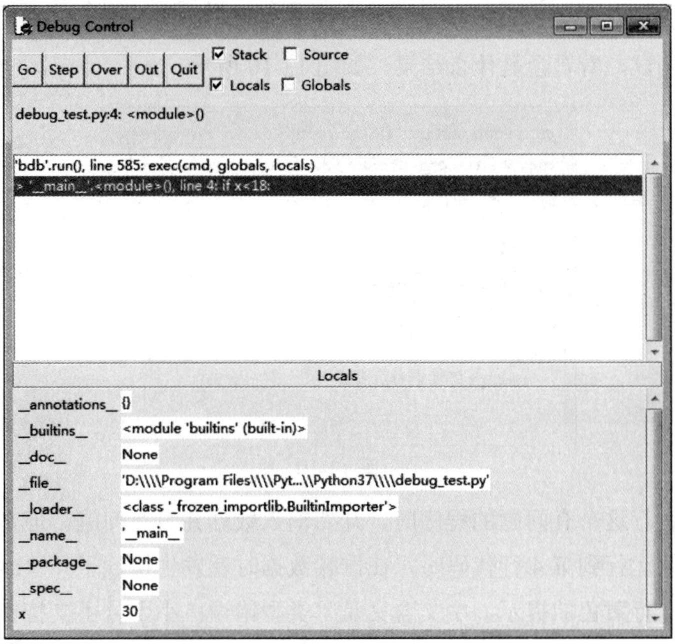

图 13-8

我们继续单击“Over”按钮一步一步执行代码，最后执行到符合 x=30 的语句中时，会对应输出打招呼的信息，IDE 中会出现结果，如图 13-9 所示。

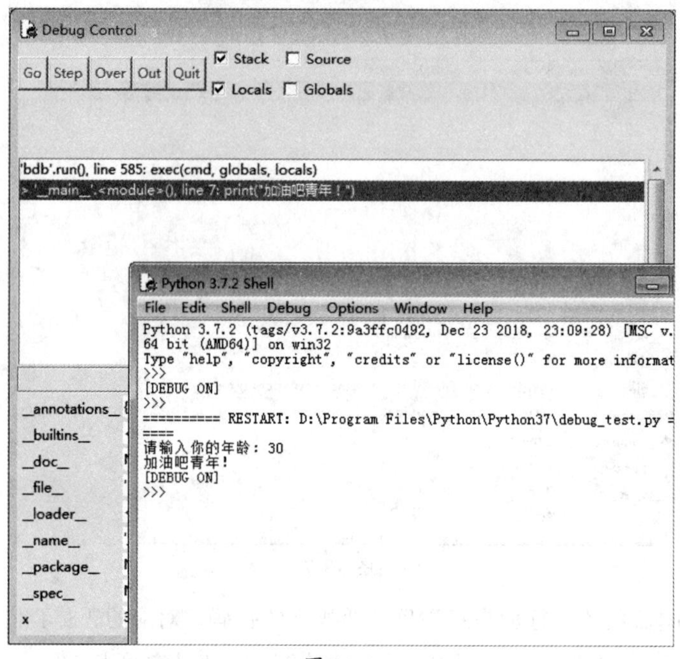

图 13-9

到此为止，这个程序已经调试完毕，我们单击“Debug Control”界面右上角的叉号即可退出调试模式，此时 IDLE 中也显示一行信息“[DEBUG OFF]”，也就是 Debug 模式已经关闭。

上面我们演示的是一个正常的程序，因此调试过程没有发现任何问题。如果我们把这个程序修改一下，把第二行代码，也就是转换数据类型的那行代码先注释掉，然后保存文件，再运行文件进行调试，看看会是什么结果，如图 13-10 所示。

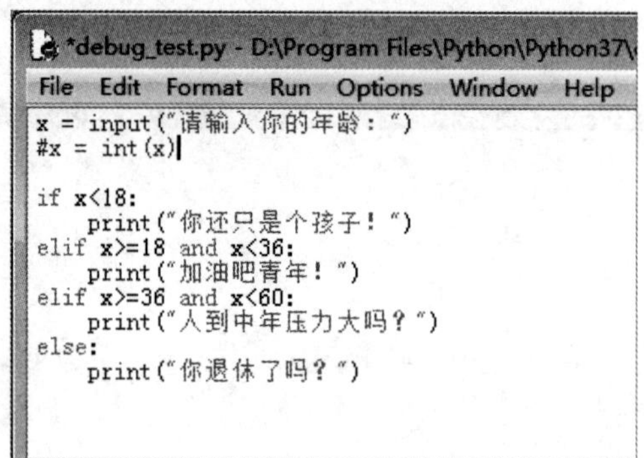

```
x = input("请输入你的年龄：")
#x = int(x)

if x<18:
    print("你还只是个孩子！")
elif x>=18 and x<36:
    print("加油吧青年！")
elif x>=36 and x<60:
    print("人到中年压力大吗？")
else:
    print("你退休了吗？")
```

图 13-10

当我们再次运行这个有问题的程序时，开始输入数据并没有问题。但是当输入数据后，单击“Over”按钮运行到第 4 行代码时，在比较数据时就发生错误了。“Debug Control”界面中给出了我们一行黄色的提示，中文含义是“类型错误：小于号不支持在字符串类型和整数类型的实例中进行比较”，如图 13-11 所示。

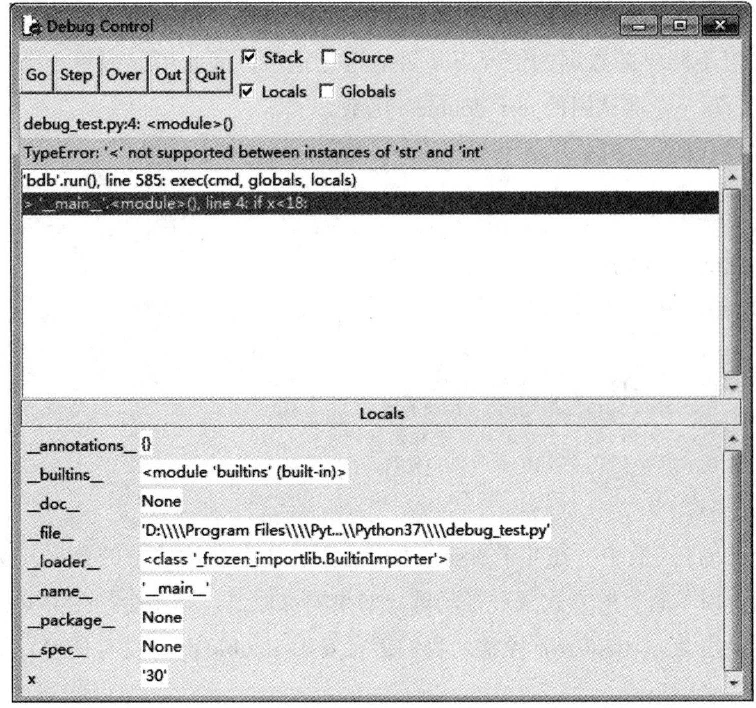

图 13-11

这样，根据提示信息我们就可以查找和解决我们程序中所存在的问题了。

13.2　测试

在编写程序的过程中，我们除了可能写出一些比较容易被调试出来的 bug 外，还有一种情况就是我们的程序里有一些无法发现的逻辑错误或设计错误，程序代码本身运行流畅，因此它们在调试的时候是无法被发现的。但是没关系，我们还可以用测试的方法来查找这些问题。

测试就是用人工或自动的方式来检测一个程序的过程，测试目的是检验程序是否能实现预定的目标，能否得到预期的结果。软件测试本身就是一个系统的专业，我们这里只是简单介绍一些基本的概念和方法。

13.2.1　单元测试与测试用例

这里首先介绍两个概念。

单元测试：所谓单元，是指程序中实现某一个功能的代码段，一般来说是一个函数或一个类，单元测试就是对这些代码单元进行的测试。组成单元测试的是一系列测试用例。

测试用例：用例，顾名思义就是例子。测试用例就是用来测试的一些具体数据。一系列的测试用例就可以构成一项单元测试。

我们举例来说明一下如何进行单元测试，比如我们在一个程序中有一个把数字翻倍的函数 double()，存储为 double.py 文件，这个函数就可以说是一个单元。我们要测试这个打招呼的程序在面对不同年龄数据的情况下是否能运行正常，因此可以编写一个测试文件 test_double.py，里面写一个测试用的 test_double() 函数。

double.py 的代码：

```
def double(x):
    return x*2
```

test_ double.py 的代码：

```
from double import double

def test_double():
    assert double(1) == 2,'测试失败！'
    assert double(0.1) == 0.2,'测试失败！'
    assert double(500) == 1000,'测试失败！'
    assert double(100.001) == 200.002,'测试失败！'

test_double()
```

在 test_double() 函数中，在 4 个 assert 语句后面的 4 个表达式中的数据其实就是 4 个测试用例。我们使用了断言的方式来进行测试，如果测试通过，则不会产生异常；而如果测试不能通过，会抛出 AssertionError 异常。我们运行 test_ double.py，没有任何异常，则说明测试通过了。

而如果我们修改一下 double() 函数的代码，故意让它有一点问题，比如我们写代码的时候把星号写成了加号：

```
def double(x):
    return x+2
```

这时候我们再运行 test_double.py 的时候，就会直接出现 AssertionError 异常。

需要注意的是，在我们设计测试用例的时候，一定要考虑到用例覆盖的范围要广，数量要足够。比如我们如果在 test_double() 函数中只写一个 assert double(2) == 4，那么即使我们出现了之前把星写成加的错误，而由于 2*2 和 2+2 恰好相等，也就不会测试出程序的问题。

13.2.2 unittest 模块的使用

Python 中有一个内置的专门用于做单元测试的模块：unittest。unittest 的核心机制就是通过断言的方式来判断被测试对象是否和测试用例中预测的结果一致。也就是同我们上面内容中自己写的测试函数的基本原理是一样的。

在 unittest 模块中有一个 TestCase 类，我们可以继承这个类来写我们的测试类。在测试类中，需要编写测试方法，方法名必须以“test_”开头，否则不会被自动识别。在 TestCase 类中有一系列断言方法，常用的几种如表 13-1 所示。

表 13-1 常用断言方法

断言方法	检查条件
assertEqual(x,y)	x == y
assertNotEqual(x,y)	x != y

续表

断言方法	检查条件
assertTure(x)	bool(x) is True
assertFalse(x)	bool(x) is False
assertIn(x,y)	x in y
assertNotIn(x,y)	x not in y
……	……

例如我们用 unittest 模块来进行前面设计的 test_double() 函数所进行的测试工作，代码如下：

```
from double import double
import unittest

class TestDoubleFunction(unittest.TestCase):

    def test_double(self):
        self.assertEqual(double(1), 2)
        self.assertEqual(double(0.1), 0.2)
        self.assertEqual(double(500), 1000)
        self.assertEqual(double(100.001), 200.002)

unittest.main()
```

这里我们首先要导入被测试的 double 模块中的 double 函数，还要导入 unittest 模块。然后我们继承 unittest 模块中的 TestCase 类来编写一个测试类 TestDoubleFunction，在这个类里面，我们定义了一个 test_double() 的方法，其中包含了 4 条断言方法。最后我们使用 unittest.main() 来执行测试。当然，必要时（比如这个文件可能被当作模块使用时）你也可以在前面加一个判断条件：if __name__ == ‘__main__’。

我们依然把代码存储到 test_double.py 文件中，运行这个文件，IDLE 中显示如图 13-12 所示。

```
.
----------------------------------------------------------------------
Ran 1 test in 0.038s

OK
>>> 
```

图 13-12

这里用红色显示了我们的测试结果，第一行中的点（.）表示测试通过，如果测试不通过则会有一个红色大写字母“F”。“Ran 1 test in 0.038s”表示我们进行了 1 个测试，用时 0.038 秒。下面隔一行的“OK”表示测试完成。

再举一个例子，我们之前学过字符串的一些方法，比如 upper() 方法、isupper() 方法、split() 方法等，我们可以设计一个测试类来测试这些方法的有效性。代码如下：

```
import unittest

class TestStringMethods(unittest.TestCase):

    def test_upper(self):
```

```
        self.assertEqual('foo'.upper(), 'FOO')

    def test_isupper(self):
        self.assertTrue('FOO'.isupper())
        self.assertFalse('Foo'.isupper())

    def test_split(self):
        s = 'hello world'
        self.assertEqual(s.split(), ['hello', 'world'])

unittest.main()
```

这里我们设计了三个测试方法，分别对字符串的三个方法进行测试，其内部主要使用的仍然是断言的方式。程序运行之后，测试正常通过。

第 14 章

程序也要面子——GUI 编程

曾几何时（比如笔者上小学的 20 世纪 90 年代），电脑的屏幕是黑白的，软件的界面几乎是没有的，用户要通过输入命令来操作软件，每个人看起来都像电影里的黑客……之前的程序可以说是有里子而没有面子。而如今，我们用的程序都是有面子的——图形化操作界面。图形界面，谁用谁知道。不得不说，还是图形界面使用起来更方便快捷。Python 写的程序当然也可以有图形化的界面，因此本章就来介绍图形界面编程。

14.1 GUI 简介

我们平时用的电脑软件或手机软件都有一个可视化的图形操作界面，这种界面称为图形用户界面（图 14-1），英文简称是 GUI（Graphical User Interface）。与之相对的是类似 DOS 命令行或 IDLE 命令行的这种界面（图 14-2），称为命令行界面，英文名称是 CLI（Command Line Interface）。

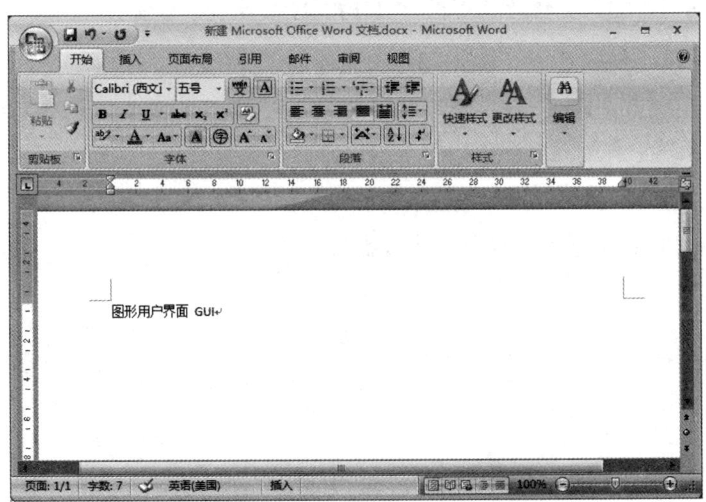

图 14-1

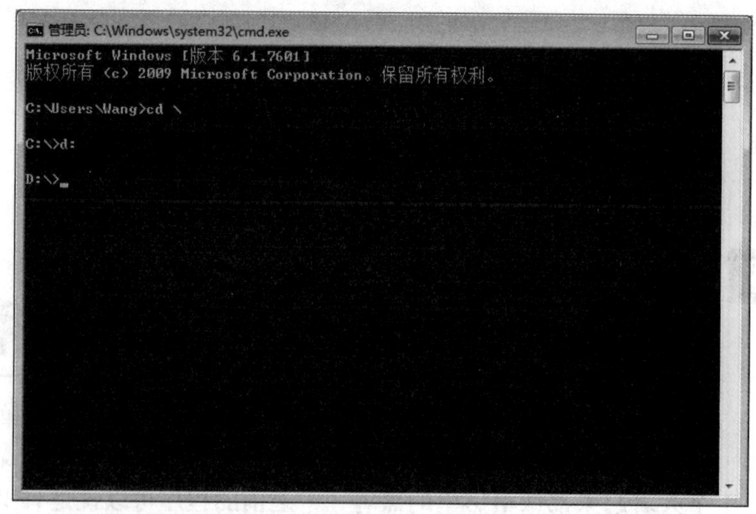

图 14-2

显然，GUI 是更方便快捷的人机交互方式，我们通过鼠标，辅以键盘输入，或者利用触摸屏，就可以实现对软件的操作，而不需要像记公式一样去记各种命令。当然，这些图形界面也是通过编码来实现的。所以，要么用户麻烦，要么开发者麻烦。我们就是开发者，做更简洁的东西给用户来用是我们的责任。所以，我们有必要学习如何来实现图形用户界面。

14.2 Python 内置 GUI 模块：Tkinter

Python 可以用一些模块来实现 GUI 编程，这些模块中有第三方的，例如 wxPython、PyQt、Kivy 等，当然也有内置的模块 Tkinter。本章我们主要学习内置的 Tkinter 模块，等学会了这个模块以后，你也就可以自己尝试其他第三方模块了，因为很多内容都是相通的。就像我教会你炒白菜以后，你用类似的方法炒个大头菜也是没有什么问题的。

14.2.1 使用 Tkinter 模块创建一个界面程序

使用 Tkinter 模块来创建一个 GUI 程序的流程是这样的：

第一步，使用“import tkinter”语句导入 Tkinter 模块。

第二步，创建 Tk 对象，也就是创建主窗口，并设置窗口属性。

第三步，创建控件对象，布局到主窗口。

第四步，调用 mainloop 函数执行主事件循环。

下面我们通过创建一个简单的界面来演示一下这个过程：

```
import tkinter as tk  # 导入 Tkinter 模块并指定别名为 tk
window_one = tk.Tk()  # 创建主窗口
window_one.title('第一个 GUI 界面')  # 设置主窗口标题
window_one.geometry('400x300')  # 设置主窗口大小
label_one = tk.Label(window_one, text='Hello world', bg='red')  # 创建标签并设置内容和背景颜色
label_one.pack()  # 布局标签
window_one.mainloop()  # 执行主事件循环
```

代码运行结果，如图 14-3 所示。

图 14-3

使用 Tkinter 创建一个 GUI 界面就是这么简单，代码中作了一些简单注释，大家应该可以看懂。需要注意的是，设置主窗口标题和大小的时候用的都是字符串，而且大小的长宽数字中间是字母 x，而不是星号（*）或乘号（×）。

这里还有两个概念需要大家进一步学习，第一是控件（比如我们上面用到的 Label），第二是布局（比如我们上面用到的 pack 方法），这是 GUI 编程中的两个重点内容，后面两节内容我们将进行详细介绍。

14.2.2　窗口、控件、事件、事件处理函数

窗口的概念想必大家都非常熟悉了，因为我们使用软件直接面对的就是各种窗口，比如我们上面通过 Tkinter 模块创建的界面中，也有一个主窗口“window_one”。窗口就是一个容器，它有它的一些属性，比如大小、位置等，可以进行自定义的设置。

窗口中可以容纳各种控件（也称为组件），每个控件都是一个界面元素，可以实现相应的功能，比如我们上面的标签控件“label_one”，它可以显示一些文本。控件也有各种属性，比如大小、颜色等。

下面我们详细介绍一些 Tkinter 模块中常用的控件。

1．Label

标签控件，这是最常见的一个控件，用于显示文本或图像。

这个控件的创建方法是（我们默认 tkinter 模块导入后指定别名为“tk”）：

```
new_label = tk.Label(window, options)
```

其中参数 window 表示该标签所处的父窗体，比如我们前面程序中“label_one”位于“window_one”窗口中，“options”表示标签的各种属性参数。常用的属性有以下几个：

“text”：所要显示的文本。

“bg”：背景颜色。

“fg”：字体颜色。

“font”：字体、字号。

“width”：宽度。

“height”：高度。

例如我们修改一下前面的程序，增加几个 Label 标签，设置不同的属性，让大家看一下效果，代码如下：

```
import tkinter as tk
window_one = tk.Tk()
window_one.title('第一个 GUI 界面')
window_one.geometry('400x300')
label_one = tk.Label(window_one, text='Hello world', bg='red')
label_two = tk.Label(window_one, text='你 好', bg='green', fg='white', font=\
('黑体',18), width=20)
label_three = tk.Label(window_one, text='世界', bg='blue', fg='black', font=\
('楷体',20), height=5)
label_one.pack()
label_two.pack()
label_three.pack()
window_one.mainloop()
```

运行结果如图 14-4 所示。

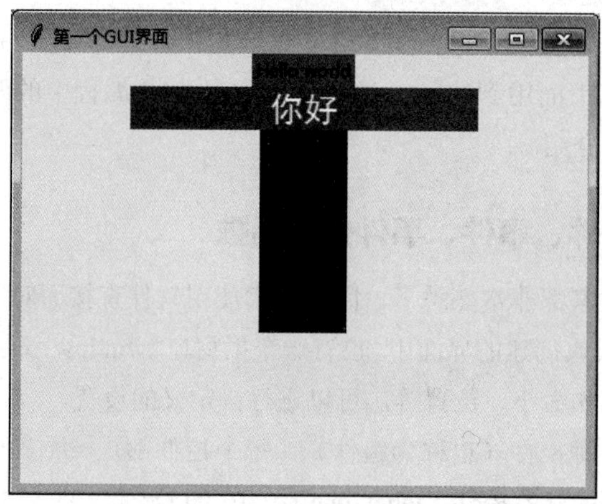

图 14-4

2．Button

按钮控件。这也是很常用的一个控件，用于显示各种功能按钮。

这个控件的创建方法是：

button_one = tk.Button(window, options)

同样，这里的参数 window 表示该按钮所处的父窗体，options 表示按钮的各种属性参数。除了与 Label 标签相同的 bg、fg、font 等相同属性，其他常用属性有以下几个：

“text”：按钮上要显示的文字。

“command”：按钮所绑定的函数或方法。

例如我们给之前的窗口增加一个“OK”按钮，单击这个按钮会触发一个事件处理，也就是运行所绑定的函数，让之前输出“Hello world”的标签改变文字和背景颜色。代码如下：

```
import tkinter as tk
window_one = tk.Tk()
window_one.title('第一个 GUI 界面')
window_one.geometry('400x300')
label_one = tk.Label(window_one, text='Hello world', bg='red')
label_two = tk.Label(window_one, text='你 好', bg='green', fg='white', font=\
('黑体',18), width=20)
label_three = tk.Label(window_one, text='世界', bg='blue', fg='black', font=\
('楷体',20), height=5)
def click_ok():
label_one['text'] = '你单击了 OK 按钮'
label_one['bg'] = 'yellow'
button_one = tk.Button(window_one, text='OK', command=click_ok)
label_one.pack()
label_two.pack()
label_three.pack()
button_one.pack()
window_one.mainloop()
```

代码运行之后结果如图 14-5 所示。

当我们单击"OK"按钮之后结果如图 14-6 所示。

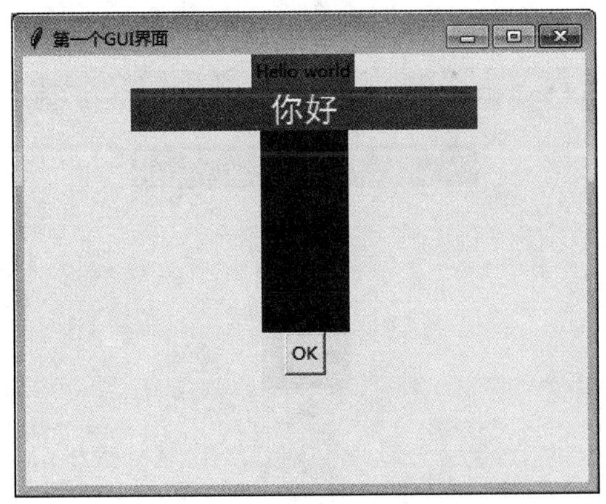

图 14-5

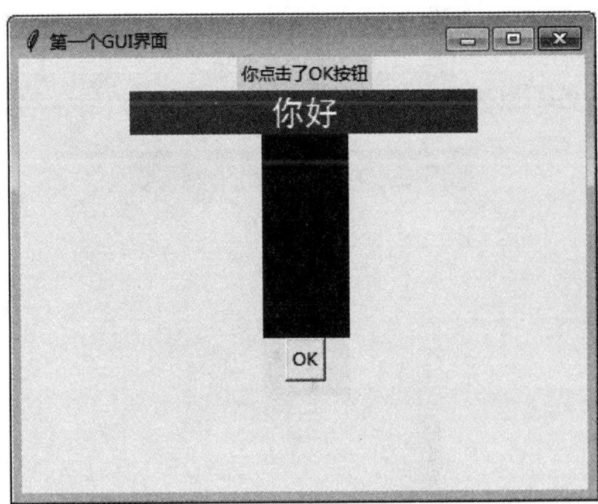

图 14-6

这里提到了两个新概念：事件处理和绑定函数。所谓事件，就是窗口中的控件被用户执行了一些操作，比如单击、双击等，事件处理就是我们的程序在遇到这些事件时要执行一些响应，做一些操作。绑定函数就是我们在按钮上所绑定的执行事件处理的函数。比如上面的例子当中，我们在按钮"button_one"上绑定了一个函数 click_ok，这个函数我们要事先定义好其功能，当按钮被单击的时候，就会触发并执行这个函数。

事实上，Tkinter 中还给各种控件提供了一个 bind() 方法专门来绑定各种事件处理函数，比如我们可以给按钮分别绑定单击事件和双击事件所对应的处理函数。使用格式是：

```
控件 .bind( 事件 , 绑定函数 )
```

注意，当我们使用 bind() 方法的时候，在其前面定义绑定函数的时候，第一个参数要默认写 event 用于接收事件。我们再次修改上面的程序，在单击"OK"按钮和双击"OK"按钮的时候让之前的 label_one 标签显示不同的内容：

```
import tkinter as tk
window_one = tk.Tk()
window_one.title('第一个 GUI 界面')
```

```
window_one.geometry('400x300')
label_one = tk.Label(window_one, text='Hello world', bg='red')
label_two = tk.Label(window_one, text=' 你 好 ', bg='green', fg='white', font=\
(' 黑体 ',18), width=20)
label_three = tk.Label(window_one, text=' 世 界 ', bg='blue', fg='black', font=\
(' 楷体 ',20), height=5)
def click_ok_once(event):
    label_one['text'] = ' 你单击了 OK 按钮 '
    label_one['bg'] = 'yellow'
def click_ok_twice(event):
    label_one['text'] = ' 你双击了 OK 按钮 '
    label_one['bg'] = 'yellow'
button_one = tk.Button(window_one, text='OK')
button_one.bind('<Button-1>',click_ok_once)
button_one.bind('<Double-1>',click_ok_twice)
label_one.pack()
label_two.pack()
label_three.pack()
button_one.pack()
window_one.mainloop()
```

运行之后结果如图 14-7 所示。

我们单击“OK”按钮，第一个标签会显示“你单击了 OK 按钮”，如图 14-8 所示。

图 14-7

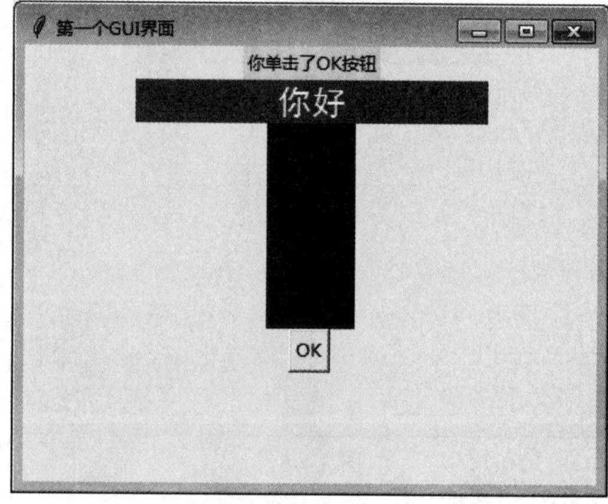

图 14-8

我们双击“OK”按钮，第一个标签会显示“你双击了 OK 按钮”，如图 14-9 所示。

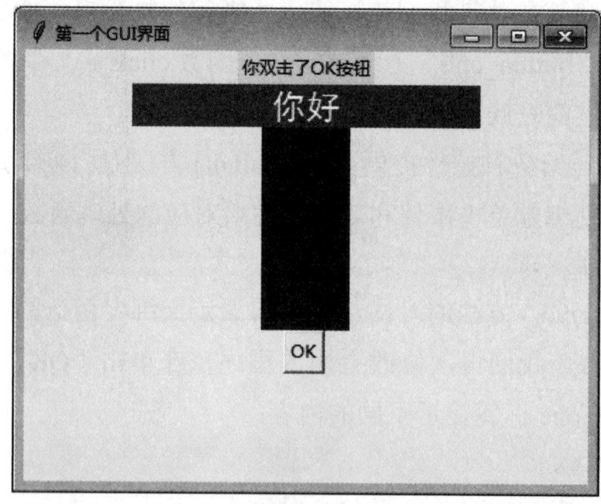

图 14-9

3. Entry

输入框控件。作用是让用户输入字符或文本，比如用户名、密码等。

这个控件的创建方法是：

```
entry_one = tk.Entry(window, options)
```

同样，这里的参数 window 表示输入框所处的父窗体，options 表示输入框的各种属性参数。除了与 Label 控件相同的 bg、fg、font 等相同属性，其他常用属性有以下几个：

justify：文本对齐方式，默认是 left，其他值有 center、right。

show：输入文本的显示方式，默认是明文，也可以设置为密文，比如用星号 '*'。

下面我们构建一个让用户输入用户名和密码的窗口界面：

```
import tkinter as tk
window_one = tk.Tk()
window_one.title('输入用户名和密码')
window_one.geometry('400x300')
label_one = tk.Label(window_one, text='请输入用户名：')
label_two = tk.Label(window_one, text='请输入密码：')
entry_one = tk.Entry(window_one)
entry_two = tk.Entry(window_one, show='*')
label_one.pack()
entry_one.pack()
label_two.pack()
entry_two.pack()
window_one.mainloop()
```

运行代码后结果如图 14-10 所示。

我们输入用户名和密码，可以看到，当我们输入用户名时会明文显示，而我们输入密码的时候会用星号代替输入的字符，如图 14-11 所示。

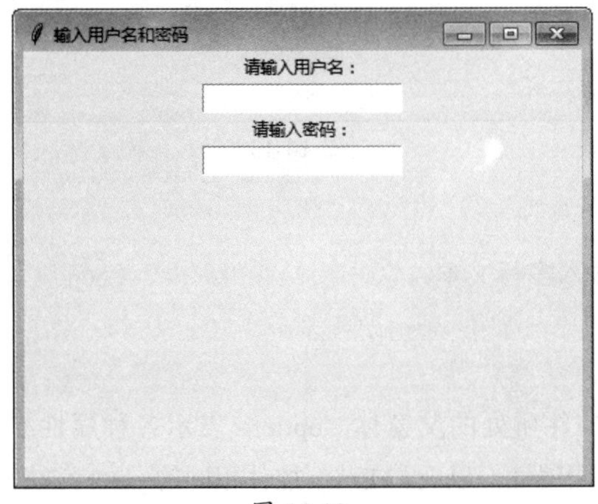

图 14-10

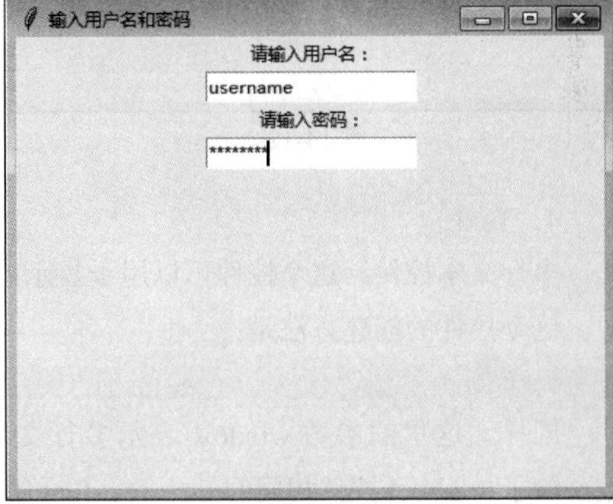

图 14-11

显然，我们让用户输入的字符或文本是想要让程序获取并进行处理的。事实上，Entry 控件有一个 get() 方法就可以获取到用户输入的值。比如我们在上面的界面中再添加一个“显示”按钮，为这个按钮绑定一个显示函数，单击这个按钮后就在界面中显示出用户输入的结果，代码如下：

```
import tkinter as tk
window_one = tk.Tk()
```

```
window_one.title('输入用户名和密码')
window_one.geometry('400x300')
label_one = tk.Label(window_one, text='请输入用户名：')
label_two = tk.Label(window_one, text='请输入密码：')
label_three = tk.Label(window_one, text='待显示区域')
entry_one = tk.Entry(window_one)
entry_two = tk.Entry(window_one, show='*')
def show_values():
    label_three['text'] = '用户名是{},密码是{}'.format(entry_one.get(),entry_\
    two.get())
button_one = tk.Button(window_one, text='显示', command=show_values)
label_one.pack()
entry_one.pack()
label_two.pack()
entry_two.pack()
button_one.pack()
label_three.pack()
window_one.mainloop()
```

运行代码，结果如图 14-12 所示。

我们输入用户名和密码，单击显示按钮，结果如图 14-13 所示。

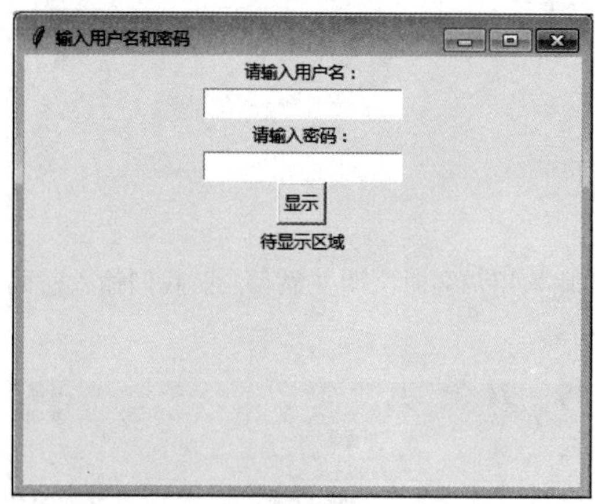

图 14-12

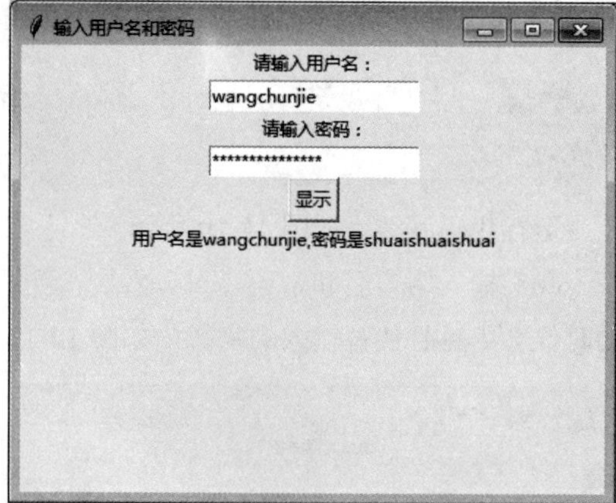

图 14-13

4．Text

多行文本控件。这个控件可以用于显示或输入多行文本。

这个控件的创建方法是：

```
text_one = tk.Text(window, options)
```

同样，这里的参数 window 表示多行文本控件所处的父窗体，options 表示各种属性参数。除了与 Label 控件相同的 bg、fg、font 等相同属性，以及与 Entry 控件相同的 get() 方法，Text 控件还有以下其他一些常用方法。

插入内容的 insert(position,content) 方法，这个方法可以向多行文本控件中插入要显示的内容，参数 position 表示插入的位置，比如 tk.INSERT 表示在当前光标位置插入，参数 content 表示插入的内容。例如我们在窗口中用多行文本控件显示一首诗：

```
import tkinter as tk
window_one = tk.Tk()
window_one.title('多行文本显示')
window_one.geometry('400x300')
```

```
text_one = tk.Text(window_one)
text_one.pack()
poem = r'''《短歌行》
曹操
对酒当歌，人生几何！
譬如朝露，去日苦多。
慨当以慷，忧思难忘。
何以解忧？唯有杜康。
青青子衿，悠悠我心。
但为君故，沉吟至今。
呦呦鹿鸣，食野之苹。
我有嘉宾，鼓瑟吹笙。
明明如月，何时可掇？
忧从中来，不可断绝。
越陌度阡，枉用相存。
契阔谈讌，心念旧恩。
月明星稀，乌鹊南飞。
绕树三匝，何枝可依？
山不厌高，海不厌深。
周公吐哺，天下归心。
'''
text_one.insert(tk.INSERT,poem)
window_one.mainloop()
```

运行结果如图 14-14 所示。

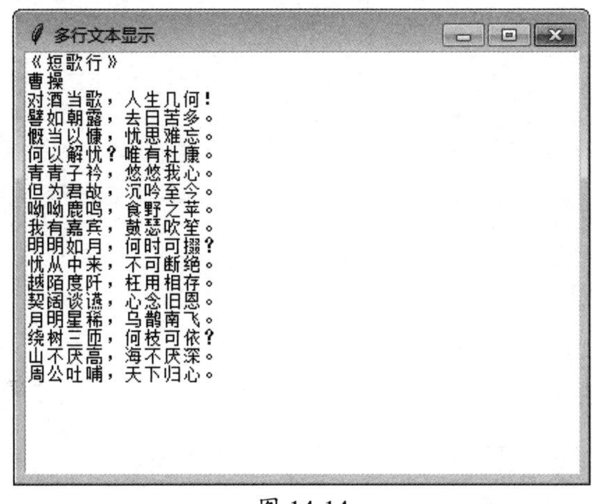

图 14-14

5. Scrollbar

滚动条控件。当要显示的内容比较长时，我们还可以增加滚动条控件。创建滚动条控件的格式如下：

```
scrollbar_one = tk.Scrollbar(window)
```

参数 window 表示控件所处的窗口。创建完控件后，我们还需要设置滚动条所处的位置和方向：

```
scrollbar_one.pack(side,fill)
```

参数 side 表示滚动条的位置，比如 tk.RIGHT 表示右侧，参数 fill 表示滚动条的方向，比如 tk.Y 表示方向是沿 Y 轴滚动。

最后我们还需要通过 config() 方法将滚动条和想要把它加入的控件进行绑定，比如我们这里要给上面写的文本框的右侧增加一个滚动条：

```
scrollbar_one.config(command=text_one.yview)
```

另外，我们在创建 Text 控件的时候还需要增加一个参数来与滚动条控件绑定：

```
text_one.config(yscrollcommand=scrollbar_one.set)
```

下面我们演示一下：

```
import tkinter as tk
window_one = tk.Tk()
window_one.title('多行文本显示+滚动条')
window_one.geometry('400x200')
scrollbar_one = tk.Scrollbar(window_one)
scrollbar_one.pack(side=tk.RIGHT, fill=tk.Y)
text_one = tk.Text(window_one,yscrollcommand=scrollbar_one.set)
text_one.pack()
scrollbar_one.config(command = text_one.yview)
poem = r'''《短歌行》
曹操
对酒当歌，人生几何！
譬如朝露，去日苦多。
慨当以慷，忧思难忘。
何以解忧？唯有杜康。
青青子衿，悠悠我心。
但为君故，沉吟至今。
呦呦鹿鸣，食野之苹。
我有嘉宾，鼓瑟吹笙。
明明如月，何时可掇？
忧从中来，不可断绝。
越陌度阡，枉用相存。
契阔谈讌，心念旧恩。
月明星稀，乌鹊南飞。
绕树三匝，何枝可依？
山不厌高，海不厌深。
周公吐哺，天下归心。
'''
text_one.insert(tk.INSERT,poem)
window_one.mainloop()
```

运行结果如图 14-15 所示。

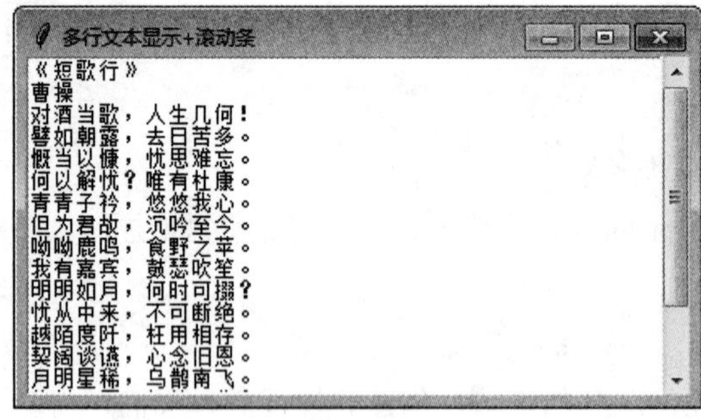

图 14-15

这样，拖动滚动条我们就可以看到全部内容了。

6. Radiobutton

单选按钮。这个控件可以创建一个单选按钮，往往是一组同时使用，也可以绑定事件处理函数或方法，当按钮被选中的时候会触发事件。格式如下：

```
radiobutton_one = tk.Radiobutton(window,options)
```

参数中可以使用 text 指定按钮显示的文本，variable 可以用来绑定变量，value 可以设置选项的值，command 可以绑定事件函数。例如我们构建一个答题界面：

```
import tkinter as tk
window_one = tk.Tk()
window_one.title('单选按钮')
window_one.geometry('400x200')
label_one = tk.Label(window_one,text='一加一等于几？')
label_two = tk.Label(window_one,text='答题结果')
v = tk.IntVar()
def show():
    if v.get()==1:
        label_two['text'] = '你数学是体育老师教的吗？错！'
    elif v.get()==2:
        label_two['text'] = '恭喜你答对了！'
    else:
        label_two['text'] = '你喝醉了吗？错！'
radiobutton_one = tk.Radiobutton(window_one, text='一', variable=v, value=1,\
command=show)
radiobutton_two = tk.Radiobutton(window_one, text='二', variable=v, value=2,\
command=show)
radiobutton_three = tk.Radiobutton(window_one, text='三', variable=v, value=3,\
command=show)
label_one.pack()
radiobutton_one.pack()
radiobutton_two.pack()
radiobutton_three.pack()
label_two.pack()
window_one.mainloop()
```

注意，我们在给 variable 绑定变量之前要首先创建变量 v。其实 v 是一个 Tkinter 中的整数类型（tk.IntVar）变量对象，可以用 .get() 方法获取到它的值。

运行结果如图 14-16 所示。

当我们单击不同的按钮时，会显示不同的答题结果，如图 14-17 所示。

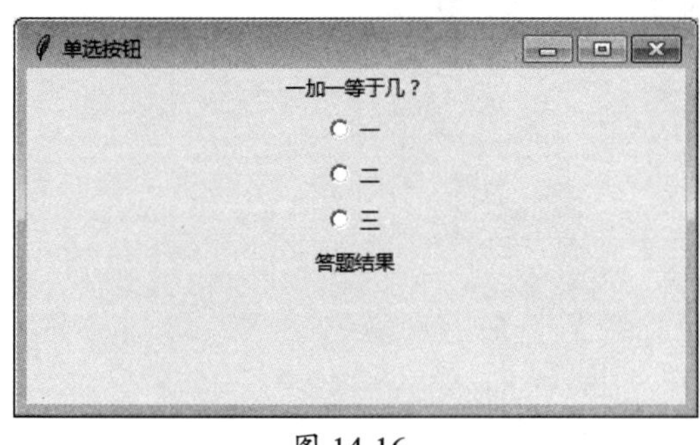

图 14-16

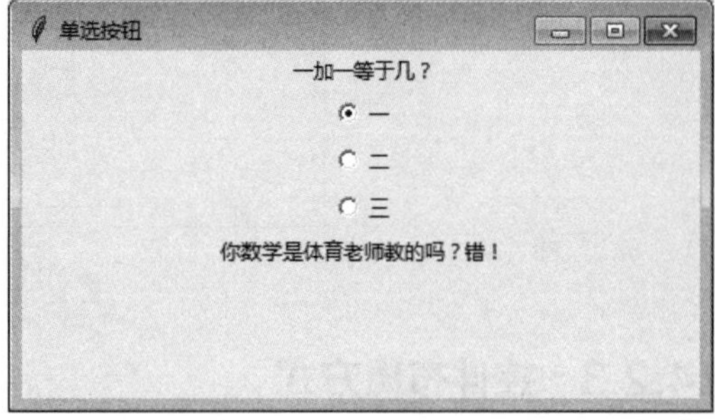

图 14-17

7. Checkbutton

多选按钮。这个控件可以创建一个多选按钮，往往是一组同时使用。使用格式如下：

```
Checkbutton_one = tk.Checkbutton(window,options)
```

与单选按钮类似，参数中可以使用 text 指定按钮显示的文本，variable 可以用来绑定变量，不同的是，用 onvalue 可以设置选项被选中时的值，offvalue 可以设置选项没选中时的值，command 可以绑定事件函数。我们用多选按钮做一个多选题的例子：

```
import tkinter as tk
window_one = tk.Tk()
window_one.title('多选按钮')
window_one.geometry('400x200')
label_one = tk.Label(window_one,text='下列哪几首歌是周杰伦唱的？ ')
label_two = tk.Label(window_one,text='答题结果')
v1 = tk.IntVar()
v2 = tk.IntVar()
v3 = tk.IntVar()
v4 = tk.IntVar()
def show():
    if v1.get()==v3.get()==1 and v2.get()==v4.get()==0:
        label_two['text'] = '恭喜你答对了！ '
    else:
        label_two['text'] = '看来你不是周杰伦的歌迷……'
checkbutton_one = tk.Checkbutton(window_one, text='上海一九四三', variable=v1,\
onvalue=1, offvalue=0)
checkbutton_two = tk.Checkbutton(window_one, text='铁岭一九四三', variable=v2,\
onvalue=1, offvalue=0)
checkbutton_three = tk.Checkbutton(window_one, text='爸我回来了', variable=v3,\
onvalue=1, offvalue=0)
checkbutton_four = tk.Checkbutton(window_one, text='二大爷我回来了', variable=v4,\
onvalue=1, offvalue=0)
button_one = tk.Button(window_one, text='提交答案', command=show)
label_one.pack()
checkbutton_one.pack()
checkbutton_two.pack()
checkbutton_three.pack()
checkbutton_four.pack()
button_one.pack()
label_two.pack()
window_one.mainloop()
```

程序运行之后结果如图 14-18 所示。

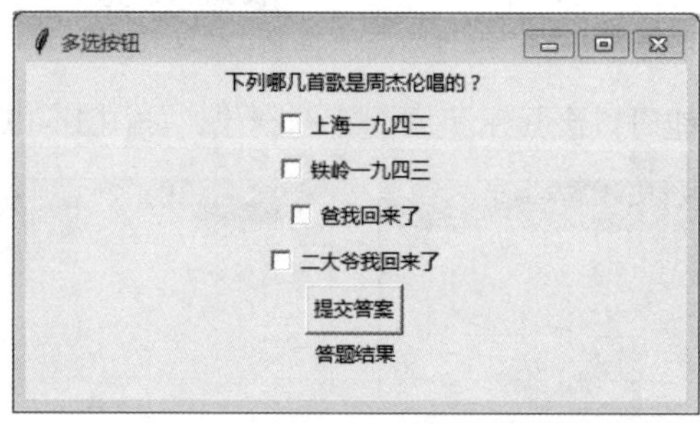

图 14-18

14.2.3 控件布局方式

在前面的内容中，我们在布局控件的时候使用的都是 pack 方法。事实上，在 Tkinter 中有三种布局方式，对应的方法分别是 pack、place、grid。需要注意的是，这三种布局方式不能混用，只能选择一种方式。下面我们分别介绍一下。

1. pack 布局

pack，包的意思，这种布局方式就像把一个个包裹依次排列起来。我们上一小节中的案例使用的都是 pack 布局，因为这种布局方式比较简单，它会默认地依次排列控件。需要注意的是，我们之前的例子都是单独创建控件，然后在最后进行控件的布局，实际上也可以在创建控件的同时使用 .pack() 方法进行布局。我们看一下之前布局 Label 标签的那个“第一个 GUI 界面”的例子：

```
import tkinter as tk
window_one = tk.Tk()
window_one.title('第一个 GUI 界面')
window_one.geometry('400x300')
label_one = tk.Label(window_one, text='Hello world', bg='red')
label_two = tk.Label(window_one, text='你好', bg='green', fg='white', font=\
('黑体',18), width=20)
label_three = tk.Label(window_one, text='世界', bg='blue', fg='black', font=\
('楷体',20), height=5)
label_one.pack()
label_two.pack()
label_three.pack()
window_one.mainloop()
```

我们可以改写如下：

```
import tkinter as tk
window_one = tk.Tk()
window_one.title('第一个 GUI 界面')
window_one.geometry('400x300')
label_one = tk.Label(window_one, text='Hello world', bg='red').pack()
label_two = tk.Label(window_one, text='你好', bg='green', fg='white', font=\
('黑体',18), width=20).pack()
label_three = tk.Label(window_one, text='世界', bg='blue', fg='black', font=\
('楷体',20), height=5).pack()
window_one.mainloop()
```

代码的运行结果跟之前的图 14-4 是一样的。但是要注意，如果使用后者这种简单方式，那么必须在创建控件的时候就按顺序创建；而如果使用之前先创建控件再布局控件的方式则可以在创建控件时不按顺序，只需要在最后布局的时候注意一下顺序即可。

实际上我们可以看到 pack 方式布局的特点：控件都是水平居中依次排列的。事实上，我们还可以让控件水平排列。只要在 pack 方面中使用 side 参数来控制即可。我们依然用前面“第一个 GUI 界面”的例子来改写：

```
import tkinter as tk
window_one = tk.Tk()
window_one.title('第一个 GUI 界面')
window_one.geometry('400x300')
label_one = tk.Label(window_one, text='Hello world', bg='red')
label_two = tk.Label(window_one, text='你好', bg='green', fg='white', font=\
('黑体',18), width=20)
label_three = tk.Label(window_one, text='世界', bg='blue', fg='black', font=\
('楷体',20), height=5)
label_one.pack(side=tk.LEFT)
label_two.pack(side=tk.LEFT)
label_three.pack(side=tk.LEFT)
window_one.mainloop()
```

运行结果如图 14-19 所示。

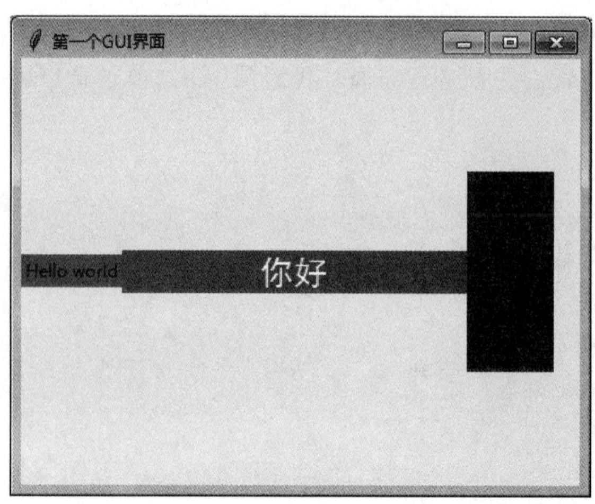

图 14-19

聪明的你可能想到了，如果我们想从右到左排列，是不是把参数 tk.LEFT 改成 tk.RIGHT 就可以了呢？我们来试一下：

```
import tkinter as tk
window_one = tk.Tk()
window_one.title('第一个 GUI 界面')
window_one.geometry('400x300')
label_one = tk.Label(window_one, text='Hello world', bg='red')
label_two = tk.Label(window_one, text='你好', bg='green', fg='white', font=\
('黑体',18), width=20)
label_three = tk.Label(window_one, text='世界', bg='blue', fg='black', font=\
('楷体',20), height=5)
label_one.pack(side=tk.RIGHT)
label_two.pack(side=tk.RIGHT)
label_three.pack(side=tk.RIGHT)
window_one.mainloop()
```

运行结果如图 14-20 所示。

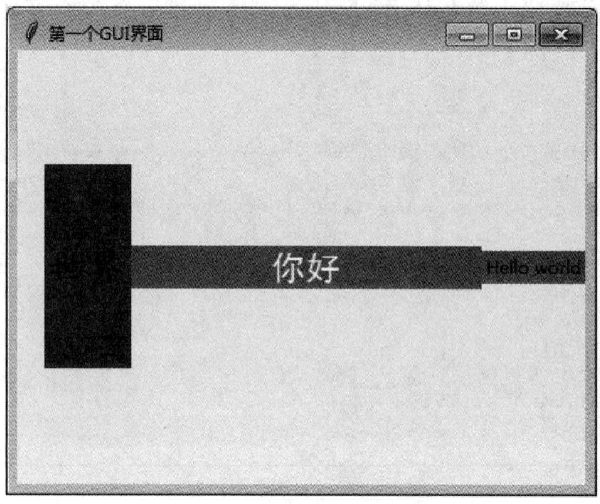

图 14-20

果然被你猜中了！希望大家在学习的过程中能够保持这种举一反三、触类旁通的精神，只有这样才能把书中的知识活学活用。不过更聪明的你可能还会想，是不是还有其他的排列方式呢？比如从下往上？可不可以用之前学到的 help() 函数来查看一下这个 pack() 方法的 side 参数到底可以有那些值呢？没错，如果你已经想到这里，那说明你记性不错，我们之前学过的东西你还没忘。我们可以查看一下 Label 标签的 pack() 方法的文档：

```
>>> import tkinter
>>> help(tkinter.Label.pack)
Help on function pack_configure in module tkinter:

pack_configure(self, cnf={}, **kw)
    Pack a widget in the parent widget. Use as options:
    after=widget - pack it after you have packed widget
    anchor=NSEW (or subset) - position widget according to
                              given direction
    before=widget - pack it before you will pack widget
    expand=bool - expand widget if parent size grows
    fill=NONE or X or Y or BOTH - fill widget if widget grows
    in=master - use master to contain this widget
    in_=master - see 'in' option description
    ipadx=amount - add internal padding in x direction
    ipady=amount - add internal padding in y direction
    padx=amount - add padding in x direction
    pady=amount - add padding in y direction
    side=TOP or BOTTOM or LEFT or RIGHT -  where to add this widget.
```

我们看到最后一行中，side 参数确实有四个，默认的是从上到下是 TOP，从左向右是 LEFT，从右向左是 RIGHT，而 BOTTOM 则是从下到上。我们已经使用过前三个了，你可以自己尝试一下最后一个。

事实上，上面文档中还有一些参数也是比较常用的，比如 fill 参数。如果我们在创建标签的时候没有指定其宽度，而希望它能从左到右地布满一行或从上到下地布满一列，则可以使用 fill 来设置，参数值有 X 和 Y 两种。我们还是改写之前的“第一个 GUI 界面”来试验一下：

```
import tkinter as tk
window_one = tk.Tk()
window_one.title('第一个 GUI 界面')
window_one.geometry('400x300')
label_one = tk.Label(window_one, text='Hello world', bg='red')
label_two = tk.Label(window_one, text='你好', bg='green', fg='white', font=\
('黑体',18))
label_three = tk.Label(window_one, text='世界', bg='blue', fg='black', font=\
('楷体',20))
label_one.pack(fill=tk.X)
label_two.pack(fill=tk.X)
label_three.pack(fill=tk.X)
window_one.mainloop()
```

这里我们不再设置标签的宽度和高度，而是在布局的时候使用参数 fill，如果设置为 X 则会水平布满一行。运行结果如图 14-21 所示。

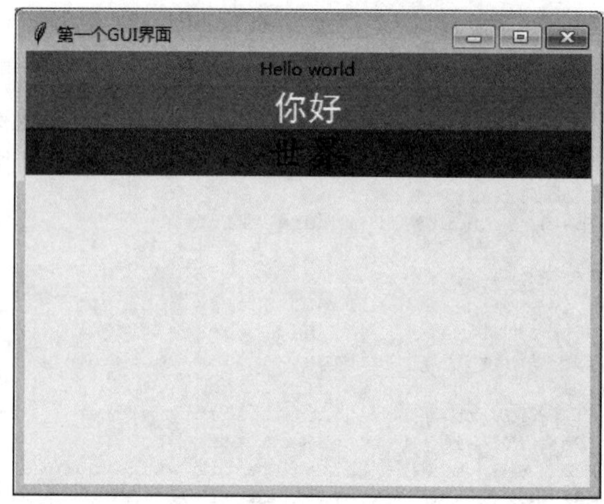

图 14-21

举一反三时间到！我们在让标签水平排列的时候，是不是就可以让它们在垂直方向上布满一列了呢？我们来试一下：

```
import tkinter as tk
window_one = tk.Tk()
window_one.title('第一个 GUI 界面')
window_one.geometry('400x300')
label_one = tk.Label(window_one, text='Hello world', bg='red')
label_two = tk.Label(window_one, text='你好', bg='green', fg='white', font=\
('黑体',18))
label_three = tk.Label(window_one, text='世界', bg='blue', fg='black', font=\
('楷体',20))
label_one.pack(side=tk.LEFT, fill=tk.Y)
label_two.pack(side=tk.LEFT, fill=tk.Y)
label_three.pack(side=tk.LEFT, fill=tk.Y)
window_one.mainloop()
```

果然不出所料，运行结果如图 14-22 所示。

图 14-22

2. place 布局

place，位置的意思，place 布局方式特点就是可以像素级的精确确定控件的坐标位置。

使用 place 方法布局的时候需要设置好如下几个参数：

x：指定控件的横坐标，以父窗口的左上角为原点 0，向右为正方向，x 的值指的是控件最左上角的值（或使用 relx：指控件于父窗口的相对位置，值是 0—1，0 代表最左侧，1 代表最右侧）。

y：指定控件的纵坐标，以父窗口的左上角为原点 0，向下为正方向，y 的值指的是控件最左上角的值（或使用 rely：指控件于父窗口的相对位置，值是 0—1，0 代表最上边，1 代表最下边）。

width：指定控件的宽度（或使用 relwidth：指控件于父窗口的相对宽度，值是 0—1，例如 0.5 表示一半宽度）。

height：指定控件的高度（或使用 relheight：指控件于父窗口的相对高度，值是 0—1，例如 0.5 表示一半高度）。

我们先使用绝对位置的方式来设计一个 400×200 大小的窗口，其中有三个大小为 40×20 的按钮控件，分别位于左上角，中间和右下角：

```
import tkinter as tk
window_one = tk.Tk()
window_one.title('place 布局 ')
window_one.geometry('400x200')
button_one = tk.Button(window_one, text=' 左上 ')
button_two = tk.Button(window_one, text=' 中间 ')
button_three = tk.Button(window_one, text=' 右下 ')
button_one.place(x=0,y=0,width=40,height=20)
button_two.place(x=180,y=90,width=40,height=20)
button_three.place(x=360,y=180,width=40,height=20)
window_one.mainloop()
```

运行结果如图 14-23 所示。

图 14-23

下面我们再使用相对位置的方法来实现一下。实际上，我们并不需要去自己算那个比例关系，只需要在代码里把之前的 x 和 y 分别除以父窗口的长和宽即可得到比例系数。因此代码可以这么写：

```
import tkinter as tk
window_one = tk.Tk()
window_one.title('place 布局 ')
window_one.geometry('400x200')
button_one = tk.Button(window_one, text=' 左上 ')
button_two = tk.Button(window_one, text=' 中间 ')
button_three = tk.Button(window_one, text=' 右下 ')
```

```
button_one.place(relx=0,rely=0,relwidth=40/400,relheight=20/200)
button_two.place(relx=180/400,rely=90/200,relwidth=40/400,relheight=20/200)
button_three.place(relx=360/400,rely=180/200,relwidth=40/400,relheight=20/200)
window_one.mainloop()
```

运行结果同图 14-23 是一样的。

3. grid 布局

grid是网格的意思，这种布局方式是把父窗口划分成横竖均匀排列的格子，控件通过行号、列号来确定自己的位置，因此需要指定 row 和 column 两个参数，需要注意是从 0 开始计数。如果多个控件的行号相同，那么它们将在一行中从左到右排列；如果多个控件的列号相同，那么它们会在一列中从上到下排列。我们通过一组按钮来了解一下 grid 布局：

```
import tkinter as tk
window_one = tk.Tk()
window_one.title('grid布局')
window_one.geometry('300x300')
button_r1c1 = tk.Button(window_one, text='行1列1')
button_r1c2 = tk.Button(window_one, text='行1列2')
button_r1c3 = tk.Button(window_one, text='行1列3')
button_r1c4 = tk.Button(window_one, text='行1列4')
button_r1c5 = tk.Button(window_one, text='行1列5')
button_r2c3 = tk.Button(window_one, text='行2列3')
button_r3c3 = tk.Button(window_one, text='行3列3')
button_r4c3 = tk.Button(window_one, text='行4列3')
button_r1c1.grid(row=0,column=0)
button_r1c2.grid(row=0,column=1)
button_r1c3.grid(row=0,column=2)
button_r1c4.grid(row=0,column=3)
button_r1c5.grid(row=0,column=4)
button_r2c3.grid(row=1,column=2)
button_r3c3.grid(row=2,column=2)
button_r4c3.grid(row=3,column=2)
window_one.mainloop()
```

运行之后结果如图 14-24 所示。

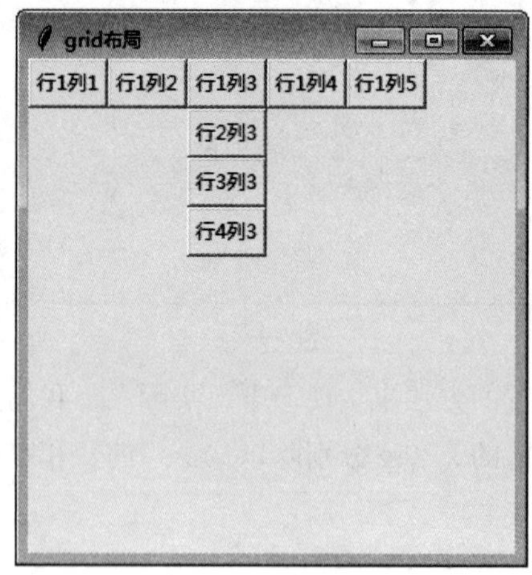

图 14-24

14.3　案例：图形版猜数字游戏

还记得我们之前做过的猜数字游戏吗？我们在第 6 章做了一个循环版的，在第 8 章升级做了一个函数版的，现在我们再升级一下，做一个图形版的吧。

首先，我们设计一下界面的结构，结构如图 14-25 所示。

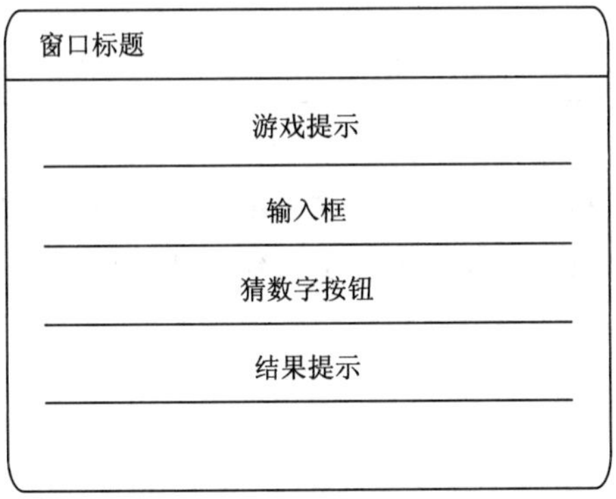

图 14-25

接下来，我们就要创建窗口，创建各种控件，构造函数，并给控件绑定事件函数。总体代码如下：

```
import tkinter as tk
import random as rd

window_one = tk.Tk()
window_one.title('猜数字游戏')
window_one.geometry('400x200')

n = rd.randint(1,100)
def guess():
    gn = int(entry_one.get())
    if gn==n:
        label_two['text'] = '恭喜你猜对了！'
        label_two.update()
    elif gn<n:
        label_two['text'] = '你猜小了，重新猜吧……'
        label_two.update()
    else:
        label_two['text'] = '你猜大了，重新猜吧……'
        label_two.update()

label_one = tk.Label(window_one,text='系统随机产生了一个1-100间的整数，\n你猜是多少？')
label_two = tk.Label(window_one,text='答题结果：')
entry_one = tk.Entry(window_one)
button_one = tk.Button(window_one, text='猜一下', command=guess)

label_one.pack()
entry_one.pack()
button_one.pack()
label_two.pack()
```

程序运行之后结果如图 14-26 所示。

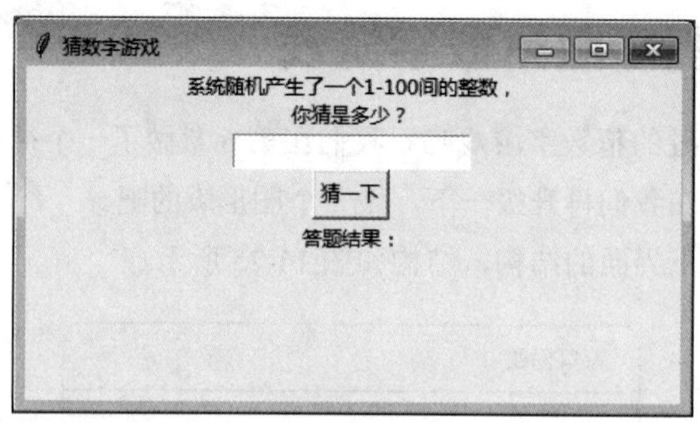

图 14-26

当然，这个游戏还有一些可改进之处，比如增加显示用户已经猜的次数，超过多少次就算游戏失败；再比如可以增加一个重新开始的按钮，让用户重开一局。大家可以尝试一下增加这些功能，把它变成一个更完善的游戏。

第 15 章 人多力量大——并发编程

俗话说得好，人多力量大，一个人吃 100 个烤串可能需要一个小时，但是 10 个人吃 100 个烤串只需要几分钟。在计算机中也一样，现在的计算机很多都是多核的，系统支持同时执行多个任务，比如我们可以一边播放音乐一边使用聊天软件；而且同一个任务中往往还有多个子任务，比如我们可以同时开好几个聊天窗口和好几个人聊天。为了实现这种多任务同时进行的效果，就需要并发编程技术，使用并发技术可以更加充分地利用系统资源。本章我们将介绍多线程编程的有关知识。

15.1 进程与线程

我们之前学习的内容都是单线程编程，并发编程对初学者来说是一个新的领域，因此第一步我们要了解一些基础概念。本节我们来学习一下这些概念。

15.1.1 并发与并行

在讲并发与并行之前，先给大家介绍一下串行。串行是计算机发展早期的一种计算形式，就是多个任务依次在一个处理器上执行，每个任务都是执行结束后再进行下一个任务。作为吃货，我们就拿烤串来说，你有一把羊肉串和一把牛肉串要烤，但是炭火盆比较小，一次只能烤一把串，于是你先烤羊肉串，烤熟羊肉之后再烤牛肉串，这就是串行。

并发是指多个任务在同一处理器上快速轮流执行，看起来是同步进行的。同样以烤串为例，你面前只有一盆炭火，但是你左手拿一把羊肉串，右手拿一把牛肉串，先把左手的羊肉串放上去烤一会儿，然后立刻右手的牛肉串放上去再烤一会儿，然后立刻再左手，然后立刻再右手……最后两把肉串都烤熟了，这就是并发。

并行是指多个任务在多个（或多核）处理器上同时执行，是真正的同时执行。还是以烤串为例，你有两把肉串，同时也有两盆炭火，于是左手拿着一把羊肉串在一盆炭火上烤，右手拿着一把牛肉串在另一盆炭火上烤，最后同时烤熟，这就是并行。

计算机的发展经历了串行、并发、并行之后，又出现了分布式计算，这需要借助网络来调集不同区域的大量计算机资源同时处理一项复杂的任务。同样以烤串为例，你和身处全国各地的几个朋友约好晚上一起视频边吃饭边聊天，于是你们同时各自在家烤自己的串吃……嗯，这样也挺有趣。

言归正传，我们本章内容主要介绍的是上面提到的并发编程，因为并发编程是我们一般情况下较为可能用到的技术。而并发编程又有两个层面，一个是多进程编程，一个是多线程编程。

15.1.2 多进程与多线程

所谓进程（Process），可以简单理解为我们使用的某一个正在运行的程序，比如我们的word 或者 QQ 软件，当这个软件启动以后，就会在系统中产生一个进程，每个进程都有自己可以独立使用的内存空间等资源。实际上，我们如今使用的计算机系统就是多进程的，比如你可以在使用 word 的时候同时使用 QQ，还可以同时听着音乐，这就是因为这是几个进程同时在系统里执行，系统会负责进程的调度，会给它们分配各自的内存空间，让它们（非常快速地）轮流使用 CUP。而非常早期的电脑由于系统资源有限，是做不到这一点的。

线程（Thread）则是比进程低一级或说是从属在进程下的一种形式，一个进程可以只有一个线程，也可以有多个线程。线程并没有自己独立的资源，多个线程会共享它们的父进程资源。也正是因为多线程可以共享一个进程的资源，因此使用多线程会比使用多进程更有效率。就拿我们 QQ 聊天来说，我们打开 QQ，相当于开启了一个进程，而我们打开跟 3 个人的聊天窗口，同时跟 3 个人聊天，就相当于三个线程。相反如果我们想跟 3 个人聊天需要开 3 个 QQ 软件，那么对系统资源的占用将非常大。另外，线程的调度不是由系统控制的，而是由线程的父进程来调度的，因此就需要我们在开发程序的时候进行多线程编程。

我们可以通过下图来理解计算机系统中的多进程和进程下的多线程的关系，如图 15-1 所示。

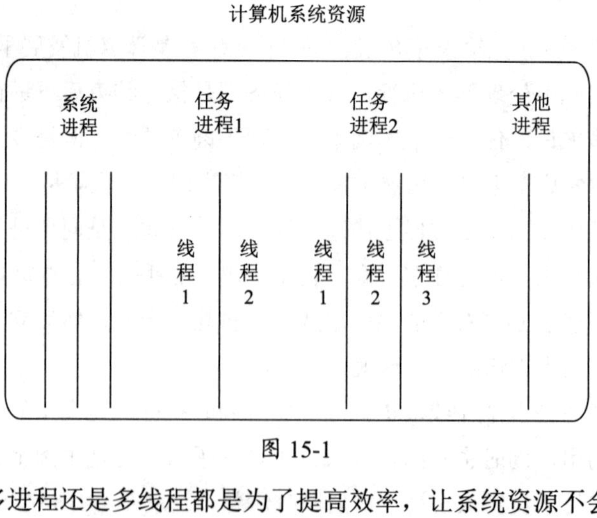

计算机系统资源

系统进程	任务进程1		任务进程2			其他进程
	线程1	线程2	线程1	线程2	线程3	

图 15-1

其实无论使用多进程还是多线程都是为了提高效率，让系统资源不会处于浪费状态。如果你还不太清楚多线程的作用，那么可以自己实验一下，比如你晚饭要吃两个菜和一个馒头，看看是吃完一个菜，再吃完一个菜，再吃一个馒头快，还是两个菜和馒头同时吃比较快。

15.1.3　同步、异步、阻塞、非阻塞

因为在并发编程的过程中，还需要用到网络通信方面的知识，因此我们这里也先介绍几个相关的概念，主要包括同步、异步、阻塞、非阻塞。其中同步 / 异步描述的是在请求—响应模型下的通信模式，阻塞 / 非阻塞描述的是进程中函数的调用方式。为了方便初学者理解，我举一个浅显的“聊天”的例子来说明这几个概念。

所谓同步，就是指发送方在发送一个请求之后，需要等到接收方回应之后再发下一个请求。例如你和女神聊天，你问“在吗？”她说“在。”然后你又问“干嘛呢？”她回“我要工作了，88。”这就是同步，如图 15-2 所示。

图 15-2

所谓异步，是指发送方发送完一个请求之后，不等到接收方回应，就继续发下一个请求。比如你和女神聊天，你问“在吗？”然后不等对方回应，又问道“干嘛呢？”然后对方才回一句“不在。”这就是异步，也就是不同步，如图 15-3 所示。

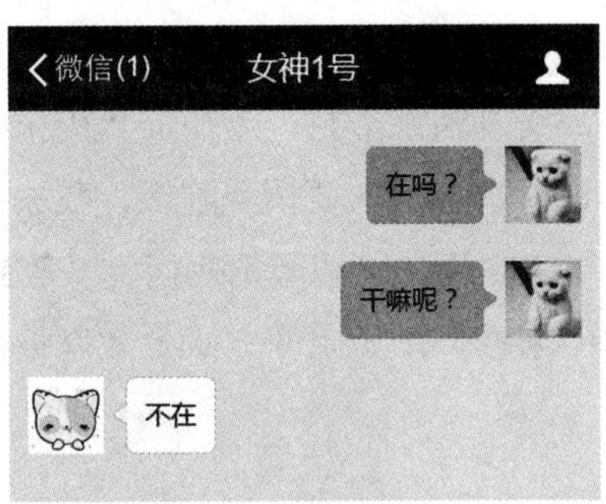

图 15-3

所谓阻塞，是指在调用结果返回之前，当前线程会被挂起，只有在得到结果之后才会执行下一个调用。比如你和一个女生聊天，问她“在吗？”她没回复，你就一直等着，直到她说“不在”以后再去和另一个女生聊天。

所谓非阻塞，是指即使调用结果不能马上返回，当前线程也不会被挂起，而是立即执行下一个调用。比如你和一个女生聊天，问她“在吗？”然后不管她回没回答，接着又给另一

个女生发消息问“在吗？”

基于以上四个基本概念的混合，网络编程就有四种方式：同步阻塞方式，同步非阻塞方式，异步阻塞方式，异步非阻塞方式。

同步阻塞方式下，发送方发送请求之后就一直等待响应。而接收方处理请求时进行的输入输出操作（即 I/O）如果不能马上等到返回结果，就一直等到返回结果后，才响应发送方，期间不能进行其他工作。比如你想请一女生吃饭，发消息问“周末有空吗？请你吃饭。”然后就等消息，女生看到消息后发消息问妈妈说“小王周末要请我吃饭，我去还是不去？”然后她也开始等消息，直到等她妈回复了之后，她再回复你。

同步非阻塞方式下，发送方发送请求之后，一直等待响应，接受方处理请求时进行的输入输出操作如果不能马上的得到结果，就立即返回，去做其他事情。但是由于没有得到请求处理结果，不响应发送方，发送方一直等待。一直等到接收方 IO 操作完成，接收方获得结果响应回复给发送后，接收方才进入下一次请求过程。比如你想请一女生吃饭，发消息问“周末有空吗？请你吃饭。”然后就等消息，女生看到消息后发消息问妈妈说“小王周末要请我吃饭，我去还是不去？”然后她没有干等消息，而是拿手机跟另一男生聊天，等她妈回复，等到回复之后再回复你。

异步阻塞方式下，发送方向接收方请求后，不等待响应，可以继续其他工作。接收方处理请求时进行 IO 操作如果不能马上得到结果，就一直等到返回结果后，才响应发送方，期间不能进行其他操作。比如你想请一女生吃饭，发消息问“周末有空吗？请你吃饭。”然后不等她回复，又发消息给另一女生问“周末有空吗？请你吃饭。”第一个女生看到消息后发消息问妈妈说“小王周末要请我吃饭，我去还是不去？”然后她没有干别的，一直等等她妈回复，等到回复之后再回复你。

异步非阻塞方式下，发送方向接收方请求后，不等待响应，可以继续其他工作。接收方处理请求时进行 IO 操作如果不能马上得到结果，也不等待，而是马上返回去做其他事情。当 IO 操作完成以后，接收方再响应发送方。比如你想请一女生吃饭，发消息问“周末有空吗？请你吃饭。”然后不等她回复，又发消息给另一女生问“周末有空吗？请你吃饭。”第一个女生看到消息后发消息问妈妈说“小王周末要请我吃饭，我去还是不去？”然后她没有干等消息，而是拿手机一边跟另一男生聊天，一边等她妈回复，等到回复之后再回复你。

综上所述，从“聊天效率”来看，同步阻塞方式是效率最低的，而异步非阻塞方式是效率最高的。

15.2 多进程的使用

Python 中提供了一个 multiprocessing 模块供我们使用多进程，在使用时只需用 import 语句导入即可。在这个模块中有一个 Process 类可以用于创建进程对象。使用格式如下：

```
from multiprocessing import Process
p = Process([group [,target [,name [,args [,kwargs]]]]])
```

需要注意的是，这里的参数都是关键字参数。其中，参数 group 表示进程组，默认值为 None，参数 target 表示进程启动时所调用的函数或方法，参数 name 表示进程名称，参数 args 表示要传入的参数（元组形式），参数 kwargs 表示要传入的关键字参数（字典形式）。

创建进程后会返回一个进程对象 p，对于进程对象 p 还有如下一些属性和方法：

p.name：进程对象名称。

p.pid：进程对象的 ID 值。

p.start()：启动进程对象（如果没有指定进程对象的 target，则调用 start() 方法时会执行进程对象中的 run() 方法）。

p.join()：等待进程对象执行结束。

p.terminate()：终止进程对象。

p.is_alive()：判断进程对象是否还在执行。

15.2.1　创建和调用子进程

我们可以通过实例化 multiprocessing 模块中的 Process 类来给主进程创建一个或多个子进程，例如：

```
from multiprocessing import Process

def sub(i):
    print("子进程{}启动".format(i))

def main():
    print("主进程启动")
    for i in range(10):
        pro = Process(target=sub,args=(i,))
        pro.start()

if __name__=='__main__':
    main()
```

先把代码保存成文件。然后请注意，由于 IDLE 只能运行单进程的程序，因此如果你用 IDLE 来运行这段代码只会得到如下结果，如图 15-4 所示。

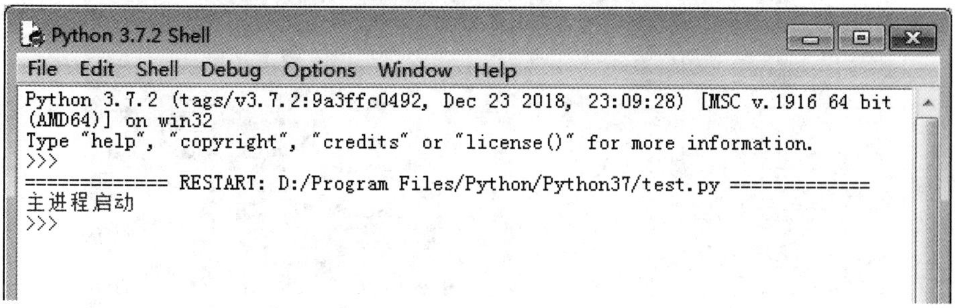

```
Python 3.7.2 Shell
File  Edit  Shell  Debug  Options  Window  Help
Python 3.7.2 (tags/v3.7.2:9a3ffc0492, Dec 23 2018, 23:09:28) [MSC v.1916 64 bit (AMD64)] on win32
Type "help", "copyright", "credits" or "license()" for more information.
>>>
============= RESTART: D:/Program Files/Python/Python37/test.py =============
主进程启动
>>>
```

图 15-4

那怎么办呢？我们（Windows 7 环境下）需要打开 Windows 控制台来运行这段 Python 程序，依次单击“开始”→“运行”，在“打开”输入框中输入“cmd”并回车，这样就可以打开 Windows 控制台，如图 15-5 所示。

图 15-5

我们需要使用如下命令来执行 python 文件：

```
python 文件路径
```

如果路径中含有空格，必须使用英文双引号来把路径括起来，在作者的电脑上路径是这样的："D:/Program Files/Python/Python37/test.py"。因此运行这个文件的命令如下：

```
python "D:/Program Files/Python/Python37/test.py"
```

我们在控制台输入命令并回车，结果如图 15-6 所示。

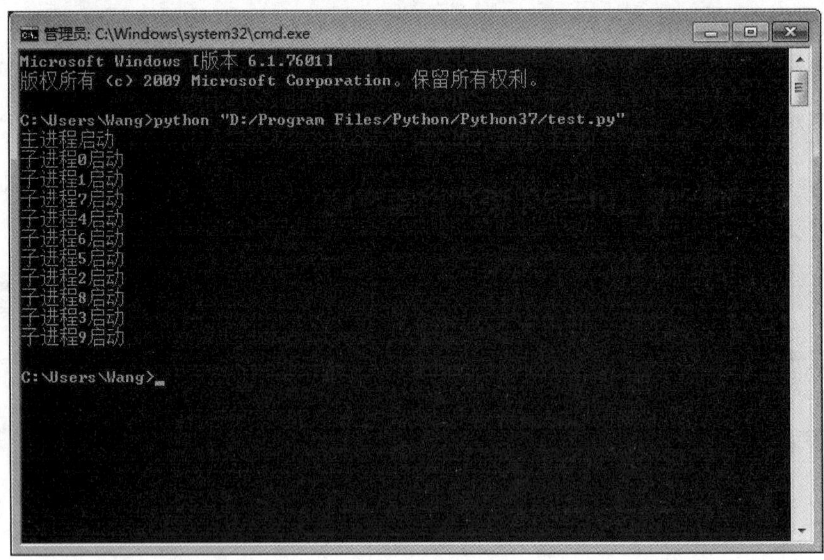

图 15-6

细心的你可能会发现，虽然 10 个子进程都启动了，但是并不是完全按顺序启动的，这是因为进程在系统中的运行方式是“抢夺式”的，并不是按照所谓先来后到的顺序执行的，因此这个结果是有一定的随机性。

15.2.2　通过继承 Process 类来创建多个进程

我们还可以通过继承 Process 类来创建一个 SubPro 类，并调用父类中的 __init__ 方法进行初始化，并重写 run 方法，然后通过一个循环创建 10 个进程：

```
from multiprocessing import Process

class SubPro(Process):
    def __init__(self,i):
        Process.__init__(self)
        self.i = i

    def run(self):
        print(" 进程 {} 已启动 ".format(self.i))
        print("-- 该进程的 PID 是 {}".format(self.pid))

def main():
    for i in range(10):
        s = SubPro(i)
        s.start()

if __name__=='__main__':
    main()
```

在“cmd”控制台中运行结果，如图 15-7 所示。

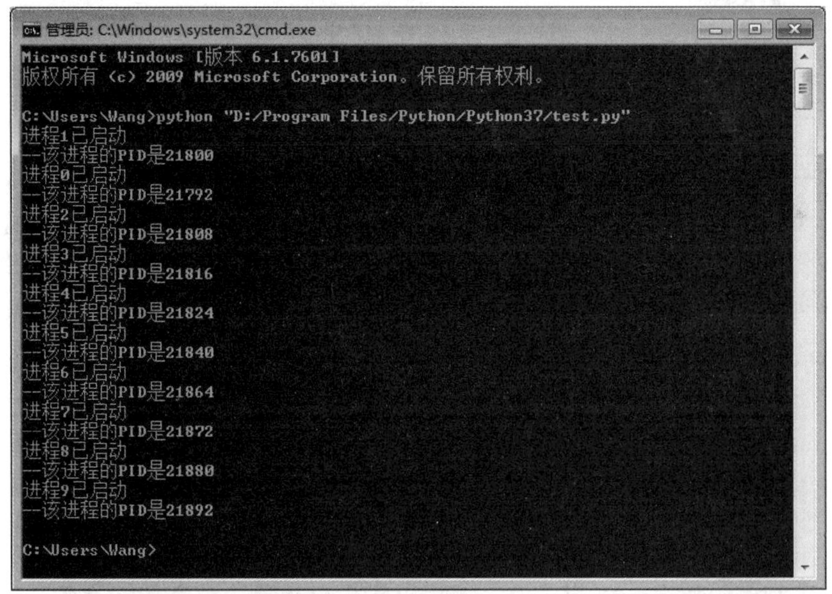

图 15-7

15.2.3　通过进程池 Pool 来创建多进程

除了上面讲到的两种创建多进程的方式外，我们还可以通过进程池来创建多进程。所谓进程池，就是由一堆进程所组成的一个资源组，如果我们有多个任务，则可以轮流通过进程池里的进程资源进行处理。就好比我们生起两堆炭火（进程池），但是有十把肉串需要烤，那么就拿起两把肉串在两堆炭火上烤，哪个烤好就放下，再拿起一把肉串来烤，早晚把十串肉串都烤好为止。

我们可以使用 multiprocessing 模块中的 Pool 类来创建进程池对象，使用前导入即可。格式如下：

```
from multiprocessing import Pool
p = Pool(i)
```

其中参数 i 表示进程池中的进程数。

对于创建的进程池对象 p，有如下一些常用方法：

p.apply_async(func [,args [,kwargs]]))，使用异步非阻塞方式运行 func 函数。（还记得我们前面讲过的异步非阻塞方式吧？）

p.close()：关闭进程池，不再接受新的任务。

p.join()：阻塞主进程，等待子进程执行完任务后退出。

这里就以上述烤串为例来写一下这个程序：

```
from multiprocessing import Pool
import os
import time

def shaokao(i):
    print("炭火（{}）正在烤第{}串".format(os.getpid(),i+1))
    time.sleep(1)

def main():
    p = Pool(2)
    for i in range(10):
        p.apply_async(shaokao,args=(i,))
    p.close()
    p.join()

if __name__=="__main__":
    main()
```

这里我们导入了 Pool 类，并且导入了 os 模块来获取进程 ID，还导入了 time 模块来让进程休眠（因为如果进程不休眠那么将会一个进程立马执行完所有任务，得不到轮换）。

在“cmd”控制台中运行结果如图 15-8 所示。

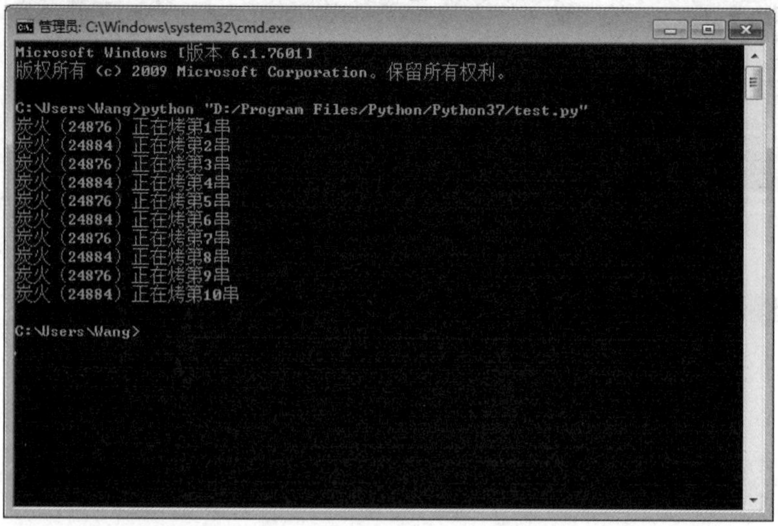

```
管理员: C:\Windows\system32\cmd.exe
Microsoft Windows [版本 6.1.7601]
版权所有 (c) 2009 Microsoft Corporation。保留所有权利。

C:\Users\Wang>python "D:/Program Files/Python/Python37/test.py"
炭火（24876）正在烤第1串
炭火（24884）正在烤第2串
炭火（24876）正在烤第3串
炭火（24884）正在烤第4串
炭火（24876）正在烤第5串
炭火（24884）正在烤第6串
炭火（24876）正在烤第7串
炭火（24884）正在烤第8串
炭火（24876）正在烤第9串
炭火（24884）正在烤第10串

C:\Users\Wang>
```

图 15-8

15.2.4　进程间通信

我们知道，不同进程拥有不同的独立资源池，因此它们不能共享某些资源，但是不同进程在运行的过程中，有时候需要进行通信，以沟通一些数据。在 multiprocessing 模块中，实现这种通信可以使用 Queue 类（队列）的方式。

Queue 类的常用方法有如下几个：

Queue.full()：判断队列是否为满，满则返回 True，不满返回 False。

Queue.empty()：判断队列是否为空，空则返回 True，不空返回 False。

Queue.put(msg)：讲消息 msg 写入队列。

Queue.get(block)：从队列中获取一条消息并从队列中移除该消息，block 默认为 True。

例如我们有两个进程，一个进程负责烤串，另一个进程负责实时显示烤好的串的数量。

```
from multiprocessing import Process,Queue

def shaokao(q):
    if not q.full():
        for i in range(1,10):
            message = str(i)+'串'
            q.put(message)
            print('烤完{}'.format(message))

def shuliang(q):
    while not q.empty():
        print('当前库存{}'.format(q.get(True)))

if __name__ == '__main__':
    q = Queue()
    sk = Process(target=shaokao,args=(q,))
    sl = Process(target=shuliang,args=(q,))
    sk.start()
    sl.start()
    sk.join()
    sl.join()
```

程序运行结果，如图 15-9 所示。

```
C:\Users\Wang>python "D:\Program Files\Python\Python37\tongxin.py"
烤完1串
烤完2串
烤完3串
烤完4串
烤完5串
烤完6串
烤完7串
烤完8串
烤完9串
当前库存1串
当前库存2串
当前库存3串
当前库存4串
当前库存5串
当前库存6串
当前库存7串
当前库存8串
当前库存9串
```

图 15-9

15.3 多线程的使用

我们之前已经讲过进程和线程的区别，线程是低于进程的一种处理任务的单位，或者说可以在一个进程中创建多个线程来处理多个任务。还是拿烤串来说，我们左右手里各拿了一把肉串分别在两堆炭火上烤，这个可以说是两个进程。而每一把串一共有十串，那么这十根串就可以看作十个线程。这十根肉串共用的是一堆炭火，就相当于十个线程共用一个进程的资源。

与创建多进程类似，Python 中也有专门的模块来提供多线程的功能。下面我们学习一下 threading 模块。

15.3.1 使用 treading 模块创建多线程

使用 threading 模块的时候也是只需要用 import 语句导入，我们主要使用的是其中的 Thread 类，创建线程的格式如下：

```
from threading import Thread
t = Thread([group [,target [,name [,args [,kwargs]]]]])
```

其中参数 group 表示线程组，默认为 None，参数 target 表示线程启动时所调用的函数或方法，参数 name 表示线程名称，参数 args 表示要传入的参数（元组形式），参数 kwargs 表示要传入的关键字参数（字典形式）。

可以看到，使用 threading 模块创建线程和使用 multiprocessing 模块创建进程非常类似，尤其是参数格式几乎是完全一样的。其实，线程对象的属性和方法也跟进程对象非常类似。

t.name：线程对象名称。

t.pid：线程对象的 ID 值。

t.start()：启动线程对象（如果没有指定线程对象的 target，则调用 start() 方法时会执行线程对象中的 run() 方法）。

t.join()：等待线程对象执行结束。

t.terminate()：终止线程对象。

t.is_alive()：判断进程对象是否还在执行。

我们继续以烤串的“经典案例”来给大家演示多线程的使用：

```
from threading import Thread
import os
import time

def chuan(i):
    print("正在烤第{}根串".format(i+1))

def main():
    print("炭火已经生起")
    for i in range(10):
        t = Thread(target=chuan,args=(i,))
        t.start()

if __name__=='__main__':
    main()
```

IDLE 是可以执行多线程的程序的，因此我们这里可以直接保存文件，在 IDLE 中执行。运行结果是：

```
炭火已经生起
正在烤第 1 根串正在烤第 2 根串正在烤第 3 根串正在烤第 4 根串
正在烤第 5 根串正在烤第 6 根串正在烤第 7 根串
正在烤第 8 根串正在烤第 9 根串正在烤第 10 根串
```

这里可以看到，我们输出的烤串部分的内容只有 3 行，这是因为我们没有等待一个线程结束就执行了其他的线程，如果我们在 t.start() 后增加一行代码 t.join()，那么每一个线程执行完毕后才执行另一个线程，输出就会变成 10 行。大家可以自己试验一下。但是如果这样的话我们使用多线程就没有意义了。

15.3.2　通过实例化 Thread 类来创建线程

与多进程类似，我们可以通过继承 Thread 类来创建多线程。格式如下：

我们通过继承 Thread 类来创建一个 SubThr 类，并调用父类中的 __init__ 方法进行初始化，并重写 run 方法，然后通过一个循环创建 10 个线程。

```
from threading import Thread

class SubThr(Thread):
    def __init__(self,i):
        Thread.__init__(self)
        self.i = i

    def run(self):
        print("线程{}已启动".format(self.i))

def main():
    for i in range(10):
        s = SubThr(i)
        s.start()

if __name__=='__main__':
    main()
```

在“cmd”控制台中运行结果，如图 15-10 所示。

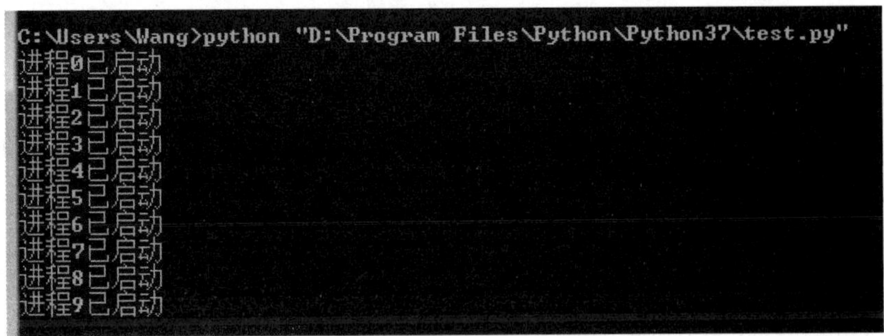

图 15-10

15.3.3　线程池

我们之前学过使用 Pool 类来创建进程池，事实上，Python 自带的 concurrent.futures 模块提供了 ThreadPoolExecutor 和 ProcessPoolExecutor 两个类，可以分别用来创建线程池和进程池。这里我们使用 ThreadPoolExecutor 类来创建线程池。

首先介绍这个类的几个方法。

.submit(func,args)：这个方法可以将函数 func 提交给线程池进行处理，args 是传递给函数的参数。提交以后会返回一个 Future 对象，用于获取函数返回值。

.map(func, iterable)：这个方法可以启动线程池把可迭代对象 iterable 交给函数 func 进行处理，有点类似于之前学过的 map() 函数。

.shutdown()：这个方法用于关闭线程池，在用完一个线程池后应该将它关闭，这样它就不再继续接受新的任务，直至已提交的任务完成后被关闭。

下面我们演示一下线程池版的“烤串”程序：

```
from concurrent.futures import ThreadPoolExecutor
import time

def shaokao(i):
    print("正在烤第{}串".format(i+1))
    time.sleep(1)

def main():
    p = ThreadPoolExecutor(2)
    for i in range(10):
        p.submit(shaokao,i)
    p.shutdown()

if __name__=="__main__":
    main()
```

多线程可以在 IDLE 中运行，因此我们直接运行，结果如图 15-11 所示。

```
>>>
============= RESTART: D:/Program Files/Python/Python37/test.py
正在烤第1串正在烤第2串

正在烤第3串正在烤第4串

正在烤第5串正在烤第6串

正在烤第7串正在烤第8串

正在烤第9串正在烤第10串

>>> |
```

图 15-11

这里可以看到，烤串是两个两个被烤好的，因为我们启动的线程池里只有两个线程。如果把线程数量改为 4，一次烤好的就是 4 串，大家可以自己试一下。

15.3.4 线程间通信

线程之间是共享同一个进程的资源的，因此它们之间的通信就容易许多，不需要再使用队列来传递消息，可以直接修改全局变量。

例如，我们创建两个线程，让它们轮流修改同一个变量：

```
from threading import Thread

n = 0
```

```
print('n的初始值为{}'.format(n))

def addone():
    global n
    n = n+1
    print('运算后n的值是{}\n'.format(n))

t1 = Thread(target=addone)
t2 = Thread(target=addone)
t1.start()
t2.start()
t1.join()
t2.join()
```

运行结果是：

```
n的初始值为0
运算后n的值是1
运算后n的值是2
```

可见，同一个进程中的线程可以修改同一个全局变量。

15.3.5　线程安全

多线程虽然好，但是也有缺陷，比如多个线程同时修改一个变量，可能会导致意外的结果，因此必须解决这个线程安全问题。解决的办法就是靠“线程锁”，顾名思义，就是在执行一个线程的时候，将其使用的资源锁住，其他线程无法使用。当使用完毕解锁后，其他线程再进行操作。

线程锁也是 threading 模块中的一个类，我们通过实例化一个对象来创建一个锁，在线程执行的操作前用线程锁的 acquire 方法来加锁，在操作执行完毕后用 release 方法来解锁。

下面举例看一下，比如我们上面讲的两个线程共同修改全局变量的例子，其实并不是安全的，因此我们可以这样修改：

```
from threading import Thread,Lock

n = 0
print('n的初始值为{}'.format(n))

l = Lock()
def addone():
    l.acquire()
    global n
    n = n+1
    print('运算后n的值是{}\n'.format(n))
    l.release()

t1 = Thread(target=addone)
t2 = Thread(target=addone)
t1.start()
t2.start()
t1.join()
t2.join()
```

第 16 章

三天打鱼 天天上网——网络编程

别跟我提 “戒网”，摸着良心告诉我，你离了网还能生活吗？你离了网还还能工作吗？你离了网还能娱乐吗？不能，不能，不能！重要的事情说三遍。网络方面的应用可以说是目前各种编程技术最为广泛的一个领域，对于 Python 来说也一样。我们可以使用 Python 来进行网络编程，比如我们可以做爬虫、网站等各种网络应用。本章就来介绍网络方面的一些基础知识，为我们后面的一些有关网络的实战项目打下基础。

16.1 网络基础

每个人都谈恋爱，但没几个人能说明白爱是什么。每个人都上网，也没多少人能说明白网络是什么。那么，网络到底是什么？其实，每个能上网的人都有自己的理解，一般人会把网络理解为网站、手机 App 等等各种具体的应用。而书本上则一般把网络定义为由通信线路连接起来的各种计算机设备的集合体。但是对于开发者来说，还必须要知道网络是一个大的体系，有其非常复杂的理论基础和技术基础。

16.1.1 网络的硬件基础

我们的网络首先是可见的，比如我们知道我们的电脑、手机是通过网线或无线连接到互联网上的，互联网中间又有各种服务器来提供网络服务。这里我们的电脑、手机等被称为客户端（Client），而互联网上提供服务的服务器就是服务端（Server）。

事实上，除了大家熟知的客户端、服务器、网线等，网络的连接还需要用到路由器、集线器、交换机等设备。

另外，互联网也是有层次的，我们一般说的互联网是指连接全球的广域网 WAN（Wide Area Network），而与之相对的是部署在某个地区（比如一个公司内或一个学校内）的局域网 LAN（Local Area Network）。

网络结构如图 16-1 所示。

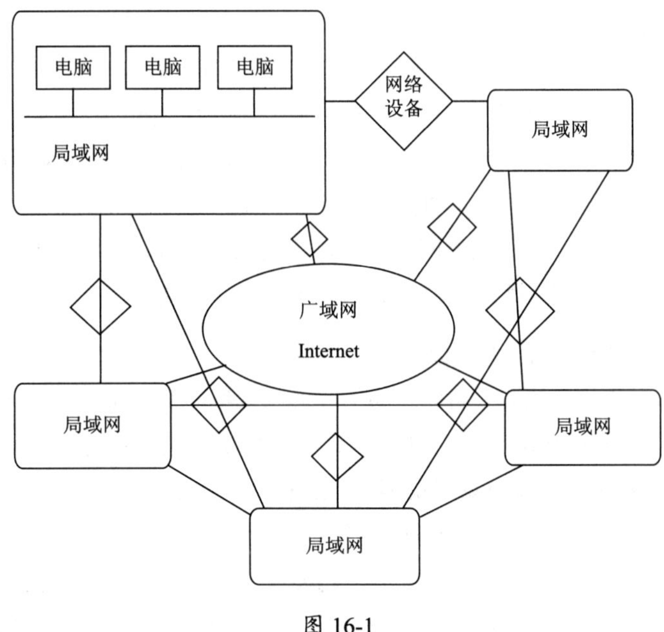

图 16-1

16.1.2　网络模型

所谓网络模型，就是指网络的层次结构和运作模式。我们所说的网络模型一般是指 OSI 七层参考模型和 TCP/IP 四层参考模型。

OSI（Open System Interconnection）七层参考模型是由国际标准化组织（ISO）制订的一个用于计算机通信系统互联的标准体系。这个模型中的七个层从低到高分别是：物理层（负责物理连接）、数据链路层（负责逻辑连接）、网络层（负责寻址）、传输层（负责传输数据协议）、会话层（负责管理会话）、表示层（负责数据的表示）、应用层（负责应用接口），如图 16-2 所示。

TCP/IP 四层模型是基于 TCP/IP 协议在 OSI 七层参考模型的基础上精简合并而来，对应关系如图 16-3 所示。

图 16-2

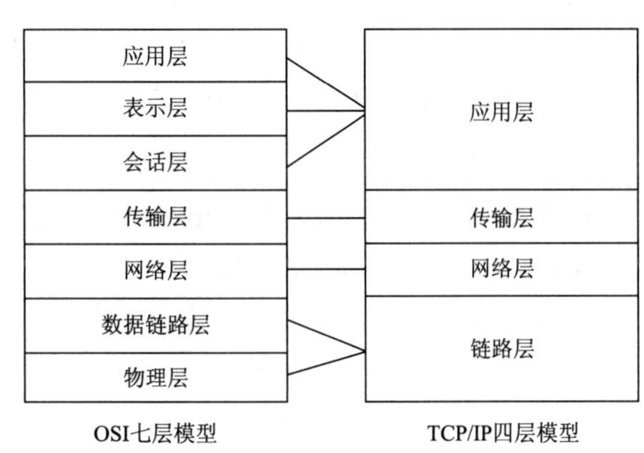

图 16-3

16.1.3 网络协议

我们前面提到了 TCP/IP 协议，实际上，互联网的通信就是基于各种各样的协议的。由于大家联网的设备不同，数据格式不同，就必须有各种协议来规范大家的通信。这就好比我们国家有许多个民族，大家说各族自己的语言，互相之间就很难沟通，因此就有了普通话（相当于通信协议），大家通过普通话可以更加直接地交流。

下面给大家简单介绍一些常见的网络协议，不为深入研究，因为这是一个专门的学科，而是为了让大家以后在看到这些名词的时候知道大概是什么意思。

1. IP（Internet Protocol）互联网协议

既然要在网络上通信，就必须要知道通信各方的地址，简单来说，IP 协议就是用来确定地址和路线协议。网络上的 IP 地址它就相当于我们现实中的门牌号，如山东省青岛市香港路 ××× 号，我们常见的 IP 地址就是类似于 123.135.66.88 这样的。另外就像现实中的道路，从一个城市到另一个城市有很多条路可走一样，网络上的路线也有很多，选择哪条路线来走，这就叫作路由。同一个大楼里有很多个房间，比如保卫室 101、会议室 201、办公室 301、办公室 302，各个房间用于不同的功能。每个房间就相当于一个端口，不同的门牌号就相当于端口号。

2. TCP（Transmission Control Protocol）传输控制协议

TCP 协议是建立在 IP 协议之上的，面向连接的、安全可靠的传输层通信协议，负责在互联网上建立可靠的连接。因为互联网上有各种各样的设备，就像我们有各种各样的建筑，但是无论什么样的建筑都可以通过道路相连，同样，TCP 协议就相当于道路标准，比如多宽，允许什么样的车在上面跑，行人车辆需要遵守什么规则等。TCP 协议建立一个可靠的连接需要 3 次握手，大概相当于我们去一个人家送东西，不是直接上门，而是要先跑去问“你在家吗”，对方跑过来说“我在家，你可以送东西来”，然后我们再跑去说“那你准备好，我马上送东西来”。这样虽然烦琐，但是保证了 TCP 协议的可靠性。

3. UDP（User Datagram Protocol）用户数据报协议

相比之下，UDP 就是一个不太负责任的协议了，它不事先建立可靠连接，而是直接向某个地址发送数据，数据能不能被收到就不管了。但是它也有优点，因为不需要先三次握手建立连接，所以传递数据的速度很快，在某些不在乎对方能否全部接收成功的场景下还是可以使用的，例如广播。

4. HTTP（HyperText Transfer Protocol）超文本传输协议

HTTP 协议是建立在可靠的 TCP 协议之上的一种更高级的协议，它是基于“请求 – 响应”模式的一种无状态的协议。HTTP 协议是我们上面讲过的四层模型中的应用层协议，是为了实现某一类具体应用的协议，由某个运行在用户空间的应用程序来实现其功能。以前主要用于 Web 端内容获取，使用 URL 来定位网络资源，例如我们的浏览器，现在还应用于各种手机 App。HTTP 协议也有很多版本，目前使用最广泛的是 HTTP1.1 版本。

16.1.4　域名、DNS、URL

前面我们提到了 IP 协议，它的主要表现形式就是 IP 地址。其实就像我们每个家庭都有一个地址一样，互联网上的设备也需要有自己的地址，这样通信时网络设备才会准确地投递数据。IP 地址就是网络设备在网上的地址，通常（IPv4，网际协议版本 4）是由 4 段 0—255 的数字组成的。例如作者当前电脑的 IP 地址是 112.254.121.197，如图 16-4 所示。

图 16-4

但是对于我们要访问的网站服务器来说，如果大家都用这种 IP 地址的方式来访问，那会非常地不方便。于是域名就诞生了，域名简单易记、符合人类语言规则，比如作者的个人网站域名是 chuntianjiezuo.com，当我们访问某个域名，就可以经由 DNS 解析到对应的网站服务器上。

所谓 DNS（Domain Name System），也就是域名系统，你可以把它看成是一个翻译，你只需要告诉它域名，它就可以帮你找到对应的 IP 地址。比如作者的网站主页网址是 www.chuntianjiezuo.com，对应的 IP 地址是 39.105.108.173，如图 16-5 所示。

图 16-5

只有域名还不行，域名只能访问到网站的主页，而我们往往还需要更精准的定位，比如我们需要找到服务器上运行的网站的某一个频道，甚至这个频道中的某一个具体网页资源。可以说，网络上的一切公开内容都是可以访问的资源，这个网页就是我们要访问的资源。

就像我们屋子里的某样东西都有一个位置一样，比如某本书你常常放在书架的某个位置，网络资源也有它的位置。那么如何定位呢？我们需要用到的就是 URL（Uniform Resource Locator），统一资源定位符。URL 的基本格式是：

```
protocol://hostname[:port][/path][/parameter][?query]
```

这里的 protocol 指的是协议，比如我们访问网站一般使用 http 或 https。hostname 就是域名，port 是端口。如果说 IP 是一栋楼的地址，那端口就相当于房间门牌号。path 是文件夹路径，相当于房间里的一个部分。比如办公区，parameter 是参数，query 指的是最后查询的内容，相当于房间里的某个具体位置，比如是窗户边的一盆花。

比如我们通过作者个人网站的网址 http://www.chuntianjiezuo.com/blog/ 就可以访问到作者的博客频道。

16.1.5 客户端与服务器

之前说过，我们上网的电脑是客户端（client），而我们要访问的网站等是存放在服务端的（server）。而根据客户端上网的方式不同，这两者的连接又可以分为两类结构：B/S 结构和 C/S 结构。

所谓 B/S 结构，即 Browser/Server 结构，也就是浏览器 / 服务端结构，一般我们在电脑上用浏览器上网就是这种形式。所谓 C/S 结构，即 Client/Server 结构，也就是客户端 / 服务端结构，一般我们用网游客户端玩游戏或用手机 APP 都是这种形式。实际上，浏览器本质上也是一种客户端软件。

我们平时用浏览器上网看到的都是网页（webpage），网页是存放在服务器（server）上的。访问网页是通过浏览器进行的，当我们在浏览器的地址栏输入一个网址（URL）并回车以后，浏览器向服务器发送请求，服务器给出应答，我们就可以看到服务器相应的数据，比如我们用搜索引擎搜索某个关键词。事实上，当我们通过客户端 Client 软件上网的时候，本质上也是类似的，只不过我们用来发送请求的是Client软件而已，比如我们用天气软件查看天气预报，用股票软件查看股市行情。

16.1.6 Socket 与 socket 模块

我们之前介绍了几个通信协议，其实还有很多协议，例如 FTP 协议、SMTP 协议等。但是正因为有各种各样的协议，协议之间会有各种不同，而 Socket（套接字）则屏蔽了这些不同和各种协议的细节，只提供统一的接口，让开发者可以专注于程序设计本身。

Socket 的本意是插座、插口，在计算机科学中我们翻译为套接字，因为在同一台计算机或手机设备上会有一个 IP 和多个端口，Socket 则为不同计算机与服务器之间建立一个 IP 和端口的“插座”，可以让双方接通。比如我们在访问一个网站的时候，Socket 则帮我们连接服务器的 IP 和端口以及我们电脑的 IP 和端口。

Socket 也分为两种，一种是面向连接的，使用的主要协议就是我们前面说的 TCP 协议，还有一种是无连接的，使用的主要协议就是我们前面说的 UDP 协议。

创建一个 socket 对象可以使用 Python 自带的 socket 模块。格式如下：

```
import socket
s = socket.socket(AF,type)
```

参数 AF 表示地址族类型，一般使用 AF_INET。参数 type 表示套接字类型，在 TCP 协议中一般使用 SOCK_STREAM，在 UDP 协议中一般使用 SOCK_DGRAM。

下面我们创建一个 TCP 套接字对象：

```
import socket as sk
s = sk.socket(sk.AF_INET,sk.SOCK_STREAM)
```

我们创建的 socket 对象 s 有如下一些常用方法：

s.bind((host,port))：绑定地址和端口到套接字，参数是元组形式 (host,port)。

s.listen(n)：开始监听端口，参数 n 表示最大连接数量，最少为 1。

s.accept()：被动接受 TCP 连接。

s.connect()：主动初始化 TCP 连接。

s.recv(s)：接收 TCP 数据，参数 s 表示接受的最大数据量。

s.send()：发送 TCP 数据。

s.close()：关闭套接字。

上述方法的介绍顺序其实也就是建立一个 socket 连接的过程。

下面我们通过一个案例来看一下如何建立和使用 socket。例如我们在本机（localhost）上面建立一个服务器，然后通过浏览器发送访问请求，在接到请求后向浏览器发送一条信息。代码如下：

```
import socket as sk
s = sk.socket(sk.AF_INET,sk.SOCK_STREAM)

s.bind(('localhost',8001))
s.listen(3)

while True:
    conn,addr = s.accept()
    data = conn.recv(1024)
    conn.send(b'HTTP/1.1 200 OK \r\n\r\nhello world')
    conn.close()
```

运行之后，我们在浏览器中输入网址和端口号“http://localhost:8001”并回车，就可以看到网页内容，如图 16-6 所示。

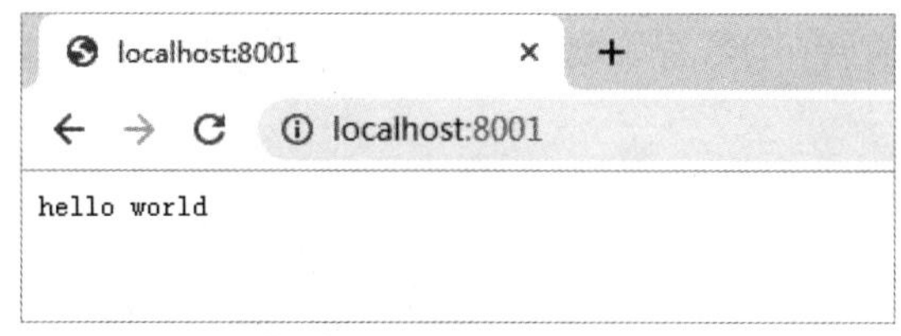

图 16-6

上面其实就实现了一个非常简单的 B/S 结构的服务器。

16.2 Web 入门

事实上，我们用浏览器访问服务器的时候，绝对不会像上面案例中那么简单。Web 也是非常复杂的一门技术，我们这里没法全面深入地讲解。但是其中一部分内容在我们以后用 Python 做 Web 开发或网络爬虫的时候会用到，因此这里也讲解其中的一些基础知识。

16.2.1 超文本与超链接

我们之前讲过，HTTP 协议是超文本传输协议。那么什么是超文本呢？所谓超文本就是超级文本，比普通文本更高级，就像超人就是超级的人，比普通人更高级一样。高级在哪里？高级在它比普通文本可以传递更多的信息，比如我们都知道的一个词叫“超链接”，这就是各种网页组织成一个巨大的互联网的基础，它的形式就是我们前面介绍过的 URL 的形式，通过单击超链接我们可以直接跳转到另一个网页上。

超链接无处不在，比如我们随便打开一个网址，就拿经常想让我们“剁手”的淘宝来网说吧，如图 16-7 所示。

图 16-7

其实这上面几乎每一个字、每一张图都是超文本，都有超链接，比如我们看箭头所指的“天猫”二字，我们把鼠标放上去，你观察浏览器的左下方实际上就显示了超链接对应的网址，如图 16-8 所示。

图 16-8

我们单击“天猫”这两个字，浏览器就会打开一个新的网页，对应的就是天猫网，如图 16-9 所示。

图 16-9

同样地，我们在天猫网上也可以看到诸如“天猫超市”“天猫国际”等各种超链接。

16.2.2 超文本标记语言：HTML

既然我们知道了 Web 网页是由各种超链接所连接起来的，那么这种充满超链接的网页是怎么制作出来的呢？其实这也需要用一种特殊的编程语言：HTML（Hyper Text Markup Language），也就是超文本标记语言。目前最新也是最广泛使用的版本是 HTML5，我们就以 HTML5 来介绍本节内容。显然 HTML 语言不是一章、一节能介绍清楚的，完全也可以出一套教材，但是我们还是需要简单地了解一些基本的内容，因为我们后面的项目会用到。

首先要知道，HTML 就是专门用来写（静态）网页的，每一个网页都对应一个以 .html（或 .htm）为后缀的文件，比如 test.html。每个网页都有自己的 URL，比如我们点开淘宝网的注册页面（图 16-10），可以看到网址是“https://reg.taobao.com/member/reg/fill_mobile.htm”，它对应的就是网站上特定目录下一个名为“fill_mobile.htm”的网页。

图 16-10

超文本标记语言是以标签对的形式来定义网页上的内容的。这些标签对和其中的内容可以被浏览器所解释。一个网页总体上必须由 html 这个标签来框定，而且一般来说一个网页必须有头部（head）和体部（body）两部分组成，也是由两对标签来完成区域划分的。最常见的 HTML 网页文件代码的基本结构如图 16-11 所示。

```
1  <!doctype html>
2  <html>
3   <head>
4    <meta charset="UTF-8">
5    <meta name="Keywords" content="">
6    <meta name="Description" content="">
7    <title>Document</title>
8   </head>
9   <body>
10   <div>
11   </div>
12  </body>
13 </html>
```

图 16-11

首先第 1 行中用“<!doctype html>”标明这是一个 HTML5 文件，接下来成对的 <html> 和 </html> 框起了整个页面，其中第一部分是由一对 <head></head> 标签框起来的头部，下面是由一对 <body></body> 标签框起来的体部。在头部当中，常见的又有各种 <meta> 标签来规定页面的字符格式、关键字和描述，还有成对的 <title></title> 标签框起来的页面标题。在体部中，可以用成对的 <div></div> 标签来划分多个区块。

下面我们用上面的格式来写一个网页，虽然笔者用的是 editplus，但其实你可以直接用记事本来写，写完保存后把后缀改为 .html 即可，而且 HTML 语言并不需要靠缩进来规范代码格式，而是靠标签对，所以这里的缩进只是为了格式美观。代码如下：

```
<!doctype html>
<html>
 <head>
  <meta charset="UTF-8">
  <meta name="Keywords" content=" 网页 ">
  <meta name="Description" content="test">
  <title> 第一个网页 </title>
 </head>
 <body>
  <div>
  hello python
  </div>
 </body>
</html>
```

我们写完就保存到桌面上即可，我们这里保存为 test.html。由于 html 文件可以直接被浏览器执行，所以保存后可以直接双击用浏览器打开，如图 16-12 所示。

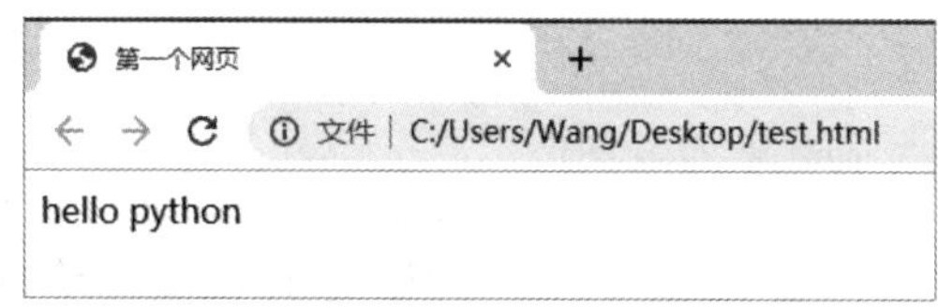

图 16-12

我们看到，网页的标题显示的就是我们在代码中写的标题，网页的内容也是我们在网页体部中写的内容。那么如何看到我们在网页头部写入的关键字和描述呢？其实这些内容主要是给搜索引擎看的，但是我们通过在网页上右击在弹出的菜单中选择“查看网页源代码”（图 16-13），也可以看到如图 16-14 所示。

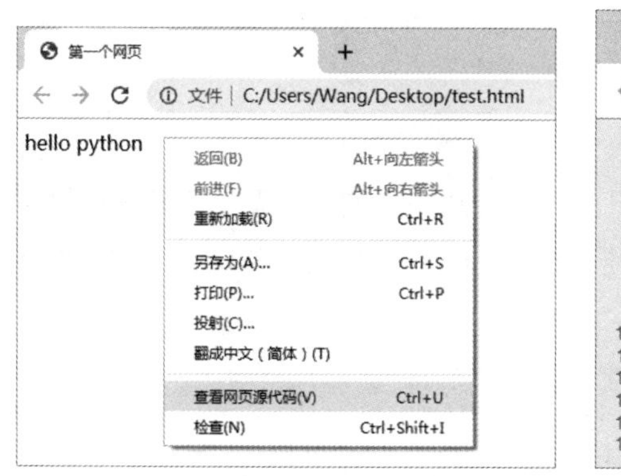

图 16-13

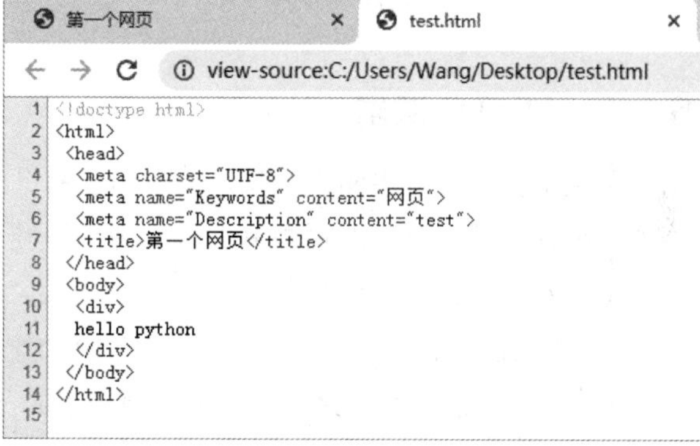

图 16-14

当然，网页当中最重要的就是超链接，同样，我们可以用标签对的方式给网页中的内容添加超链接，比如我们给网页中的普通文本“hello python”加上链接（比如就让它链接到 Python 官方网站的网址“https://www.python.org/”吧），让它变成超文本。代码上只需要把“hello python”外面加上一对标记链接用的 <a></a> 标签即可，修改后的代码如下：

```
<!doctype html>
<html>
 <head>
  <meta charset="UTF-8">
  <meta name="Keywords" content=" 网页 ">
  <meta name="Description" content="test">
  <title> 第一个网页 </title>
 </head>
 <body>
  <div>
  <a href="https://www.python.org/">hello python</a>
  </div>
 </body>
</html>
```

保存并重新打开以后，网页如图 16-15 所示。

这里我们发现一点变化，原来的文本“hello python”颜色变了，而且下面还有了下画线，这就是因为它已经变成了超文本链接，当然我们也可以通过样式控制让它变成任何颜色或者去掉下划线。当我们把鼠标放到超链接的时候，浏览器左下角也显示出了这个链接对应的网址。我们单击这个链接，就会跳转到对应的网页了，如图 16-16 所示。

图 16-15

图 16-16

16.2.3 HTTP 请求

我们前面介绍了许多网络协议，还介绍了网页的制作，那当我们在浏览器中输入一个网址并按下回车以后，到底网页是怎么显示到我们显示器上的呢？实际上这就是一个 HTTP 请求与相应的过程。这个过程的主要步骤是这样的：

（1）我们输入的 URL 被解析到对应的 IP 和端口。

（2）建立 TCP 连接（之前提过的三次握手）。

（3）客户端通过 HTTP 协议发送请求。

（4）服务端响应 HTTP 请求，传送数据到客户端。

（5）客户端浏览器对数据进行解释渲染形成可见网页。

这个过程中一个核心的内容就是 HTTP 请求与响应。

客户端发出的 HTTP 请求由状态行、请求头、请求正文三部分组成。其中状态行包括请求方法、URL、协议版本，请求头包括一些访问的域名、用户代理、Cookie 等信息，请求正文就是 HTTP 请求的数据。

服务器收到了客户端发来的 HTTP 请求后，会根据 HTTP 请求作出对应行动，将结果回应给客户端，这就是 HTTP 响应。HTTP 响应也由三部分组成：状态行、响应头、响应正文。状态行包括协议版本、状态码、回应短语，响应头包括搭建服务器的软件、发送响应的时间、回应数据的格式等，响应正文就是响应的具体数据。

我们之前讲过的 URL 是对网络资源进行定位的，那么如何对网络资源进行访问和管理呢？这就需要用到 HTTP 请求。HTTP 请求中定义了一些方法，比较常用的有：GET、POST、PUT、PATCH、DELETE、HEAD 等。下面简单介绍一下这些方法的作用。

GET 方法：它的作用是发出获取指定 URL 资源的请求。

POST 方法：它的作用是发出向指定 URL 资源提交数据的请求。

PUT 方法：它的作用是发出向指定 URL 资源提交覆盖修改的请求。

PATCH 方法：它的作用是发出向指定 URL 资源提交局部修改的请求。

DELETE 方法：它的作用是发出删除指定 URL 资源的请求。

HEAD 方法：它的作用是发出获取指定 URL 资源响应消息的头部信息的请求。

OPTIONS 方法：它的作用是发出获取指定 URL 资源所支持的功能选项的请求。

这里需要注意，PUT 方法和 PATCH 既有类似又有区别，虽然都是提交修改，但是用 PUT 方法提交的时候会进行全部修改，比如之前 URL 中有一组数据，记录的是某个人的姓名 name、性别 sex、年龄 age，我们要修改他的年龄 age，如果使用 PATCH 方法修改，只需要提交 age 这一个数据即可；而如果使用 PUT 方法修改，那必须将其他两个不需要修改的数据也同样提交上去，否则的话原有的数据会被清空。可以看到，PUT 方法更加灵活，而实际上在 HTTP 协议中，PATCH 方法出现的比 PUT 方法晚，它是对 PUT 方法的改进。

16.3　网络模块：urllib

我们在前面讲到了 HTTP 请求，那么在 Python 中如何实现这些请求呢？我们可以使用 Python 自带的 urllib 库。在 urllib 库中有四个模块，request、error、parse、robotparser。在不同的模块中又有不同的函数用于实现不同的功能。下面我们介绍一下。

16.3.1　request 模块

当我们向 URL 发起请求的时候，可以使用 urllib 库中的 request 模块。比如我们要打开一个 URL，可以使用 urlopen() 函数，格式如下：

```
response=urllib.request.urlopen(url[,data[,timeout]])
```

必选参数 url 就是我们要访问的页面地址，必须是字符串格式，也可以是一个 request 对象（后面我们会讲到如何构建 request 对象）。可选参数 data 表示的是要提交的二进制字节流格式的数据，默认值是 None，如果不为 None 则以 POST 方式提交。可选参数 timeout 用来设置超时时间，单位为秒，如果请求超出了设置时间还未得到响应就会抛出异常，设置这个参数可以防止访问超时而一直卡在这个步骤。

urlopen 函数返回的是一个 Response 对象，该对象的方法主要有 read()、readline()、readlines()、fileno()、close()、getheaders()、getheader(name)、fileno()、geturl()、info() 等；属性主要有 msg、status、version、reason、debuglevel、closed 等。

read() 方法返回的是请求到的内容，其实 read()、readline()、readlines()、fileno()、close() 这几个方法和我们之前操作文件对象的方法是一样的，就不再一一解释。

getheaders() 方法返回的是响应头的信息。

getheader(name) 返回的是响应头中的 name 项的信息。

fileno() 返回的是文件描述符。

geturl() 方法返回请求到的实际 URL，比如被重定向后的 URL。

info() 方法返回的是网页的头信息。

msg 属性如果访问成功则返回 'ok'。

status 属性返回请求状态码，如 200 或 404。

version 属性返回版本信息。

reason 属性返回状态信息。

debuglevel 属性返回调试级别。

closed 属性返回对象是否关闭的布尔值。

比如我们这里先打开百度的首页：

```
>>> import urllib.request
>>> r = urllib.request.urlopen("http://www.baidu.com", timeout=1)
>>> r.status
200
```

这里我们用 Response 对象的 status 属性来查看状态码，状态码是 200 表明网页获取成功。状态码一般是 3 位数字，常见的状态码及其对应的含义如表 16-1 所示。

表 16-1　常见的状态码及其含义

状态码	含义
200	请求成功
301	URL 被永久重定向到其他 URL
302	URL 被临时重定向到其他 URL
304	资源没有更新
403	资源不可用，一般是没有权限导致
404	资源不存在，一般是资源已被删除
500	服务器内部错误
503	服务器过载，无法处理请求

请求成功之后，接下来我们可以使用 response.read() 来获取网页的内容：

```
>>> print(r.read())
```

回车之后你会发现如图 16-17 所示的结果。

```
>>> print(r.read())
Squeezed text (1990 lines).
>>> Double-click to expand, right-click for more options.
```

图 16-17

这里因为返回的结果行数太多，因此没有直接在 IDLE 中完整显示，而是给出一条概况。我们双击这条信息就可以得到完整的返回结果。之所以会返回如此长的内容，是因为返回内容的格式默认的是字节码，比较长。如果我们要把内容解码为 utf-8 格式，可以使用 decode('utf-8') 方法。

```
>>> print(r.read().decode('utf-8'))
```

request 模块中的 urlopen() 方法可以发起一个简单的请求，但如果我们的请求比较复杂，比如要加入请求头信息、指定请求方式等，就可以使用 request 模块的 Request() 方法来构造一个 Request 请求对象，然后再把它作为一个参数传递给 urlopen 函数来实现访问请求。

构造 Request 请求对象的格式如下：

```
request = urllib.request.Request(url,headers={}, method)
```

这里面的参数 url 是必选参数，表示请求的 URL。可选参数 headers 可以指定发起的 HTTP 请求的头部信息，格式为字典。其中，可以用 User-Agent 可以设置浏览器和版本号、操作系统和版本号、默认语言等，用 Referer 来防止盗链，用 Connection 表示连接状态，用 origin_req_host 设置请求方的 host 名称或 IP 地址。可选参数 method 指的是发起的 HTTP 请求的方式，有 GET、POST、PUT、DELETE 等。

比如当我们用 request 模块访问一个 URL 时，默认发送过去的客户端信息 User-Agent 是真实的，Python-urllib/3.x，而某些不想让爬虫爬取内容的网站会对这种信息进行过滤，导致访问失败，因此我们可以在构造 Request 请求对象的时候指定 headers 参数来“伪装”成一个浏览器访问，例如：

```
import urllib.request
url = "http://www.baidu.com"
headers = {'User-Agent':'Chrome/72'}
request = urllib.request.Request(url=url,headers=headers)
r = urllib.request.urlopen(request)
print(r.read().decode('utf-8'))
```

程序运行之后，我们就会得到一个有 760 行内容的访问结果，如图 16-18 所示。

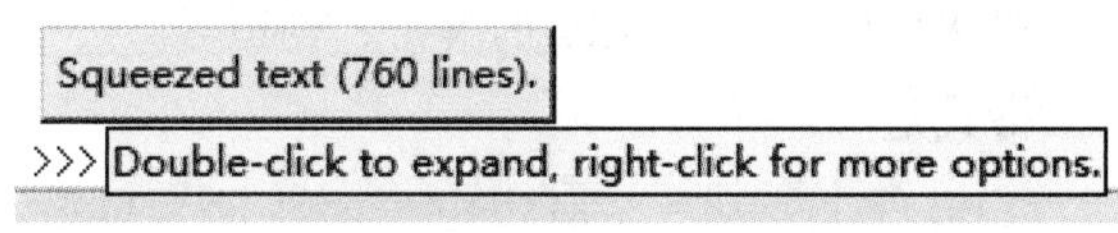

图 16-18

16.3.2　error 模块

urllib 中的 error 模块定义了 request 模块可能产生的异常，如果出现异常，request 模块便会抛出 error 模块中定义的异常。这里的异常主要有两种， URLError 和 HTTPError，从名字上就可以看出，URLError 是指与 URL 有关的异常，而 HTTPError 是指与 HTTP 请求有关的异常。我们可以使用 try-except 语句来捕捉异常。

URLError 有一个 reason 属性，返回值是异常原因。下面我们首先来看一下 URLError 的情况：

```
import urllib.request, urllib.error

url = "http://www.google.com"
try:
    r = urllib.request.urlopen(url)
except urllib.error.URLError as e:
    print(e.reason)
```

运行之后，等待一段时间提示：[WinError 10060] 由于连接方在一段时间后没有正确答复或连接的主机没有反应，连接尝试失败。

如果我们设置一个 timeout 参数：

```
import urllib.request, urllib.error

url = "http://www.google.com"
```

```
try:
    r = urllib.request.urlopen(url,timeout=5)
except urllib.error.URLError as e:
    print(e.reason)
```

运行并等待 5 秒之后，结果是：

```
timed out
```

HTTPError 有三个属性，code 属性返回 HTTP 请求状态码，headers 属性返回 HTTP 请求头信息，reason 属性返回异常原因。如果某个 URL 的服务器出现问题，那么就会有 HTTP 请求异常，我们可以这样捕获并输出 HTTPError 异常的有关情况：

```
import urllib.request, urllib.error

url = "URL"  #有 HTTP 请求异常的 URL
try:
    r = urllib.request.urlopen(url)
except urllib.error.HTTPError as e:
    print('HTTP 请求状态码 : ' + e.code + '\n')
    print('HTTP 请求头信息 : ' + e.headers + '\n')
    print(' 异常原因 : ' + e.reason)
```

16.3.3 parse 模块

使用 urllib 中的 parse 模块可以实现对 URL 的解析、构造等。

URL 解析使用的函数格式是：

```
urllib.parse.urlparse(url, scheme='',allow_fragments=True)
```

这里的 url 是字符串格式的 URL，scheme 表示协议，默认是 HTTP，如果是其他的（例如 https、ftp、file），则可以通过这个参数来设置，allow_fragments 表示锚点，默认为 True。这个函数可以把目标 URL 解析成六部分（包括协议 scheme、域名 netloc、路径 path、参数 params、查询条件 query、锚点 fragment），并以元组的格式返回。

例如我们在 Python 官方网站首页搜索框搜索 news 关键字，得到这样一个 URL：

https://www.python.org/search/?q=news&submit=

我们用 urlparse 来解析一下：

```
import urllib.parse

r = urllib.parse.urlparse(' https://www.python.org/search/?q=news&submit=')
print(r)
```

运行结果是：

```
ParseResult(scheme='https', netloc='www.python.org', path='/search/', params='',
query='q=news&submit=', fragment='')
```

URL 构造使用的函数格式是：

```
urllib.parse.urlunparse(data)
```

这里的参数 data 是元组形式的包括协议 scheme、域名 netloc、路径 path、参数 params、查询条件 query、锚点 fragment 的数据。例如我们根据上面解析得到的内容来重新构造这个 URL：

```
import urllib.parse
```

```
d = ('https','www.python.org','/search/','','q=news&submit=','')
u = urllib.parse.urlunparse(d)
print(u)
```

运行结果是：

```
https://www.python.org/search/?q=news&submit=
```

可以看到，我们重新构造的 URL 就是我们最初使用的 URL。

16.3.4　robotparser 模块

使用 urllib 中的 robotparser 模块可以实现对网站 Robots 协议的分析。

Robots 协议全称是网络爬虫排除标准 (Robots Exclusion Protocol)，我们一般称为爬虫协议或机器人协议。它的作用是通过一个 txt 文件来告诉爬虫和搜索引擎哪些网页可以抓取，哪些不可以抓取。通常是一个名为 robots.txt 的文本文件，放在网站的根目录下。例如淘宝网的 Robots 协议地址是：https://www.taobao.com/robots.txt。

我们可以直接打开这个网址看一下，如图 16-19 所示。

图 16-19

页面较长，我们这里只截取了前面三段内容。这三段内容分别针对三种爬虫（百度的 Baiduspider、谷歌的 Googlebot、必应的 Bingbot）设置了不同的规则。每个规则里的第一项 User-Agent 字段表示针对的爬虫名称，Allow 字段一般有多个，每一个都是指可以爬取的一个路径，后面 Disallow 字典表示禁止爬取的路径。

我们通过直接看这个文件可以分析出以上规则信息。但是对于我们的程序，比如我们要写的爬虫程序，如何让它看懂并遵守这些规则呢？这里就可以使用 robotparser 模块。robotparser 模块中有一个 RobotFileParser 类，可以返回一个 Robots 协议对象，使用格式是：

```
rr = urllib.robotparser.RobotFileParser(url='')
```

参数 url 传入的是 Robots 协议文件 URL，例如 https://www.taobao.com/robots.txt。返回的 Robots 协议对象有如下几个方法：

set_url()：用来设置 robots.txt 文件的 URL，如果在创建 Robot 协议对象时已经传入了连接，就不需要再使用这个方法设置了。

read()：读取 reobts.txt 文件并进行分析，不会返回任何内容。

parse()：用来解析 robots.txt 文件，传入的参数是 robots.txt 某些行的内容，并安装语法规则来分析内容。

can_fetch()：该方法传入两个参数，第一个是 User-agent，第二个是要抓取的 URL，返回结果为 True 或 False，表示该 User-agent 是否可以抓取这个 URL。

mtime()：返回上次抓取和分析 robots.txt 的时间。

modified()：将当前时间设置为上次抓取和分析 robots.txt 的时间。

例如：

```
import urllib.robotparser

url = 'https://www.taobao.com/robots.txt'
rr = urllib.robotparser.RobotFileParser(url=url)
rr.read()
result = rr.can_fetch('Baiduspider','https://www.taobao.com/product/')
print(result)
```

运行结果是：

```
False
```

可见，淘宝到 Robots 协议是禁止百度爬虫爬取 product 目录的，这和我们之前直接查看到的信息是一样的。

第 17 章 实战项目一：让 Python 当你的工作助手

第一章我就告诉大家：Python 的应用领域很广。然而，前面学了那么多 Python 基础知识，或许还是不知道 Python 到底能有什么用。你是不是忍了很久了？别急，磨刀不误砍柴工，现在是时候让 Python 展示一下在实战中的作用了。本章先讲几个最简单实用的可以辅助你工作的技能，让 Python 先给你做个工作助手如何？可别告诉我你在工作中不需要处理图片、不需要处理 Word 文档和 Excel 文档。

17.1 批量处理图片

如今，图片文件是我们工作中不可或缺的素材形式，在生活中我们也常常拍一些照片，有时候有大量的图片需要我们处理，比如要调整到统一的大小，这时候我们可以使用 Python 和有关的图片处理库来助自己一臂之力。

17.1.1 pillow 库简介

pillow 库的前身是 PIL 库，英文全名是 Python Imaging Library，从名字里就可以看出这是一个处理图片的库。不过 PIL 是 Python2 时代的版本了，在 Python3 版本中它的名字是 pillow。pillow 并不是 Python 标准库中的一员，因此使用前需要先安装。安装 pillow 库跟其他第三方库一样，在 cmd 控制台中使用“pip install pillow”命令安装即可，如图 17-1 所示。

```
C:\Users\Administrator>pip install pillow
Collecting pillow
  Downloading https://files.pythonhosted.org/packages/70/f4/9dd0b7b0fea09cf4e7a2
822031f2157f40d41f0252a89558bdb583e24ef1/Pillow-6.2.1-cp37-cp37m-win_amd64.whl (
2.0MB)
    9% |███                             | 194kB 91kB/s eta 0:00:20
```

图 17-1

安装完成后，在使用前需要用 import 语句导入。不过这里需要注意，导入的时候使用的命令是“import PIL”，而不是“import pillow”，而且要注意大写。

```
import PIL
```

而在 pillow 库中最主要的就是 Image 类，这个类的作用是处理图片的加载、保存、转换等操作，因此我们导入的时候可以直接使用“from PIL import Image”来导入。需要注意一点，这里的 Image 首字母是大写的。

```
from PIL import Image
```

下面我们具体介绍一下 Image 类。

Image 类中的 open 函数用来加载图片，并返回一个图片对象 imgobj。使用格式是：

```
imgobj = Image.open('filepath')
```

图片对象 imgobj 的 show() 方法可以用来显示图片。

我们举例来说，在我的“D:\Program Files\Python\test”文件夹下有一个文件名为“wang.png”的图片（图 17-2），这是一张笔者深藏多年的图片，轻易都舍不得看，看一眼，被帅得失眠……为了本书，豁出去了！

那我们用 pillow 库加载并显示这张图片吧。代码如下：

```
from PIL import Image
imgobj = Image.open(r'D:\Program Files\Python\test\wang.png')
imgobj.show()
```

代码运行之后，显示如图 17-3 所示。

▸ 计算机 ▸ 程序 (D:) ▸ Program Files ▸ Python ▸ test
(E) 查看(V) 工具(T) 帮助(H)
包含到库中 ▾ 共享 ▾ 放映幻灯片 新建文件夹
wang.png

图 17-2

图 17-3

好吧，我承认有点丑。但是，丑毕竟也不是我的错！这是大自然的鬼斧神工……大家都别跑！回来继续学习！不要以貌取人！

图片对象 imgobj 的 save() 方法可以用来保存图片。格式如下：

```
imgobj.save('filepath')
```

这里可以把图片保存为其他格式，例如我们上面打开的图片是 png 格式，现在我们尝试保存的时候把它保存为 jpg 格式。这次我们就不显示图片吓唬人了，打开之后直接保存，代码如下：

```
from PIL import Image
imgobj = Image.open(r'D:\Program Files\Python\test\wang.png')
imgobj = imgobj.convert('RGB')
imgobj.save(r'D:\Program Files\Python\test\wang.jpg')
```

注意这里我们在保存之前先使用了一个 convert 方法把图像模式转换为 RGB 模式，否则保存会失败。代码运行之后，我们打开文件夹，可以看到新的格式的图片已经保存成功，如图 17-4 所示。

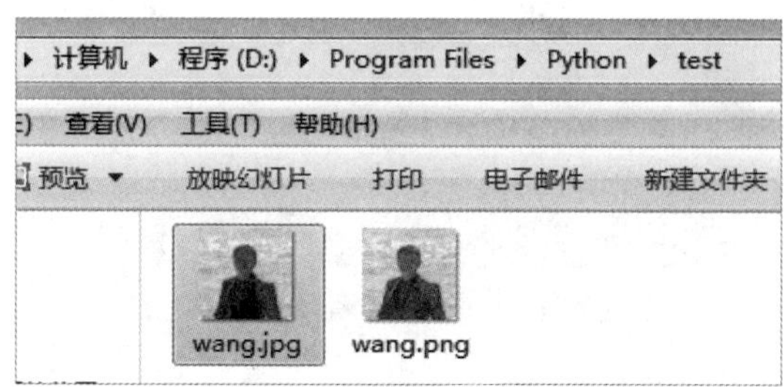

图 17-4

图片对象 imgobj 的 size 属性是用一个元组表示图片的大小。例如我们看一下前面之前用的图片的大小，代码如下：

```
from PIL import Image
imgobj = Image.open(r'D:\Program Files\Python\test\wang.png')
print(imgobj.size)
```

运行结果是：

```
(440, 440)
```

这与我们的图片信息是相符的，如图 17-5 所示。

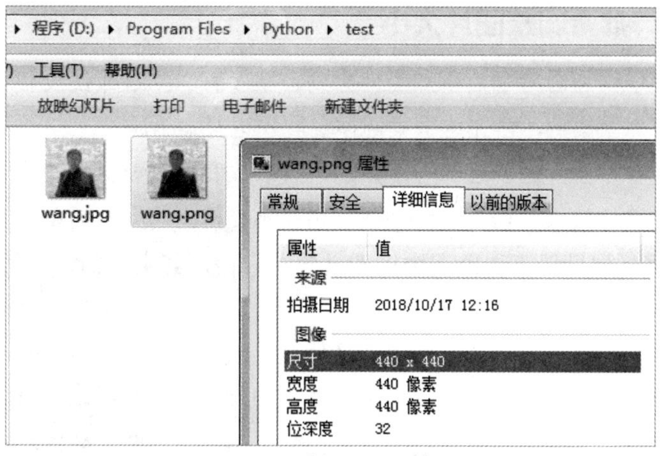

图 17-5

既然我们能获得图片的大小，那么我们可不可以变换图片的大小呢？当然可以，使用 resize() 方法即可，注意 resize() 方法中的参数也需要用元组格式。例如我们之前的图片是 440×440 的大小，我们想把它变成 100×100，那么代码如下：

```
from PIL import Image
imgobj = Image.open(r'D:\Program Files\Python\test\wang.png')
```

```
imgobj = imgobj.resize((100,100))
imgobj.save(r'D:\Program Files\Python\test\wang100.png')
```

代码运行之后，我们在文件夹中看到新增了一个图片 wang100.png，而它的大小就是 100×100，如图 17-6 所示。

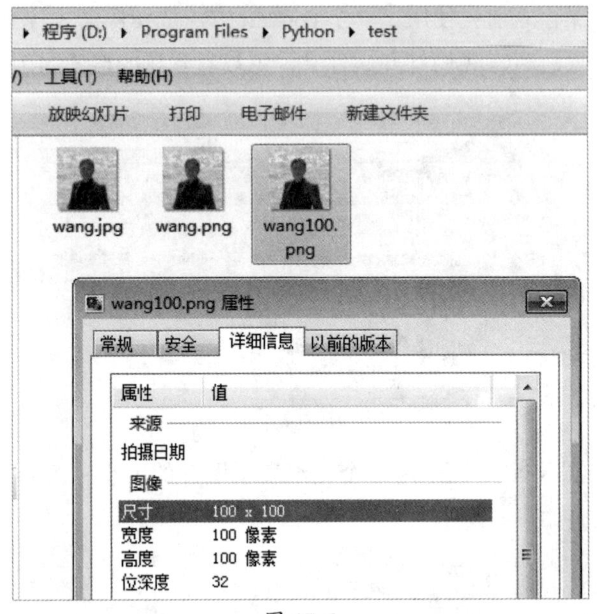

图 17-6

下面给大家出一个思考题，如果我事先并不知道要处理的图片是多大，我只想无论它多大，都把它的长和宽缩小到原来的一半，代码该怎么写呢？

17.1.2 案例：批量调整图片大小

前面给大家留了一道思考题，不知道你想到答案没有。不过即使没有想出来也没关系，本小节将给大家讲一个案例，学完这个案例你也就知道答案了。

这是笔者在工作中实际遇到过的一个问题，有时候我们需要上传一些图片。但是我们拍的照片原文件往往都比较大，而有些网站或应用并不支持上传太大的单个文件。这时我们需要把照片进行压缩，如果手工一个一个处理显然非常慢，其实我们可以使用 Python 来完成这个任务。

我们来整理一下思路：首先，既然要批量处理，那就离不开要使用一个循环，每次读取一个照片，然后调整大小（例如我们这里统一调整为原来的一半大小，对应上一小节的思考题），最后保存到新的文件夹中。读取照片、调整大小、保存照片的这些操作我们前面都介绍过了，使用 pillow 库即可完成。而读取一个文件夹中的所有图片则需要用到我们之前讲过的 os 模块。而读取一个文件夹中的所有图片则需要用到我们之前讲过的 os 模块，主要会用到 os 模块的 walk(i) 函数来遍历目录中的文件，这个函数的必选参数 i 是一个目录，返回值是一个元组 (root,dirs,files)，这里面的 root 表示正在遍历的目录，dirs 是一个列表，表示当下目录下的子目录名，files 也是一个列表，表示当前目录下的文件名。

下面通过一个例子演示一下。我们简单地在“D:\Program Files\Python\test”目录下创建了 4 个大小为 1000×800 的图片（图 17-7），然后我们通过代码把这些图片进行处理，并把处理后产生的新图片放到“D:\Program Files\Python\testnew”文件夹中。

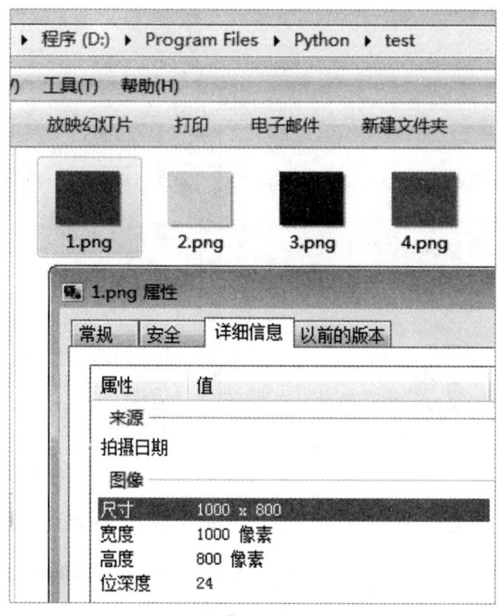

图 17-7

代码如下：

```
import os
from PIL import Image

oldpath = r'D:\Program Files\Python\test'
newpath = r'D:\Program Files\Python\testnew'

if not os.path.exists(newpath):
    os.makedirs(newpath)

for i in os.walk(oldpath):
    j = len(i[2])
    for x in range(j):
        oldfilepath = oldpath+'\\'+i[2][x]
        newfilepath = newpath+'\\'+i[2][x]
        imgobj = Image.open(oldfilepath)
        newsize = (int(imgobj.size[0]*0.5),int(imgobj.size[1]*0.5))
        imgobj = imgobj.resize(newsize)
        imgobj.save(newfilepath)
```

这里我们首先导入两个要使用的模块，然后写入我们要使用的存储原图片的目录和要保存新图片的目录，而且新图片目录不存在的话要创建。最后我们使用循环来遍历出原图片目录中的图片，并利用之前讲过的图片对象的方法和属性把图片大小调整好（注意这里看到我们如何按比例来缩小图片了吗？上一小节思考题的答案就在这里）。最后把处理好的图片存储到新的目录中。

代码运行之后，我们可以看到在 test 目录同级出现了一个 testnew 的目录（图 17-8），目录中有已经调整好大小的新的文件，如图 17-9 所示。

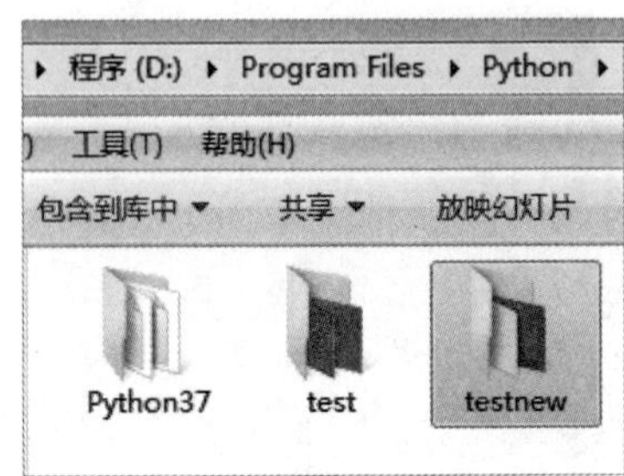

图 17-8

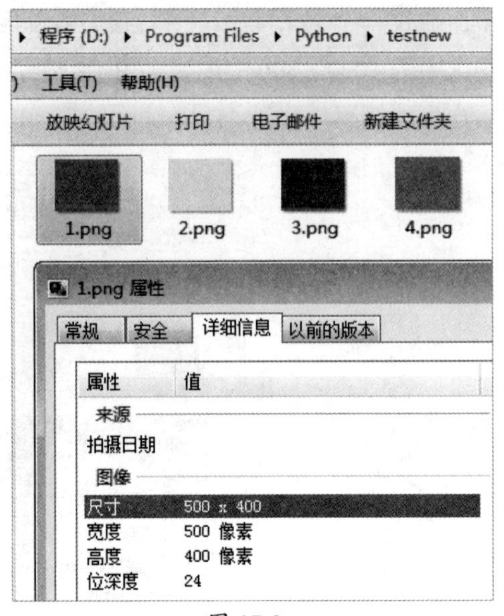

图 17-9

除了按比例调整图片大小，有时候我们还需要把图片调整到统一的大小。比如我们这里在“D:\Program Files\Python\test”目录下重新放三张大小不同的图片，其中红色的 a.png 大小是 400*400，黄色的 b.png 大小是 300*300，绿色的 c.png 大小是 200*200（图 17-10）。下面我想把这些图片统一调整成 256*128 该怎么办呢？

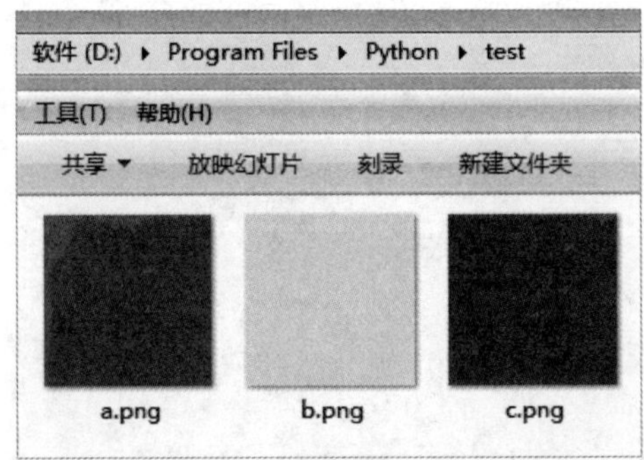

图 17-10

其实非常简单，我们只需要把前面代码中的 resize 方法中的参数改成我们需要的统一值即可，代码甚至要更简单一些：

```
import os
from PIL import Image

oldpath = r'D:\Program Files\Python\test'
newpath = r'D:\Program Files\Python\testnew'

if not os.path.exists(newpath):
    os.makedirs(newpath)

for i in os.walk(oldpath):
    j = len(i[2])
    for x in range(j):
        oldfilepath = oldpath+'\\'+i[2][x]
```

```
            newfilepath = newpath+'\\'+i[2][x]
            imgobj = Image.open(oldfilepath)
            newsize = (256,128)
            imgobj = imgobj.resize(newsize)
            imgobj.save(newfilepath)
```

运行之后，我们可以看到在 testnew 文件夹中已经出现了大小被统一修改成 256*128 的新的图片，如图 17-11 所示。

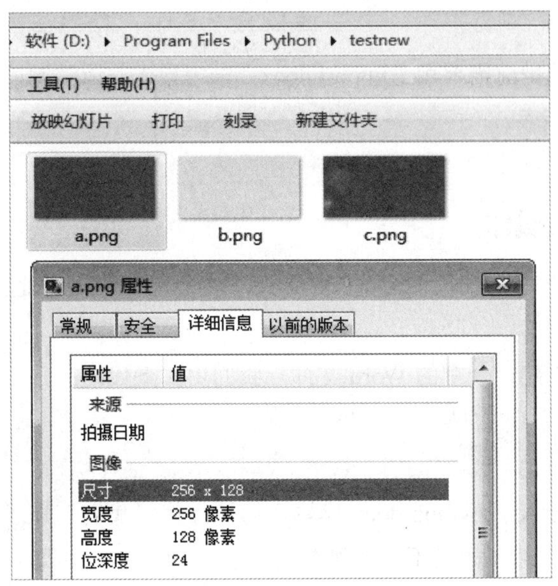

图 17-11

17.2　读写 Word 文档

之前我们学习过用 Python 读写文件，只是当时操作的对象是 txt 文本。但是在日常工作中，我们更常用的是 Word 格式的文档。因此本节我们再来学习一下使用 Python 有关库来读写 Word 文档。

17.2.1　python-docx 库简介

与处理图片类似，处理 Word 文档也需要用相应的库，这里我们使用的是 python-docx 库。python-docx 是一个用于创建和更新 Microsoft Word（.docx）文件的第三方库。安装 python-docx 库跟其他第三方库一样，在 cmd 控制台中使用“pip install python-docx”命令安装即可，如图 17-12 所示。

```
C:\Users\Administrator>pip install python-docx
Collecting python-docx
  Downloading https://files.pythonhosted.org/packages/e4/83/c66a1934ed5ed8ab1dbb
9931f1779079f8bca0f6bbc5793c06c4b5e7d671/python-docx-0.8.10.tar.gz (5.5MB)
    5% |██                              | 296kB 40kB/s eta 0:02:09_
```

图 17-12

由于 python-docx 库还依赖另一个第三方库 lxml，因此安装过程中还会自动安装 lxml 库，你不必担心这里有什么问题，如图 17-13 所示。

```
Collecting lxml>=2.3.2 (from python-docx)
  Downloading https://files.pythonhosted.org/packages/aa/17/b9ccbdd50f66258d3625
61dbfe3cf4aaa60c82c4bba0302b3f52ab730b99/lxml-4.4.2-cp37-cp37m-win_amd64.whl (3.
7MB)
    28% |█████████                       | 1.0MB 48kB/s eta 0:00:54
```

图 17-13

安装完成后，在使用前需要用“import docx”语句导入。请注意，这里并不是用“import python-docx”来导入该库。

```
import docx
```

17.2.2 文档写入操作

python-docx 库中最主要的就是 Document 类，这个类的作用是处理文档的创建、打开、写入、保存等操作。

比如我们这里要创建一个空的 Word 文件，我们用如下代码：

```
import docx
newdoc = docx.Document()
newdoc.save(r'D:\Program Files\Python\test\poem.docx')
```

第一行代码我们导入了 python-docx 模块，第二行代码我们创建了一个 docx 文件对象，第三行代码就是保存文件（如果不存在则创建文件）。当然，如果我们使用的只是 python-docx 模块中的 Document 类，在导入的时候也可以只导入这个类，所以代码可以这样写：

```
from docx import Document
newdoc = Document()
newdoc.save(r'D:\Program Files\Python\test\poem.docx')
```

代码运行之后，我们打开原本空白的文件夹，就可以看到里面已经创建了一个名为“poem.docx”的 Word 文件，如图 17-14 所示。

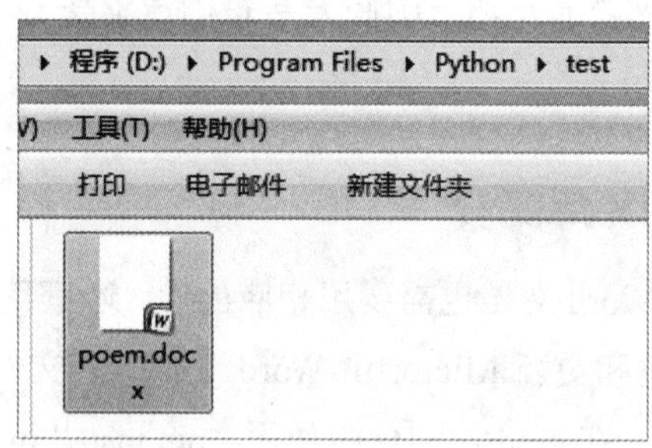

图 17-14

虽然这个文件的图标好像跟我们之前用的 Word 文档不太一样，但其实里面是一样的。我们双击打开这个文件，会发现仍然是用 Word 软件打开的，而且里面的内容是空白的，如图 17-15 所示。

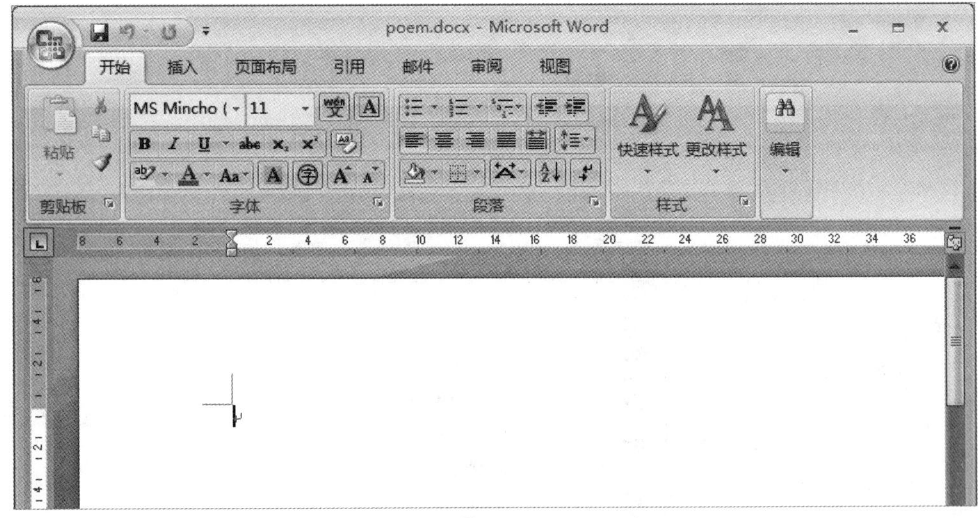

图 17-15

通过之前章节的内容你们应该也已经知道了，笔者除了会 Python，还是个二手的野生诗人。那么这里我不妨就即兴发挥，来写一首诗吧！文字内容如下：

```
《星》
人们离不开太阳
人们还想要月亮
你一闪一闪
是否也希望
有人看一眼
你的光芒
```

首先我们要给文件内容写一个标题，也就是“《星》”，这里需要用到的是文件对象的 add_heading(content,level) 方法，其中参数 content 表示标题内容，level 表示标题级别。其次我们要在标题下写入 6 行文字，每行都是单独一段（所谓诗人，就是喜欢把完整的一句话拆成好几段的人。——春天杰作），这里我们要使用文件对象的 add_paragraph(content,style) 方法，其中参数 content 表示段落内容，style 表示段落样式。

好，下面我们重新用代码打开前面已经创建的 poem.docx 文件，然后写入这首诗的标题和内容，代码如下：

```
from docx import Document
newdoc = Document(r'D:\Program Files\Python\test\poem.docx')
newdoc.add_heading('《星》',1)
newdoc.add_paragraph('人们离不开太阳')
newdoc.add_paragraph('人们还想要月亮')
newdoc.add_paragraph('你一闪一闪')
newdoc.add_paragraph('是否也希望')
newdoc.add_paragraph('有人看一眼')
newdoc.add_paragraph('你的光芒')
newdoc.save(r'D:\Program Files\Python\test\poem.docx')
```

注意在运行代码之前要把双击打开的 Word 文件先关掉。我们保存并运行这段代码，然后我们打开 poem.docx 这个文件，就会发现内容已经被我们写入，如图 17-16 所示。

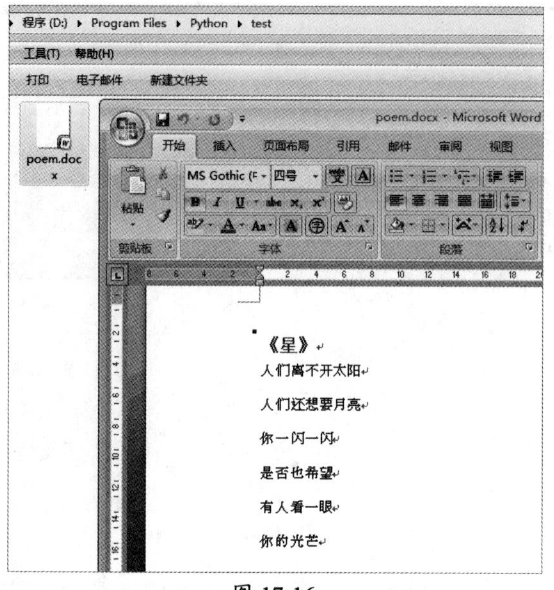

图 17-16

当然，我们既然能写入文件，也能读取它，使用文件对象的 paragraphs 属性即可获取段落内容。我们这里用一个循环来把文件中的段落读取并输出到屏幕上。代码如下：

```
from docx import Document
newdoc = Document(r'D:\Program Files\Python\test\poem.docx')
for i in range(len(newdoc.paragraphs)):
    print("第"+str(i)+"段内容是："+newdoc.paragraphs[i].text)
```

代码运行之后，IDLE 中显示：

```
第 0 段内容是：《星》
第 1 段内容是：人们离不开太阳
第 2 段内容是：人们还想要月亮
第 3 段内容是：你一闪一闪
第 4 段内容是：是否也希望
第 5 段内容是：有人看一眼
第 6 段内容是：你的光芒
```

当然，这里把标题也看作一段。但是你可以修改代码，把标题内容前的“第 0 段内容是”改为“标题是”。这个修改并不难，留给大家自己去做。

下面我们再看一下如何给文件内容中添加图片，这也是我们在使用 Word 的时候非常常用的一种操作，那么如何用代码来实现呢？

首先，既然我们这首诗的名字叫“星”，那我们不妨做一个简单的星星图片，并存放到和文档同样的目录里，如图 17-17 所示。

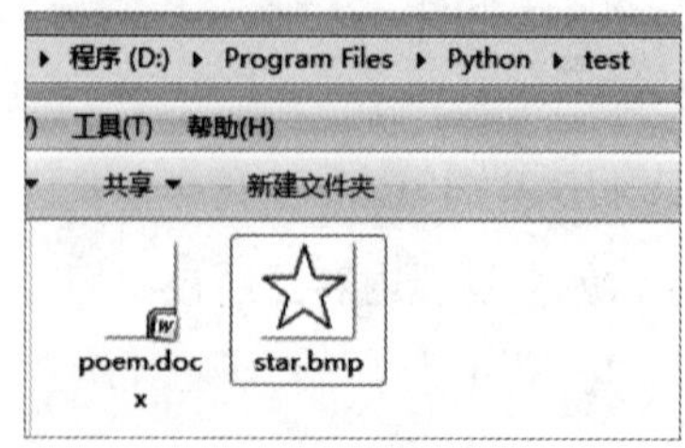

图 17-17

然后我们可以在需要添加图片的代码位置使用 add_picture(‘picurl’ ,style) 方法即可，其中参数 picurl 是图片的路径，style 是文件的样式。我们在之前的文末添加这个星星的图片。代码如下：

```
from docx import Document
newdoc = Document(r'D:\Program Files\Python\test\poem.docx')
newdoc.add_picture(r'D:\Program Files\Python\test\star.bmp')
newdoc.save(r'D:\Program Files\Python\test\poem.docx')
```

代码运行之后，我们再次到文件目录下双击打开文件，就可以看到图片已经被添加到文末了，如图 17-18 所示。

图 17-18

17.2.3　文档合并操作

有时候，我们需要把多个 Word 文档合并到一起，比如笔者在写这本书的时候，每一章都是一个 Word 文档。但是在完稿后，需要把所有章节都合并到一个 Word 文件中。手动一个个复制粘贴是非常麻烦的，这时候我们也可以使用 python-docx 库来帮我们实现合并文档的工作。

我们举一个简单例子来演示一下，在“D:\Program Files\Python\test”目录下创建三个 Word 文件，分别是 1.docx、2.docx、3.docx，如图 17-19 所示。

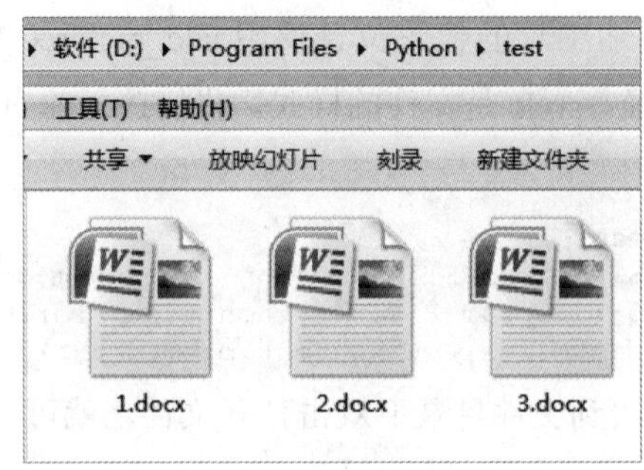

图 17-19

为了演示方便我们在每个文件中都只写一个标题和一句话，格式都一样，如图 17-20 所示。

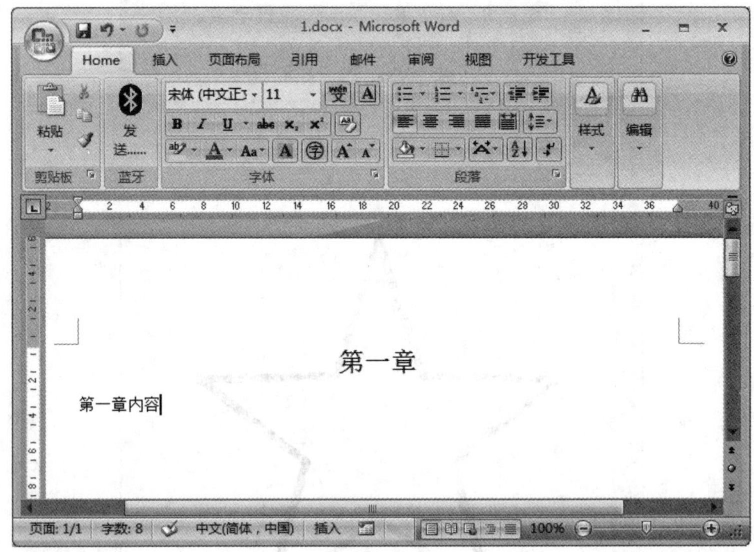

图 17-20

下面，我们就把这三个 Word 文件合并成一个 Word 文件，代码如下：

```
from docx import Document

files = ['1.docx', '2.docx', '3.docx']
new_docx = Document()
for file in files:
    temp_docx = Document(file)
    for element in temp_docx.element.body:
        new_docx.element.body.append(element)
new_docx.save('123.docx')
```

在上述代码中，我们首先导入了 python-docx 模块中的 Document 类，然后我们创建了一个列表来存储要合并的文件名。然后我们创建一个新的文件对象，下面我们又使用一个嵌套的循环从原来的三个文件中提取内容并进行了合并。最后把合并的内容写入新的文件中并保存。

代码运行之后，合并后的新文件 123.docx 出现了，如图 17-21 所示。

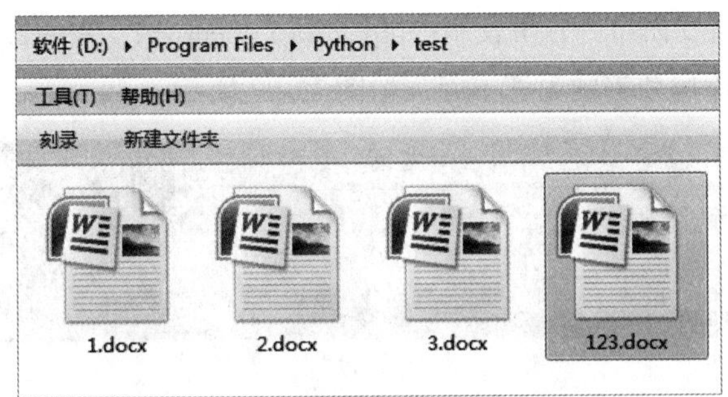

图 17-21

我们打开它，可以看到内容如图 17-22 所示。

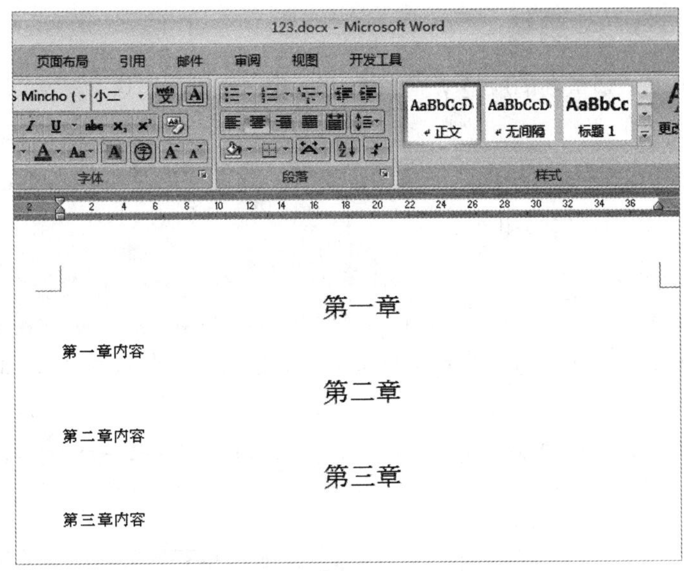

图 17-22

可以看到，我们成功合并了这三个文件的内容。

当然，作为一个成熟的第三方库，python-docx 还有非常多的其他功能，比如修改段落的样式、给文档中添加表格等。限于篇幅，这里不能一一详细介绍，大家可以参考其官方文档，网址是：https://python-docx.readthedocs.io。

17.3　处理 Excel

除了图片、文档，我们工作中最常用的还有表格，常用的表格软件是 Excel。本节我们介绍一下使用 Python 操作 Excel 的有关知识。

17.3.1　openpyxl 库

没错，我们还是需要用第三方库。这次是 openpyxl，它是一个专门用于读取和写入 Excel2007 和 2010 版的 xlsx 等格式文件的第三方库。

同样地，我们只需要在命令行下使用“pip install openpyxl”命令安装即可，这里也会同时安装两个 openpyxl 库所依赖的第三方库，如图 17-23 所示。

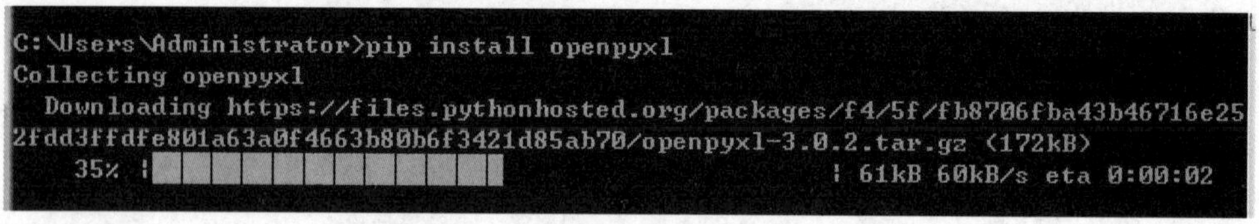

C:\Users\Administrator>pip install openpyxl
Collecting openpyxl
Downloading https://files.pythonhosted.org/packages/f4/5f/fb8706fba43b46716e25
2fdd3ffdfe801a63a0f4663b80b6f3421d85ab70/openpyxl-3.0.2.tar.gz (172kB)
35% |
| 61kB 60kB/s eta 0:00:02

图 17-23

在使用前也要用 import 语句导入。

```
import openpyxl
```

17.3.2 操作 Excel 表格

在 openpyxl 库中，最重要的就是 Workbook 类，我们可以使用这个类来创建、读取、写入、保存表格及数据。

下面我们首先看一下如何来创建一个 xlsx 文件，这跟我们使用 python-docx 库创建一个 Word 文件基本是一样的，代码如下：

```
import openpyxl
exc = openpyxl.Workbook()
exc.save(r'D:\Program Files\Python\test\exc.xlsx')
```

代码运行之后，我们可以看到在指定目录下已经建立了一个名为“exc.xlsx”的 Excel 文件，如图 17-24 所示。

我们双击该文件，就会默认用 Excel 软件打开，可以看到这是一个空白文件，如图 17-25 所示。

程序 (D:) Program Files Python test
工具(T) 帮助(H)
打印 电子邮件 新建文件夹
exc.xlsx

图 17-24

程序 (D:) Program Files Python test
工具(T) 帮助(H)
打印 电子邮件 新建文件夹
exc.xlsx
开始 插入 页面布局 公式 数据 审阅
宋体
11
粘贴
剪贴板
字体
对齐方
A1
A B C D E

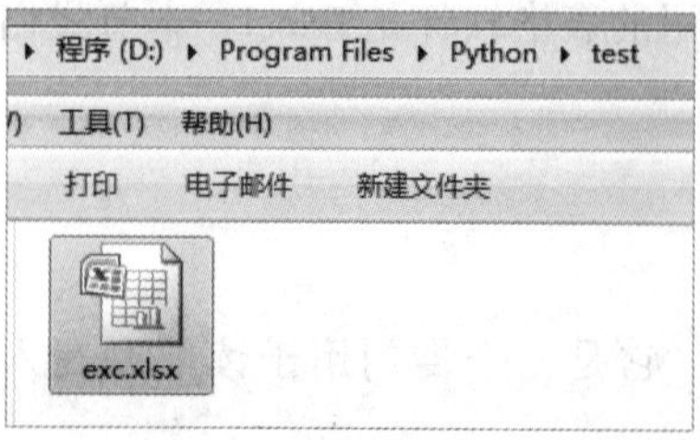

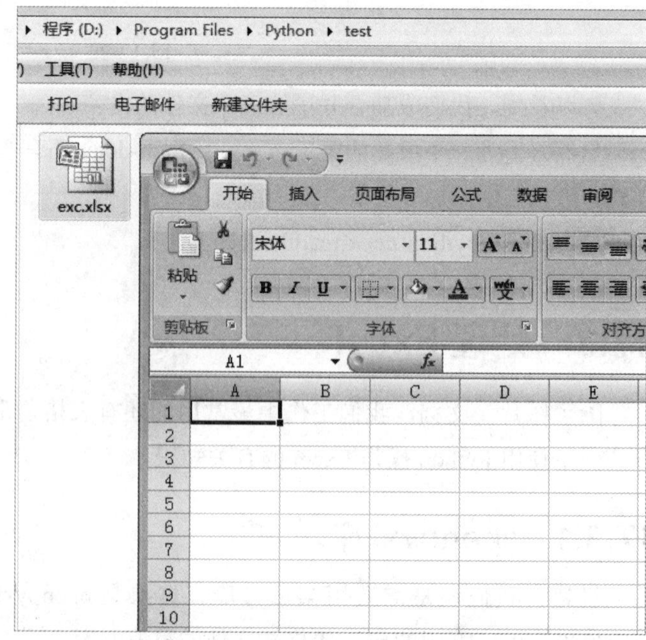

图 17-25

我们都知道，在 Excel 文件中，数据是由一张一张的表（Sheet）组成的，在 Excel 界面的左下方可以看到，默认名字就是 Sheet，如图 17-26 所示。

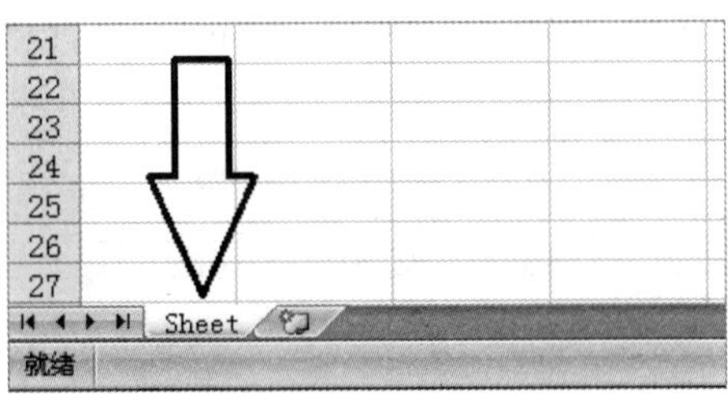

图 17-26

那么，如何来创建一张表呢？我们可以使用表格对象的 create_sheet("sheetname", sheetindex) 方法来创建，其中参数 sheetname 表示表的名字，sheetindex 表示表的序号。下面我们来创建两张名为“Sheet01”和“Sheet02”的表，代码如下：

```
import openpyxl
exc = openpyxl.Workbook(r'D:\Program Files\Python\test\exc.xlsx')
exc.create_sheet("Sheet01",0)
exc.create_sheet("Sheet02",1)
exc.save(r'D:\Program Files\Python\test\exc.xlsx')
```

同样要注意在运行代码之前要把打开的 Excel 文件先关掉。代码运行之后，我们再次双击打开之前建立的 xlsx 文件，可以看到里面已经创建了两张 sheet。

既然表已经有了，那么我们就往其中写点东西吧。

首先，我们要打开之前建好的表格文件，使用 openpyxl.load_workbook(filepath) 方法，filepath 是文件路径。

其次，我们要确定数据要写入哪张 sheet，我们可以使用表格对象的索引（即之前创建的 sheet 的名字）来获取 sheet 对象，比如 Sheet01 或 Sheet02。

再次，我还要知道操作哪个单元格，sheet 中的数据都是有其坐标位置的，比如下图中我们选中的是 C 列的第 6 行，也就是 C6 这个单元格，如图 17-27 所示。

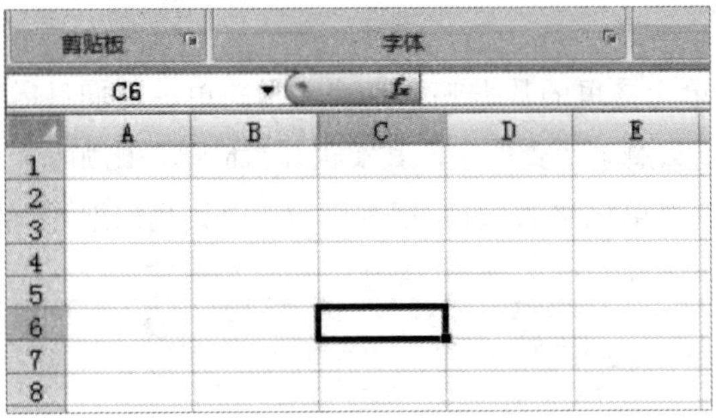

图 17-27

修改单元格数据我们只需要用赋值语句就可以把数据写入。

当然最后别忘了用 save 方法保存。

代码如下：

```
import openpyxl
exc = openpyxl.load_workbook(r'D:\Program Files\Python\test\exc.xlsx')
```

```
s = exc['Sheet01']
s['C6'] = 'Python'
exc.save(r'D:\Program Files\Python\test\exc.xlsx')
```

代码运行之后，我们双击打开文件，可以看到 C6 单元格已经被写入了“Python”，如图 17-28 所示。

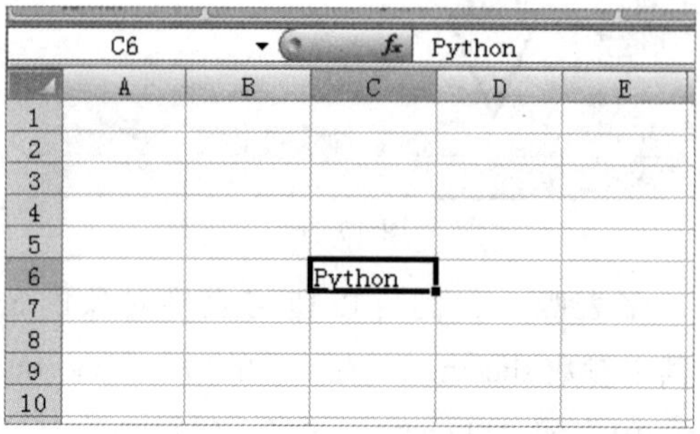

图 17-28

我们之前讲数据库的时候介绍过，有四个基本操作：增、删、改、查。对于数据表文件也类似。前面我们介绍的是“增”，下面再来说一下“改”，比如我们就把前面写入的 Sheet01 表中 C6 单元格的“Python”改为“hello”，实际上还是只需要重新赋值即可，前面的代码只需要修改一行，把“s['C6'] = 'Python'”改为“s['C6'] = 'hello'”。修改并运行之后，我们打开文件，就可以看到数据已经修改成功，如图 19-29 所示。

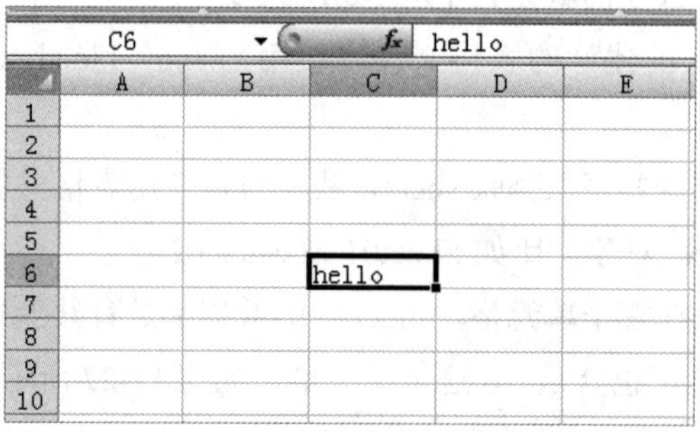

图 17-29

那么如何删除一个单元格里的数据呢？其实非常简单，我们只需要赋值为空即可，这里就不再赘述了。那么最后只剩下“查”了，其实也非常简单，比如我们要查询 Sheet01 中的 C6 单元格的数据，直接访问该单元格的 value 属性即可，比如我们把 C6 的数据输出，代码如下：

```
import openpyxl
exc = openpyxl.load_workbook(r'D:\Program Files\Python\test\exc.xlsx')
s = exc['Sheet01']
print(s['C6'].value)
```

因为这里只是读取数据，因此原来最后一行保存文件的代码就不需要了。代码运行之后就会显示出我们读到的数据：

```
hello
```

最后当然还是要说，与前面讲过的一些第三方库一样，openpyxl 还有非常多其他功能，限于篇幅，我们没法一一讲解。如果想要了解更多，大家可以参考 openpyxl 的官方文档，网址是：https://openpyxl.readthedocs.io。

第 18 章 实战项目二：这个虫子有点牛——网络爬虫开发

马云曾经在一次演讲中说："人类正从 IT 时代走向 DT 时代。"所谓 IT 就是信息技术（Information Technology），而所谓 DT 就是数据技术（Data Technology）。网络上有非常多数据，当这些数据被分门别类收集整理之后，就可以得出非常有价值的结论，这也就是如今非常火热的"大数据"概念。那么如何收集这么多数据呢？网络爬虫就是一种非常有效的手段，网络爬虫可以根据我们设计的路径和规则，从网络中抓取我们需要的数据。想必你以前可能就听说过爬虫的厉害了。本章我们就一起来学习如何制作这样一只"虫子"。

18.1 网络爬虫简介

虫子是一种令人讨厌的东西，比如蜘蛛、蜈蚣。然而，我们本章要学习的这种可以在网上采集数据的程序偏偏就被称为网络爬虫（Web Crawler），它的另一个名字是网络蜘蛛（Web Spider）。之所以起这么个名字，就是因为它非常类似于蜘蛛，是沿着网络在"爬行"的。所过之处，带走各种数据，不留下一片云彩。

18.1.1 网络爬虫基本原理

最初，网络爬虫被应用在搜索引擎中，它可以从一个网页链接开始，爬取网页上内容的同时也获取网页上的其他链接，然后再通过这些链接进入其他网页。如此重复，为搜索引擎采集到网络上的大量数据。这些数据通过处理后，就可以供我们用关键词进行搜索。

每个网页上都有那么多内容，我们并不需要所有信息，那么爬虫如何才能抓取到我们希望得到的数据呢？这就涉及我们之前介绍过的 HTML 了，爬虫不但要获取到一个网页，而且要分析和过滤 HTML 的代码，通过网页的结构和标签等来识别其中的内容，比如是文字或是图片。

一个简单的网络爬虫的工作流程是这样的：

第一步，获取一个或一些 URL，作为待爬取页面队列。

第二步，爬取各页面中的数据。

第三步，将数据进行筛选。

第四步，将需要的数据进行存储。

第五步，将爬取过的 URL 放入已爬取队列，把从页面中爬到的 URL 与已爬取 URL 进行对比，把新的未爬取的 URL 放入待爬取队列。

然后重复以上过程。

该过程如图 18-1 所示。

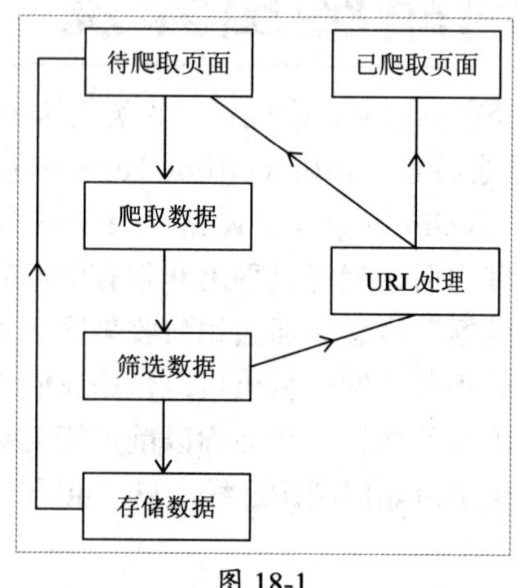

图 18-1

18.1.2 网络爬虫的“规矩”——Robots 协议

无规矩不成方圆，在讲解具体的爬虫技术之前，我们必须单独谈谈网络爬虫的“规矩”问题，也就是爬虫可以用来做什么，不可以用来做什么。

之所以要谈这个问题，是因为网络爬虫是用来爬取数据的，而这可能会带来两个影响。

第一，你用爬虫访问某个网站是会造成服务器资源的一定消耗的，尤其如果你制作了一个非常强大的分布式高并发的爬虫，大规模地去爬取一个服务器资源并不太强大的网站的数据，可能会对网站的运行造成一定的影响。影响人家网站的正常运行当然就面临法律风险。

第二，你所爬取的网络数据资源可能是受到相关知识产权保护的，或者是受隐私保护的，再或者网站本身对爬虫是有具体限制的——某些内容是不允许爬取的，某些内容是允许爬取但不允许作为商业目的使用的。因此你必须弄清楚被爬取的目标网站对于爬虫的态度。

那如何知道网站对于爬虫的态度呢？这里就必须了解一个叫作 Robots 协议的东西。Robots 协议并不是一个强制性的协议，它是一个建议性的规则，但你做爬虫时最好还是遵守。就像医生建议你每天早晚各刷一次牙，但你不刷医生也拿你没办法，不过你很可能就会得到一个后果：省下牙膏……不，是牙齿出问题！

下面介绍一下 Robots 协议。它的作用是告诉爬虫本网站哪些目录的内容可以爬取，哪些目录不允许爬取，它的形式是在网站根目录下放置一个 robots.txt 文件。比如这里我们看一下淘宝网的 Robots 协议，我们直接在浏览器打开这个文件，如图 18-2 所示。

```
taobao.com/robots.txt

User-agent:  Baiduspider
Allow:  /article
Allow:  /oshtml
Allow:  /ershou
Allow: /$
Disallow:  /product/
Disallow:  /

User-Agent:  Googlebot
Allow:  /article
Allow:  /oshtml
Allow:  /product
Allow:  /spu
Allow:  /dianpu
Allow:  /oversea
Allow:  /list
Allow:  /ershou
Allow: /$
Disallow:  /

User-agent:  Bingbot
Allow:  /article
Allow:  /oshtml
Allow:  /product
Allow:  /spu
Allow:  /dianpu
Allow:  /oversea
Allow:  /list
Allow:  /ershou
Allow: /$
Disallow:  /
```

图 18-2

文件内容比较长，图中我们只截取了其中前三段内容，其实每一段中的格式都是类似的。前三段分别针对 Baiduspider、Googlebot、Bingbot（也就是百度爬虫、谷歌爬虫、必应爬虫）指定了其可以访问的目录（Allow）和禁止访问的目录（Disallow）。通过这个文件我们也可以学习到如何制作这样一个 Robots 协议，每一段的第一行 User-Agent 字段表示针对的爬虫名称，Allow 字段一般有多个，每一个都是指可以爬取的一个路径，后面 Disallow 字典表示禁止爬取的路径。

当我们要爬取一个网站的内容时，一般要查看并遵守它的 Robots 协议。有两种办法，如果我们爬取的是某个确定网站的某个目录，可以直接人工简单查看一下 robots.txt 文件；另一种办法是用代码自己去检查，我们之前在介绍 urllib 的时候讲过，大家可以参考 16.3.4 节的内容。

18.2　requests 库

requests 库是一个用于发起 HTTP 请求的第三方库，可以帮助我们开发网络爬虫。它的安装非常简单，同我们之前用过的一些第三方库一样，只需要在命令行下使用“pip install requests”即可（图 18-3）。由于 requests 库是基于 urllib3 等第三方库写的，因此会同时默认安装这些依赖库。

```
C:\Users\Administrator>pip install requests
Collecting requests
  Downloading https://files.pythonhosted.org/packages/51/bd/23c926cd341ea6b7dd0b
2a00aba99ae0f828be89d72b2190f27c11d4b7fb/requests-2.22.0-py2.py3-none-any.whl (5
7kB)
    35% |███████████                     | 20kB 60kB/s eta 0:00:01
```

图 18-3

使用 requests 库之前当然也必须用 import 语句导入：

```
import requests
```

18.2.1 requests 库的常用方法

这里我们首先介绍一下 requests 库中的七个常用方法。

1.requests.request(method,url,kwargs)

这个方法可以用来构造一个请求。request 方法是 requests 库中最基本的方法，是构造下面其他方法的基础方法。其中参数 method 表示请求方式，包括 GET、HEAD、PATCH 等七种我们曾在 HTTP 协议中讲过的请求方法。参数 url 表示请求资源的 URL 地址，是字符串格式。参数 kwargs 是控制访问参数，总共有十三种，都是可选参数。

我们简单介绍一下几个常见的控制访问参数：

控制访问参数 params，这是一个字典格式的参数，可以把参数增加到 URL 中。我们在使用搜索引擎的时候经常会发现输入了关键字并回车后，网页刷新给出结果，而且地址栏也发生了变化，网址会变长，其实主要就是关键字被增加到了 URL 中，然后查询到对应的资源。我们这里举例看一下如何用这个控制参数来给 URL 增加参数：

```
>>> d = {'k1':'v1','k2':'v2','k3':'v3'}
>>> r = requests.request('GET','http://www.baidu.com',params=d)
>>> print(r.url)
http://www.baidu.com/?k1=v1&k2=v2&k3=v3
```

这里我们可以看到，我们原本的 URL 后面跟上了一个问号和三个关键字参数，参数中间用“&”符号隔开。

控制访问参数 data，这个参数的值是字符串、字典或文件对象格式的数据，用于我们向 URL 提交资源时使用。

控制访问参数 json，这个参数的值是 JSON 格式的数据，用于向 URL 地址提交 JSON 格式的数据。

控制访问参数 headers，这个参数的值是字典格式，用于向 URL 提交 HTTP 头信息。比如说我们在访问某个 URL 时想指定（或者说模拟）我们所使用的浏览器的信息，就可以通过这个参数来设置。例如：

```
h = {'user-agent':'Mozilla/5.0'}
r = requests.request('GET',' http://www.baidu.com ',headers=h)
```

这样当我们提交这个请求的时候，服务器端得到了我们此次访问所使用的浏览器就是 Mozilla5.0，而不是笔者实际所使用 Chrome。这种方式在爬虫中经常会用到。

控制访问参数 proxies，这个参数的值是字典格式，用于设置我们访问 URL 地址的代理服务器。这也是在爬虫中会用到的一个参数，可以使用代理服务器来隐藏爬虫本身的信息。

控制访问参数 timeout，这个参数用于设置请求超时时间，单位是秒。它的作用主要是限制访问某个 URL 的时间，如果在这个指定时间内没有得到响应，则会返回一个超时异常。

其他一些控制访问参数我们在用到的时候再进行介绍。

2.requests.get(url, params, kwargs)

请求获取网页资源的方法，这是最常用的一个方法，也是爬虫爬取页面内容的主要方法，对应我们之前讲过的 HTTP（第 16.2.3 节）中的 GET 方法。这个方法中的参数 url 表示我们要获取的资源的 URL 地址，字符串格式。参数 params 是可选的额外参数，默认为 None。参数 kwargs 是控制访问参数。requests.get() 方法会构造一个请求对象——Request 对象，并返回一个获取到的资源对象——Response 对象。

3.requests.head()

获取网页头部信息的方法，对应 HTTP 中的 HEAD 方法。

4.requests.post()

向网页提交 post 请求的方法，对应 HTTP 中的 POST 方法。

5.requests.put()

向网页提交 put 请求的方法，对应 HTTP 中的 PUT 方法。

6.requests.patch()

向网页提交 patch 请求的方法，对应 HTTP 中的 PATCH 方法。

7.requests.delete()

向网页提交删除资源请求的方法，对应 HTTP 中的 DELETE 方法。

这里后面几个方法的使用也非常简单，跟前面的方法非常类似，但是在爬虫中使用频率较低，因此我们这里不详细展开，如果在后面用到的时候再具体说明。

18.2.2 用 requests 库爬取一个简单网页

我们举例说明一下用 requests 库爬取一个网页内容的过程，这里我们以爬取百度首页为例：

```
>>> import requests
>>> r = requests.get("https://www.baidu.com")
>>> r.status_code
200
>>> r.encoding
'ISO-8859-1'
>>> r.apparent_encoding
'utf-8'
>>> r.headers
{'Cache-Control': 'private, no-cache, no-store, proxy-revalidate, no-transform',
'Connection': 'Keep-Alive', 'Content-Encoding': 'gzip', 'Content-Type': 'text/
html', 'Date': 'Sun, 01 Sep 2019 13:32:52 GMT', ……  # 返回内容较长，此处省略后面部分
```

```
>>> r.text
'<!DOCTYPE html>\r\n<!--STATUS OK--><html> <head><meta http-equiv=content-
type content=text/html;charset=utf-8><meta http-equiv=X-UA-Compatible
content=IE=Edge><meta content=always name=referrer>……  #返回内容较长，此处省略后面
部分
>>> r.content
b'<!DOCTYPE html>\r\n<!--STATUS OK--><html> <head><meta http-equiv=content-
type content=text/html;charset=utf-8><meta http-equiv=X-UA-Compatible
content=IE=Edge><meta content=always name=referrer>……  #返回内容较长，此处省略后面
部分
```

这里我们首先导入 requests 库，然后通过 get 方法构造了一个 Requests 请求，返回了一个 Response 对象 r。然后我们用 r.status_code 查看了这个对象的状态码，我们在第 16 章已经介绍过状态码，状态码一般是 3 位数字，其中 2×× 表示请求成功（比如我们得到的 200），3×× 表示重定向，4×× 表示请求错误（大家都听说过 404 吧？），5×× 表示服务器端错误。

然后我们用 r.encoding 属性查看了返回对象的头部信息中标注的编码方式，这里得到的是“ISO-8859-1”，但是这个往往并不准确，网页的制作者可以随意写这个参数。因此我们又使用 r.apparent_encoding 属性来查看通过分析网页内容得到的实际使用的编码方式，得到的结果是“utf-8”，这才是真正的编码方式。

然后我们用 r.headers 属性获取到了响应页面的头部信息，用 r.text 属性获取到了响应页面的字符串形式的内容，用 r.content 属性获取到了响应页面的二进制形式的内容。

这里需要注意，因为我们获取响应页面的字符串内容的时候默认使用的是 r.encoding 获取的编码方式（在这里是“ISO-8859-1”），因此实际上获取到的内容是这种编码形式的（图 18-4），这种编码不能解析中文，所以里面有很多类似“\x9f¥é\x81\x93”这样的“乱码”。

```
>>> r.text
'<!DOCTYPE html>\r\n<!--STATUS OK--><html> <head><meta http-equiv=content-type cont
ent=text/html;charset=utf-8><meta http-equiv=X-UA-Compatible content=IE=Edge><meta
content=always name=referrer><link rel=stylesheet type=text/css href=https://ss1.bd
static.com/5eN1bjq8AAUYm2zgoY3K/r/www/cache/bdorz/baidu.min.css><title>ç\x99¾å°¦ä¸\
x80ä¸\x8bï¼\x8cä½\xa0å°±ç\x9f¥é\x81\x93</title></head> <body link=#0000cc> <div i
d=wrapper> <div id=head> <div class=head_wrapper> <div class=s_form> <div class=s_f
orm_wrapper> <div id=lg> <img hidefocus=true src=//www.baidu.com/img/bd_logo1.png w
idth=270 height=129> </div> <form id=form name=f action=//www.baidu.com/s class=fm>
<input type=hidden name=bdorz_come value=1> <input type=hidden name=ie value=utf-8>
<input type=hidden name=f value=8> <input type=hidden name=rsv_bp value=1> <input t
ype=hidden name=rsv_idx value=1> <input type=hidden name=tn value=baidu><span class
="bg s_ipt_wr"><input id=kw name=wd class=s_ipt value maxlength=255 autocomplete=of
f autofocus=autofocus></span><span class="bg s_btn_wr"><input type=submit id=su val
ue=ç\x99¾å°¦ä¸\x80ä¸\x8b class="bg s_btn" autofocus></span> </form> </div> </div> <
div id=u1> <a href=http://news.baidu.com name=tj_trnews class=mnav>æ\x96°é\x97»</a
> <a href=https://www.hao123.com name=tj_trhao123 class=mnav>hao123</a> <a href=htt
p://map.baidu.com name=tj_trmap class=mnav>å\x9c°å\x9b¾</a> <a href=http://v.baidu
.com name=tj_trvideo class=mnav>è§\x86é¢\x91</a> <a href=http://tieba.baidu.com na
me=tj_trtieba class=mnav>è´´å\x90§</a> <noscript> <a href=http://www.baidu.com/bdo
rz/login.gif?login&amp;tpl=mn&amp;u=http%3A%2F%2Fwww.baidu.com%2f%3fbdorz_come%3d1
name=tj_login class=lb>ç\x99»å½\x95</a> </noscript> <script>document.write(\'<a hre
f="http://www.baidu.com/bdorz/login.gif?login&tpl=mn&u=\'+ encodeURIComponent(windo
w.location.href+ (window.location.search === "" ? "?" : "&")+ "bdorz_come=1")+ \'"
name="tj_login" class="lb">ç\x99»å½\x95</a>\');\r\n                </script> <a hre
f=//www.baidu.com/more/ name=tj_briicon class=bri style="display: block;">æ\x9b´å¤
\x9aä°§å\x93\x81</a> </div> </div> </div> <div id=ftCon> <div id=ftConw> <p id=lh>
<a href=http://home.baidu.com>å\x85³ä°\x8eç\x99¾å°¦</a> <a href=http://ir.baidu.com
>About Baidu</a> </p> <p id=cp>&copy;2017 Baidu <a href=http://www.baidu.
com/duty/>ä½¿ç\x94¨ç\x99¾å°¦å\x89\x8då¿\x85è¯»</a>  <a href=http://jianyi.bai
du.com/ class=cp-feedback>æ\x84\x8fè§\x81å\x8f\x8dé¦\x88</a> ä°¬ICPè¯\x810301
73å\x8f·  <img src=//www.baidu.com/img/gs.gif> </p> </div> </div> </div> </bo
dy> </html>\r\n'
```

图 18-4

但如果我们把默认编码方式转换为 r.apparent_encoding 获取到的实际编码方式（在这里是“utf-8”），就可以看到实际的内容了（图 18-5），这样我们就可以看到其中的一些中文。

这个转换编码只需要用一个赋值语句：

```
r.encoding = r.apparent_encoding
```

```
>>> r.encoding = r.apparent_encoding
>>> r.text
'<!DOCTYPE html>\r\n<!--STATUS OK--><html> <head><meta http-equiv=content-type cont
ent=text/html;charset=utf-8><meta http-equiv=X-UA-Compatible content=IE=Edge><meta
content=always name=referrer><link rel=stylesheet type=text/css href=https://ss1.bd
static.com/5eN1bjq8AAUYm2zgoY3K/r/www/cache/bdorz/baidu.min.css><title>百度一下，你
就知道</title></head> <body link=#0000cc> <div id=wrapper> <div id=head> <div class
=head_wrapper> <div class=s_form> <div class=s_form_wrapper> <div id=lg> <img hidef
ocus=true src=//www.baidu.com/img/bd_logo1.png width=270 height=129> </div> <form i
d=form name=f action=//www.baidu.com/s class=fm> <input type=hidden name=bdorz_come
value=1> <input type=hidden name=ie value=utf-8> <input type=hidden name=f value=8>
<input type=hidden name=rsv_bp value=1> <input type=hidden name=rsv_idx value=1> <i
nput type=hidden name=tn value=baidu><span class="bg s_ipt_wr"><input id=kw name=wd
class=s_ipt value maxlength=255 autocomplete=off autofocus=autofocus></span><span c
lass="bg s_btn_wr"><input type=submit id=su value=百度一下 class="bg s_btn" autofoc
us></span> </form> </div> </div> <div id=u1> <a href=http://news.baidu.com name=tj_
trnews class=mnav>新闻</a> <a href=https://www.hao123.com name=tj_trhao123 class=mn
av>hao123</a> <a href=http://map.baidu.com name=tj_trmap class=mnav>地图</a> <a hre
f=http://v.baidu.com name=tj_trvideo class=mnav>视频</a> <a href=http://tieba.baidu
.com name=tj_trtieba class=mnav>贴吧</a> <noscript> <a href=http://www.baidu.com/bd
orz/login.gif?login&amp;tpl=mn&amp;u=http%3A%2F%2Fwww.baidu.com%2f%3fbdorz_come%3d1
name=tj_login class=lb>登录</a> </noscript> <script>document.write(\'<a href="http:
//www.baidu.com/bdorz/login.gif?login&tpl=mn&u=\'+ encodeURIComponent(window.locati
on.href+ (window.location.search === "" ? "?" : "&")+ "bdorz_come=1")+ \'" name="tj
_login" class="lb">登录</a>\');\r\n                </script> <a href=//www.baidu.co
m/more/ name=tj_briicon class=bri style="display: block;">更多产品</a> </div> </div
> </div> <div id=ftCon> <div id=ftConw> <p id=lh> <a href=http://home.baidu.com>关
于百度</a> <a href=http://ir.baidu.com>About Baidu</a> </p> <p id=cp>&copy;2017&nbs
p;Baidu <a href=http://www.baidu.com/duty/>使用百度前必读</a>  <a href=ht
tp://jianyi.baidu.com/ class=cp-feedback>意见反馈</a> 京ICP证030173号  <i
mg src=//www.baidu.com/img/gs.gif> </p> </div> </div> </div> </body> </html>\r\n'
>>> |
```

图 18-5

另外还需要注意一点，那就是我们在爬取网页的过程中可能会有异常，比如 URL 地址有错误，或者网站服务器本身出现了故障，这样我们就没办法得到想要的内容，这时候就要分析判断异常产生的原因。在 requests 库中，有六种常见的异常，这里简单介绍一下，以便大家在遇到的时候知道是出现了什么问题：

requests.HTTPError：表示 HTTP 错误。

requests.ConnectionError：表示网络连接错误。

requests.URLRequired：表示 URL 缺失。

requests.Timeout：表示请求超时。

requests.ConnectTimeout：表示连接服务器超时。

requests.TooManyRedirects：表示超过重定向次数异常。

在 Requests 请求返回的 Response 对象中有一个 raise_for_status() 方法，这个方法的作用是如果返回的状态码不是 200，则会引发 HTTPError 异常。因此，我们可以改进前面爬取网页的过程，用 try-except 语句来增加获取异常的结构，代码如下：

```
import requests
try:
    r = requests.get("https://www.baidu.com")
    r.raise_for_status()
    r.encoding = r.apparent_encoding
    print(r.text)
```

```
except:
    print(" 发生异常 ")
```

这里运行结果和我们之前得到的结果是一样的（图 18-3），因为我们访问的是一个正常的 URL。而如果我们把这个 URL 改成一个无法访问的 URL，比如“https://www.baidu.c”，并且增加一个超时参数“timeout=5”，这样我们的程序无法获取这个网页而且等待到超时后，就会获取到异常信息并输出。代码如下：

```
import requests
try:
    r = requests.get("https://www.baidu.c",timeout=5)
    r.raise_for_status()
    r.encoding = r.apparent_encoding
    print(r.text)
except:
    print(" 发生异常 ")
```

运行结果是：

```
发生异常
```

18.3 实战：爬取百度图片

有时候我们需要搜索一些图片素材使用，我们常常用百度图片（https://image.baidu.com/）来搜索（图 18-6）。我们输入一个关键词，会得到与之匹配的很多结果，比如这里我们输入“狗”，就可以得到非常多的有关狗的图片（图 18-7）。当我们把页面往下滚动的时候，或者向下拖动页面最右侧的滚动条时，页面下面会自动加载新的图片。这使用的是 AJAX 异步技术，有兴趣的可以自己去了解，这里不多介绍。

图 18-6

图 18-7

可是这里有一个问题，如果我需要下载大量结果，那么一个一个用右击“图片另存为”的话会非常慢。那怎么办呢？这时候我们就可以用爬虫来解决。

下面我们就通过编写一个百度图片爬虫程序的案例来给大家讲解如何制作爬虫。

首先要知道，我们要下载的只是搜索结果中的图片，而这个网页中包含的数据可不仅仅是图片。我们之前爬取百度首页的时候大家也看到了，除了我们实际在浏览器中看到的那些文字和图片，实际用 get 方法获取到的内容是整个页面的信息。因此就需要我们进行网页分析，筛选出有用的部分。

以我们使用的 Chrome 浏览器为例，有一个非常好用的功能叫作“开发者工具”，可以在下图所示位置找到，如图 18-8 所示。

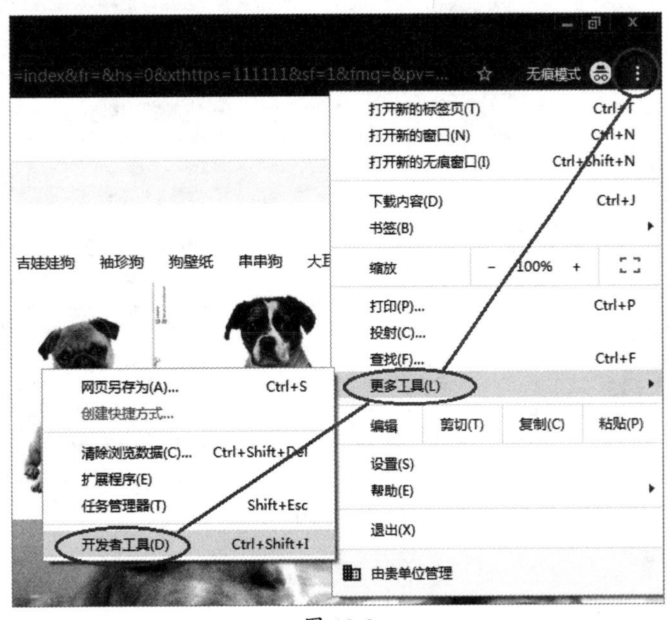

图 18-8

打开开发者工具以后，你会发现网页分成了两个部分，左侧是原来的网页，而右侧就是我们的开发者工具，如图 18-9 所示。

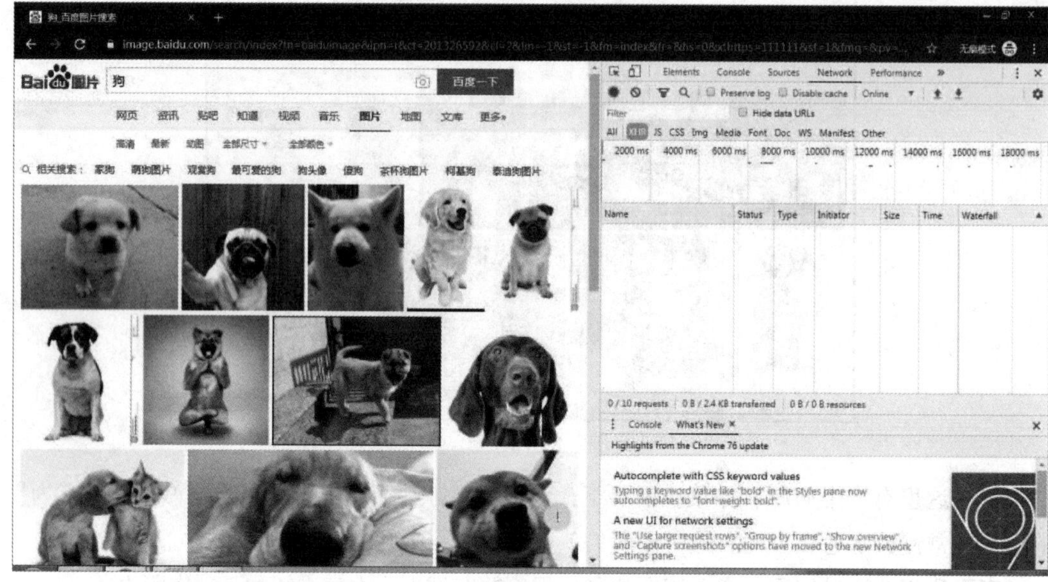

图 18-9

我们主要要使用开发者工具分析网页中的图片信息，找到它们的共同之处，从而为批量下载做准备。这里我们下拉网页的滚动条，会发现页面不断加载新的内容，同时在开发者工具中的“Network”—“XHR”—“Name”这个位置看到不断有数据增加，如图 18-10 所示。

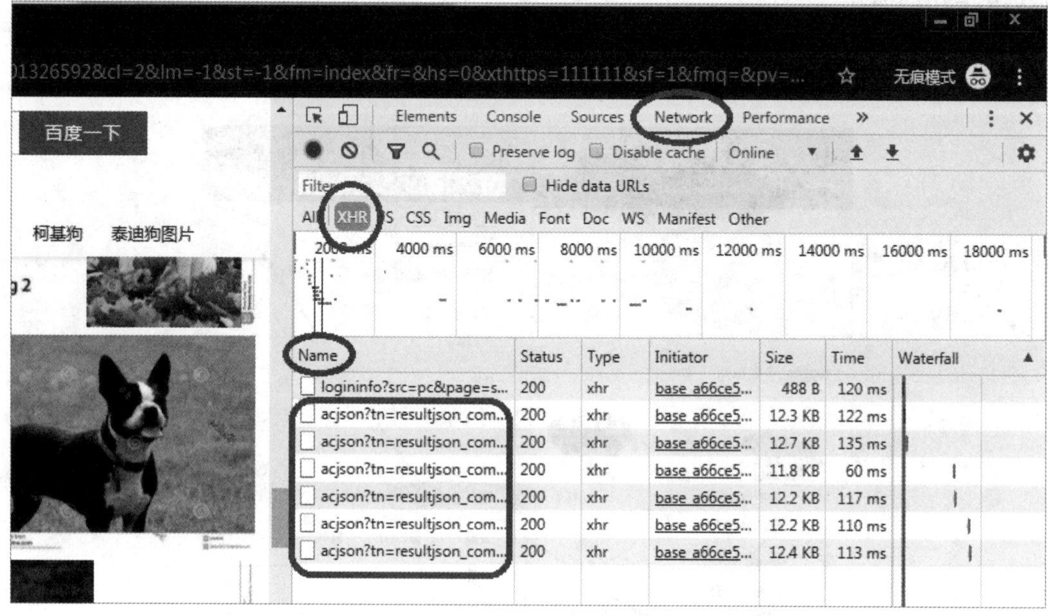

图 18-10

我们单击其中一个，在右侧会打开一个包含 headers 等信息的区域，如图 18-11 所示。

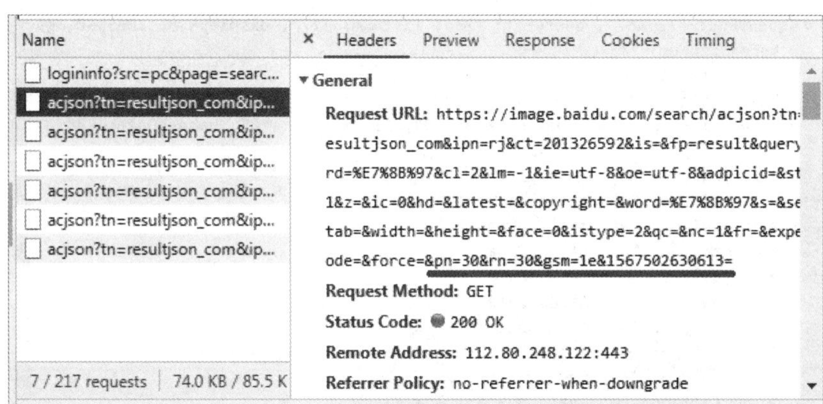

图 18-11

我们对比这一列数据的 Headers 信息就可以发现，Request URL 中的前面大部分都是一样的，其中有所变化的就是最后面的 pn、rn 等几个字段的数值。其实，这其中的 pn 代表的就是图片数，因为每页有 30 张图片，因此 30 表示第一页，60 表示加载的第二页，90 表示加载的第三页，以此类推。我们刚才下拉了六个页面，因此左边有六条 acjson 数据，它们的 Headers 的 pn 字段值分别是 30、60、90、120、150、180。

然后我们打开 Headers 右边的 Preview，可以看到下面有 data 这一项，如图 18-12 所示。

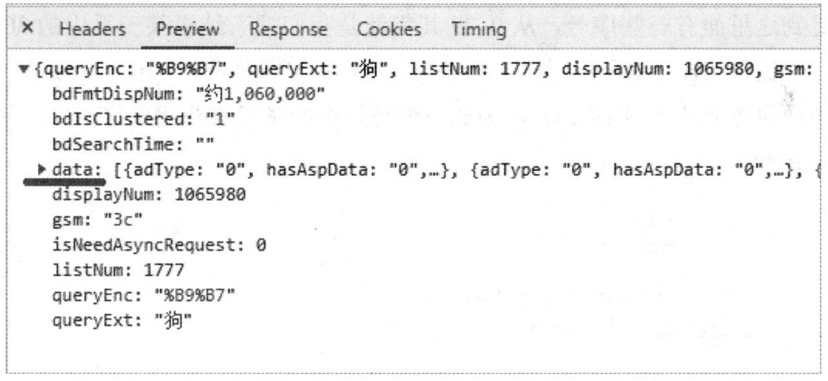

图 18-12

我们单击 data 左边的小三角，把它展开，如图 18-13 所示。

```
× Headers Preview Response Cookies Timing
▼{queryEnc: "%B9%B7", queryExt: "狗", listNum: 1777, displayNum: 1065980, gs
  bdFmtDispNum: "约1,060,000"
  bdIsClustered: "1"
  bdSearchTime: ""
 ▼data: [{adType: "0", hasAspData: "0",…}, {adType: "0", hasAspData: "0",…}
   ▶0: {adType: "0", hasAspData: "0",…}
   ▶1: {adType: "0", hasAspData: "0",…}
   ▶2: {adType: "0", hasAspData: "0",…}
   ▶3: {adType: "0", hasAspData: "0",…}
   ▶4: {adType: "0", hasAspData: "0",…}
   ▶5: {adType: "0", hasAspData: "0",…}
   ▶6: {adType: "0", hasAspData: "0",…}
   ▶7: {adType: "0", hasAspData: "0",…}
   ▶8: {adType: "0", hasAspData: "0",…}
   ▶9: {adType: "0", hasAspData: "0",…}
   ▶10: {adType: "0", hasAspData: "0",…}
   ▶11: {adType: "0", hasAspData: "0",…}
   ▶12: {adType: "0", hasAspData: "0",…}
   ▶13: {adType: "0", hasAspData: "0",…}
   ▶14: {adType: "0", hasAspData: "0",…}
   ▶15: {adType: "0", hasAspData: "0",…}
   ▶16: {adType: "0", hasAspData: "0",…}
   ▶17: {adType: "0", hasAspData: "0",…}
   ▶18: {adType: "0", hasAspData: "0",…}
   ▶19: {adType: "0", hasAspData: "0",…}
   ▶20: {adType: "0", hasAspData: "0",…}
   ▶21: {adType: "0", hasAspData: "0",…}
```


图 18-13

我们看到这里面有一些序号，从 0~29 其实就是我们搜索结果某一页中的 30 个图片的数据。然后，我们打开其中一个，比如标号为 0 的，找到里面有一项叫做 thumbURL，这项后面就是图片的源地址（图 18-14），因此我们写爬虫的时候就要找到这一项，从这里面的 URL 中下载图片。


```
× Headers Preview Response Cookies Timing
      spn: 0
      strategyAssessment: "534690_0_0_0"
      thumbURL: "https://ss1.bdstatic.com/70cFuXSh_Q1YnxGkpoWK1HF6hhy/it/u=
      token: ""
      type: "jpg"
      width: 600
      xiangshi_info: null
   ▶1: {adType: "0", hasAspData: "0",…}
   ▶2: {adType: "0", hasAspData: "0",…}
   ▶3: {adType: "0", hasAspData: "0",…}
   ▶4: {adType: "0", hasAspData: "0",…}
   ▶5: {adType: "0", hasAspData: "0",…}
   ▶6: {adType: "0", hasAspData: "0",…}
   ▶7: {adType: "0", hasAspData: "0",…}
```


图 18-14

这样我们就知道了，网页中的每个图片的 data-thumurl 后面对应的就是图片的源文件链接，我们就可以抓取出来用于下载保存图片。

好了，上面的分析过程就是我们编写爬虫之前的准备工作，把这些信息弄明白以后我们就可以开始动手写代码了。另外，本程序中除了 requests 库还用到了我们之前讲过的 re 模块和 os 模块等，大家可以回顾一下之前讲过的用法。

在这里，我们先整理一下整个程序的思路。首先，我们要导入用到的几个库，然后我们要分别定义几个函数来实现不同的功能。一个函数用来获取页面的内容，一个函数用来提取图片的真实地址，一个函数用来获取图片的二进制数据，一个函数用来把图片的二进制数据保存下来。最后再定义一个主函数来让用户输入想要爬取的关键字等内容。最后运行主函数即可。

代码如下：

```
import requests
import re
import os
import urllib.parse


# 定义获取页面内容的函数
def get_page_html(page_url):
    headers = {
        'Referer': 'https://image.baidu.com/search/index?tn=baiduimage',
        'User-Agent': 'Mozilla/5.0'
    }
    try:
        r = requests.get(page_url, headers=headers)
        if r.status_code == 200:
            r.encoding = r.apparent_encoding
            return r.text
        else:
            print('请求失败')
    except Exception as e:
        print(e)


# 定义提取出图片地址的函数
def parse_result(text):
    url_real = re.findall('"thumbURL":"(.*?)",', text)
    return url_real


# 定义获取图片的二进制数据的函数
def get_image_content(url_real):
    headers = {
        'Referer': url_real,
        'User-Agent': 'Mozilla/5.0'
    }
    try:
        r = requests.get(url_real, headers=headers)
        if r.status_code == 200:
            r.encoding = r.apparent_encoding
            return r.content
        else:
            print('请求失败')
    except Exception as e:
        print(e)


# 定义将图片数据保存到文件夹的函数
def save_pic(url_real, content):
    root = 'E://dogs//'
    path = root + url_real.split('/')[-1]
    if not os.path.exists(root):
```

```
            os.mkdir(root)
        if not os.path.exists(path):
            with open(path, 'wb') as f:
                f.write(content)
                print('图片{}已保存为{}'.format(url_real, path))
        else:
            pass


# 定义主函数
def main():
    keyword = input('请输入你要搜索图片的关键字：')
    keyword_quote = urllib.parse.quote(keyword)
    depth = int(input("请输入你要爬取的图片页数(每页30张)："))
    for i in range(depth):
         url = 'https://image.baidu.com/search/acjson?tn=resultjson_com&ipn=rj&
ct=201326592&is=&fp=result&queryWord+=&cl=2&lm=-1&ie=utf-8&oe=utf-8&adpicid=&st=-
1&word={}&z=&ic=0&s=&se=&tab=&width=&height=&face=0&istype=2&qc=&nc=1&fr=&step_word
={}&pn={}&rn=30&gsm=1e&1541136876386='.format(
            keyword_quote, keyword_quote, i * 30)
        html = get_page_html(url)
        real_urls = parse_result(html)
        for real_url in real_urls:
            content = get_image_content(real_url)
            save_pic(real_url, content)
    print("本次爬取任务完成，共爬取了{}张关于{}的图片。".format(depth*30,keyword))


# 主函数入口
if __name__ == '__main__':
    main()
```

代码运行之后，我们输入需要的参数，比如这里我们搜索的关键字是“狗”，设置搜索页数是 1 页，回车，然后就会看到 IDLE 中会显示抓取信息，如图 18-15 所示。

```
请输入你要搜索图片的关键字：狗
请输入你要爬取的图片页数(每页30张)：1
图片https://ss0.bdstatic.com/70cFvHSh_Q1YnxGkpoWK1HF6hhy/it/u=224467989,12071516
07&fm=26&gp=0.jpg已保存为E://dogs//u=224467989,1207151607&fm=26&gp=0.jpg
图片https://ss1.bdstatic.com/70cFuXSh_Q1YnxGkpoWK1HF6hhy/it/u=4102470501,2532137
364&fm=26&gp=0.jpg已保存为E://dogs//u=4102470501,2532137364&fm=26&gp=0.jpg
图片https://ss1.bdstatic.com/70cFuXSh_Q1YnxGkpoWK1HF6hhy/it/u=39877231,103880165
8&fm=26&gp=0.jpg已保存为E://dogs//u=39877231,1038801658&fm=26&gp=0.jpg
图片https://ss3.bdstatic.com/70cFv8Sh_Q1YnxGkpoWK1HF6hhy/it/u=500473422,38674228
5&fm=26&gp=0.jpg已保存为E://dogs//u=500473422,386742285&fm=26&gp=0.jpg
图片https://ss1.bdstatic.com/70cFuXSh_Q1YnxGkpoWK1HF6hhy/it/u=1929015711,1699030
280&fm=26&gp=0.jpg已保存为E://dogs//u=1929015711,1699030280&fm=26&gp=0.jpg
图片https://ss3.bdstatic.com/70cFv8Sh_Q1YnxGkpoWK1HF6hhy/it/u=1612163289,7976984
28&fm=26&gp=0.jpg已保存为E://dogs//u=1612163289,797698428&fm=26&gp=0.jpg
图片https://ss1.bdstatic.com/70cFuXSh_Q1YnxGkpoWK1HF6hhy/it/u=524855294,38477432
11&fm=26&gp=0.jpg已保存为E://dogs//u=524855294,3847743211&fm=26&gp=0.jpg
图片https://ss2.bdstatic.com/70cFvnSh_Q1YnxGkpoWK1HF6hhy/it/u=19183668,409739048
6&fm=26&gp=0.jpg已保存为E://dogs//u=19183668,4097390486&fm=26&gp=0.jpg
图片https://ss0.bdstatic.com/70cFuHSh_Q1YnxGkpoWK1HF6hhy/it/u=2793097428,5027290
0&fm=26&gp=0.jpg已保存为E://dogs//u=2793097428,50272900&fm=26&gp=0.jpg
图片https://ss3.bdstatic.com/70cFv8Sh_Q1YnxGkpoWK1HF6hhy/it/u=2889644316,3203564
185&fm=26&gp=0.jpg已保存为E://dogs//u=2889644316,3203564185&fm=26&gp=0.jpg
```

图 18-15

抓取完所有图片之后，程序会显示提示信息：“本次爬取任务完成，共爬取了 30 张关于狗的图片。”如图 18-16 所示。

```
本次爬取任务完成，共爬取了30张关于狗的图片。
>>>
```

图 18-16

然后我们打开设置的保存图片的文件夹，就可以看到保存好的图片，如图 18-17 所示。

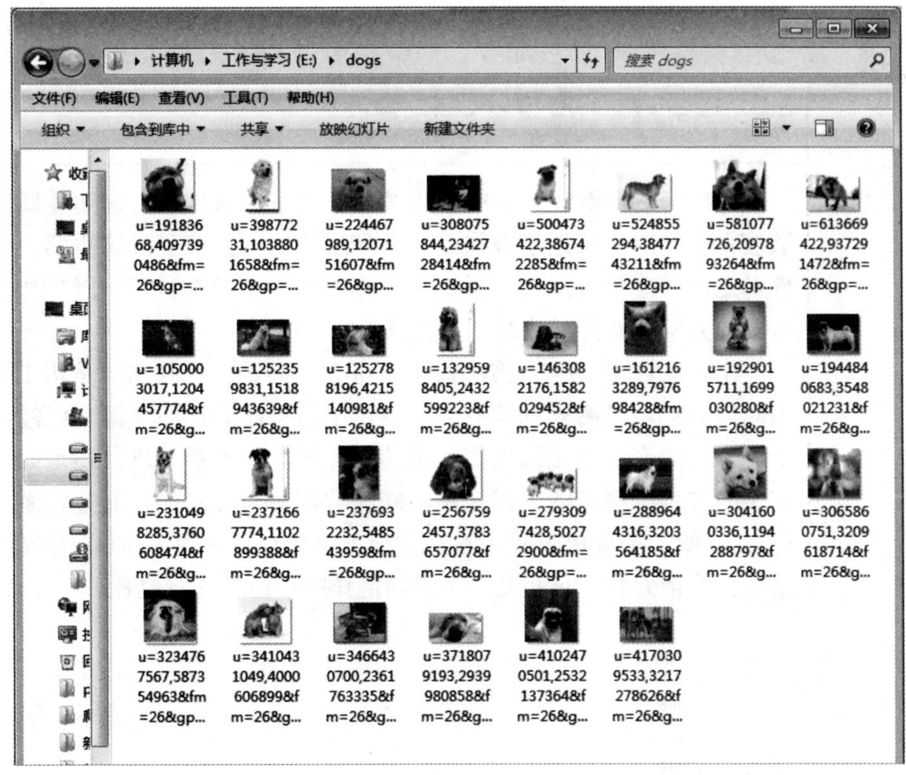

图 18-17

当然，当你运行这个程序的时候，由于百度图片搜索中的结果可能已经有所变动，因此你下载到的 30 张图片和这里并不会完全一样。怎么样，你已经学会从百度图片搜索中爬取搜索结果了吧？接下来不妨用这个程序爬取一些你想要的图片吧。

第 19 章 实战项目三：你的游戏你做主——小游戏开发

“抵制不良游戏，拒绝盗版游戏，注意自我保护，谨防受骗上当，适度游戏益脑，沉迷游戏伤身，合理安排时间，享受健康生活。”如果你对这段话感到很熟悉的话，说明你也是一个游戏玩家，因为如今很多游戏的开始界面都有这样一个提醒。

计算机（包括 PC 电脑和手机）非常重要的一个作用就是用于娱乐，因此从计算机发明初期就有人开发出了各种游戏，而今游戏已经成为一个非常大的产业。无论当年简单的贪吃蛇、俄罗斯方块，还是如今纷繁复杂的各种网络游戏，都是用不同的编程语言开发的。而开发游戏也是 Python 的一个应用领域。本章就给大家介绍一下用 Python 开发游戏的过程，并带大家一起开发一个耳熟能详的小游戏：贪吃蛇。

19.1 Pygame 库

Pygame 是一个专用于开发游戏的 Python 第三方库，安装和使用非常简单，Pygame 库在 SDL 库（Simple DirectMedia Layer，一款开源跨平台的多媒体开发库）的基础上提供了各种接口，我们借助 pygame 库可以非常方便地开发游戏。

19.1.1 Pygame 库简介

安装 Pygame 的时候我们只需要在命令行用 pip 命令即可：

```
pip install pygame
```

安装完成后，你可以在命令行下使用“python -m pygame.examples.aliens”来试用一下 pygame 自带的一个游戏案例，如图 19-1 所示。

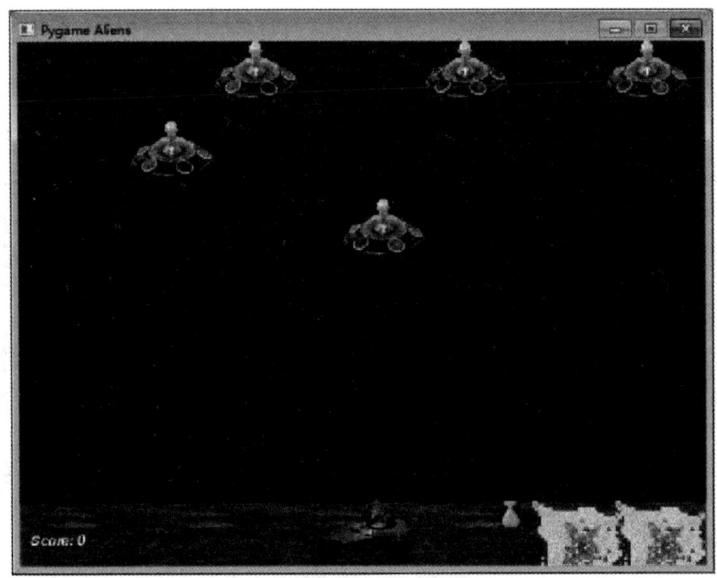

图 19-1

怎么样，好玩吗？你是不是也想自己开发一个游戏了？那我们就开始学习如何用 Pygame 库来制作吧。

在使用 Pygame 编写游戏时，同样要先用 import 语句导入。

```
import pygame
```

其实安装和导入对于每个第三方模块都是基本知识，而且操作几乎一样，这里就不赘述了。

我们在代码头部导入 Pygame 模块之后，在具体使用 Pygame 中的功能之前，需要先调用一个初始化的方法：

```
pygame.init()
```

因为 Pygame 库中包含很多子模块，这个初始化的过程会检查各个子模块的完整性和可用性。正常情况下这里不会有什么问题，我们就不多介绍了。

除了 init() 方法，Pygame 库还有一些顶层方法，我们通过表 19-1 来总结一下。

表 19-1　Pygame 的其他顶层方法

方法	作用
pygame.init()	初始化并检查所有导入的 Pygame 模块
pygame.quit()	卸载所有导入的 Pygame 模块
pygame.error()	Pygame 异常模块
ygame.get_error()	获取当前错误信息
pygame.set_error()	设置当前错误信息
pygame.get_sdl_version()	获取 SDL 版本号
pygame.get_sdl_byteorder()	获取 SDL 字节顺序
pygame.register_quit()	注册一个函数，这个函数在 Pygame 退出时会被调用

续表

方法	作用
pygame.encode_string()	对 unicode 或字节对象进行编码
pygame.encode_file_path()	将 unicode 或字节对象编码为文件系统路径

在 pygame 中还有一个顶层模块是 pygame.locals，这个模块中包含了 pygame 定义的各种常量，我们可以使用"from pygame.locals import *"语句将所有的 pygame 常量导入，它的内容会被自动放入 pygame 模块的命名空间（namespace）中。

我们在设计游戏的时候还经常需要检测一些用户操作键盘、鼠标的事件和窗口事件，这些其实都是以常量的形式定义的，这里也总结一下，如表 19-2 所示。

表 19-2　设计游戏时要检测的事件及含义

事件	含义
pygame. KEYDOWN	键盘按下
pygame. KEYUP	键盘弹起
pygame. MOUSEBUTTONDOWN	鼠标按下
pygame. MOUSEBUTTONUP	鼠标弹起
pygame. MOUSEMOTION	鼠标移动
pygame.QUIT	窗口关闭
pygame. ESCAPE	按 Esc 键
pygame.K_UP	按方向键上↑
pygame. K_DOWN	按方向键下↓
pygame. K_LEFT	按方向键左←
pygame. K_RIGHT	按方向键右→

pygame 中提供了丰富的模块可以让开发者不需要考虑底层控制的有关细节，而是专注于游戏本身的设计。pygame 中的常用模块，如表 19-3 所示。

表 19-3　pygame 中的常用模块

模块	用途
pygame.display	有关显示的功能
pygame.surface	有关图像的功能
pygame.event	有关事件管理的功能
pygame.font	有关字体的功能
pygame.image	有关图片的功能
pygame.key	有关键盘的功能
pygame.mouse	有关鼠标的功能
pygame.rect	有关矩形区域的功能
pygame.movie	有关视频的功能
pygame.music	有关音频的功能

pygame 中的模块还有很多，下面我们详细介绍一下 pygame 库中常用的几个子模块及一些对象的属性和方法。

19.1.2　Display 模块

Display 模块主要用于生成窗口对象。这个模块中常用的几个方法有：

pygame.display.set_mode(resolution=(0,0),flags=0,depth=0)：这个方法用于创建一个窗口对象，其中参数 resolution 是一个元组形式，用于控制窗口的大小。可选参数 flags 和 depth 一般不需要设置。

pygame.display.set_caption(title)：这个方法用于设置窗口的标题。

下面我们演示一下如何用 display 模块生成一个游戏主窗口，代码如下：

```
import pygame

pygame.init()
mainwindow = pygame.display.set_mode((600,400))
pygame.display.set_caption("游戏主窗口")
```

实际上，我们常常把有关长宽、颜色等数值的数据单独拿出来存储到变量中，这样方便以后修改。因此代码可以改为：

```
import pygame

pygame.init()
size = (600,400)
mainwindow = pygame.display.set_mode(size)
pygame.display.set_caption("游戏主窗口")
```

代码运行之后，我们得到这样一个窗口，如图 19-2 所示。

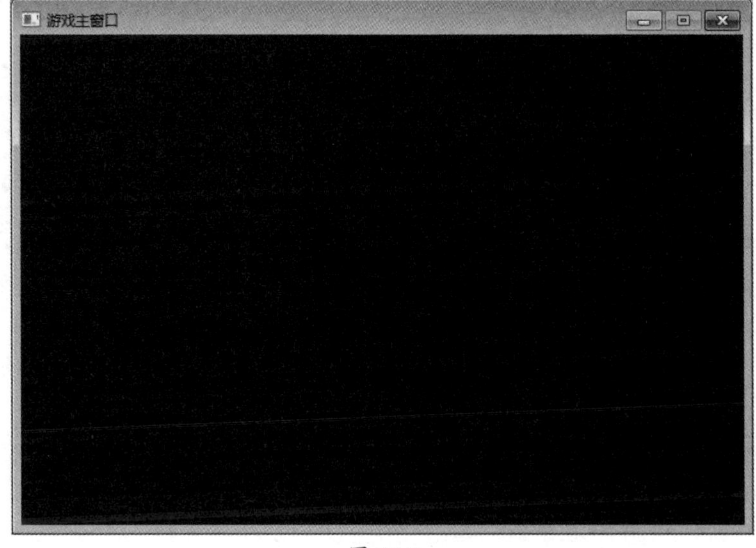

图 19-2

但是你会发现，我们单击右上角的关闭按钮并不能关闭这个窗口，这是因为我们没有设置处理相应操作的事件。在实际使用当中，我们需要让这个窗口对象进入一个事件检测的状态，保证窗口中的事件得到响应，比如关闭窗口。这里我们需要用到 sys 模块。因此我们这样修改一下代码：

```
import sys
import pygame

pygame.init()
size = (600,400)
mainwindow = pygame.display.set_mode(size)
pygame.display.set_caption(" 游戏主窗口 ")

while True:
    for event in pygame.event.get():
        if event.type == pygame.QUIT:
            pygame.quit()
            sys.exit()
```

这里我们增加了事件检测，用 while True 让窗口进入一个轮询的状态，当我们单击关闭窗口键后会触发一个事件 pygame.QUIT。我们获取事件类型并对比处理，当事件类型是 pygame.QUIT 的时候，就调用 pygame.quit() 方法退出 pygame，并用 sys.exit() 来退出程序关闭窗口。

19.1.3 Surface 模块

Surface 模块主要用于生成图形对象。

这个模块中常用的方法有 pygame.surface.blit(img,pos)，这个方法可以把一个图像对象绘制到窗口上。参数 img 表示要绘制的图像，参数 pos 用元组的形式表示绘制的最左上角那个点的位置，而窗口最左上角的坐标是 (0,0)。

比如我们要在前面创建的窗口中绘制一个图片，我们把这个图片保存在代码文件同级的文件夹中，名字是“test.png”。代码如下：

```
import sys
import pygame

pygame.init()
size = (600,400)
mainwindow = pygame.display.set_mode(size)
pygame.display.set_caption(" 游戏主窗口 ")

star = pygame.image.load("star.png")
starpos = (0,0)

while True:
    for event in pygame.event.get():
        if event.type == pygame.QUIT:
            pygame.quit()
            sys.exit()
    mainwindow.blit(star,starpos)
    pygame.display.flip()
```

代码运行之后，我们可以看到图片被绘制到了主窗口最左上角，如图 19-3 所示。

图 19-3

但是这里你可能也发现了一个问题，那就是这个图片背景颜色是白色的，而主窗口的背景颜色是黑色的，能不能把窗口的背景颜色改成和图片一样呢？当然是可以的。我们可以使用窗口对象的 fill 方法来填充颜色，代码修改如下：

```
import sys
import pygame

pygame.init()
size = (600,400)
back = (255,255,255)
mainwindow = pygame.display.set_mode(size)
pygame.display.set_caption(" 游戏主窗口 ")

star = pygame.image.load("star.png")
starpos = (0,0)

while True:
    for event in pygame.event.get():
        if event.type == pygame.QUIT:
            pygame.quit()
            sys.exit()
    mainwindow.fill(back)
    mainwindow.blit(star,starpos)
    pygame.display.flip()
```

运行之后显示如图 19-4 所示。

图 19-4

下面我们再来做一点调整，如果我们希望这个红星位于窗口的 C 位，也就是窗口的中央，该如何设置呢？首先我们已经知道窗口的大小，那我们如何知道图片的大小呢？这里可以使用图片对象的 get_size() 方法来获取，得到的是一个数组的形式。当我们知道了窗口的大小，图片的大小，那么用窗口长减去图片长，再除以 2，得到的就是图片横坐标的位置。同样，我们用窗口高减掉图片高，再除以 2，得到的就是图片纵坐标的位置。

代码如下：

```
import sys
import pygame

pygame.init()
size = (600,400)
back = (255,255,255)
mainwindow = pygame.display.set_mode(size)
pygame.display.set_caption(" 游戏主窗口 ")

star = pygame.image.load("star.png")
starsize = star.get_size()
starpos = ((size[0]-starsize[0])/2,(size[1]-starsize[1])/2)

while True:
    for event in pygame.event.get():
        if event.type == pygame.QUIT:
            pygame.quit()
            sys.exit()
    mainwindow.fill(back)
    mainwindow.blit(star,starpos)
    pygame.display.flip()
```

此时我们再运行代码，得到的就是如下结果，如图 19-5 所示。

图 19-5

在游戏中我们常常要用到键盘鼠标来控制游戏对象，比如这里我们想通过控制方向键来实现五角星的移动，该如何处理呢？思路很明确，那就是我们可以定义一个函数来监测键盘上方向键的动作，然后对应不同的动作来做出相应的位置变动，然后重新绘制图像。

比如我们这里要用键盘上的上、下、左、右四个方向键来控制五角星每次分别向上、下、左、右四个方向移动 10 个像素。代码如下：

```
import sys
import pygame

pygame.init()
size = (600,400)
back = (255,255,255)
mainwindow = pygame.display.set_mode(size)
pygame.display.set_caption(" 游戏主窗口 ")

star = pygame.image.load("star.png")
starsize = star.get_size()
starpos = ((size[0]-starsize[0])/2,(size[1]-starsize[1])/2)

def move():
    global starpos
    if event.key == pygame.K_UP:
        starpos = (starpos[0],starpos[1]-10)
    if event.key == pygame.K_DOWN:
        starpos = (starpos[0],starpos[1]+10)
    if event.key == pygame.K_LEFT:
        starpos = (starpos[0]-10,starpos[1])
    if event.key == pygame.K_RIGHT:
        starpos = (starpos[0]+10,starpos[1])

while True:
    for event in pygame.event.get():
        if event.type == pygame.QUIT:
            pygame.quit()
            sys.exit()
        elif event.type == pygame.KEYDOWN:
            move()
    mainwindow.fill(back)
    mainwindow.blit(star,starpos)
```

```
pygame.display.flip()
```

程序运行之后，当我们按下键盘上的上下左右按键，五角星就会跟随移动了。

19.1.4 图形对象的常用方法

前面我们提到了如何创建和绘制图形对象，实际在游戏开发中，我们常常需要让窗口中的各种图像进行移动。比方说我们上面的这个五角星，我们可以让它运动起来。首先要知道，我们使用图形对象的 get_rect 方法的时候，会返回一个 Rect 对象，这个对象有一个 move 方法，可以用来移动这个矩形图像。move 方法有两个参数，分别代表移动的 x 方向和 y 方向，都是以窗口对象的左上角为原点，向右是 x 方向，向下是 y 方向。

我们来试一下：

```
import sys
import pygame

pygame.init()
size = (600,400)
back = (255,255,255)
mainwindow = pygame.display.set_mode(size)
pygame.display.set_caption("游戏主窗口")

star = pygame.image.load("star.png")
starpos = star.get_rect()

while True:
    for event in pygame.event.get():
        if event.type == pygame.QUIT:
            pygame.quit()
            sys.exit()
    mainwindow.fill(back)
    mainwindow.blit(star,starpos)
    pygame.display.flip()
    starpos = starpos.move(1,1)
```

代码运行之后，我们看到这个五角星开始向右下方移动，而且最终移动到了窗口之外，如图 19-6 所示。

图 19-6

那么问题来了，如何让五角星保持在窗口内呢？让它像有弹性一样，碰到边缘可以改变方向继续在窗口内运动。这里我们可以用 Rect 对象的 left、right、top、bottom 属性来和窗口坐标进行比较，从而判断是否与窗口边缘接触，如果接触到，那么就通过改变 move 方法的参数来改变其运动方向。我们把代码修改如下：

```
import sys
import pygame

pygame.init()
size = (600,400)
back = (255,255,255)
mainwindow = pygame.display.set_mode(size)
pygame.display.set_caption(" 游戏主窗口 ")

star = pygame.image.load("star.png")
starpos = star.get_rect()
vx,vy = 1,1

while True:
    for event in pygame.event.get():
        if event.type == pygame.QUIT:
            pygame.quit()
            sys.exit()
    mainwindow.fill(back)
    mainwindow.blit(star,starpos)
    pygame.display.flip()
    starpos = starpos.move(vx,vy)
    if starpos.left<0 or starpos.right>600:
        vx = -vx
    if starpos.top<0 or starpos.bottom>400:
        vy = -vy
```

经过这样一番改造之后，我们再运行程序就会发现，五角星一直在窗口内运动，碰到窗口边缘会产生“反弹”的效果。在后面我们要讲的贪吃蛇游戏的例子中也将用类似的方法来判断贪吃蛇是否碰到了界面的边缘。

pygame 是一个功能比较强大也比较复杂的第三方库，由于篇幅所限，我们这里只是作一些简单的介绍和演示，如果大家有兴趣深入学习，可以到 pygame 的官方去查询相关文档，网址是：https://www.pygame.org/。

19.2　案例：制作一个贪吃蛇游戏

贪吃蛇游戏相信大家都玩过，我们通过方向键来控制一条“蛇”在屏幕上移动，吃掉屏幕上出现的“果子”，每吃一个果子就得 1 分，蛇的长度就会增加一点。如果蛇碰到了边界，那么游戏就结束了。无论你喜欢玩什么游戏，都应该非常痛恨那个界面：Game over！需要提醒一点，因为 pygame 目前对中文字体的支持不太好，因此我们写一些诸如“按任意键开始”、“游戏结束”之类的提示语言时要使用英文。

本节内容我们学习使用 pygame 库来制作一个贪吃蛇游戏（代码文件见配套资源：源文件 / 第 19 章 /snake_game.py）。

就像写一篇文章一样，我们动笔之前要构思一下这个游戏如何设计。

首先，我们需要用到 pygame 库，因此在最开始要导入 pygame 模块，我们还需要用到 random 模块来实现开局时蛇的位置和之后每个果子的位置是随机出现的，我们还需要 sys 模块来控制游戏的退出。另外，我们还要导入 pygame 的常量。因此我们代码的前两行就是这样:

```
import sys, pygame, random
from pygame.locals import *
```

接下来我们需要定义一些常量，比如游戏窗口的大小（这里我们设置宽度为 800 像素，高度为 600 像素）、单元格的大小（这里我们设置为边长 20 像素）、单元格的坐标位置（这里用窗口的长宽除以单元格边长）和游戏的刷新率（这里我们设置为每秒刷新 5 次）等。刷新率 FPS（Frames Per Second）可以控制游戏的速度，刷新率越高，游戏速度越快。这里我们定义为一个固定值 5，当然你也可以设置为让用户自己选择难度。

```
WINDOWWIDTH = 800
WINDOWHEIGHT = 600
CELLSIZE = 20
CELLWIDTH = int(WINDOWWIDTH / CELLSIZE)
CELLHEIGHT = int(WINDOWHEIGHT / CELLSIZE)
FPS = 5
```

在游戏中我们还需要用到不同的颜色，比如窗口背景颜色、蛇的颜色、果子的颜色等。我们之前学过，设置颜色需要用到元组格式的 RGB 数据。因此我们可以先把会用到的颜色定义为颜色元组，以便后面直接使用。比如这里我们定义了白色 WHITE、黑色 BLACK、红色 RED、绿色 GREEN、暗绿 DARKGREEN、暗灰 DARKGRAY 这几种常量，并把背景颜色 BGCOLOR 设置为黑色。

```
WHITE     = (255, 255, 255)
BLACK     = (  0,   0,   0)
RED       = (255,   0,   0)
GREEN     = (  0, 255,   0)
DARKGREEN = (  0, 135,   0)
DARKGRAY  = ( 60,  60,  60)
BGCOLOR = BLACK
```

在这个游戏中，我们主要用到四个键来控制，分别是上、下、左、右。这里我们也把它们定义为四个常量，分别是 UP、DOWN、LEFT、RIGHT。

```
UP = 'up'
DOWN = 'down'
LEFT = 'left'
RIGHT = 'right'
```

接下来我们开始写游戏的主函数。我们会使用几个常量来存储某些内容，因此用 global 声明一下。然后我们用 pygame.init() 来初始化 pygame 模块，接下来给这几个常量赋值。然后我们构建游戏窗口，设置其大小（这里的大小我们在前面已经定义过常量）、字体（freesansbold.ttf 是 pygame 自带的字体）、标题（这里我们设置为“贪吃蛇游戏 - Python 版”），并且添加了背景音乐（音乐素材见配套资源：源文件 / 第 19 章 /bgm.mp3）。在主函数中我们还要定义一个界面函数，这里面包括两部分，一是开始游戏时调用的函数，二是游戏结束时调用的函数。

```
# 定义主函数
def main():
    global FPSCLOCK, DISPLAYSURF, BASICFONT
```

```
    # 进行初始化
    pygame.init()
    FPSCLOCK = pygame.time.Clock()
    DISPLAYSURF = pygame.display.set_mode((WINDOWWIDTH, WINDOWHEIGHT))
    BASICFONT = pygame.font.Font('freesansbold.ttf', 24)
    pygame.display.set_caption('贪吃蛇游戏 - Python版')
    pygame.mixer.music.load('bgm.mp3')
    pygame.mixer.music.play(-1)

# 定义界面函数，用于开始和结束。
    showStartScreen()
    while True:
        runGame()
        showGameOverScreen()
```

接下来我们实现游戏中最主要的部分，定义游戏的运行规则和操作有关的函数。首先要定义一个蛇的起点。这里要用到 random 模块给蛇设置一个起点坐标，并且要注意起点不能太靠近边界，以免一开始就撞到边界导致游戏结束。因此我们设置了一个范围。另外，这里我们设定蛇一“出场”有三个格子那么长，因此要给蛇设定一组坐标列表，表示其每一段的位置。然后我们定义其起始方向为之前设定的常量 RIGHT，让它默认初始向右移动。当然我们也要给出现的果子随机定义一个位置。这里我们使用一个函数，在后面会再进行定义。我们还要通过一个 while 循环来实现键盘事件的监听，还要通过一些自定义函数来实现具体的功能。这些函数都将在后面部分逐一来定义。

```
def runGame():
    # 设置一个随机的起始点
    startx = random.randint(5, CELLWIDTH - 6)
    starty = random.randint(5, CELLHEIGHT - 6)
    # 设置蛇的坐标列表（开始由三个格子组成）
    snakeCoords = [{'x': startx, 'y': starty},
                   {'x': startx - 1, 'y': starty},
                   {'x': startx - 2, 'y': starty}]
    # 默认蛇的初始方向是向右
    direction = RIGHT
    # 果子的随机位置
    apple = getRandomLocation()

    while True:
        for event in pygame.event.get():
            # 如果用户关闭退出
            if event.type == QUIT:
                terminate()
            # 如果用户按方向键，根据按键改变方向值
            elif event.type == KEYDOWN:
                if event.key == K_LEFT and direction != RIGHT:
                    direction = LEFT
                elif event.key == K_RIGHT and direction != LEFT:
                    direction = RIGHT
                elif event.key == K_UP and direction != DOWN:
                    direction = UP
                elif event.key == K_DOWN and direction != UP:
                    direction = DOWN
                elif event.key == K_ESCAPE:
                    terminate()

        # 判断蛇的头是否碰到了边界
        if snakeCoords[0]['x'] == -1 or snakeCoords[0]['x'] == CELLWIDTH or 
snakeCoords[0]['y'] == -1 or snakeCoords[0]['y'] == CELLHEIGHT:
```

```
            return
        for snakeBody in snakeCoords[1:]:
            if snakeBody['x'] == snakeCoords[0]['x'] and snakeBody['y'] ==
snakeCoords[0]['y']:
                return

        # 判断蛇是否碰到了果子
        if snakeCoords[0]['x'] == apple['x'] and snakeCoords[0]['y'] == apple['y']:
            apple = getRandomLocation()
        else:
            del snakeCoords[-1]

        # 根据方向值控制蛇的前进方向
        if direction == UP:
            newHead = {'x': snakeCoords[0]['x'], 'y': snakeCoords[0]['y'] - 1}
        elif direction == DOWN:
            newHead = {'x': snakeCoords[0]['x'], 'y': snakeCoords[0]['y'] + 1}
        elif direction == LEFT:
            newHead = {'x': snakeCoords[0]['x'] - 1, 'y': snakeCoords[0]['y']}
        elif direction == RIGHT:
            newHead = {'x': snakeCoords[0]['x'] + 1, 'y': snakeCoords[0]['y']}

        # 蛇碰到果子后，蛇头就增加一格，然后重新绘制界面。
        snakeCoords.insert(0, newHead)
        DISPLAYSURF.fill(BGCOLOR)
        drawGrid()
        drawSnake(snakeCoords)
        drawApple(apple)
        drawScore(len(snakeCoords) - 3)
        pygame.display.update()
        FPSCLOCK.tick(FPS)
```

在上面游戏运行的主函数中我们还使用到了很多函数来实现具体的功能，下面我们逐一定义这些函数。

定义开始游戏和重新开始游戏界面提示函数（按任意键开始）：

```
def drawPressKeyMsg():
    pressKeySurf = BASICFONT.render('Press any key to start', True, GREEN)
    pressKeyRect = pressKeySurf.get_rect()
    pressKeyRect.topleft = (WINDOWWIDTH/2 - 120, WINDOWHEIGHT/2 + 120)
    DISPLAYSURF.blit(pressKeySurf, pressKeyRect)
```

定义果子的随机位置函数：

```
def getRandomLocation():
      return {'x': random.randint(0, CELLWIDTH - 1), 'y': random.randint(0,
CELLHEIGHT - 1)}
```

定义判断按键的函数：

```
def checkForKeyPress():
    if len(pygame.event.get(QUIT)) > 0:
        terminate()

    keyUpEvents = pygame.event.get(KEYUP)
    if len(keyUpEvents) == 0:
        return None
    if keyUpEvents[0].key == K_ESCAPE:
        terminate()
    return keyUpEvents[0].key
```

定义游戏开始界面的函数：

```
def showStartScreen():
    while True:
        drawPressKeyMsg()

        if checkForKeyPress():
            pygame.event.get()
            return
        pygame.display.update()
        FPSCLOCK.tick(FPS)
```

定义退出游戏的函数：

```
def terminate():
    pygame.quit()
    sys.exit()
```

定义游戏结束界面的函数：

```
def showGameOverScreen():
    gameOverFont = pygame.font.Font('freesansbold.ttf', 200)
    gameSurf = gameOverFont.render('Game', True, RED)
    overSurf = gameOverFont.render('Over', True, RED)
    gameRect = gameSurf.get_rect()
    overRect = overSurf.get_rect()
    gameRect.midtop = (WINDOWWIDTH / 2, 10)
    overRect.midtop = (WINDOWWIDTH / 2, gameRect.height + 40)

    DISPLAYSURF.blit(gameSurf, gameRect)
    DISPLAYSURF.blit(overSurf, overRect)
    drawPressKeyMsg()
    pygame.display.update()
    pygame.time.wait(500)
    checkForKeyPress()

    while True:
        if checkForKeyPress():
            pygame.event.get()
            return
```

定义显示分数的函数：

```
def drawScore(score):
    scoreSurf = BASICFONT.render('Score: %s' % (score), True, WHITE)
    scoreRect = scoreSurf.get_rect()
    scoreRect.topleft = (WINDOWWIDTH - 120, 10)
    DISPLAYSURF.blit(scoreSurf, scoreRect)
```

定义绘制贪吃蛇的函数：

```
def drawSnake(snakeCoords):
    for coord in snakeCoords:
        x = coord['x'] * CELLSIZE
        y = coord['y'] * CELLSIZE
        snakeSegmentRect = pygame.Rect(x, y, CELLSIZE, CELLSIZE)
        pygame.draw.rect(DISPLAYSURF, DARKGREEN, snakeSegmentRect)
        snakeInnerSegmentRect = pygame.Rect(x + 4, y + 4, CELLSIZE - 8, CELLSIZE - 8)
        pygame.draw.rect(DISPLAYSURF, GREEN, snakeInnerSegmentRect)
```

定义绘制果子的函数：

```
def drawApple(coord):
    x = coord['x'] * CELLSIZE
    y = coord['y'] * CELLSIZE
    appleRect = pygame.Rect(x, y, CELLSIZE, CELLSIZE)
    pygame.draw.rect(DISPLAYSURF, RED, appleRect)
```

定义画格子的函数：

```
def drawGrid():
    for x in range(0, WINDOWWIDTH, CELLSIZE):
        pygame.draw.line(DISPLAYSURF, DARKGRAY, (x, 0), (x, WINDOWHEIGHT))
    for y in range(0, WINDOWHEIGHT, CELLSIZE):
        pygame.draw.line(DISPLAYSURF, DARKGRAY, (0, y), (WINDOWWIDTH, y))
```

到此，程序基本完成。最后，我们再做一个主函数入口：

```
if __name__ == '__main__':
    main()
```

写完代码并保存好文件后，我们在 cmd 命令行中使用 Python 命令运行文件，比如笔者在电脑中保存的位置是“D:\Program files\Python\test\test.py”。因此我使用如下命令运行：

```
python "D:\Program files\Python\test\test.py"
```

运行之后显示出游戏窗口，如图 19-7 所示。

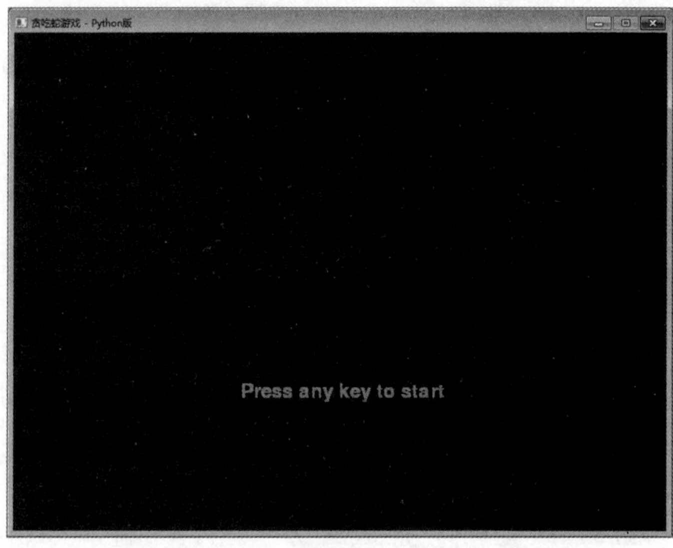

图 19-7

右下角提示我们按任意键开始（Press any key to start）。因此，我们不妨就按一下空格键，游戏开始，如图 19-8 所示。

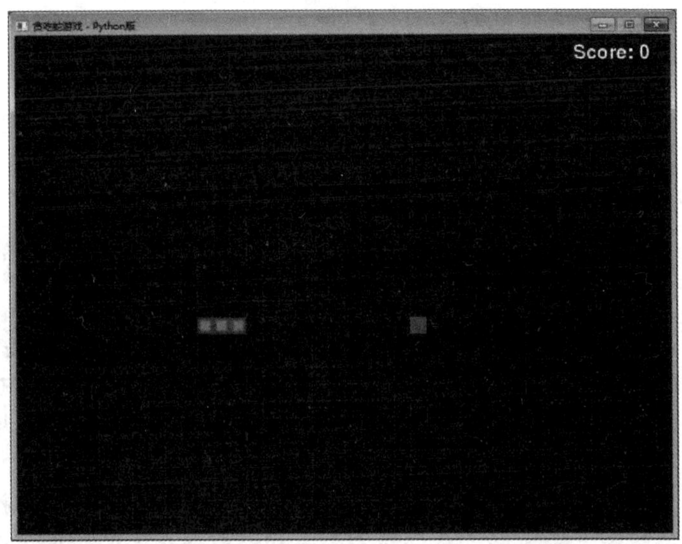

图 19-8

我们可以通过方向键控制蛇的走向，每吃一个红色方块蛇的长度就增加一格。如果碰到了边界，游戏就结束了（显示一个大大的“Game Over”）。然后右下角提示我们可以按空格键重新开始，或者单击右上角的关闭按钮退出游戏，如图 19-9 所示。

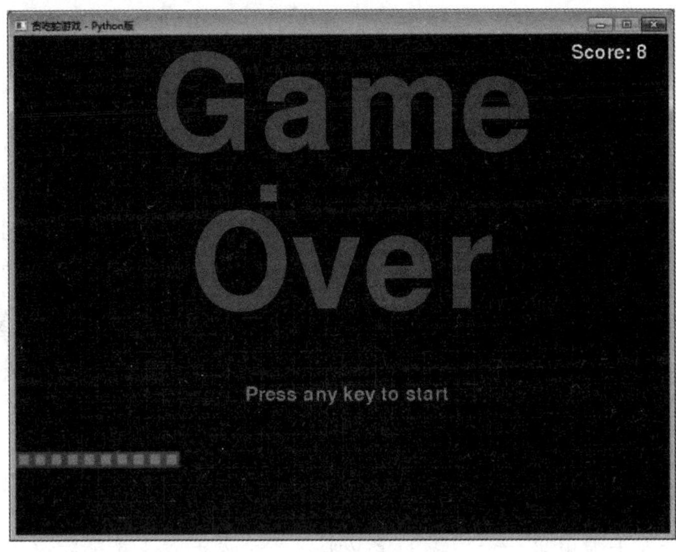

图 19-9

这里我是故意只得了 8 分就急于给这个“Game Over”的界面截图，绝不是我的实力只能拿 8 分。但我知道，这个难度你玩得肯定不够刺激。没关系，试着把 FPS 调整为 10、20、甚至 30，你再试试……

第 20 章 实战项目四：确认过眼神，我遇见对的人——AI 人脸识别

人工智能（Artificial Intelligence，AI）是近年来非常热门的一个词语，人工智能也是 Python 的一个重要应用领域，而人脸识别则是人工智能领域中的一个重要方向。其实，人脸识别技术本身是非常复杂的，需要庞大的数据支持，我们个人并没有那么多的数据可以使用。但是，我们可以使用某些大公司、大平台提供的一些人工智能接口来完成人脸识别的应用。本章就给大家介绍一下人工智能的有关知识，并实践一下如何利用平台接口来做一个人脸识别的项目。

20.1 人工智能简介

1956 年，约翰·麦卡锡（John McCarthy，因在人工智能领域的贡献而在 1971 年获得图灵奖，有人称其为“人工智能之父”）、克劳德·香农（Claude Shannon，信息论的创始人）等一批年轻科学家在达特矛斯学院开会，一起共同研究和探讨用机器模拟智能的一系列有关问题，并首次提出了“人工智能”这一术语。如今，人工智能已经发展成一门复杂的交叉学科。复杂到什么程度呢？复杂到人们对它都难以下一个准确的定义……

早期，比如麦卡锡对人工智能定义为“人工智能就是要让机器的行为看起来就像是人所表现出的智能行为一样。”嗯，这个定义可以说是非常模糊了。其实对于“人工智能”这个词的定义非常多，有简洁的，有复杂的，有较为现实的，也有非常科幻的，但至今仍然都比较模糊。那笔者个人干脆也来一个模糊的定义吧，我个人把人工智能定义为：由人类设计制造的、能独立实现真实人类智能所能完成的工作的一种智能系统。

其实“人工”这两个字比较容易理解，那就是由人类设计制造的。而对于“智能”，虽然很明显指的是像人类一样的智能，但是对于“智能”本身的定义则各有各的说法。比如计算机领域的先驱阿兰图灵（Alan Turing，也有人称其为“人工智能之父”，如图 20-1 所示）曾经在 1950 年发表的一篇论文《计算机器与智能》中提出一个测试方法（后人称之为“图灵测试”）， 指测试者与被测试的机器在完全隔开的情况下，通过装置（如键盘）向被测试机器随意提问，进行多次测试后，如果被测试的机器能平均让每个参与测试者做出超过 30%

的误判，那么这台机器就通过了测试，就可以被认为具有人类智能。

图 20-1

显然当时图灵所谓的智能指的是从“聊天”的角度来判断机器的智能程度。现如今借助大数据和高端装备制造技术所发展出的人工智能技术已经广泛地应用在各行各业。比如大到医疗领域的智能诊断、安全领域的人脸识别、交通领域的智能交通控制系统，小到智能美颜相机、智能推荐系统、智能客服机器人等。

2016 年 3 月，由谷歌公司开发的智能程序阿尔法围棋（AlphaGo，如图 20-2 所示）与围棋世界冠军、职业九段棋手李世石进行围棋人机大战，最终以 4 比 1 的总比分获胜，震惊世界。因为围棋非常复杂，一直以来被很多人认为是计算机无法完全突破的一个领域，而今基本可以说没有什么“棋”能难倒人工智能了，人工智能甚至已经开始进入电子竞技领域了。

AlphaGo

图 20-2

AlphaGo 使用的核心技术是深度学习（Deep Learning），深度学习是让计算机程序学习大量样本数据的内在规律和表示层次，最终目标是让机器能够像人一样具有分析学习能力，能够识别文字、图像和声音等数据。深度学习属于机器学习（Machine Learning）领域中一个新的研究方向，机器学习专门研究计算机怎样模拟或实现人类的学习行为，以获取新的知识或技能，重新组织已有的知识结构使之不断改善自身的性能，最终实现人工智能。因此你可以这样理解深度学习、机器学习、人工智能之间的关系：深度学习是机器学习的一种方式，而机器学习是实现人工智能的一种途径。

谈到了人工智能，就不得不提大数据，因为如今的人工智能都是离不开大数据的支持的。我们前面提到过，作为实现人工智能的一个重要途径，机器学习需要非常多的数据来作为“学习资料”。比如我们要训练一个程序识别什么是狗、什么是猫，那就必须有大量的猫和狗的图片交给程序去看，让它看到足够多，总结各方面的特征，从而最终能通过各种特征的差异来实现判断猫和狗的能力。

20.2 开放平台与 API 接口

开放平台（Open Platform）是指某些公司或组织通过公开其应用程序编程接口（API）来使外部开发者充分共享其技术和数据资源而不改变其自身资源的一个共享性的系统。比如我们近些年常听说的百度开放平台、阿里开放平台、腾讯开放平台等，都是这样的系统。

开放平台的出现大大提高了开发者借助外部大数据和计算资源快速实现自己项目需要的功能与数据的效率。在当前这个大数据时代，每一个开发者都必须学会正确和充分使用各种开放平台的技能。尤其对于 Python 来说，我们已经知道 Python 有各种各样的官方库和第三方库，这是 Python 的一大优势。那么如今对于 Python 等各种主流编程语言来说，另一个优势就是有很多强大的开放平台可供利用。

使用了开放平台的程序和传统的独立程序之间的对比可以通过下面的图示来理解，如图 20-3 所示。

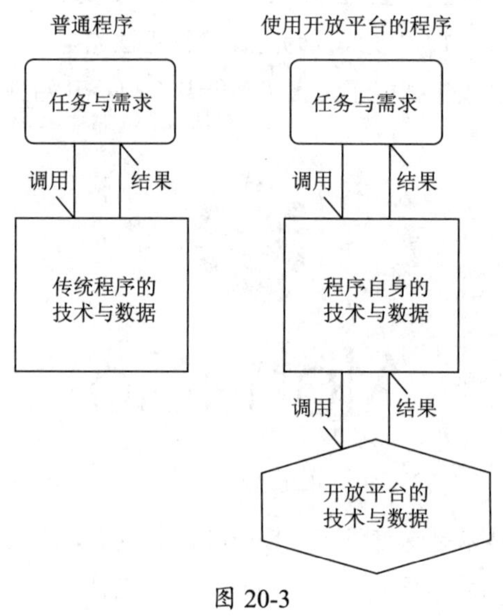

图 20-3

实际上，我们所使用的 Windows、Linux 等操作系统在一定程度上也可以说是开放平台，程序员可以通过其系统 API 来控制和调用各种系统级的资源。比如我们编写的程序要调用电脑上的摄像头，实际上这个过程就是我们通过程序调用操作系统的 API 来完成的。当然目前最重要也是最具潜力的开放平台应该说还是在网络上的各种开放平台。

开发者想要利用网络上的开放平台的资源，最重要的就是学会使用 API 接口（Application Programming Interface，应用程序编程接口）。如果把开放平台比喻成一个自动售货机，里面提供了各种各样的商品，那么 API 就相当于自动售货机上的各种接口和操作界面。你必须学会正确操作，才能得到自己想要的东西。而开放平台一般都会提供比较全面的 API 文档供开发者学习使用。比如我们后面要用到的百度的 AI 开放平台中的“视觉技术—人脸识别”接口就提供了一份官方文档，地址是：http://ai.baidu.com/docs#/Face-Detect-V3/top

在这份 API 的文档（v3 版）中具体介绍了其接口的功能、应用场景、调用方法、请求说明、错误码等各方面的内容，如图 20-4 所示。

图 20-4

需要提醒一点，一般来说使用某个网站的 API 就必须先注册一个帐号，因为在使用 API 的时候必须创建一个应用，获取相应的信息，这在我们要开发的程序中会用到。百度智能云平台的登录与注册网址是 https://login.bce.baidu.com/，如果你已经有百度账号可以直接用百度账号登录，没有的话也可以重新注册，如图 20-5 所示。

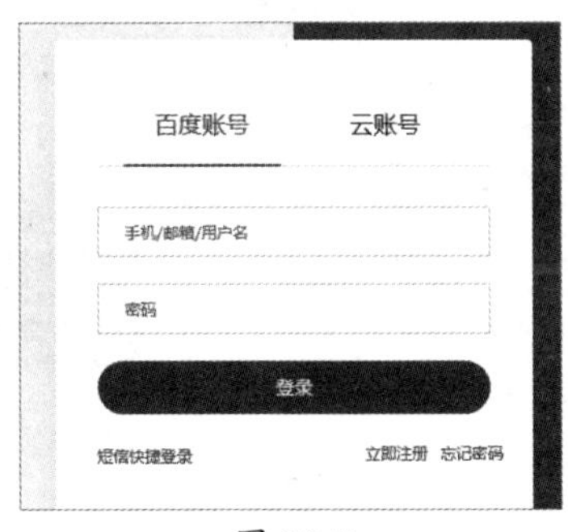

图 20-5

登录之后，我们在控制台页面左侧把鼠标放到“产品服务”上，在右侧展开的列表中再把鼠标放到“人工智能”上，然后在右侧展开的列表中找到“人脸识别”，单击该栏目，如图 20-6 所示。

图 20-6

然后就会打开“人脸识别”的“概览”页面，如图 20-7 所示。

图 20-7

我们单击“创建应用”按钮，就会进入“创建应用”页面，如图 20-8 所示。

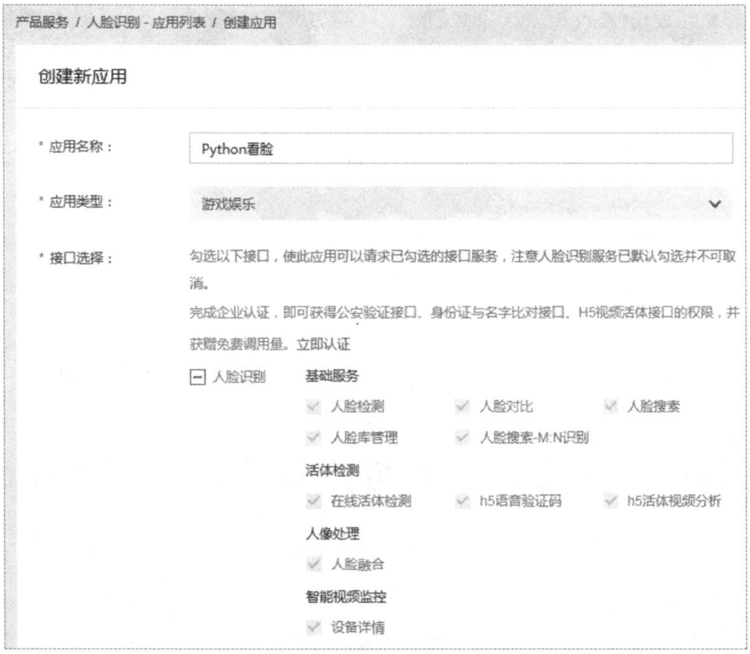

产品服务 / 人脸识别 - 应用列表 / 创建应用

创建新应用

* 应用名称：Python看脸

* 应用类型：游戏娱乐

* 接口选择：勾选以下接口，使此应用可以请求已勾选的接口服务，注意人脸识别服务已默认勾选并不可取消。

完成企业认证，即可获得公安验证接口、身份证与名字比对接口、H5视频活体接口的权限，并获赠免费调用量。立即认证

人脸识别　基础服务

人脸检测　人脸对比　人脸搜索

人脸库管理　人脸搜索-M:N识别

活体检测

在线活体检测　h5语音验证码　h5活体视频分析

人像处理

人脸融合

智能视频监控

设备详情

图 20-8

这里我们填写和选择一些必填必选项目，然后单击页面下方的“立即创建”按钮即可完成应用的创建，如图 20-9 所示。

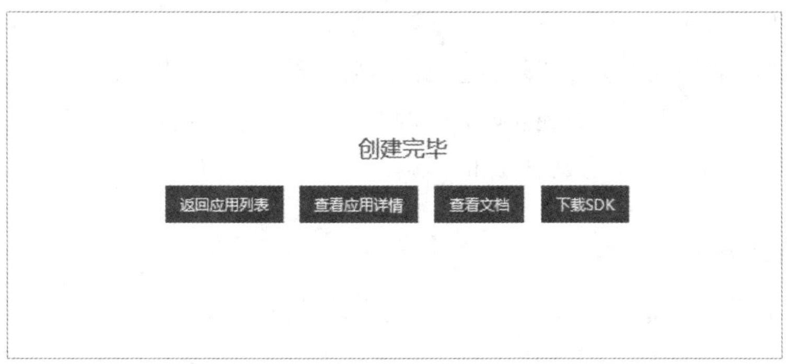

图 20-9

然后我们单击“查看应用详情”，如图 20-10 所示。

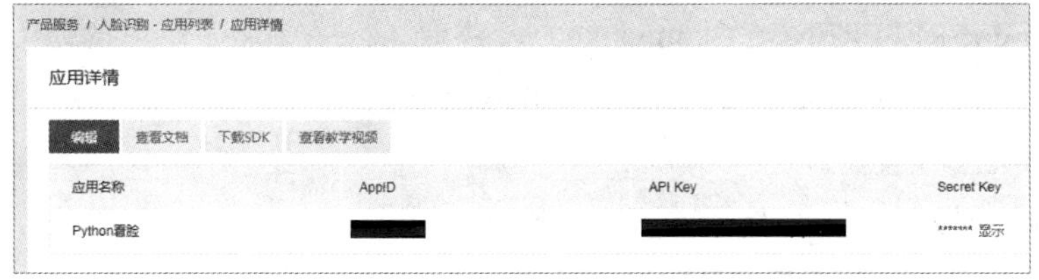

图 20-10

刚才我们做了那么多步骤，无非就是要获取图中的这几个信息，主要是 API Key 和 Secret Key，因此我们先把这些信息保存下来。

注意，这里的 Secret Key 默认是隐藏的，只需要单击“显示”就可以看到值，如图 20-11 所示。

图 20-11

后面我们将通过一个案例来让大家感受一下如何使用开放平台及其 API。

20.3 案例：一个人脸识别与打分项目——Python 看脸

上面我们介绍了百度的一个人脸识别 API，下面我们来通过这个 API 写一个程序。在这个看脸的时代，我们不妨写一个“看脸”程序，借助百度 API 来给脸打分。

首先我们通过阅读文档（http://ai.baidu.com/docs#/Face-Detect-V3/top），可以得知这个接口拥有如下一些功能：

人脸检测：检测图片中的人脸并标记出位置信息。

人脸关键点：展示人脸的核心关键点信息，及 150 个关键点信息。

人脸属性值：展示人脸属性信息，如年龄、性别等。

人脸质量信息：返回人脸各部分的遮挡、光照、模糊、完整度、置信度等信息。

要使用这些功能，我们就要遵守该 API 的调用方式。下面我们先介绍其中的几个之前没学过的知识点，然后再写一个人脸打分的程序。

20.3.1 Access Token

在古代，如果我们要进一个军事要地，那么入城门的时候就必须有一个令牌，用以表明我们的身份或权限。同样，当我们要通过接口来请求服务器处理有关数据，也首先要有一个通行证，这个通行证就是 Access Token，中文名可以叫“访问令牌”。

百度 API 开放平台使用 OAuth2.0 标准来授权调用开放 API（相关文档地址 http://ai.baidu.com/ai-doc/REFERENCE/Ck3dwjhhu），获取 Access Token 使用的是 URL 请求，向授权服务地址 https://aip.baidubce.com/oauth/2.0/token 发送有关数据（推荐使用 POST 方法），并在 URL 中带上以下参数：

grant_type：必须参数，固定为 client_credentials。

client_id：必须参数，应用的 API Key。

client_secret：必须参数，应用的 Secret Key。

还记得我们前面申请注册账号并建立应用以后得到了几个信息吗？没错，我们就要靠着几个信息来获取我们的令牌。在该 API 的文档中“调用方式”部分一开始就已经我们该如何使用这些信息来获取令牌，并且有各种编程语言的示例代码。我们来看一下其中对于 Python 的示例，如图 20-12 所示。

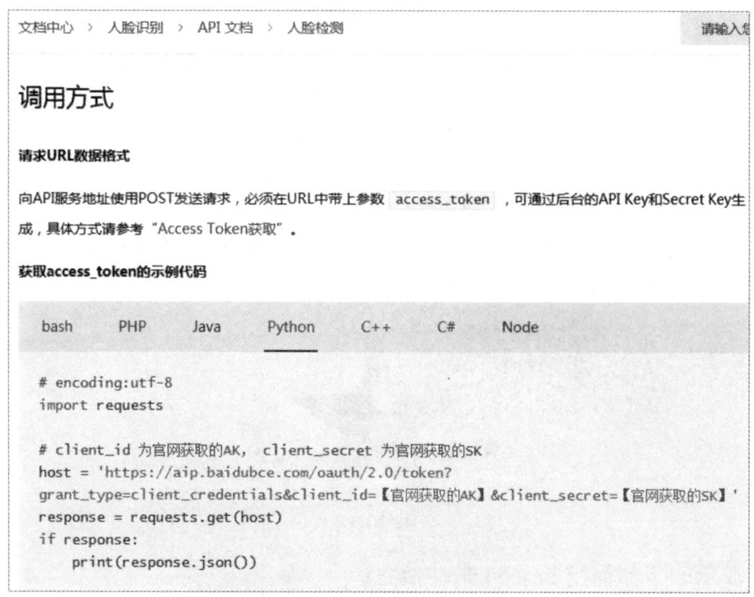


```
# encoding:utf-8
import requests

# client_id 为官网获取的AK， client_secret 为官网获取的SK
host = 'https://aip.baidubce.com/oauth/2.0/token?
grant_type=client_credentials&client_id=【官网获取的AK】&client_secret=【官网获取的SK】'
response = requests.get(host)
if response:
    print(response.json())
```

图 20-12

注意，这里面的【官网获取的 AK】和【官网获取的 SK】指的就是我们之前创建应用后得到的 API Key 和 Secret Key。另外，在这个示例中用到了 requests 库，我们在之前第 18 章中的 18.2 节中有过介绍。

下面我们把代码中的【官网获取的 AK】和【官网获取的 SK】替换为我们自己的 API Key 和 Secret Key，运行一下看一下效果，如图 20-13 所示。

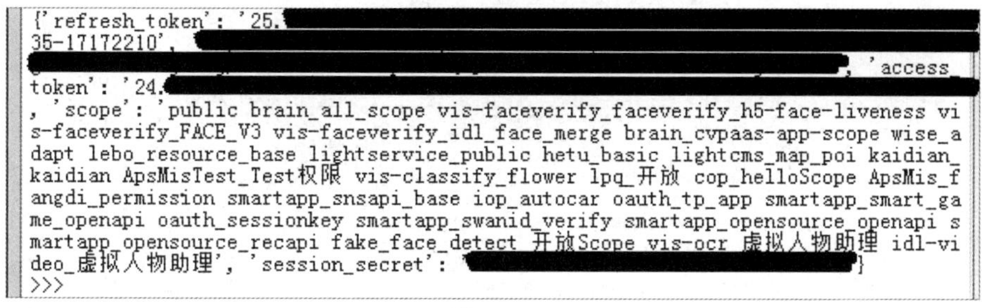

```
{'refresh_token': '25.
35-17172210',
                                                  'access_
token': '24.
, 'scope': 'public brain_all_scope vis-faceverify_faceverify_h5-face-liveness vi
s-faceverify_FACE_V3 vis-faceverify_idl_face_merge brain_cvpaas-app-scope wise_a
dapt lebo_resource_base lightservice_public hetu_basic lightcms_map_poi kaidian_
kaidian ApsMisTest_Test权限 vis-classify_flower lpq_开放 cop_helloScope ApsMis_f
angdi_permission smartapp_snsapi_base iop_autocar oauth_tp_app smartapp_smart_ga
me_openapi oauth_sessionkey smartapp_swanid_verify smartapp_opensource_openapi s
martapp_opensource_recapi fake_face_detect 开放Scope vis-ocr 虚拟人物助理 idl-vi
deo_虚拟人物助理', 'session_secret':                                          }
>>>
```

图 20-13

需要注意，为安全起见，在文档中也有提示：access_token 的有效期为 30 天，切记需要每 30 天进行定期更换，或者每次请求都拉取新 token。

20.3.2　Base64 编码

我们之前介绍过编码的概念，比如 ASCII、UTF-8 等，这里我们再介绍一下网络上最常见的用于传输 8 比特字节码的编码方式之一：Base64。Base64 是一种基于 64 个可打印字符来表示二进制数据的方法，可用于在 HTTP 环境下传递较长的标识信息。

我们之所以要介绍这种编码方法，是因为在百度人脸识别的 API 当中要求我们使用 Base64 编码。官方要求是这么说的：

请求的图片需经过 Base64 编码，图片的 base64 编码指将图片数据编码成一串字符串，使用该字符串代替图像地址。您可以首先得到图片的二进制，然后用 Base64 格式编码即可。

那么我们如何把一个图片转换成 Base64 编码格式呢？显然我们又要用到相关的库了。其实 Python 标准库中自带了一个名为“base64”的模块，我们只需要导入即可。下面我们演示一下如何使用 base64 模块来完成一个图片的转码。

第 19 章在讲 pygame 的时候用到了一个红色的五角星（图 20-14），名为 star.png，现在它存储的位置是“D:\Program Files\Python\test”。

图 20-14

下面我们演示一下如何用 base64 来转换它：

```
import base64

path = r"D:\Program Files\Python\test\star.png"
with open(path,'rb') as f:
    base64_data = base64.b64encode(f.read())
print(base64_data)
```

代码运行之后，我们看到一串长长的字符，如图 20-15 所示。

b'iVBORw0KGgoAAAANSUhEUgAAANcAAADHCAIAAAAFyVF5AAAAAAXNSR0IArs4c6QAAAARnQU1BAACxjw
v8YQUAAAAJcEhZcwAADsMAAA7DAcdvqGQAAAdTSURBVHhe7ZdJduQ2EAV9EC99/5v5DDIlfrWrfnEA0C
ETiHix6VckACZiof7rC6A1VAjtoUJoDxVCe6gQ2k0F0B4qhPZQ4Sn+/fufWf0bDkGFx/mTICGehAqPQ4
VXQYXHocKroMKDWIKz+g0qocKDWH+z+g0qocKDWH+z+g0qocIjWHyv6gmogQqPYOW9qiegBio8gpX3qp
6AGqiwGsvuUz0HxVBhNdbcp3o0iqHCaqy5T/UcFEOFdVhwa+ppKIMK67Da1tTTUAYV1mG1ramnoQwqrM
BS21bvQAFUWIF1tq3egQKosALrbFu9AwVQYSkWWY16E/agwlKssBL1JuxBhaVYYSXqTdiDCouwvMrV+7
AJFRZhbZWr92ETKizC2ipX78MmVLiPhVWrVoF1qHAfq6pWrQLrUOE+V1WtWgXWocIdLKljai1YgQp3sJ
60qbVgBSrcwXo6ptaCFahwC4vpjFoRlqDCLaykM2pFWIIIKt7CSzqgVYQkqXMUy0q/WhQ+ocBVr6LxaFz
6gwl1WsofNqXfiACpexgK5Sq8M7VLiM1X0VWh3eocJ1rrJ6r10rwDhUuY01cq/aAF6hwAevmWrUHvECFC1
g316o94AUqdCya09VO1bMHWon+IUKHSvmDrUT/EKFb1gu96HBLBGd1joGhQipsDxVSYXtGr9CCaKV0MypU6EE0UacZFSr0IJqo04
zK0BVaCm3VmYaECq0oMw0JFUZRxqScSu0CCKok40HFQZSJxuPTiq06xxHfX9y7qrQhoV9qNu9mq0K7Q
SIZ1RVS6xWaEsgnldtfUCF+Jxq6wMqx0dUWx/wdyE+pKpaY5wwrZEfFW1HCkwhnbG1F11H08wgk7BI6smjjEqQpn7D
Q4murgBBdUOGHHwnFUAee4psIZ0x92ry7+NFdWOGGnxF7VfV/ExRVO2HGxP3XT13F9hTN2buxD3e7V3F
XhhH0AZ1f3egM3VjhjX4IZ1V3exu0VTtgnYS51i3fyRIUT9mGYRd3fzTxU4Yx9IUZWd/YIj1Y4YZ+KMd
VtPcXTFc7YN2McdUPP0qbCCft4jKDu5nGaVThjU8CG6kpa0LjCCZsFPq9uoh3tK5ywoeCT6g6aEqLCGZ
sO3q3mHoBAFU7YmPA+NfEYxKpwxuaF16opRyJihRM20LxKzTcYQSucsPHheTXZeMStcMbmiMfUNKMSvc
IJGyjWqjkGJkGFMzZZLFGzC0+aCidsxLitppaBTBV02KBxTcO2KBxTcOrCckqnLGJ46uaUSpSVjhho8dZTSbWS
ucsTsYWU0kJ7krnLDLGFPNIi3pK5yxWxlKjSAzPVRotzKamkJmqDC9mkJmqDC9mkJm+N9JD2oWaaHCHt
Qs0kKFPahZpCV3hXYZI6uJ5IQK01ETyQkVdqImkhMq7ERNJCeJK7RrQM01IVTYj5pLQqiwHzWXhGSt0C
4AZzWdbFBhV2o62aDCrtR0spGyQhs9vqoZpYIKe1MzSgUV9qZmlAoq7FCNKQ/5KrSJ46eaVB6osEM1qT
xQYYdqUnlIVqGNG9fUvJJAhX2qeSWBCvtU80pCpgpt0LitppYBKuxWTSODVNitmloG01RoI8YSNbvwUG
HPanbhocJT6nDhjxccKjyuTvaL/RpBnSw8OSq04TZXx1rCnmyujhUbKqxWZ1rHnm+rzhQb6Dm3D3m
21Th0bBBXaWFup09RgK7RSpwkMFe6rcxzzFVntenSMwVLijDnEOW/NhdYjARK/QBvqk0sF12PpPqhNEhQ
qX1fZXY7s8praPChW62vh0bMcH1MZRocI3tev92L4PqI1DErpCm+0tastnsTPcqrYMCRV+q/1aYCe5T+
0XktEr1E6tsVPdoXYKSdwBEbFCG9Wm0OqkkUuMKzv2LVOF7sVQbdOBqVxK1oKCaWbtVxU1aQkbvrTkzg2EblUthhnnFwmv5YdsAmEB
2FWqsv7BuPqbUi0WGFWqVf7Htr1SqRCFehjaxWrdI79tW1apUw9F0h3h8JmOC5ej8MnVSol8fD51CoXg
5DrAptWCXqzbGxmZSoN20Qu0K9Bnuj+3xgfisIWSvUC/COTW1DvRCDQBXqUd
jD5raoHg1Apgr1HJRh0/tUzwUgR4V6AuqxSZp6qDVRKrTpvKon4Cg2z1f1RGtCV6jf4ApstrP6rTVxK9
QPcB024Un90JqIfxfq33APAeccqEIYFiqE91AhtIcKoT1UC02hQmjN19d/sfq/7C1tIfcAAAAASUVORK
5CYII='
>>>

图 20-15

没错，这就是这个五角星图片的 base64 编码。那么既然 base64 模块可以把图片编码成一串字符，那能不能把这串字符再“还原”成原来的图片呢？那是“必须滴”啊。下面我们演示一下如何解码。为了证明这个解码是实实在在的经历过的，我们直接把上面的字符串复制并存储为一个变量 five，然后进行转换，代码如下：

```
    import base64

    five = b'iVBORw0KGgoAAAANSUhEUgAAANcAAADHCAIAAAAFyVF5AAAAAXNSR0IArs4c6QAAAARnQ
U1BAACxjwv8YQUAAAAJcEhZcwAADsMAAA7DAcdvqGQAAAdTSURBVHhe7ZdJduQ2EAV9EC99/5v5DDIlfrW
rfnEAOCETiHix6VckACZiof7rC6A1VAjtoUJoDxVCe6gQ2kOF0B4qhPZQ4Sn+/fufWf0bDkGFx/mTICGe
hAqPQ4VXQYXHocKroMKDWIKz+g0qocKDWH+z+g0qocKDWH+z+g0qocIjWHyv6gmogQqPYOW9qiegBio8gp
X3qp6AGqiwGsvuUz0HxVBhNdbcp3oOiqHCaqy5T/UcFEOFdVhwa+ppKIMK67Da1tTTUAYV1mG1ramnoQwq
rMBS21bvQAFUWIF1tq3egQKosALrbFu9AwVQYSkWWYl6E/agwlKssBL1JuxBhaVYYSXqTdiDCouwvMrV+7
AJFRZhbZWr92ETKizC2ipX78MmVLiPhVWrVoF1qHAfq6pWrQLrUOE+VlWtWgXWocIdLKljai1YgQp3sJ6O
qbVgBSrcwXo6ptaCFahwC4vpjFoRlqDCLaykM2pFWIIKt7CSzqgqQXMUyOq/WhQ+ocBVr6LxaFz6gwl
WsofNqXfiACpexgK5Sq8M7VLiM1XOVWh3eocJlrJ6r1OrwDhUuYOlcq/aAF6hwAevmWrVq9Hd+
ldtfUCF+Jxq6wMqxOdUWx/wdyE+pKpaYqvCCVsI8ZjqaYWdCmdsRcRy1dAmRRVO2NKIJaqePUornLE9END
UMWXUVThhmyF+qlaKqa5wwrZEfFWV1HCkwhnbG1Fl1HO8wgk7BI6smjEqdQpn4Qqvsv7IPoOfyr
ee4psIZOx92ry7+NFdWOGGnxF7VfV/ExRVO2HGxP3XT13F9hTN2buxD3e7V3FXhhH0AZlf3egM3VjhjX4IZ
1V3exu0VTtgnYS51i3fyRIUT9mGYRd3fzTxU4Yx9IUZWd/YIj1Y4YZ+KMdVtPcXTFc7YN2McdUPP0qbCCft
4jKDu5nGaVThjU8CG6kpa0LjCCZsFPq9uoh3tK5rxXTt/Rq0ItJ1SYmuYU4JjgJCmqDC9mkJmqDC9mkJm+N9JD2oWaaHCHtQs0kKFPahZpCV3hXYZI6uJ5IQK01ETyQMkhMq7ERNJCeJKK7RrQZVrDCtRopEYTj5pLQqiwHzWXhGSt0C4AZzWdbFBhV2KBxcMfUNKqmqDC
4jKDu5nGaVThjU8CG6kpa0LjCCZsFPq9uoh3tK5ywoeCT6g6aEqLCGZsO3q3mHoBAFU7YmPA+NfEYxKpwx
uaF16opRyJihRM2OLxKzTcYQSucsPHheTXZeMStcMbmiMfUNKMSvcIJGyjWqjkGJkGFMzZZLFGzC0+aCid
sxLitppaBTBVO2KBxTc0rCckqnLGJ46uaUSpSVjhho8dZTScbWSucsTsYWU0kJ7krnLDLGFPNIi3pK5yxW
xlKjSAzPVRotzKamkJmqDC9mkJmqDC9mkJm+N9JD2oWaaHCHtQs0kKFPahZpCV3hXYZI6uJ5IQK01ETyQk
VdqImkhMq7ERNJCeJK7RrQM0lIVTYj5pLQqiwHzWXhGSt0C4AZzWdbFBhV2o62aDCrtR0spGyQhs9vqoZp
YIKe1MzSgUV9qZml1IVqGNG9fUvJJAhX2qeSWBCvtU80p
Cpgpt0LitppYBKuxWTS0DVNitmloG0lRoI8YSNbvwUGHPanbhocJT6nDhjxccKjyuTvaL/RpBnSw8OSq04
TZXx1rCnmyujhUbKqxWZ1rHnm+rzhQbKqxQpynD3m2lThObBBXaWFup09RgK7RSpwkMFe6rcxzFVntenSM
wVLijDnEOW/NhdYjARK/QBvqkOsF12PpPqhNEhQqX1fZXY7s8praPChW62vhBhY3vMhMZRocI3tev92L4Pq
I1DErpCm+OtastnsTPcqrYMCRV+q/1aYCe5T+0XktEr1E6tsVPdoXYKSdwKbYh3qJ1iYGe7Q+0Uj0Er1B
7xsHNeq/aIx4gVao0o2GkvVBvEI2iFNr6r1OoZsJNfpVYPxkAVauk82PkvUUsHY4gKtWh07Ftq0qkWDE
9xJtWhm7ItOqkUj0XOFWq4X7OsOq+Ui0W2FWqsv7BuPqbUi0WGFWqVf7Htr1SqRCFehjaxWrdI79tW1apUw
9FOh3h8Jm0C5ej8MnVSol8fD51CoXg5DrAptWCXqzbGxmZSoN2OQu0K9Bnuj+3xgfisIWSvUC/COTW1DvRCD
QBXamDbUC7CEzWpDvRCAZBXqUdjD5raoHg1ApgrlHJRh0/tUzwxqxSZp6qDVRKrTpvKon4Cg2z1
f1RGtCV6jf4ApstrP6rTVxK9QPcB024Un90JqIfxfq33APAeccqEIYFiqE91AhtIcKoT1UCO2hQmgPFUJ7qB
DaQ4XQHiqE9lAhtIcKoT1UCO2hQmgPFUJ7qBDaQ4XQHiqE9lAhtIcKoT1UCO2hQmgPFUJ7qBDaQ4XQHiqE9
lAhtIcKoT1UCO2hQmgPFUJ7qBDaQ4XQHiqE9lAhtIcKoT1UCO2hQmgPFUJ7qBDaQ4XQHiqE9lAhtIcKoT1
sfq/7C1tIfcAAAAASUVORK5CYII='
    path = r"D:\Program Files\Python\test\five.png"
    with open(path,'wb') as f:
        img = base64.b64decode(five)
        f.write(img)
```

代码运行之后，我们在原来存放“star.png”的文件夹下看到了我们“恢复”出来的图片“five.png”，如图 20-16 所示。

图 20-16

大家从缩略图中也应该能看到，这两个图片是完全一样的。

20.3.3 json 数据格式

由于百度给我们返回的结果是 json 格式，这里再简单介绍一下这种格式。比如在官方文档中也给了我们一段返回示例代码：

```
{
  "face_num": 1,
  "face_list": [
        {
            "face_token": "35235asfas21421fakghktyfdgh68bio",
            "location": {
                "left": 117,
                "top": 131,
                "width": 172,
                "height": 170,
                "rotation": 4
            },
            "face_probability": 1,
            "angle" :{
                 "yaw" : -0.34859421849251
                 "pitch" 1.9135693311691
                 "roll" :2.3033397197723
            }
            "landmark": [
                {
                    "x": 161.74819946289,
                    "y": 163.30244445801
                },
                ...
            ],
            "landmark72": [
                {
                    "x": 115.86531066895,
                    "y": 170.0546875
                },
                ...
            ],
            "age": 29.298097610474,
            "beauty": 55.128883361816,
            "expression": {
                "type": "smile",
                "probability" : 0.5543018579483
            },
            "gender": {
                "type": "male",
                "probability": 0.99979132413864
            },
            "glasses": {
                "type": "sun",
                "probability": 0.99999964237213
            },
            "race": {
                "type": "yellow",
                "probability": 0.99999976158142
            },
            "face_shape": {
                "type": "triangle",
                "probability": 0.5543018579483
            }
```

```
                "quality": {
                    "occlusion": {
                        "left_eye": 0,
                        "right_eye": 0,
                        "nose": 0,
                        "mouth": 0,
                        "left_cheek": 0.0064102564938366,
                        "right_cheek": 0.0057411273010075,
                        "chin": 0
                    },
                    "blur": 1.1886881756684e-10,
                    "illumination": 141,
                    "completeness": 1
                }
            }
        ]
    }
```

大家一看就能感觉到这非常类似我们之前学过的嵌套的字典对吧？其实 json 在形式上确实和字典非常类似，而且我们也是使用其中键的方式来获取有关的值。

但是有几点区别需要大家注意：比如 json 格式中的键必须是字符串格式，而且其中字符串的两边只能用双引号（而字典中可以使用单引号）；再如 json 格式中的键是有序的，而且可以重复（而字典中的键是不能重复的）；还有 json 格式中的值只能是字符串、浮点数、布尔值或者 null。

不过同样的是可以使用 json[键] 的形式访问到对应的值，这是我们后面会用到的。至于 json 的更多相关知识大家可以自己再去学习了解，这里不再过多介绍。

20.3.4　案例：Python 看脸

前面我们给大家介绍了在这个程序中需要用到的新的知识点，下面我来看一下如何来制作这个 Python 看脸的人脸识别打分程序。

首先，在这个程序里我们要用到 base64、json、requests 这几个库，我们要在开头导入一下：

```
import base64
import json
import requests
```

这次我们使用之前学过的面向对象的形式来实现这个程序，因此我们来定义一个类，在初始化的时候给它传递相应的参数，然后我们定义几个方法，包括获取 access_token 的方法 get_accessToken、转换图片为 base64 编码的方法 img_to_BASE64，以及人脸检测与属性分析的方法 detect_face。代码如下：

```
class BaiduPicIndentify:
    def __init__(self,img):
        self.AK = "这里填写你自己创建的应用的 API Key"
        self.SK = "里填写你自己创建的应用的 Secret Key"
        self.img_src = img
        self.headers = {
            "Content-Type": "application/json; charset=UTF-8"
        }

    def get_accessToken(self):
        host = 'https://aip.baidubce.com/oauth/2.0/token?grant_type=client_
credentials&client_id=' + self.AK + '&client_secret=' + self.SK
```

```
            response = requests.get(host, headers=self.headers)
            json_result = json.loads(response.text)
            return json_result['access_token']

        def img_to_BASE64(slef,path):
            with open(path,'rb') as f:
                base64_data = base64.b64encode(f.read())
                return base64_data

        def detect_face(self):
            img_BASE64 = self.img_to_BASE64(self.img_src)
            request_url = "https://aip.baidubce.com/rest/2.0/face/v3/detect"
            post_data = {
                "image": img_BASE64,
                "image_type": "BASE64",
                "face_field": "gender,age,beauty,gender,race,expression",
                "face_type": "LIVE"
            }
            access_token = self.get_accessToken()
            request_url = request_url + "?access_token=" + access_token
             response = requests.post(url=request_url, data=post_data, headers=self.
headers)
            json_result = json.loads(response.text)
            if json_result['error_msg']!='pic not has face':
                print("图片中包含人脸数：", json_result['result']['face_num'])
                print("图片中包含人物年龄：", json_result['result']['face_list'][0]
['age'])
                print("图片中包含人物颜值评分：", json_result['result']['face_list'][0]
['beauty'])
                print("图片中包含人物性别：", json_result['result']['face_list'][0]
['gender']['type'])
                print("图片中包含人物种族：", json_result['result']['face_list'][0]
['race']['type'])
                print("图片中包含人物表情：", json_result['result']['face_list'][0]
['expression']['type'])
```

写完之后，我们写一个主程序入口，并设置好要检测的图片。

我们使用变量 img_src 存储要检测的图片的路径，然后使用我们上面写的类来创建一个对象，调用其 detect_face 方法进行检测与输出。

```
    if __name__=='__main__':
        img_src= r'E:\face\wang.png'
        baiduDetect = BaiduPicIndentify(img_src)
        baiduDetect.detect_face()
```

好了，大功告成。下面，我要充满信心地检测一下已经在 E 盘 face 文件夹中存储的一张自己的照片，如图 20-17 所示。

图 20-17

运行结果是：

```
图片中包含人脸数： 1
图片中包含人物年龄： 27
图片中包含人物颜值评分： 45.69
图片中包含人物性别： male
图片中包含人物种族： yellow
图片中包含人物表情： smile
```

我们可以看到百度的人工智能给出了判断结果。比如判断我的年龄是 27（其实已经远远超过 27 了，但或许这个人工智能已经智能到会讨好人了），但是颜值评分只有 45.69？！看来评分这方面还需要进步啊！不过后面几项还是靠谱的，比如能识别出我是男的（male），能识别出我的种族是黄种人（yellow），还知道我在笑（simile）。好吧，我已经后悔用自己做例子了，颜值评分太低了……不过，总的来说，除了颜值评分不太准确，明显偏低之外，其他的判断还是比较正确的。

那我们不妨再来给本章开始时的图灵的照片（图 20-1）打一下分看一看吧。我们在之前相同的文件夹中把“turing.png”放进去，然后修改程序中最后一段入口代码即可：

```
if __name__=='__main__':
    img_src= r 'E:\face\turing.png'
    baiduDetect = BaiduPicIndentify(img_src)
    baiduDetect.detect_face()
```

运行结果是：

```
图片中包含人脸数： 1
图片中包含人物年龄： 26
图片中包含人物颜值评分： 64.93
图片中包含人物性别： male
图片中包含人物种族： white
图片中包含人物表情： none
```

好吧，既然图灵大神的颜值也只有六十多分，那我四十多分也就认了！

你是不是已经迫不及待要改掉这个程序中的一部分代码和信息，做一个为自己照片打分的程序了？那就赶紧试试吧！

其实我们还可以改写这个程序，做一个批量给照片打分的程序，在最后遍历一个存储图片的文件夹，把其中的每一个照片都进行人脸检测和打分。如何遍历我们在之前的章节中已经讲过，因此这里希望大家可以自己尝试一下。

当然，除了人脸检测与评分，百度的人工智能 API 还有文字识别、语音识别等非常多的功能可供开发者调用，大家可以阅读有关文档，自己编写制作一些更加有趣、功能更加强大的程序来使用。

第 21 章 工欲善其事，换个 IDE？——PyCharm

IDE（Integrated Development Environment）就是集成开发环境，也就是我们开发、调试 Python 程序所需要用到的工具。我们之前用到的 IDLE 是 Python 自带的一款比较简洁的 IDE，适合入门者使用，在学习 Python 的一些基本语法，或者做一些小规模的程序时比较方便。但是当我们需要做一些大一点的项目时，就需要功能更加强大的 IDE 来帮助我们工作。

21.1 PyCharm

这里我们介绍一款在 Python 编程领域非常流行的 IDE：PyCharm。PyCharm 是由 JetBrains 公司开发的一款专门针对 Python 编程的 IDE，它具有语法高亮、智能提示、自动补全、调试测试、项目管理、版本控制等非常丰富的功能，而且它提供了社区免费版可供大家免费下载使用。PyCharm 是初学者入门 Python 之后的一个非常好的选择，下面我们介绍一下下载安装过程。

21.1.1 PyCharm 下载与安装

首先，访问 PyCharm 官网 https://www.jetbrains.com/pycharm/，在页面右上角和中间都可以看到“DOWNLOAD”下载按钮，如图 21-1 所示。

图 21-1

单击“DOWNLOAD”下载按钮，进入下载页面，如图 21-2 所示。

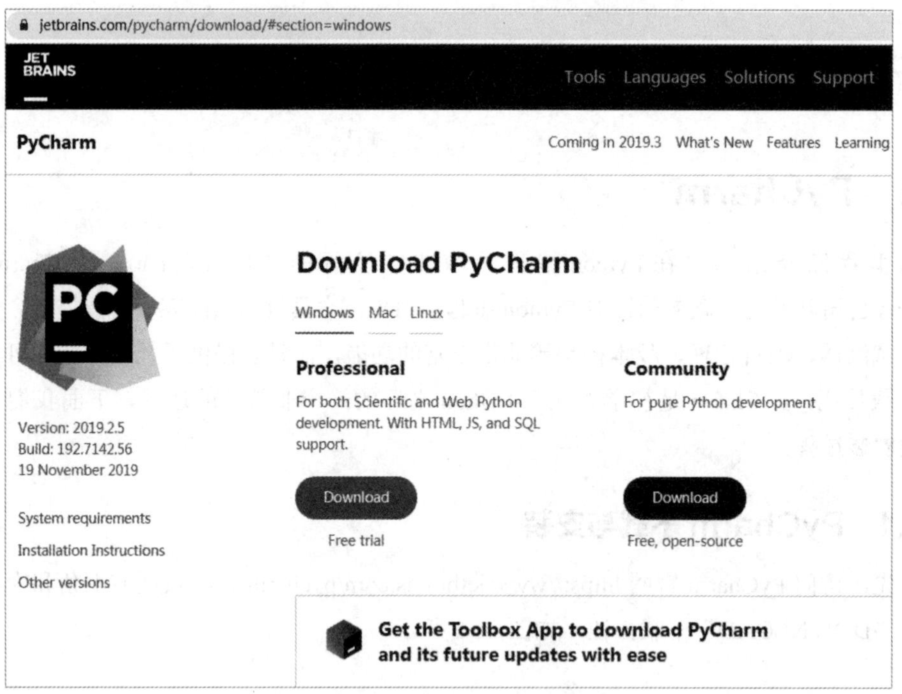

图 21-2

在左侧我们可以看到，当前的版本号（Version）是 2019.2.5（当然，当你进行下载的时候版本可能会有所升级，比如变成了 2020.1.5，不过没有关系，后面的下载、安装等步骤是大体类似的），版本号下面是更新时间。在右边我们可以看到，PyCharm 提供了 Windows、macOS、Linux 三种系统下的两种版本：Professional 专业版和 Community 社区版。专业版的功能更强大，不过是收费的；而社区版的功能也够我们学习使用，而且是开源免费的。我们这里选择下载 Windows 系统的社区版。如果你用的是其他操作系统，可以根据自己的系统来选择。

这里我们单击 Community 社区版下面的“download”按钮，浏览器就开始下载，左下角有下载进度，如图 21-3 所示。

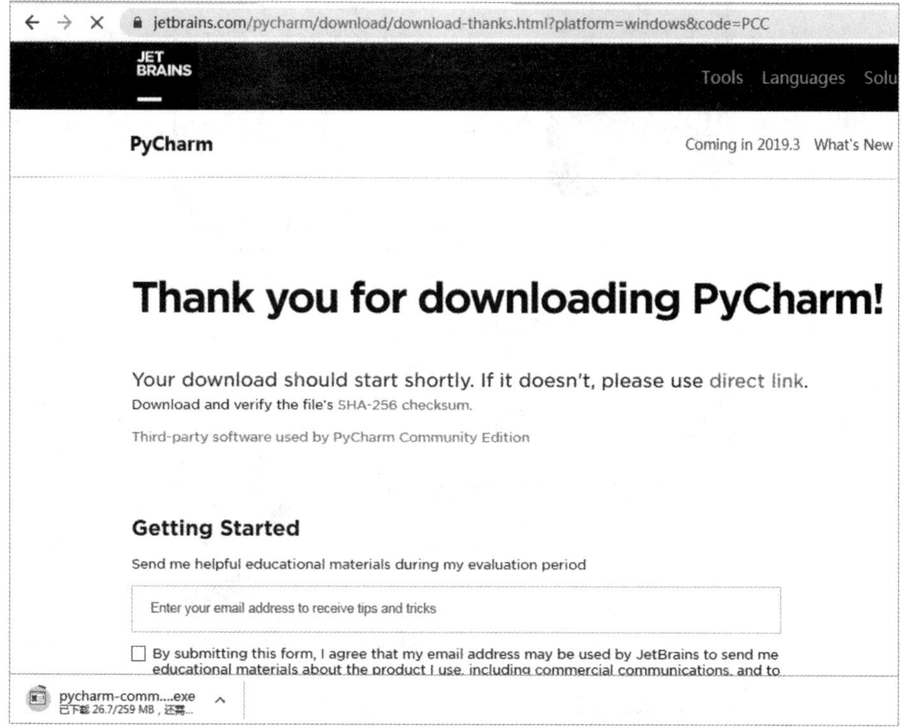

图 21-3

下载完成后，在你的下载文件夹会看到一个 exe 文件的安装程序，如图 21-4 所示。

图 21-4

双击这个文件就可以进行安装（如果你用的是其他类型的操作系统，例如 Linux，请根据你的系统安装方式进行安装），显示的界面如图 21-5 所示。

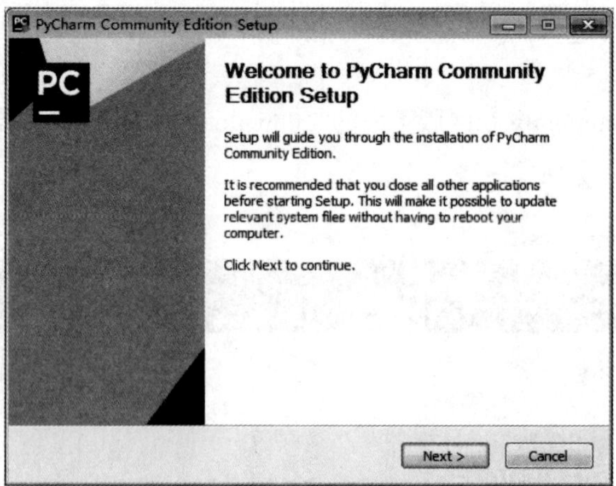

图 21-5

单击“Next”进入下一步，如图 21-6 所示。

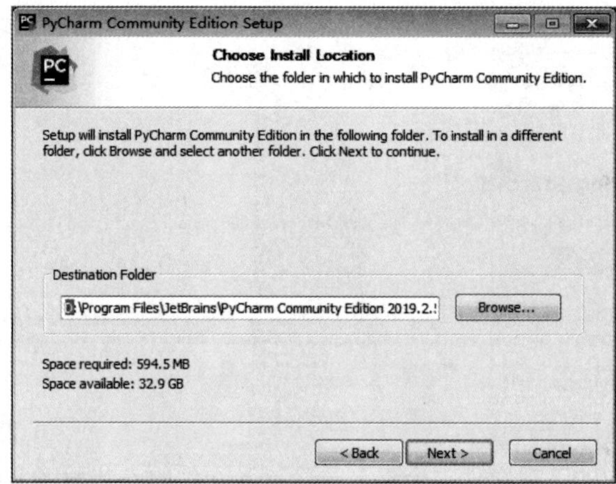

图 21-6

这一步，在输入框里可以选择改变安装目录。这里我只是把默认的 C 盘改成 D 盘（你可以根据自己的情况来选择安装目录），然后单击“Next”进入下一步，如图 21-7 所示。

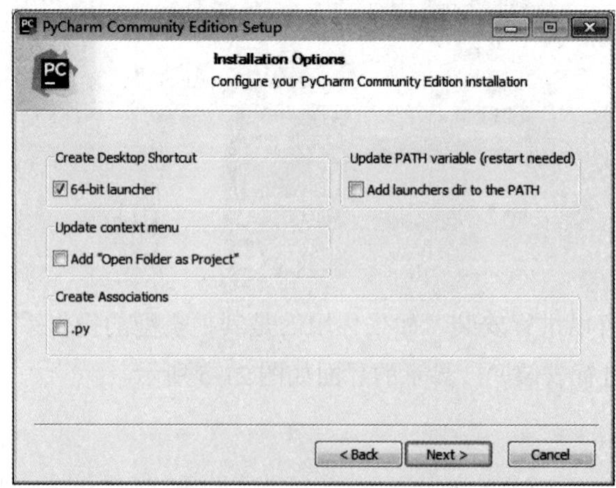

图 21-7

在这一步注意一下各个选项：Create Desktop Shortcut 是指选择创建桌面快捷方式，如果你用的是 64 位系统就可以选择 64-bit launcher。Update PATH variable 是指添加系统变量。Update context menu 是指添加右键菜单。Create Associations 是指关联文件，如果你想以后双击 .py 文件就能直接用 PyCharm 打开，可以选中。我们这里只选择第一项，建立一个桌面快捷方式。然后单击“Next”进入下一步，如图 21-8 所示。

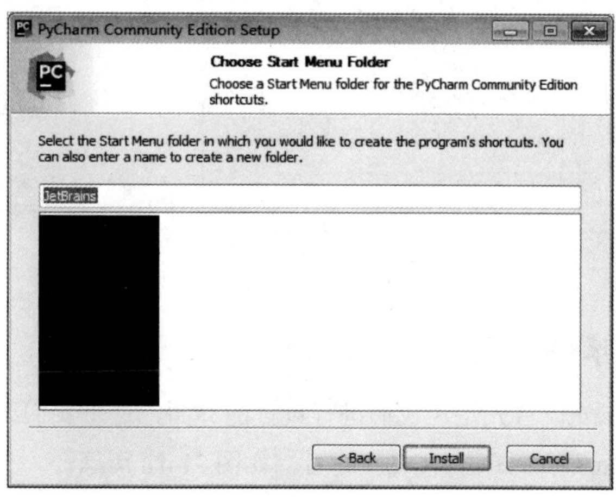

图 21-8

这里让我们选择 PyCharm 在开始菜单中的文件夹，默认 JetBrains 即可。直接单击“Install”开始安装，如图 21-9 所示。

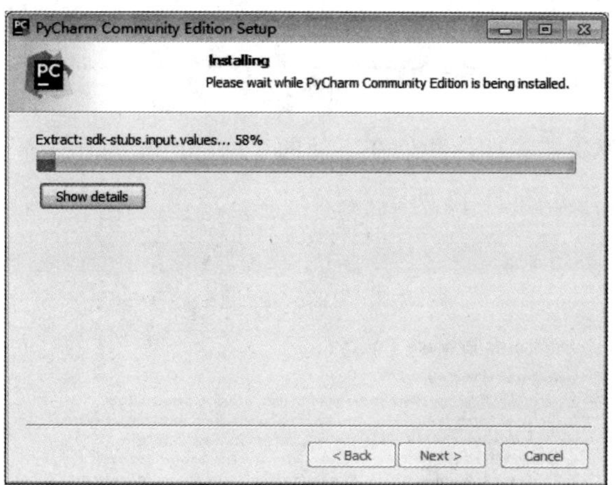

图 21-9

这个过程需要一点时间。当出现下面这个界面时，说明安装已经完成，如图 21-10 所示。

这里的“Run PyCharm Community Edition”是指在完成后直接启动 PyCharm，这里不必选择，我们直接单击“Finish”即可。然后到桌面上可以看到一个名为“JetBrains PyCharm ……”的图标，以后双击这个图标就可以打开 PyCharm，如图 21-11 所示。

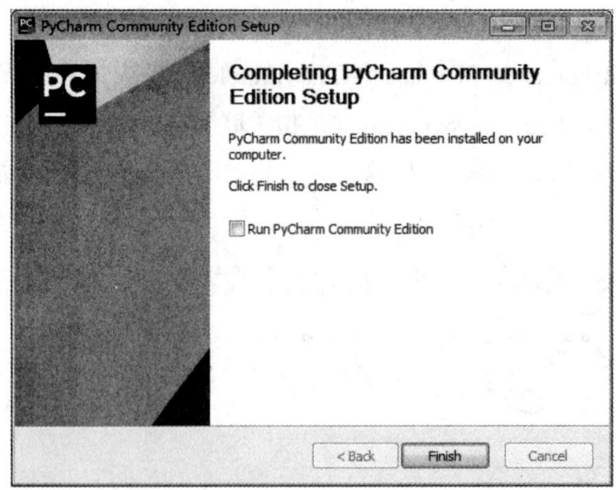

图 21-10

图 21-11

21.1.2 第一次使用 PyCharm

第一次打开 PyCharm，首先是让我们进行设置的界面，这里我们无须导入设置，默认选择“Do not import settings”，单击“OK”即可，如图 21-12 所示。

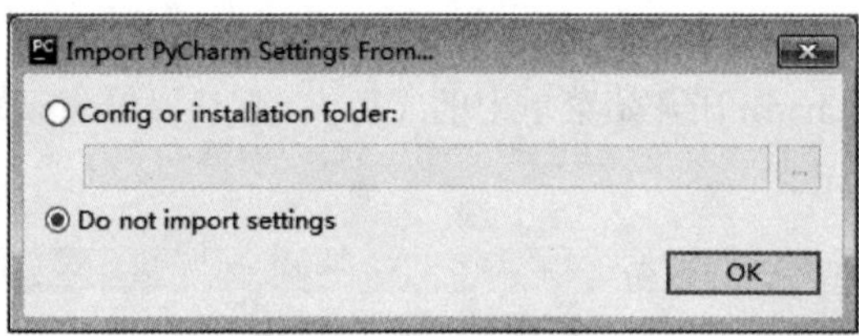

图 21-12

接下来会出现隐私策略说明，我们在下面的“I confirm that ……”前面打钩，然后单击“Continue”按钮继续，如图 21-13 所示。

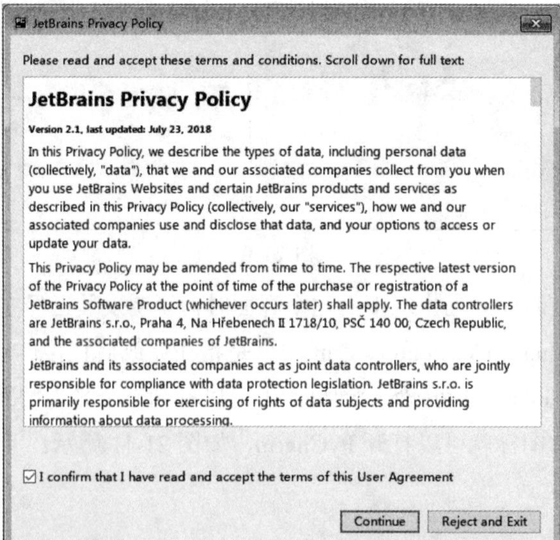

图 21-13

接下来出现的是数据分享界面，如果选择“Send Usage Statistics”，软件会在使用过程中向 JetBrains 分享你的使用统计数据，帮助改进软件，如果不想分享，则可以单击“Don’t send”，这里我们选择后者，如图 21-14 所示。

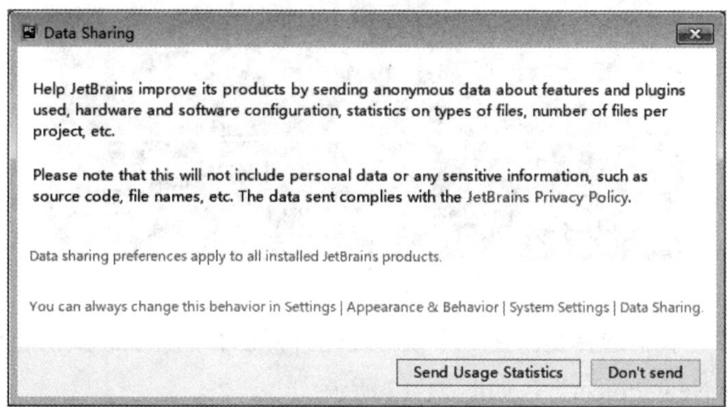

图 21-14

接下来是让我们选择主题风格等设置，如果你暂时不想做这些设置，可以选择默认，单击左下角的“Skip Remaining and Set Defaults”即可，如图 21-15 所示。

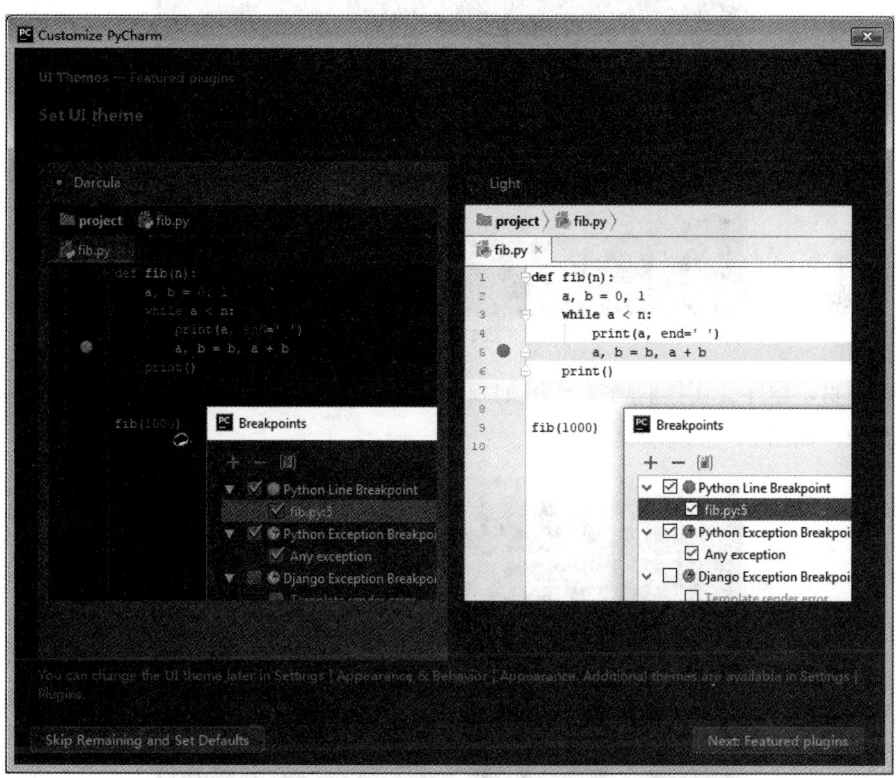

图 21-15

终于，我们进入了 PyCharm 的启动界面，如图 21-16 所示。

图 21-16

启动后，程序让我们选择是新建一个项目还是打开已有的项目，我们选择新建一个项目，所以单击“Create New Project”，如图 21-17 所示。

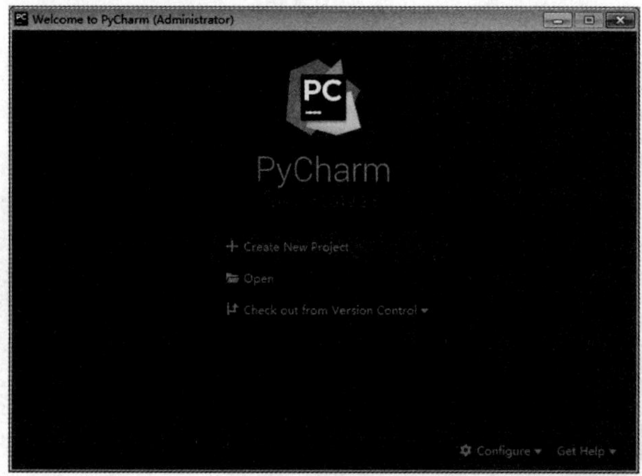

图 21-17

新建项目，程序会让我们选择一个项目存放目录，默认是 C 盘。但是我们一般不用这个默认的目录，如图 21-18 所示。

图 21-18

这里你可以单击路径输入框最右侧的文件夹按钮来选择你希望项目存放的文件夹。比如我们先在 D 盘建立“PycharmProjects”文件夹，并在下面建立“test”文件夹，然后选择这个文件夹，单击“OK”按钮。你可以根据你的项目需要来做选择，如图 21-19 所示。

选定好项目目录以后，接下来点“Create”创建项目，如图 21-20 所示。

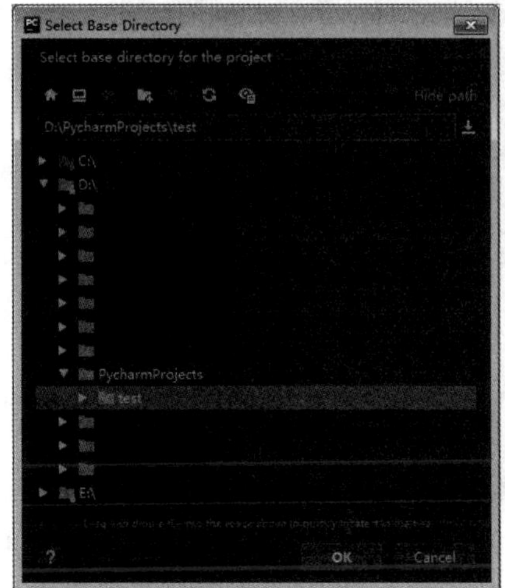

图 21-19

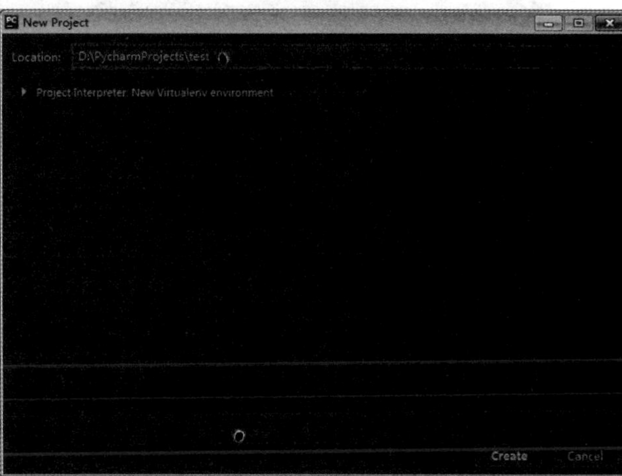

图 21-20

进入项目时，会出现一个提示，告诉我们一些关于 PyCharm 的使用小贴士 tips，这里这里我们把左下角的“Show tips on startup”对号钩掉，然后单击右下角的“Close”关闭即可，如图 21-21 所示。

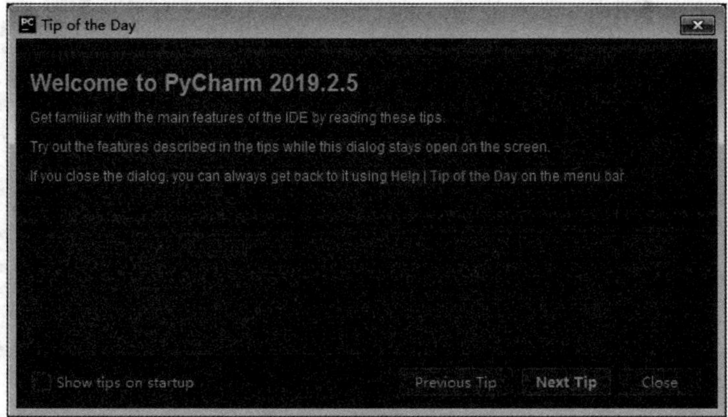

图 21-21

这样，我们就完成了 test 项目的创建，在主界面左侧，我们可以看到项目的目录，如图 21-22 所示。

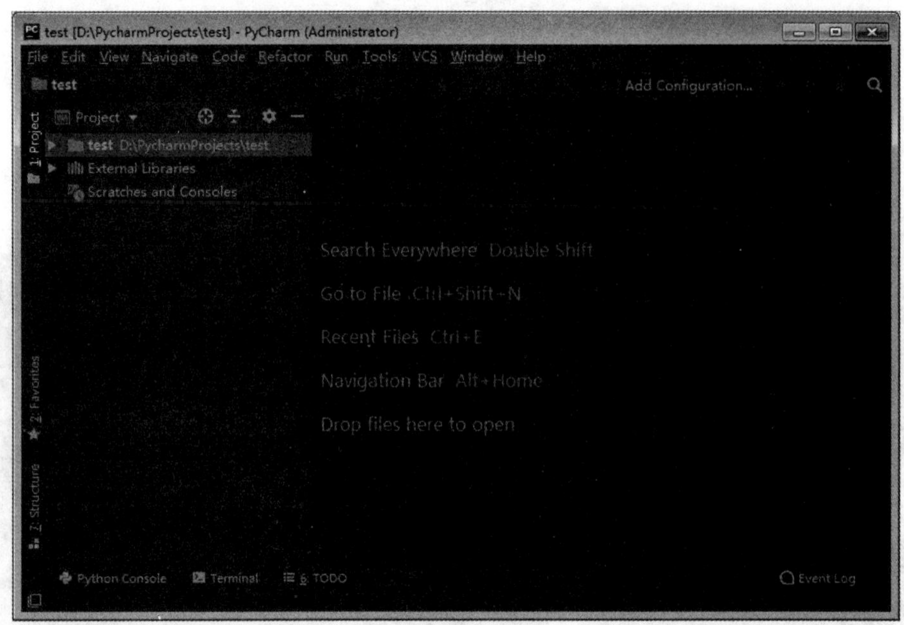

图 21-22

我们在“test”文件夹上单击右键，鼠标放在“New”上，然后选择“File”，就可以在这个项目文件夹里创建项目程序文件了，如图 21-23 所示。

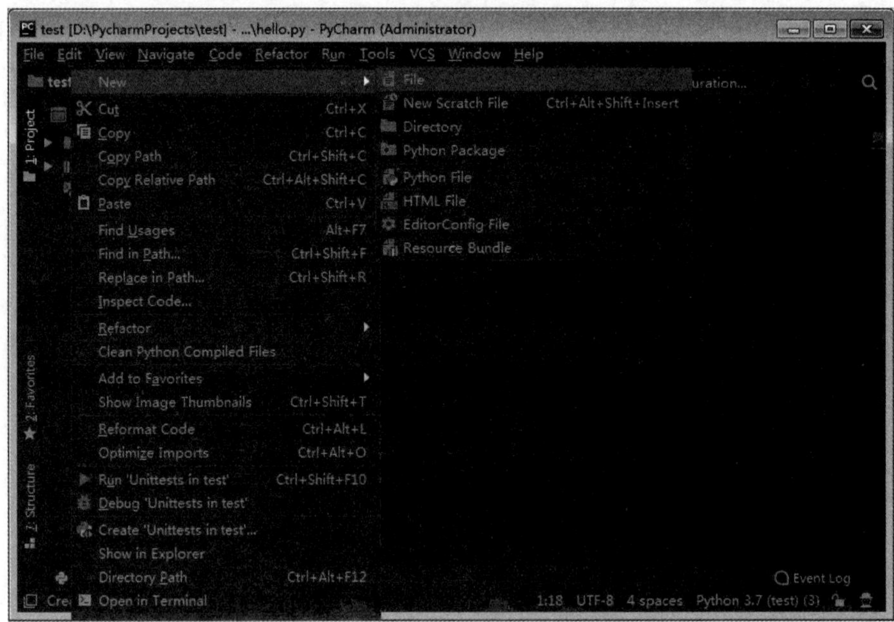

图 21-23

这里我们新建的文件名是 hello.py，然后单击“OK”按钮，如图 21-24 所示。

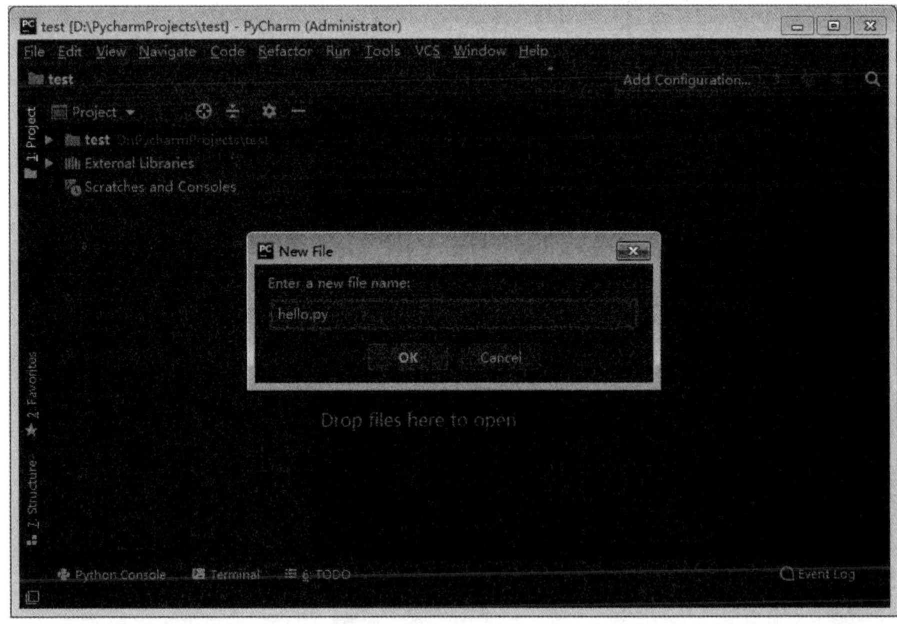

图 21-24

单击“OK”按钮以后，我们可以在左侧目录“test”文件夹下看到出现一个“venv”文件夹，在这个文件下就是我们刚才建立的 hello.py 文件，并且在窗口右侧会出现一个编写代码的选项卡，名字也是 hello.py，如图 21-25 所示。

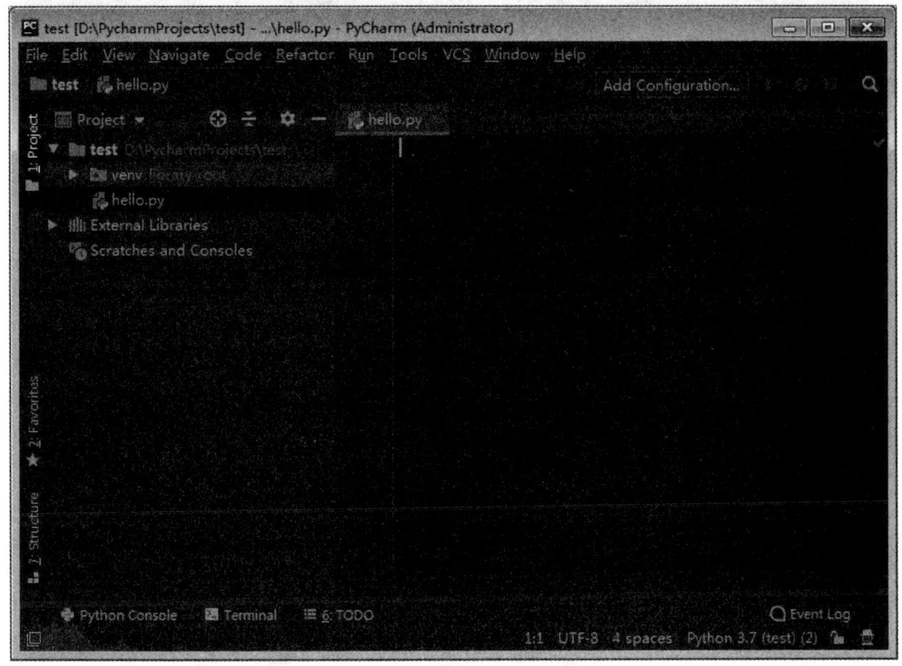

图 21-25

我们在代码区写入一行代码：print(“Hello PyCharm!”)，然后依次单击菜单栏里的“File – Save All”，或按组合键 Ctrl + s 键进行保存，如图 21-26 所示。

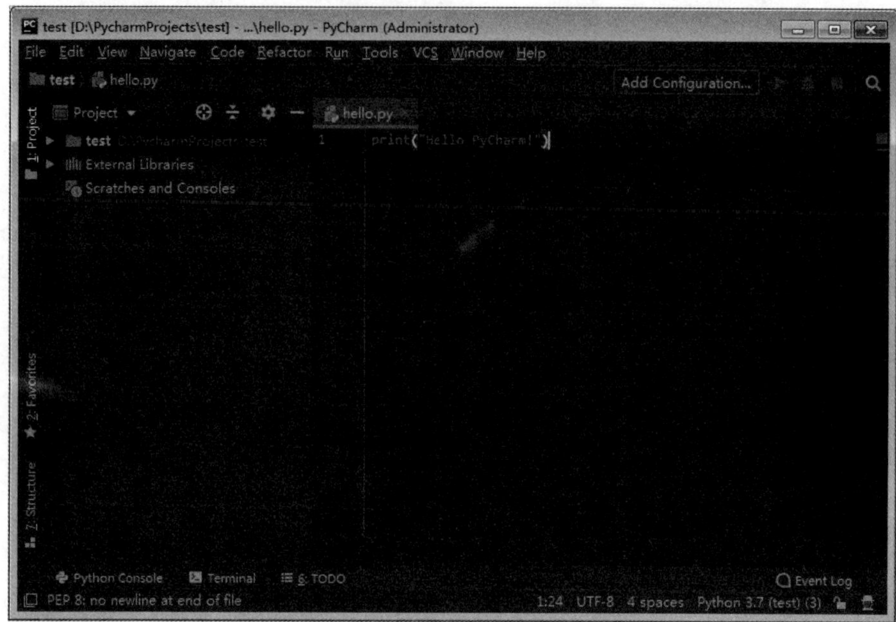

图 21-26

我们在 hello.py 文件名上单击右键，选择“Run ‘hello’”，就可以运行 hello.py 这个文件，如图 21-27 所示。

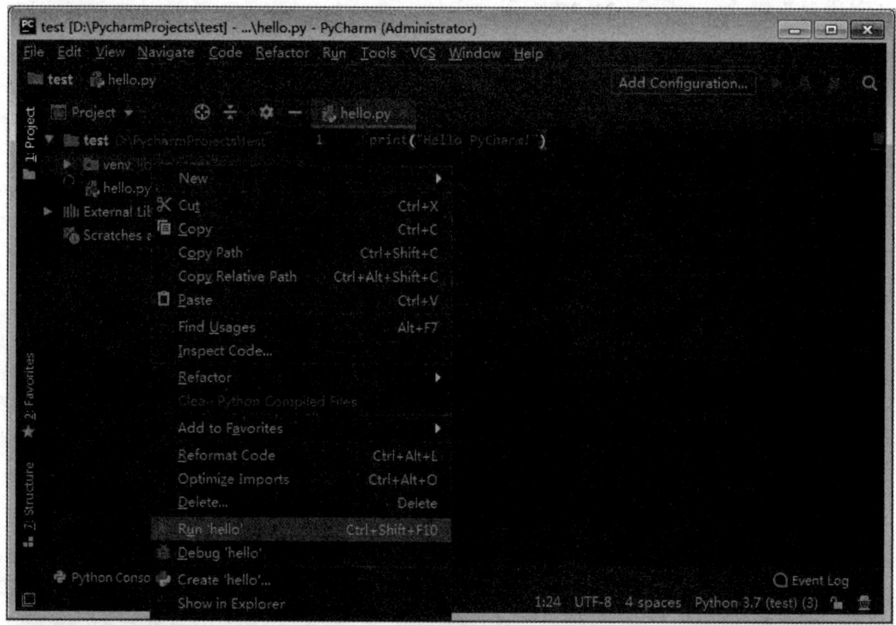

图 21-27

运行之后，我们可以在界面的下半部分看到这个文件的运行结果，如图 21-28 所示。

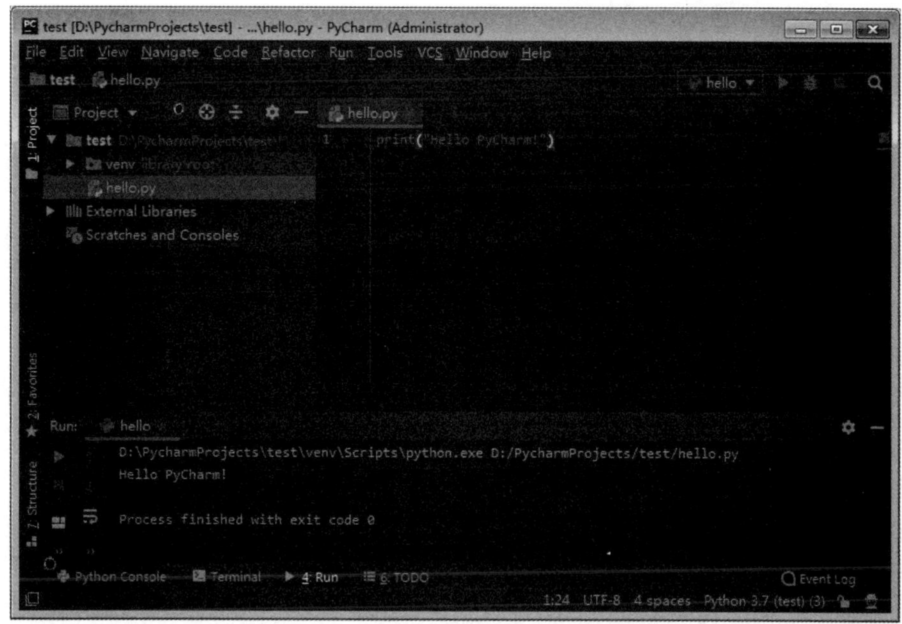

图 21-28

当然，如果你的项目里不止这一个文件，你可以在你想运行的文件上单击右键菜单进行运行。你也可以单击菜单栏上的“Run”按钮，然后选择第一项“Run ‘hello’”或单击下面的“Run…”（图 21-29），会弹出一个窗口来让你选择要执行的文件（图 21-30）。这时你再单击列表中的某个文件，同样可以执行它，如图 21-31 所示。

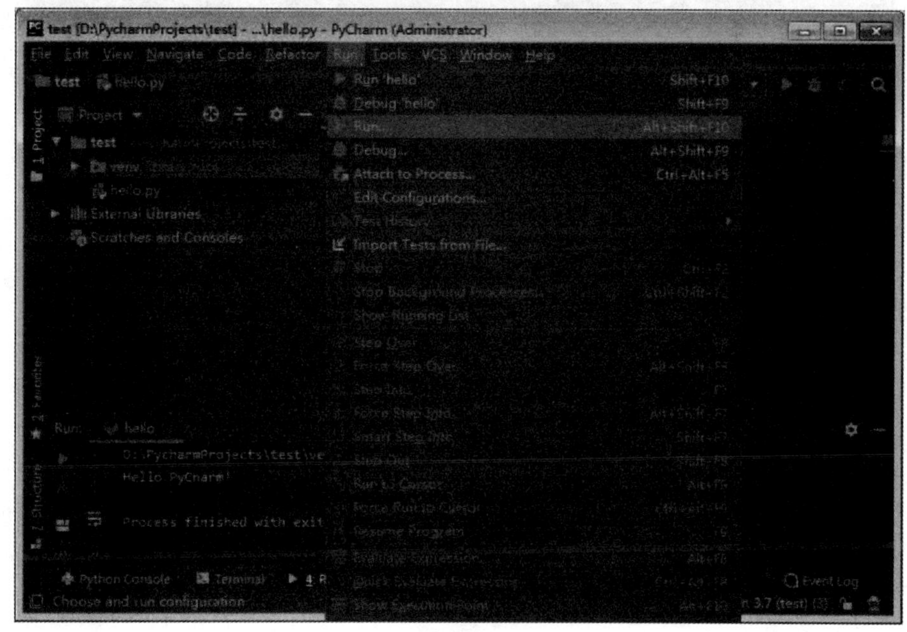

图 21-29

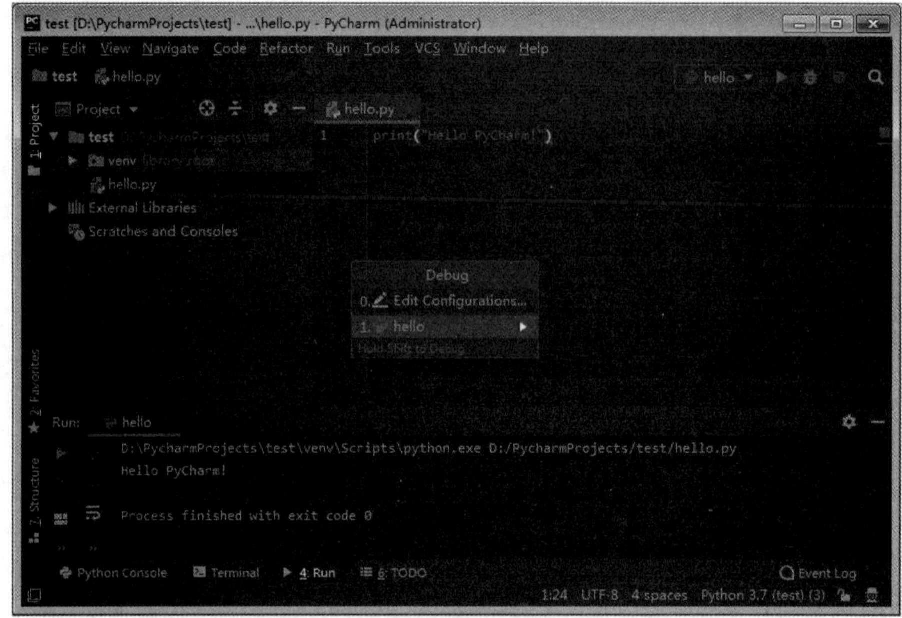

图 21-30

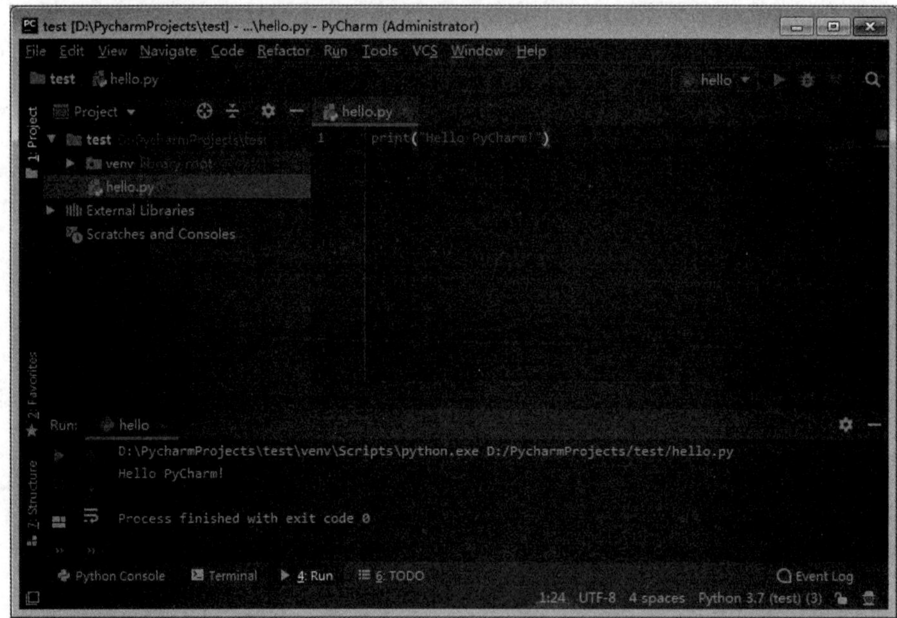

图 21-31

好了，我们刚才演示了如何创建一个项目，当我们写完代码之后，要退出 PyCharm 的时候不要忘记把文件保存好。

当你退出 PyCharm 后，再打开刚才创建项目的“D:\PycharmProjects\test”文件夹，你会看到，除了我们刚才在 PyCharm 中建立的 hello.py 之外，还多了两个文件夹，这里面存放的就是与该项目关联的一些信息，希望你不要以为这是什么奇怪的东西而删掉（图 21-32）。

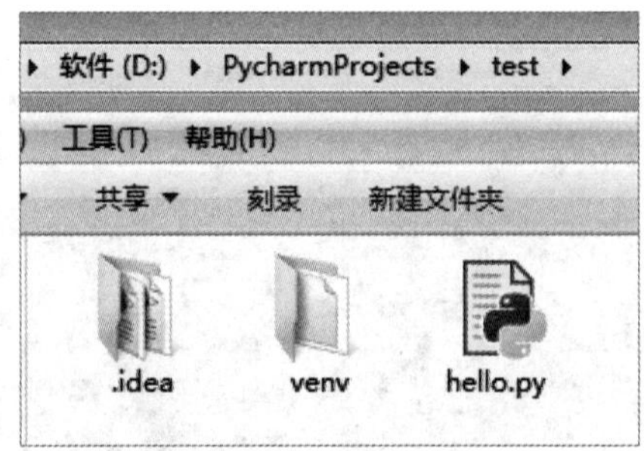

图 21-32

好了，我们本节简单介绍了 PyCharm 的下载安装过程和简单使用方法。下一节我们通过一个案例来演示一下如何使用这个新的 IDE 来编写我们的项目。

21.2　用 PyCharm 写一个聊天程序

下面我们通过写一个聊天程序来进一步介绍 PyCharm 的使用。

首先，当我们再次打开 PyCharm 的时候，默认会打开上一次使用的项目（图 21-33）。

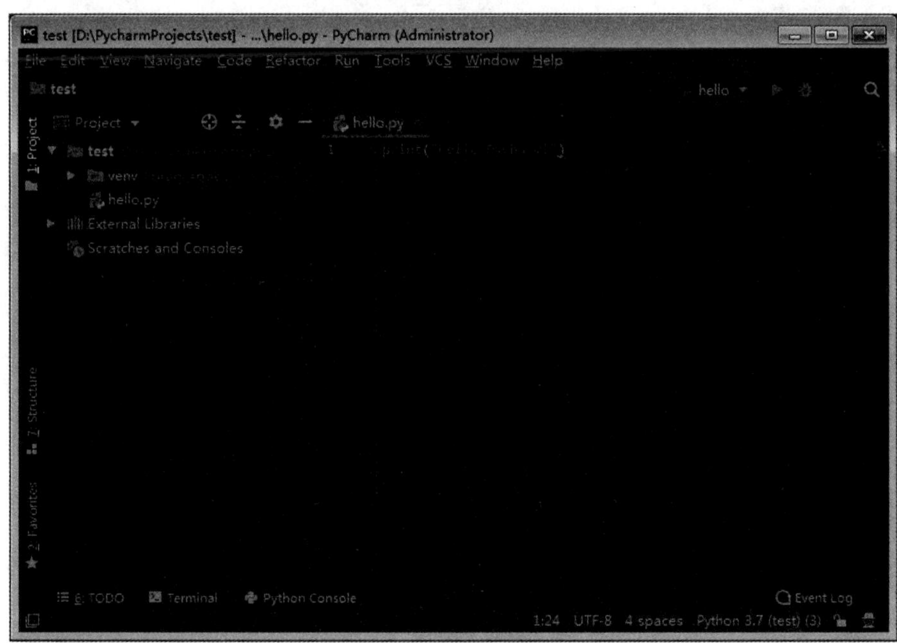

图 21-33

这里我们需要重新建立一个项目，因此我们依次单击菜单栏中的“File”→“New Project”来创建新项目，如图 21-34 所示。

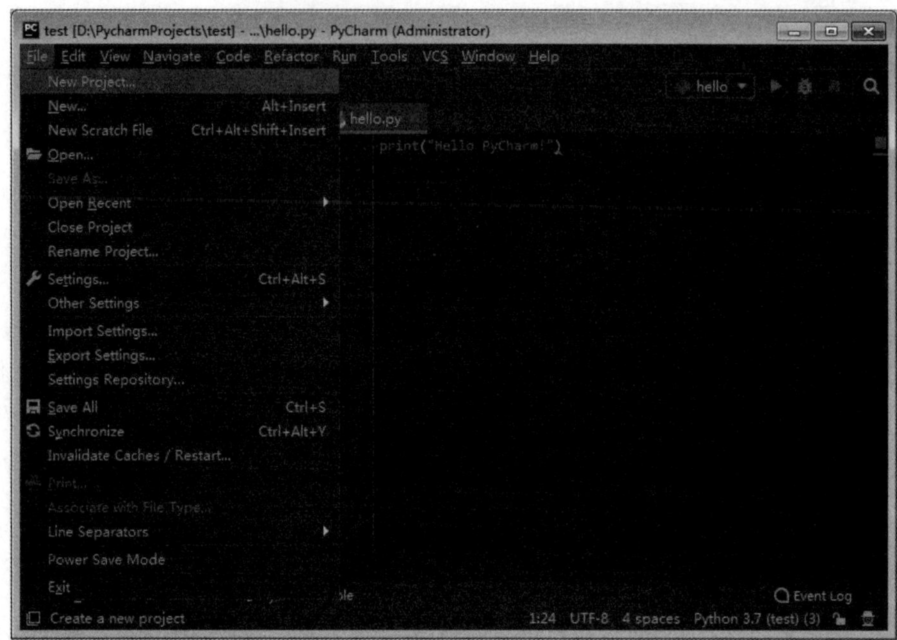

图 21-34

我们给新的项目命名为“chat”，因此在新打开的窗口中选择“D:\PycharmProjects\chat”目录，然后单击“Create”按钮，如图 21-35 所示。

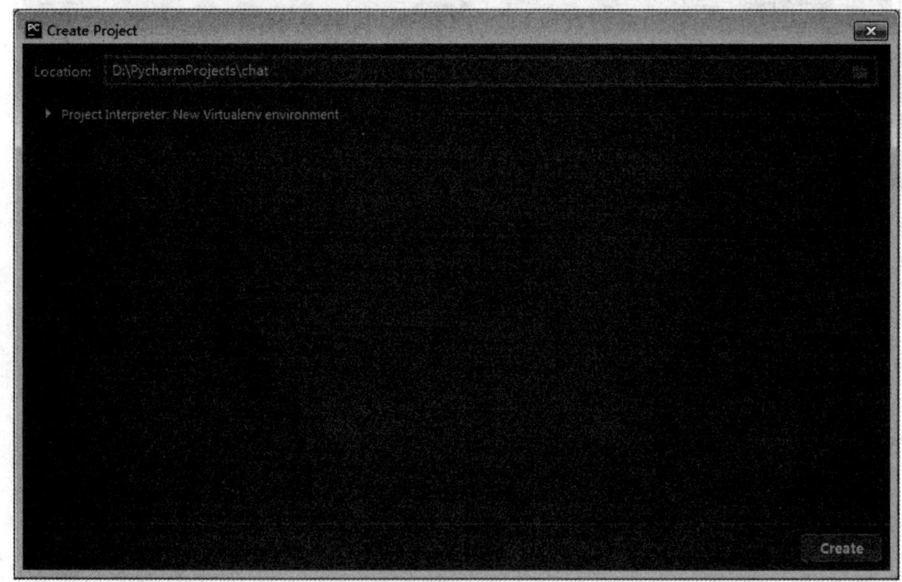

图 21-35

接下来会弹出一个提示框，询问我们是要在当前窗口创建项目还是在新的窗口中创建项目，为了不影响之前的项目，我们选择新窗口“New Window”，如图 21-36 所示。

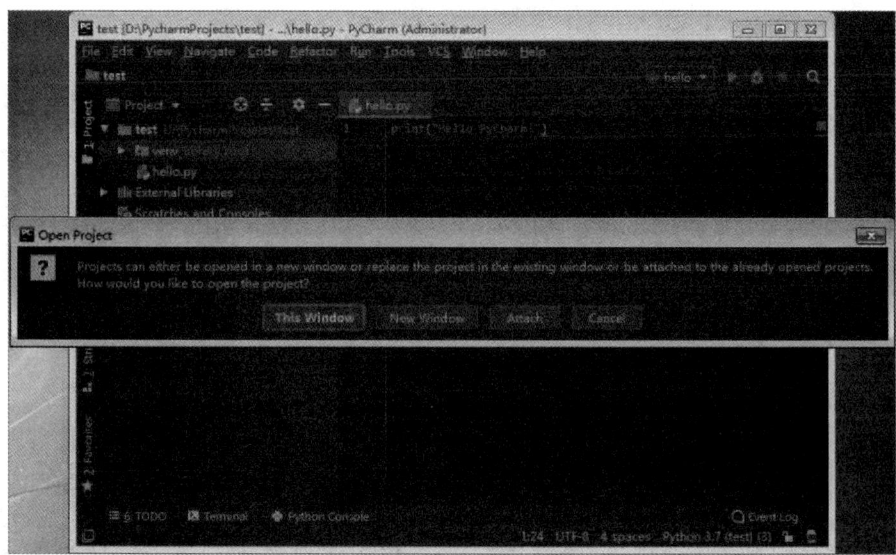

图 21-36

然后就会创建出新的项目，左侧已经出现了新项目的文件夹“chat”（这时候我们也可以把之前默认打开 test 项目的窗口给关掉了），如图 21-37 所示。

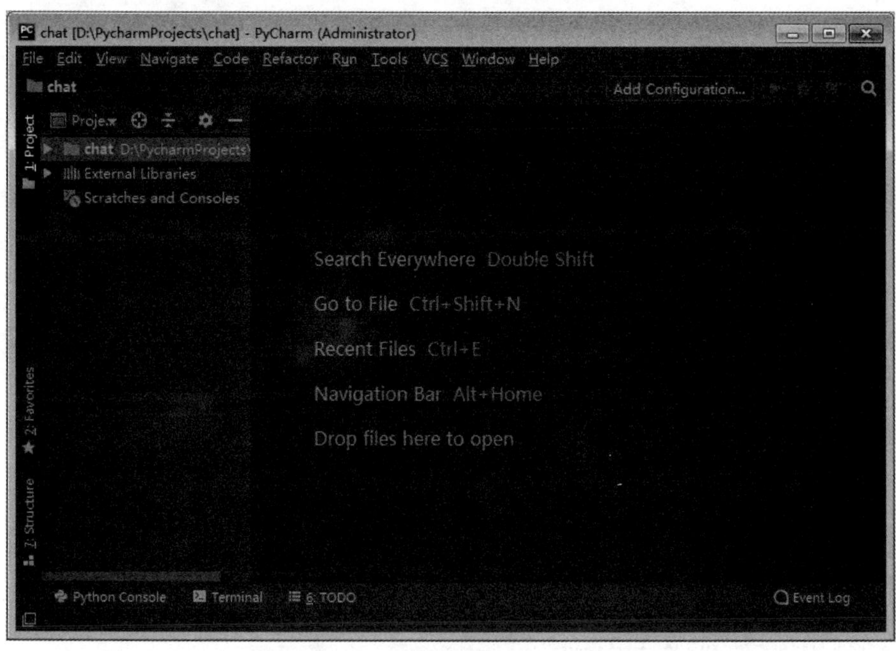

图 21-37

接下来我们需要在该项目中创建 python 文件。我们在“chat”文件夹上右击，然后依次单击“New”→“File”即可创建文件。这里我们要创建两个文件，我们首先创建一个服务器文件 server.py，再创建一个客户端文件 client.py，如图 21-38 所示。

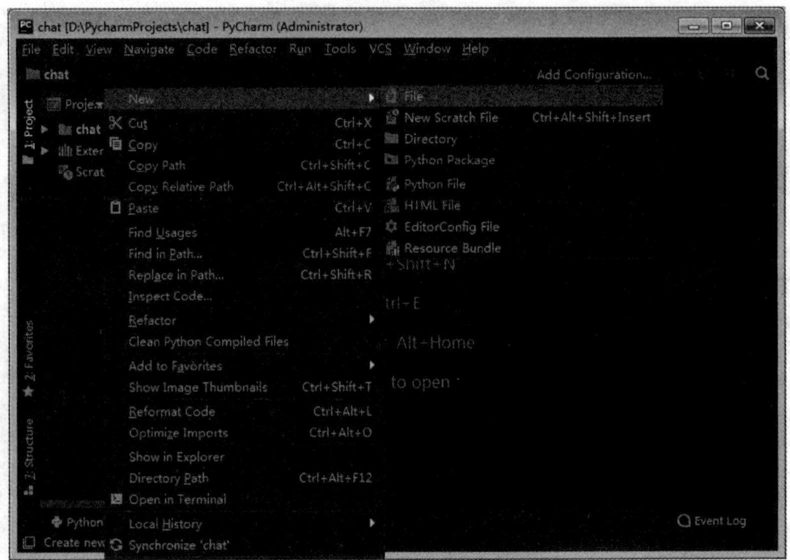

图 21-38

创建之后可以在左侧列表中看到这两个文件，在右边输入代码的部分也可以看到这两个文件的标签，单击标签可以切换编辑文件，如图 21-39 所示。

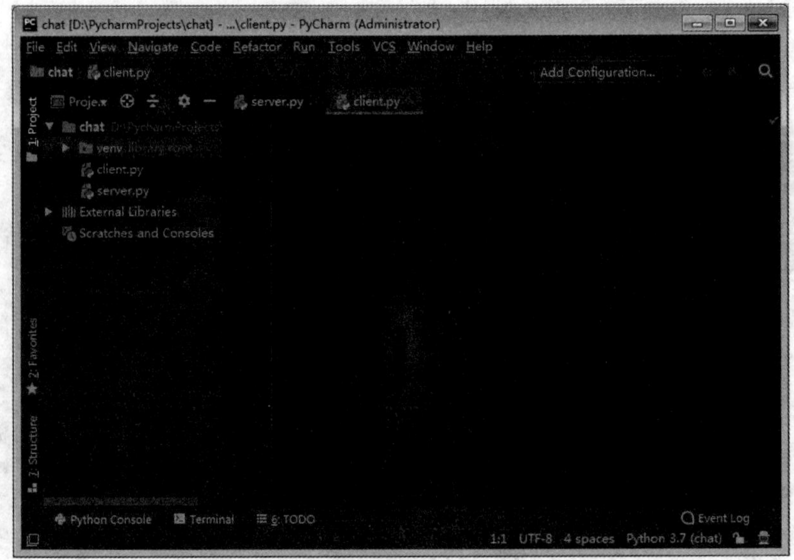

图 21-39

首先我们在 server.py 文件中写如下代码：

```
import socket  # 导入 socket 模块

host = socket.gethostname()  # 获取主机地址
port = 12345  # 设置端口号
s = socket.socket(socket.AF_INET, socket.SOCK_STREAM)  # 创建 TCP/IP 套接字
s.bind((host, port))  # 绑定地址 (host,port) 到套接字
s.listen(1)  # 设置最多连接数量
sock,addr = s.accept()  # 被动接收 TCP 客户端连接
print('连接已建立')
info = sock.recv(1024).decode()  # 接收客户端数据
```

```
while info != 'quit':
    if info:
        print('接收到的内容：%s' % info)
    send_data = input('输入发送内容：')
    sock.send(send_data.encode())  # 发送 TCP 数据
    if info == 'quit':
        break
    info = sock.recv(1024).decode()  # 接收客户端数据
sock.close()  # 关闭客户端套接字
s.close()  # 关闭服务端套接字
```

然后我们在 client.py 文件中写如下代码：

```
import socket  # 导入 socket 模块

s = socket.socket()  # 创建 TCP/IP 套接字
host = socket.gethostname()  # 获取主机地址
port = 12345
s.connect((host, port))  # 主动初始化 TCP 服务器连接
print('已连接')
info = ''
while info != 'quit':
    send_data = input('输入发送的内容：')
    s.send(send_data.encode())  # 发送 TCP 数据
    if send_data == 'quit':
        break
    info = s.recv(1024).decode()  #接收服务端数据
    print('接收到的内容：%s' % info)
s.close()  # 关闭套接字
```

鉴于我们之前已经讲解过 socket 模块的有关知识，这里就不再详细讲解，只用注释的方式大体解释一下各部分代码的作用。

代码写完后，我们单击菜单栏的“File”，选择“Save All”把文件进行保存，或者按快捷键 Ctrl + S 进行保存，如图 21-40 所示。

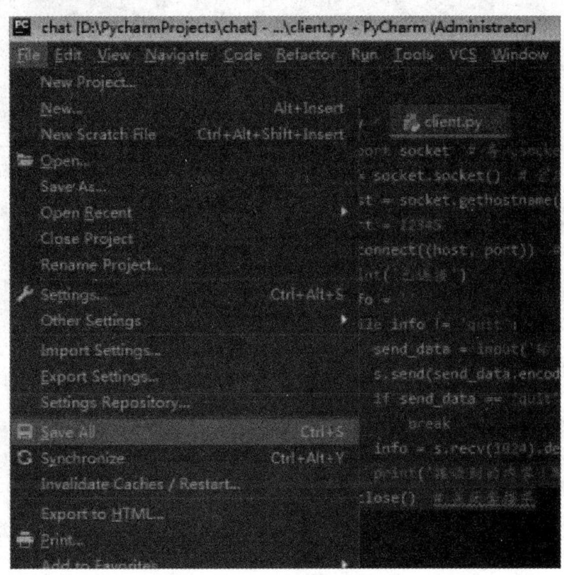

图 21-40

然后我们先运行 server.py，再运行 client.py（至于如何运行文件在上一节中已经讲过多个方式，这里不再重复），然后在窗口下方的运行界面就可以“自言自语”了，如图 21-41、

图 21-42 所示。

图 21-41

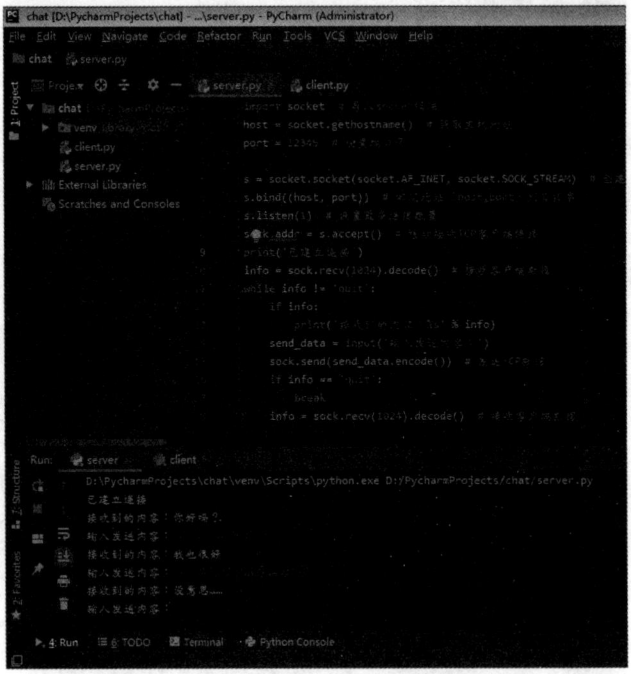

图 21-42

当然，单身狗“自言自语”是很无聊的，所以你不妨找一个对象，当你们不在一起的时候，就可以在两台电脑上用这个程序聊天了，这也算是“面向对象”编程了。